Excel

2019 VBA入门与应用 _{视频教学版}

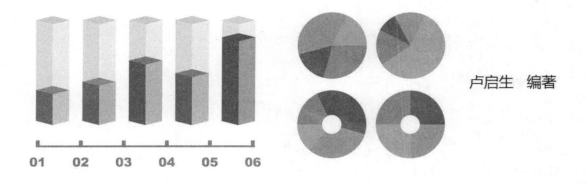

卢启生 编著

清華大学出版社
北京

内容简介

本书主要向读者介绍 Excel 2019 VBA 程序设计的基础知识，展示 VBA 数据处理的实战技巧，帮助读者快速从入门到精通。

全书共 15 章，内容涵盖 Excel 的宏、Excel VBA 的开发环境、VBA 语言基础、VBA 的基本语句、VBA 的语句结构、过程和函数的概念、对象的知识、常用对象的使用（包括 Application 对象、WorkBook 对象、Range 对象、WorkSheets 对象、Chart 对象和 Shape 对象）、工作表使用的技巧。本书最后提供了一个员工信息管理系统的综合案例，可让读者综合所学的知识进行一次应用开发实践。随书赠送下载资源，包括书中全部实例的操作视频、源文件和 PPT 文件，读者可随时进行调用和学习。

本书适合 Excel VBA 编程初学者，以及希望提高 Excel VBA 编程能力的中级用户阅读，同时也适合高等院校和培训机构相关专业的师生教学参考。

图书在版编目（CIP）数据

Excel 2019 VBA 入门与应用：视频教学版/卢启生编著. – 北京：清华大学出版社，2021.4

ISBN 978-7-302-57822-2

Ⅰ. ①E… Ⅱ. ①卢… Ⅲ. ①表处理软件 Ⅳ. ①TP391.13

中国版本图书馆 CIP 数据核字（2021）第 056381 号

责任编辑： 夏毓彦
封面设计： 王　翔
责任校对： 闫秀华
责任印制： 刘海龙

出版发行： 清华大学出版社
网　　址：http://www.tup.com.cn，http://www.wqbook.com
地　　址：北京清华大学学研大厦 A 座　　　邮　　编：100084
社 总 机：010-62770175　　　　　　　　邮　　购：010-62786544
投稿与读者服务：010-62776969，c-service@tup.tsinghua.edu.cn
质量反馈：010-62772015，zhiliang@tup.tsinghua.edu.cn
印 刷 者： 三河市金元印装有限公司
经　　销： 全国新华书店
开　　本： 190mm×260mm　　**印　张：** 28.25　　　**字　数：** 723 千字
版　　次： 2021 年 5 月第 1 版　　　　　　　　**印　次：** 2021 年 5 月第 1 次印刷
定　　价： 109.00 元

产品编号：088095-01

前　言

Excel 2019 是一款功能强大、技术先进且使用方便的数据分析和管理软件。Excel 的优秀之处，除了其强大的制表功能之外，还具有二次开发的能力。Excel 允许用户以其作为平台开发新的工具，从而完成 Excel 本身所不具有的功能。实现 Excel 二次开发的工具就是内置于 Excel 中的 VBA 语言，通过 VBA 来进行 Excel 应用程序的开发，能够增强 Excel 的自动化水平，提高 Excel 完成日常工作的效率，实现对复杂数据处理的简化。

对于非计算机专业的读者来说，学习一门计算机编程语言并非一件容易的事情，笔者也曾经历过 VBA 初学时的挣扎和入门后的迷茫，能深深体会到一本兼顾知识性和实用性的参考书对于学习 VBA 的意义。为了帮助广大读者快速掌握 VBA 程序设计的特点，轻松提高程序设计的能力，笔者根据自己多年学习和应用 Excel VBA 所获得的经验和体会编写了本书。本书从 Excel VBA 程序设计的基础知识开始，引领读者一步步深入了解 VBA 程序设计的应用。全书围绕 VBA 实际应用中遇到的各种问题进行讲解，可帮助读者在掌握 Excel VBA 程序设计的相关知识的同时获得实际应用的技巧。

本书特点

1．**内容充实，知识全面**。本书从 Excel VBA 的基本语法知识出发，介绍了 Excel VBA 中对象编程技巧、Excel 应用程序界面的制作、Excel VBA 与数据库的应用以及 Excel 与外部文件的交互等内容，涵盖了 Excel VBA 应用程序开发的方方面面，内容全面。

2．**循序渐进，由浅入深**。本书面向 Excel VBA 各个层面的用户，以帮助读者快速掌握 Excel VBA 程序设计为目标。本书编写采用由浅入深的方式，从读者学习的角度出发，以解决学习过程中遇到的问题和掌握使用技能为己任。在内容安排上，层层推进，步步深入，让读者实现"从入门到精通，由知之到用之"的平滑过渡。

3．**实例丰富，实用为先**。理解概念，掌握技巧，离不开编程实例。本书提供了大量的实例，实例选择具有针对性，与知识点紧密结合并突出应用技巧。实例在设计上不追求高精尖，而是突出实用性，以利于读者理解和实际操作。

4．**优化代码，深入剖析**。本书实例代码短小精悍，使用的算法不求高深，易于运行。本书没有复杂的理论讲解，通过代码来体现知识的应用技巧，力求以最简洁的语句来解决最实际的问题。

5．**类比讲解，描述直观**。本书在对 VBA 对象方法和属性进行介绍时，以 Excel 操作进行类比，帮助读者快速理解。同时，全书图文丰富，以直观的描述方式将知识要点和程序运行特征呈现在读者面前。

6．**适用性强，便于速查**。本书介绍的所有知识、编程方法和技巧同样适用于 Excel 的早期版本，如 Excel 2010。书中涉及的大多数源代码均可以在实际应用中直接使用。同时，本书采用应用驱动模式，用户可以通过目录快速查找需要的操作任务实例，方便学习。

本书结构

第 1 章介绍 VBA 的开发环境，包括认识 VBA 编辑器、了解 VBA 编辑器中常见的窗口和在 VBA 编辑器中输入代码的技巧。

第 2 章介绍 Excel 宏的有关知识，主要包括录制宏的方法、设置宏的启动方式、了解加载宏和 Excel 中的宏安全设置等知识。

第 3~8 章介绍 VBA 程序设计的基础知识，包括 VBA 的数据类型和运算符、VBA 的常用语句、VBA 程序的流程控制、VBA 过程和函数的概念以及 VBA 中对象的知识。

第 9~13 章介绍 Excel VBA 中常见对象的使用，包括 Application 对象、WorkBook 对象、WorkSheets 对象、Range 对象、Chart 对象和 Shape 对象。

第 14 章介绍在工作表中使用图形和图表。

第 15 章是一个综合案例，介绍使用 Excel VBA 制作对企业员工信息进行管理的实用系统的过程。

源文件、课件与教学视频下载

本书配套的源文件、课件与教学视频，请用户微信扫描右边二维码获取（可通过下载页面，把链接发到自己的邮箱中下载）。如果有疑问，请联系 booksaga@163.com，邮件主题为"Excel 2019 VBA 入门与应用"。

本书读者

- 希望提高日常工作效率的读者
- 专门从事 Excel 二次开发的读者
- Excel VBA 入门人员
- Office 组件开发人员
- Excel 开发人员
- 自由定制 Excel 的财务或人力资源管理者

编　者
2021 年 3 月

目　录

第1章 VBA 编程第一步

VBA（即 Visual Basic Application）是 Office 软件中内置的程序设计语言，随着 Office 的普及，使用 VBA 开发基于 Office 的应用程序也随之变得普遍。VBA 的开发环境被称为 VBE，所有与 VBA 程序设计有关的操作都可以在这个开发环境中进行。

本章知识点：

- 认识 Visual Basic 编辑器
- 学习如何打开 Visual Basic 编辑器
- 掌握 Visual Basic 编辑器的使用方法
- 学会输入 VBA 代码

1.1
你知道什么是 VBE 吗

在进行 Excel 应用程序开发时，与 VBA 程序设计有关的操作都需要在 VBE 中进行。VBE 实际上是一个独立的应用程序，拥有独立的操作窗口，可以实现与 Excel 的完美结合。但是 VBE 程序不能独立运行，必须依托于 Excel。

1.1.1 程序写在哪里

在 Excel 中编写 VBA 代码、调试已经录制好的宏或是进行应用程序的开发都离不开 Visual Basic 编辑器，这个 Visual Basic 编辑器就是 VBE，它是书写和编辑 VBA 代码的场所。在 Excel 中启动 Visual Basic 编辑器有多种方式，最简单的方式就是在 Excel 程序窗口中直接按 Alt+F11 组合键打开 Visual Basic 编辑器。另外，还有下面这些方法可以打开 Visual Basic 编辑器。

- 打开 Excel 2019 的"开发工具"选项卡，在"代码"组中单击 Visual Basic 按钮，如图 1-1 所示，即可打开 Visual Basic 编辑器。

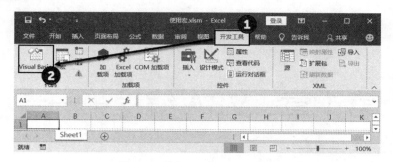

图 1-1　单击 Visual Basic 按钮

<table>
<tr><td>

说　明

添加"开发工具"选项卡的方法：单击"文件"|"选项"，打开"Excel 选项"对话框。单击左侧的"自定义功能区"列表项，在打开的下拉列表中会看到"开发工具"前面的复选框并未被选中。只需勾选这个复选框，然后单击"确定"按钮即可完成添加。
</td></tr>
</table>

- 打开 Excel，在任意一个工作表标签上右击，在弹出的快捷菜单中选择"查看代码"选项，如图 1-2 所示，同样可以打开 Visual Basic 编辑器。

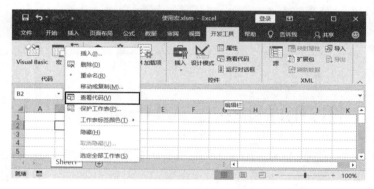

图 1-2　选择"查看代码"选项

- 在 Excel 2019 中单击"开发工具"选项卡，在"控件"组中单击"查看代码"按钮，如图 1-3 所示，也能够打开 Visual Basic 编辑器。

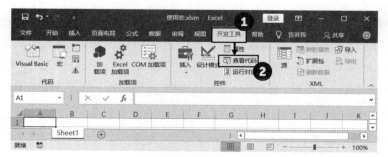

图 1-3　单击"查看代码"按钮

● 如果在 Excel 中录制了宏，在打开"宏"对话框后，单击"编辑"按钮也能够打开 Visual Basic 编辑器，如图 1-4 所示。

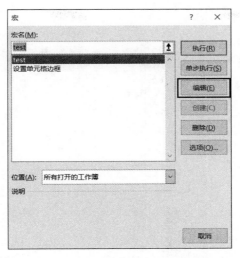

图 1-4　单击"宏"对话框中的"编辑"按钮

1.1.2　Visual Basic 编辑器的界面

打开 Visual Basic 编辑器，编辑器主界面与常用的 Windows 应用程序相同，包括标题栏、菜单栏、工具栏和不同的子窗口等，如图 1-5 所示。

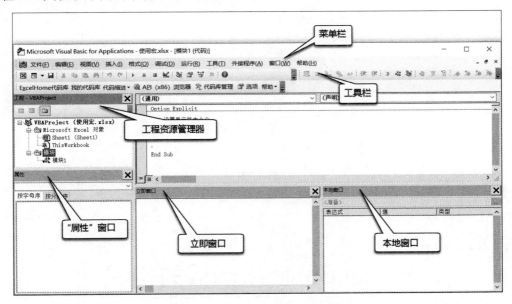

图 1-5　Visual Basic 编辑器主界面

在 Visual Basic 编辑器中，可以对工具栏进行设置：选择"视图"|"工具栏"|"自定义"选项，打开"自定义"对话框。在对话框的"工具栏"选项卡中选中相应的选项就可以挑选需

要使用的工具栏，如图 1-6 所示。打开"命令"选项卡，从左侧列表中将命令拖放到右侧列表中，该命令即被添加到工具栏中，如图 1-7 所示。

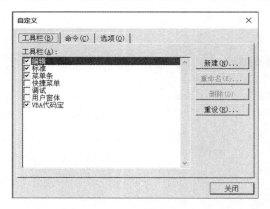
图 1-6 "工具栏"选项卡

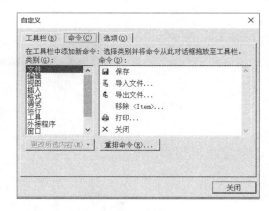
图 1-7 "命令"选项卡

Visual Basic 中包含了大量的子窗口，这些子窗口显示与否可以通过在"视图"菜单中选择对应的选项来实现。同时，使用鼠标拖动这些子窗口可以将其放置在屏幕的任意位置，拖动边框可以改变窗口的大小，子窗口也可以被拖放到主界面的边界处停靠，如图 1-8 所示。

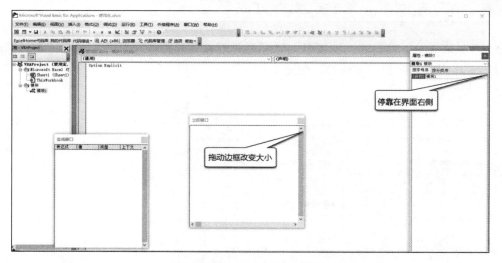
图 1-8 调整窗口大小和位置

1.2
Visual Basic 编辑器的构成

Visual Basic 编辑器中存在着大量的子窗口，用户可以通过这些子窗口来完成代码的编写、工程的添加和程序的调试等各种工作。下面对 VBE 中常用的子窗口进行介绍。

1.2.1　认识工程资源管理器

Excel 中的每一个工作簿就是一个工程，该工程的默认名称为 VBAProject（工作簿名）。工程资源管理器中最多可以显示 4 类对象，即 Excel 对象（包括 Sheet 对象和 ThisWorkbook 对象）、窗体、模块和类模块。这 4 类对象在工程资源管理器中分别置于对应的文件夹中，如图 1-9 所示。

在工程资源管理器的任意位置右击，在弹出的快捷菜单中选择"插入"选项，在下级菜单中选择需要插入的对象，如图 1-10 所示。

图 1-9　工程资源管理器　　　图 1-10　在工程资源管理器中插入对象

在工程资源管理器中的"模块"选项上右击，在弹出的快捷菜单中选择"导出文件"选项，打开"导出文件"对话框。在对话框中选择保存文件的文件夹，并设置文件名，如图 1-11 所示。单击"保存"按钮关闭该对话框，模块即被保存为"*.bas"文件。

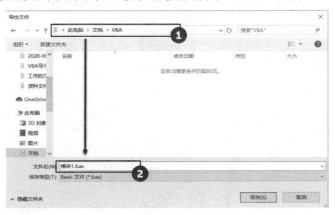

图 1-11　"导出文件"对话框

> **提　示**
>
> 工程资源管理器中的导出操作不仅针对模块，还可以用于其他对象。窗体文件保存时扩展名为".frm"，类模块的扩展名为".cls"。这些导出的文件实际上都是文本文件，可以使用 Windows 自带的记事本程序打开并查看其内容。另外，在工程资源管理器中右击，在弹出的快捷菜单中选择"导入文件"选项能够导入已保存的模块文件。

1.2.2　认识"属性"窗口

"属性"窗口主要用来设置对象的属性。VBA 是面向对象的程序设计语言，程序设计的一个重要工作就是设置对象的属性。Visual Basic 编辑器中提供了一个"属性"窗口，使用该窗口可以对各种对象的属性进行设置。

在 Visual Basic 编辑器中，选择"视图"|"属性窗口"选项，打开"属性"窗口，该窗口中会列出对象所有可用的属性，单击"按字母序"选项卡，属性将会按照字母顺序排列。单击"按分类序"选项卡，属性将会按照分类来排序，如图 1-12 所示。

图 1-12　"属性"窗口

在工程资源管理器中选择一个对象，在"属性"窗口中即可以对该对象的属性进行设置。如对工作簿中的 Sheet1 工作表更名，就可以在"属性"面板中进行。具体的操作步骤是，在工程资源管理器中选择第一个工作表，在"属性"窗口对 Name 属性进行设置，如图 1-13 所示，工作表名称即被更改。这种改变在 Excel 的工作表标签上也会随之显示出来，如图 1-14 所示。

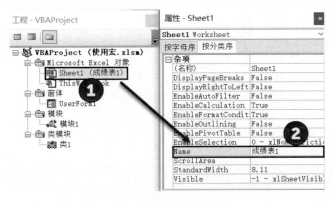

图 1-13　设置 Name 属性

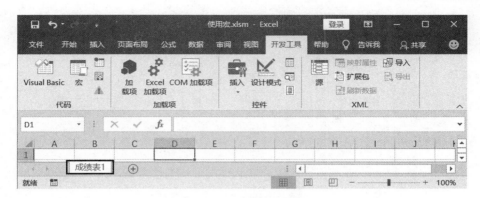

图 1-14　工作表名称改变

当对象的某些属性值只能被设置为某些指定的常量时，这样的属性就可以通过选择下拉列表中的选项来进行设置。如设置工作表对象的 EnableSelection 属性，可以选择该设置项后单击设置栏右侧的下三角按钮，在打开的列表中选择可用的属性值，如图 1-15 所示。

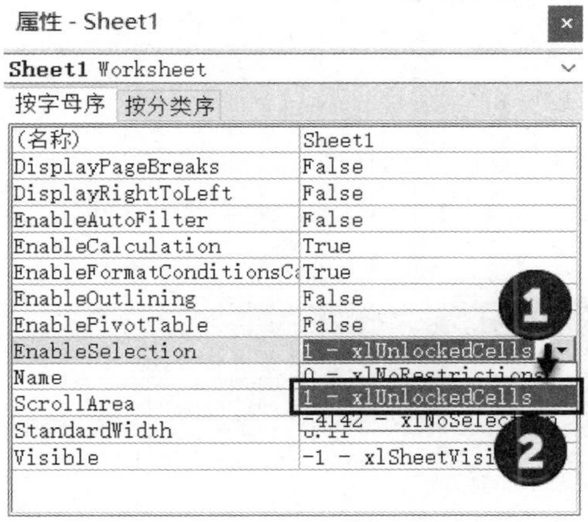

图 1-15　在列表中选择属性值

1.2.3　认识"代码"窗口

VBE 的"代码"窗口主要用于查看和编辑 VBA 程序代码，对 VBA 应用程序的编写就在这个窗口中进行。Excel VBA 是以过程的方式来组织程序的，一个过程就是完成一个特定任务的代码集合。工程资源管理器中每个对象都有自己的"代码"窗口，每一个对象的过程代码都是在"代码"窗口中编写完成的。

VBE 中"代码"窗口的结构如图 1-16 所示。

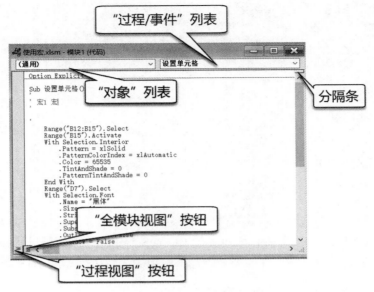

图 1-16　"代码"窗口

　　"代码"窗口中的"对象"列表用来在当前模块的各个对象之间切换，"过程/事件"列表可以用来选择需要使用的过程或对象事件。如果在该列表中选择的是过程，则插入点光标会自动放置到该过程的第一行处，如图 1-17 所示。如果选择对象的事件，则将会在"代码"窗口中创建事件过程。

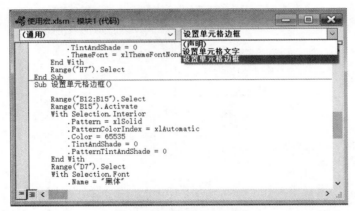

图 1-17　选择过程

　　在"代码"窗口中拖动分隔条，能够将"代码"窗口分为两个窗格并设置这两个窗格的大小，如图 1-18 所示。如果过程代码很长，通过分隔"代码"窗口可以在不同的窗格中查看代码的不同部分，如图 1-18 所示。如果"代码"窗口中有多段代码，则可以在两个窗格中分别查看不同的过程。

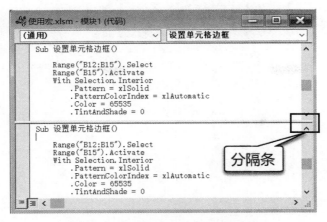

图 1-18　拖动分隔条分隔"代码"窗口

在"代码"窗口中，当"过程视图"按钮处于按下状态时，窗口中一次将只能显示一个过程代码。如果按下"全模块视图"按钮，"代码"窗口中可以显示模块的所有过程，如图 1-19 所示。

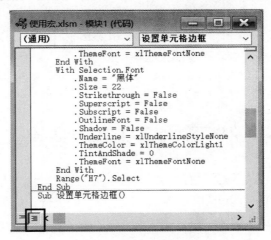

图 1-19　显示多个过程

1.2.4　认识"立即窗口"

在 VBE 中，"立即窗口"用来显示程序运行结果。在默认情况下，立即窗口是隐藏的，选择"视图"|"立即窗口"选项即可打开"立即窗口"。

在"立即窗口"中可以直接输入 VBA 代码并显示生成的结果。如在"立即窗口"中输入 Range("A1")=5*3，按 Enter 键后将在工作表的 A1 单元格中获得需要的计算结果，如图 1-20 所示。

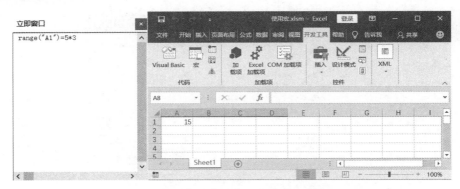

图 1-20　在"立即窗口"中输入代码

"立即窗口"是在编写 VBA 代码时显示代码结果的场所，VBA 的 Print 方法主要用来显示程序的运行信息，这个信息就显示在"立即窗口"中。如下面语句将会在"立即窗口"中显示数值 15。

```
Debug.Print 3*5
```

在编写 VBA 应用程序时，借助于 Print 方法和"立即窗口"可以对代码进行检测，查询程序中变量的值，调试程序时查看程序的输出情况。

1.3
VBA 代码输入其实很简单

VBA 中拥有大量的函数、对象属性和方法，全部记住它们既不现实，也没有必要。VBA 的程序代码是在"代码"窗口中编写的，VBE 为方便程序员快速准确地编写程序代码提供了很多贴心的工具，可以帮助开发者方便、高效地完成程序的编写。

1.3.1　代码窗口的使用

VBA 是面向对象的编程语言，VBA 编程的过程实际上就是设置对象属性和使用对象方法的过程。在"代码"窗口中输入了对对象的引用后，Visual Basic 编辑器能够提供引用对象可用的属性和方法列表，用户可以在列表中直接选择并将其应用到程序中。

如在"代码"窗口中输入工作表对象名 Sheet1 和英文的句点后，VBE 将自动给出一个下拉列表，列表中会列出 Sheet1 这个工作表对象所有可用的属性和方法，如图 1-21 所示。拖动列表框右侧的滚动条可以查看所有可用的属性和方法，双击需要的选项即可直接将其插入到程序中。在输入句点后如果输入属性或方法的前几个字母，VBA 会自动找到相匹配的选项，按 Enter 键即可将其输入程序，如图 1-22 所示。

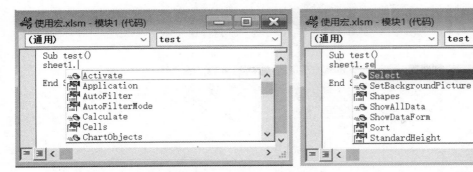

图 1-21　对象的属性方法列表　　　　　图 1-22　自动选择相匹配的项

提示

在出现"属性/方法"列表时，按 Esc 键即可取消该列表，但是以后若再遇到该对象时列表也不再出现。此时，如果需要该列表重新出现，可以按 Ctrl+J 组合键，也可以右击，在弹出的快捷菜单中选择"属性/方法列表"选项。

在"代码"窗口中输入某个对象的属性，在其后输入"＝"，Visual Basic 编辑器会打开"常数列表"，该列表中会列出属性能够赋予的常量，如图 1-23 所示。

编写 VBA 程序时经常会使用函数或对象方法，这些函数或对象方法在使用时需要设置它们的参数。为了方便参数的输入，Visual Basic 编辑器提供了参数信息提示功能。在"代码"窗口中输入某个函数或方法后，Visual Basic 编辑器就会给出参数提示，如图 1-24 所示。在参数提示框中，当前需要输入的参数会加粗提示，随着输入的增加，加粗提示也会发生改变。

图 1-23　获得常数列表

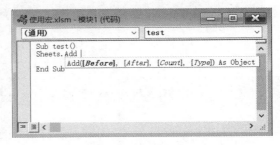

图 1-24　函数和方法的参数提示

为了方便程序输入，VBE 提供了自动生成关键字功能，这里的关键字涵盖了对象名、函数、方法、属性和常量等内容。在"代码"窗口中输入关键字的前几个字符，在"编辑"栏中单击"自动生成关键字"按钮，则关键字后的字母将会自动输入。如果与输入字母相匹配的关键字有很多，Visual Basic 编辑器将给出下拉列表，用户可以从中选择需要使用的关键字，如图 1-25 所示。

图 1-25　自动生成关键字

在"代码"窗口中输入 VBA 函数、方法、过程名或常量后，单击"编辑"栏上的"快速信息"按钮，Visual Basic 编辑器将显示其使用的语法等信息，如图 1-26 所示。

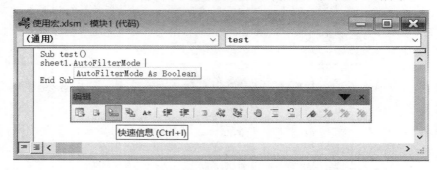

图 1-26　显示快速信息

提　示
在"编辑"栏中单击"属性/方法列表"按钮■可以在当前插入点光标处显示属性/方法列表。单击"常数列表"按钮■将在当前插入点光标处显示常数列表。

1.3.2　查询对象的属性和方法

对于 VBA 初学者来说，要掌握数目众多的对象并熟悉它们的属性和方法几乎是不可能完成的任务。VBA 是一门相对比较简单的语言，其很多属性和方法的意义都可以从其字面上直接理解，如 Selection 的属性就和选择有关，Add 方法是需要添加东西。很多初学者可能都会有这样的经验，在编写应用程序来解决某个问题时，会遇到知道需要应用哪个对象，但是不知道应用该对象的哪个方法或属性的难题。此时，就非常需要一个查阅对象属性和方法的工具。上一节介绍的"属性/方法列表"就是这样的一个工具，Visual Basic 编辑器的对象浏览器同样也是解决这个问题的工具，而且功能更加强大。

选择"视图"|"对象浏览器"选项，打开"对象浏览器"窗口，该窗口包含了 Excel、Office、Stdole、VBA 和 VBAProject 共 5 个对象库，用户可以在窗口的"工程/库"下拉列表中选择需要使用的库的类型，如图 1-27 所示。

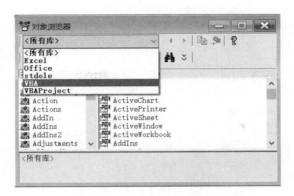

图 1-27　选择库类型

在进行了对象库的选择后，在窗口的"类"列表框中即可选择需要查询的对象，如这里选择 Application 选项，其右侧列表中就会显示 Application 对象的成员，即该对象的属性和方法。在对象的成员列表中选择某个选项后，窗口下方将给出对该对象成员的说明，如图 1-28 所示。

在"对象浏览器"窗口的"搜索文字"文本框中输入关键字，单击"搜索"按钮，窗口的"搜索结果"栏中将会列出搜索结果，选择其中的结果选项后即可查看其相关信息，如图 1-29 所示。

图 1-28　显示对象成员及其提示信息

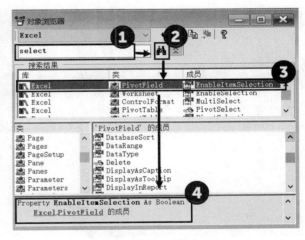

图 1-29　显示搜索

提示

在 VBA 中，图标 表示属性，图标 表示方法，图标 表示事件，图标 表示对象，图标 表示常量。

1.3.3　在 Excel 2019 中获得帮助

Excel 2019 与网络的结合更加紧密，用户可以方便地通过微软的网站获得技术支持。在 Visual Basic 编辑器中，选择"帮助" |"Microsoft Visual Basic for Applications 帮助"选项，打

开微软官方的技术支持页面，如图 1-30 所示。

图 1-30　Excel 2019 VBA 技术支持页面

在"代码"窗口中，将插入点光标放置到关键字中，如图 1-31 所示。此时按 F1 键即可打开与该语句相关的内容页面，用户就能像查阅本地帮助文档那样获得在线帮助，如图 1-32 所示。

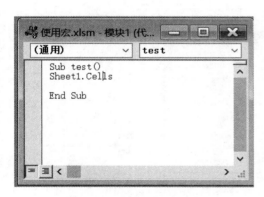

图 1-31　放置插入点光标

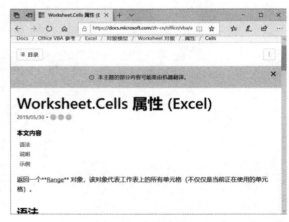

图 1-32　获得在线帮助

第 2 章　进入 Excel VBA 的世界

Excel 是一款功能强大的电子表格处理软件，其具有强大的数据分析和处理能力。在一般情况下，Excel 已经能够满足大多数日常数据处理工作的需要。但使用 VBA 语言后可以对数据进行更高级的处理，实现数据处理的进一步自动化和高效化，更大程度地将工作人员从简单而重复的数据处理工作中解放出来。要了解 VBA，可以首先从 Excel 的宏功能开始。

本章知识点：

- 录制宏
- 宏的运行方式
- 加载宏
- 使用宏过程中的问题

2.1　了解 VBA 的好工具——宏

宏是一系列存储于 Visual Basic 模块中的命令和函数，它们用于记录用户的一段操作，并能够在需要时执行以重现用户的这段操作过程。宏相当于一段记录用户操作的录像，在任何需要的时候都可以重现。因此，使用宏是避免大量重复操作、实现操作自动化的好办法。

2.1.1　认识宏

Excel 具有录制宏的能力，录制宏可以通过宏录制器来实现。录制完成的宏，将作为 VBA 程序代码存储在模块的"代码"窗口中。下面以录制一段向指定的单元格区域中填充颜色的宏为例来介绍录制宏的方法。

（1）启动 Excel 2019 并创建名为"使用宏"的工作簿，打开"开发工具"选项卡（Excel 2019 默认并没有该选项卡，添加方式参考下面的说明），在"代码"组中单击"录制宏"按钮，打开"录制宏"对话框。在对话框的"宏名"文本框中输入宏名称，再将插入点光标放置到"快捷键"文本框后输入按键即可设置启动宏的快捷键，如这里输入字符 k，再按 Ctrl+K 组合键即可执行宏，如图 2-1 所示。

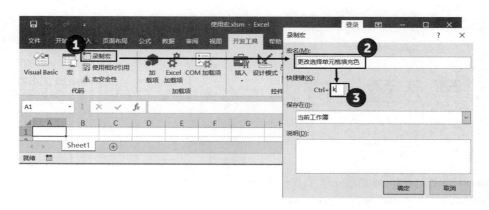

图 2-1　打开"录制宏"对话框

提示
"录制宏"对话框的"保存在"下拉列表用于设置录制的宏的保存位置。当选择"个人宏工作簿"选项时，在其他工作簿中也可以使用该宏；如果选择"新工作簿"选项，则录制的宏将会保存在新工作簿中；如果选择"当前工作簿"选项，则录制的宏将保存在当前使用的工作簿中，也只能在当前的工作簿中使用。

　　（2）完成设置后单击"确定"按钮，关闭"录制宏"对话框，即可开始宏的录制。这里，选择单元格区域，并设置单元格的填充颜色。完成宏录制后，在"开发工具"选项卡的"代码"组中，单击"停止录制"按钮停止宏的录制，如图 2-2 所示。

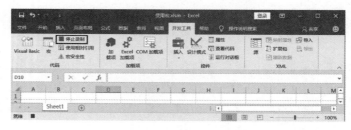

图 2-2　单击"停止录制"按钮停止宏的录制

　　使用上述方法录制的宏存在一个问题，那就是在使用该宏时，每次都会只对录制宏时选择的单元格进行操作。这是因为在录制宏时，默认使用单元格的绝对引用，宏中进行操作的单元格永远是录制时选择的单元格。要解决这个问题很简单，只需要将单元格的引用设置更改为相对引用即可。如果要使用相对引用，在录制宏之前，要将"开发工具"选项卡的"代码"组中的"使用相对引用"按钮按下，这样在之后进行宏录制时，如果涉及单元格的引用都将使用相对引用，如图 2-3 所示。

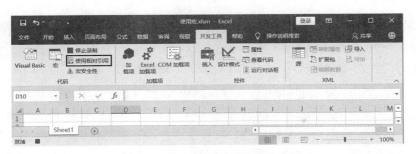

图 2-3　按下"使用相对引用"按钮

2.1.2　宏与 VBA

宏的英文名为 Macro，是能够自动执行某种操作的命令集合。宏实际上是由 Office 自动生成的一段 VBA 代码。如在完成上一节宏的录制后，按 Alt+F11 组合键打开"Visual Basic 编辑器"，可以看到在"工程资源管理器"中会增加一个模块 1。双击"模块 1"选项，打开该模块的"代码"窗口，在该窗口中可以看到对应的 VBA 代码，如图 2-4 所示。

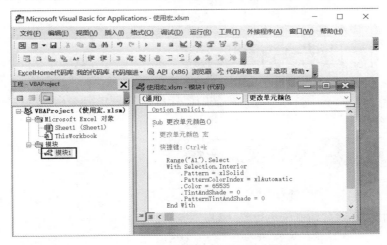

图 2-4　"代码"窗口中的 VBA 代码

录制宏的过程并不能算是编写程序的过程，但是录制宏能够实现与编程相近的功能，能够让需要多个步骤完成的工作一键完成。录制宏可以按照操作顺序如实地记录用户所有的操作，所以宏的执行总是产生与录制时的操作完全一致的结果。使用宏的最大优势就在于其使用简便，录制宏只需要进行基本的操作，不涉及代码的含义、语法和编程思路。只要记录了操作，宏代码就能自动生成。

但是使用宏也有缺点：首先，并非所有的操作都可以通过录制宏来完成，也就是说宏的使用范围有限；其次，录制宏时无论多么小心，录制过程中都有可能产生一些冗余代码，从而降低宏的执行效率；然后，录制宏只能记录操作步骤，生成的宏代码不能进行条件判断，这也大大限制了宏代码的适用范围；最后，录制宏缺乏灵活性，如录制时选择的单元格或对象，都是以固定的模拟过程录制，一旦在操作中发生改变，宏就会产生错误。

因此，录制宏进行操作虽然方便快捷，但其局限性决定了如果需要更大范围扩展 Excel 的功能，最好的方法还是使用 VBA 代码。编写 VBA 程序，无论是在灵活性、执行效率，还是在适用范围方面都大大超越宏。

VBA（即 Visual Basic Application）是针对 Office 软件的一种程序设计语言，其能够帮助用户从繁杂的重复操作中解放出来，能够提高数据处理的效率，同时对 Excel 的功能进行扩展。而且 VBA 是一种所见即所得的编程代码，与其他程序设计语言相比它的学习和使用相对要简单。几乎所有的 VBA 程序员开始都是通过录制宏来学习 VBA 的，这是学习 VBA 的速成捷径。甚至很多已经成为高手的 VBA 程序员同样对录制宏乐此不疲。因为录制宏可以直接借助于界面操作完成大部分的代码编写，程序员只需要对录制的宏代码进行修改和优化即可获得最终需要的代码。

录制宏的代码还是编写 VBA 时的"词典"。无论是初学者还是 VBA 编程高手，恐怕都无法记住所有的对象和它们的属性方法，当需要查找解决某个问题需要使用的对象，或者某个方法的语法结构时，可以通过录制宏来产生对应代码，借助于该代码即可获知有关的信息。

2.2
让宏方便运行

运行宏，就是启动宏让其自动执行录制的操作。在 Excel 中，有多种方式来启动宏，下面对这些方式进行介绍。

2.2.1 使用"宏"对话框运行宏

在完成宏的录制后，可以使用"宏"对话框来实现对宏的操作，这些操作包括执行、编辑和删除等。使用"宏"对话框来运行宏可以按照下面的步骤来进行。

01 打开包含宏的工作簿，在"开发工具"选项卡的"代码"组中单击"宏"按钮，如图 2-5 所示。

图 2-5 单击"宏"按钮

02 此时将打开"宏"对话框，在对话框的列表中选择需要运行的宏，单击"执行"按钮即可运行宏，如图 2-6 所示。

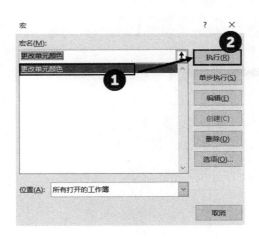

图 2-6　单击"执行"按钮运行宏

提示

在"宏"对话框中单击"编辑"按钮，打开 Visual Basic 编辑器的"代码"窗口，此时可以对宏代码进行编辑。如果单击"删除"按钮，则会删除所选择的宏。

2.2.2　使用快捷键运行宏

在录制宏时，如果设置了快捷键，可以直接按快捷键来运行宏。如果没有设置快捷键，可以为宏设置快捷键，具体的操作步骤如下：

01　打开"宏"对话框，在对话框的列表中选择需要操作的宏，单击对话框中的"选项"按钮，如图 2-7 所示。

02　此时将打开"宏选项"对话框，将插入点光标放置到"快捷键"文本框中后，按下键盘上的键设置快捷键，如这里按下"Shift+L"（Ctrl 键是默认，不需要按）组合键，如图 2-8 所示。单击"确定"按钮关闭该对话框，Ctrl+Shift+L 组合键将成为启动宏的快捷键。

图 2-7　单击"选项"按钮

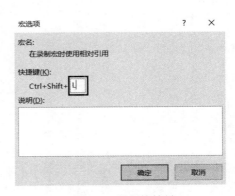

图 2-8　设置快捷键

注　意
在宏中设置的快捷键将会覆盖 Excel 中默认的快捷键。如在 Excel 中，Ctrl+B 组合键是将选择单元格中的文字加粗。如果启动宏的快捷键被设置为 "Ctrl+B"，则再按这个快捷键将只会执行宏，原有的默认操作将失效。

2.2.3　使用对象运行宏

在 Excel 中，可以使用图片、图形或文本框等对象来作为启动宏的开关，通过单击这些添加到工作表中的对象来执行宏，下面介绍具体的设置步骤：

01 启动 Excel 并打开工作表，在工作表中插入文本框并输入文字，在"格式"选项卡中设置文本框的形状样式和艺术字样式，如图 2-9 所示。

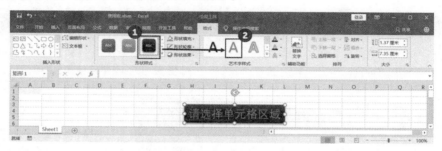

图 2-9　设置文本框样式

02 在文本框上右击，在弹出的快捷菜单中选择"指定宏"选项。此时将打开"指定宏"对话框，在对话框中选择列表中的宏，如图 2-10 所示。单击"确定"按钮关闭对话框，此时只要单击该文本框即可启动宏。

图 2-10　在"指定宏"对话框中选择宏

2.2.4　从快速访问工具栏运行宏

Excel 2019 的功能区上方有一个快速访问工具栏，用户可以把常用的命令按钮都添加到这个工具栏中，即可在工具栏中直接单击按钮来执行操作，这无疑能够提高操作的速度。下面介绍在快速访问工具栏中添加宏命令按钮的操作步骤。

01 启动 Excel 2019 并打开包含宏的工作簿，在"文件"窗口中单击左侧列表中的"选项"选项，如图 2-11 所示。

图 2-11　选中"选项"选项

02 此时将打开"Excel 选项"对话框，在对话框的左侧列表中选择"快速访问工具栏"选项，在"从下列位置选择命令"下拉列表中选择"宏"选项，在其下的列表中选择需要使用的宏。单击"添加"按钮即可将选择的宏添加到右侧的列表中，如图 2-12 所示。

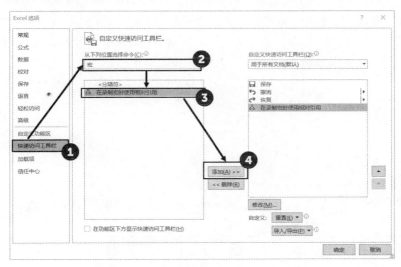

图 2-12　将宏添加到快速访问工具栏

03 此时如果单击"确定"按钮关闭对话框，宏按钮将被添加到快速访问工具栏中。如果需要更改宏按钮的图标，可以在"Excel 选项"对话框中单击"修改"按钮，打开"修改按钮"对话框。在对话框的"符号"列表中选择图标，如图 2-13 所示。

04 此时宏按钮被添加到快速访问工具栏中，如图 2-14 所示。只要单击该按钮即可启动指定的宏。

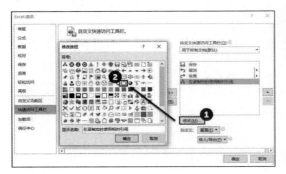

图 2-13　选择图标　　　　　　　　　　　图 2-14　宏按钮添加到快速访问工具栏中

提示

右击快速访问工具栏中的宏按钮，在弹出的快捷菜单中选择"从快速访问工具栏删除"选项即可将其从快速访问工具栏中删除。

2.2.5　从选项卡运行宏

宏命令除了可以添加到快速访问工具栏中，还可以添加到功能区的选项卡中，下面介绍具体的操作步骤：

01 启动 Excel 2019 并打开包含宏的工作簿，打开"Excel 选项"对话框，在左侧列表中选择"自定义功能区"选项，单击对话框中的"新建选项卡"按钮创建一个新选项卡。然后单击"重命名"按钮，打开"重命名"对话框，在对话框中对新建的选项卡命名，如图 2-15 所示。完成设置后单击"确定"按钮关闭对话框。

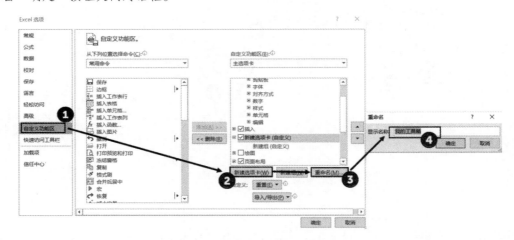

图 2-15　为新建选项卡重命名

02 在列表中选择"新建组（自定义）"选项，单击"重命名"按钮，在打开的"重命名"对话框中选择图标并对组进行重命名，如图 2-16 所示。

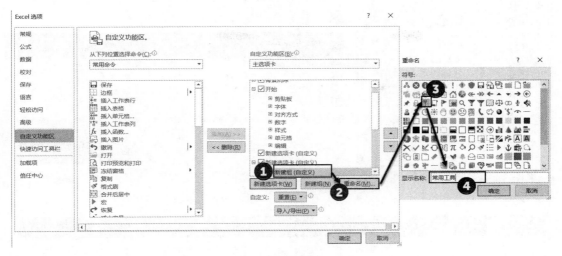

图 2-16 为组重命名

03 完成设置后关闭"重命名"对话框，在"Excel 选项"对话框的"从下列位置选择命令"下拉列表中选择"宏"选项，然后在其下方的列表中选择需要的宏，单击"添加"按钮将其添加到"我的工具箱"的"常用工具"组中，如图 2-17 所示。

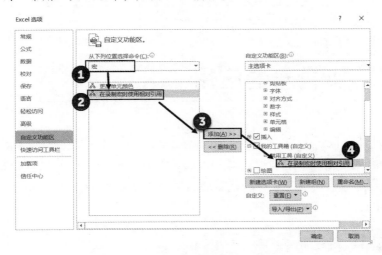

图 2-17 将宏添加到自定义组中

04 单击"重命名"按钮，再次打开"重命名"对话框，在对话框中选择按钮显示的图标和显示的名称，如图 2-18 所示。

05 分别单击"确定"按钮关闭"重命名"对话框和"Excel 选项"对话框，Excel 功能区中将出现名为"我的工具箱"选项卡，单击该选项卡中"常用工具"组中的"选择单元格"按钮即可能够执行该宏，如图 2-19 所示。

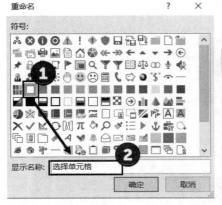

图 2-18　设置图标和名称

图 2-19　宏添加到功能区中

提示
在"Excel 选项"对话框的"自定义功能区"列表中的"我的工具箱"选项上右击，在弹出的快捷菜单中选择"删除"选项即可将其从列表中删除，同时选项卡也将从 Excel 功能区中被删除。同样的，在某个组中的选项上右击，如本例"我的工具箱"选项卡下"常用工具"组中的"选择单元格"选项，在弹出的快捷菜单中选择"删除"选项，可以将添加的命令从功能区中删除。

2.3
加载宏的应用

Excel 虽然功能是很强大的，但是面对数据处理过程中的各类问题，Excel 也无法做到尽善尽美，同样会出现力不从心的情况。对于 VBA 程序开发人员来说，Excel 提供了一个很实用的功能，那就是加载宏功能。使用加载宏能够提高工作效率，扩展 Excel 的功能，帮助应对数据处理过程中的各类问题。

2.3.1　使用 Excel 加载宏

Excel 加载宏为 Excel 提供了添加自定义命令和专用功能的能力，也被称为"应用程序扩展"。从这个名称可以看出其相当于 Excel 的插件，为 Excel 提供命令或功能的扩展。一般情况下，普通用户很少会使用 Excel 加载宏功能，该功能主要针对某些特殊的领域。当然，用户也可以将自己的 VBA 程序作为加载宏来使用。

Excel 的加载项文件是一个特殊的工作簿，可以包含工作表、图标以及 VBA 的宏和函数等。用户可以访问加载项文件中的 VBA 函数，并能显示用户窗体。在 Excel 中，加载宏分为两个类型：

- 一个是 Excel 加载宏，其包括 Excel 自带的加载宏，这类加载宏在安装 Excel 后即被安装，用户可以选择使用。同时还包括第三方加载宏，用户下载安装后即可像自带加载宏那样使用。
- 另一个是自定义对象模型加载宏，这类加载宏实际上就是用户使用各种编程语言（如 VB 或 VC 等）编写的 XLL 文件，用户需要掌握一定的编程能力才能编写这类加载宏。

提示
在 Excel 2007 之前的版本中，加载宏文件的扩展名为 "*.xla"。在 Excel 2007 之后的版本，加载宏文件的扩展名变为 "*.xlam"。

在安装 Excel 2019 时，Excel 会为用户提供一套自带的加载宏。下面介绍使用这套加载宏的方法。

01 启动 Excel 并打开空白工作表，打开 "Excel 选项" 对话框。在对话框左侧列表中选择 "加载项" 选项，右侧列表中将显示可用的加载项列表。单击 "转到" 按钮，如图 2-20 所示。

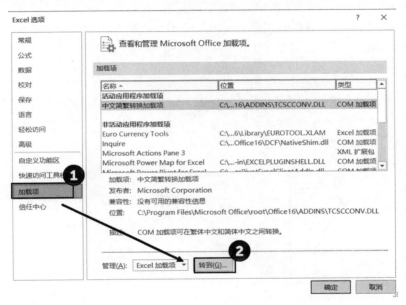

图 2-20　单击 "转到" 按钮

02 此时将打开 "加载宏" 对话框，在对话框中选择需要使用的加载宏，如图 2-21 所示。单击 "确定" 按钮关闭对话框，选择的加载宏即可添加到功能区中，如图 2-22 所示。

提示
不同的加载宏在加载时会根据其用途被放置到不同的选项卡中，如这里的 "数据分析" 和 "规划求解" 加载项都被放置在 "数据" 选项卡中。

图 2-21　选择加载宏　　　　　　　　图 2-22　选择加载宏被添加到功能区中

2.3.2　录制加载宏

在 Excel 中录制的宏不仅可以用于当前的工作簿，也可以用于其他工作簿。如果只需要在本地计算机中使用这个宏，可以将宏另存为"个人宏工作簿"文件；如果要在其他计算机中使用这个宏，那就需要自定义加载宏了。下面介绍自定义加载宏的操作方法。

01　启动 Excel 2019 并打开工作表，在工作表中录制需要的宏。打开"另存为"对话框，选择"浏览"项，在对话框中指定文档的保存文件夹，在"文件名"文本框中设置文件保存名称，在"保存类型"列表中选择"Excel 加载宏（*.xlam）"选项设置文档保存类型，如图 2-23 所示。完成设置后，单击"保存"按钮保存文档。

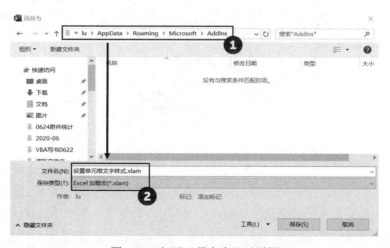

图 2-23　打开"另存为"对话框

提示
加载宏文件实际上是 Excel 文件，这个文件可以根据需要保存在磁盘上的任意位置。

02　要使用这个加载宏，首先按照上一节介绍的方法打开"加载宏"对话框，在对话框中单

击"浏览"按钮，打开"浏览"对话框。在对话框中选择加载宏文件后单击"确定"按钮，如图
2-24 所示。此时选择的加载宏会被添加到"可用加载宏"列表中，并且处于选中状态，如图 2-25
所示。

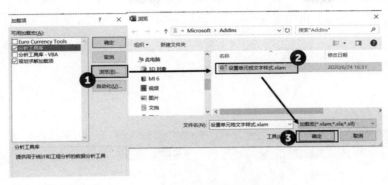

图 2-24　选择加载宏文件

图 2-25　加载宏被添加到"可用加载宏"列表中

03　单击"确定"按钮关闭"加载宏"对话框，以后无论是打开或是创建新文档该宏都会被
加载。如果需要使用它，可以使用"Excel 选项"对话框将其添加到功能区或快速访问工具栏中，
如图 2-26 所示。

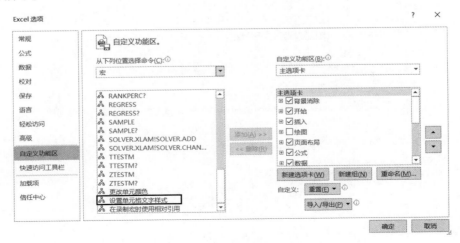

图 2-26　"Excel 选项"对话框

2.3.3 卸载加载宏

将加载宏加载到 Excel 后，每次启动 Excel 该宏都会被自动载入。如果加载宏不再需要使用，可以将其卸载，使其不再随着 Excel 的启动而加载。要卸载加载宏，可以使用下面的方法进行操作。

01 在"开发工具"选项卡的"加载项"组中，单击"Excel 加载项"按钮，打开"加载宏"对话框。在对话框中取消对需要卸载的加载宏的选中，如图 2-27 所示。单击"确定"按钮关闭对话框后，该加载宏即被卸载。

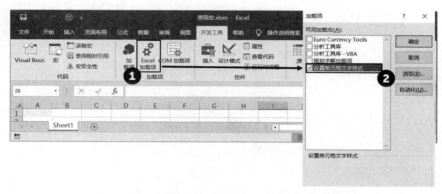

图 2-27　在"加载宏"对话框中取消对加载宏的选中

02 此时，Excel 启动时加载宏不再会被加载，但其仍会留在"加载宏"对话框的列表中。要使其从列表中消失，需要从磁盘上删除该加载宏文件。再次打开"加载宏"对话框，在列表中选中加载宏文件已经被删除的加载宏选项，Excel 会提示找不到文件，询问是否将其从列表中删除，如图 2-28 所示。此时单击"是"按钮即可将该加载宏删除。

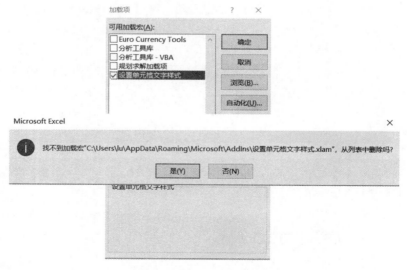

图 2-28　提示找不到文件

2.4
我的宏为什么运行不了

从某种意义上说，宏是自动生成的 VBA 代码，VBA 程序是用户手动编写的宏。熟练的 VBA 程序员能够编写功能强大的 VBA 程序，这些代码能够在计算机上自动完成很多复杂的工作，不仅可以针对 Excel 工作表中的数据，还可以针对系统文件。因此，宏的使用实际上是存在着安全隐患的，有些用户对宏的安全性也提出了很高的要求。Excel 提供了细致的宏安全性设置，能够杜绝大多数情况下对工作簿的安全威胁。但是，如果不知道 Excel 宏安全性设置的问题，在 VBA 编写程序时可能就会遇到些麻烦，程序将可能无法正常运行。

2.4.1　让你的宏更安全

要保证宏的安全，最简单的方式就是不要让宏随意地运行，即在宏运行时及时告知用户，由用户来判断该宏是否安全，再决定能否让其运用。对宏安全性进行设置的操作方法如下所示。

01　启动 Excel 2019 并创建一个空白工作簿，打开"Excel 选项"对话框，在左侧列表中选择"信任中心"选项，单击右侧的"信任中心设置"按钮，如图 2-29 所示。

图 2-29　单击"信任中心设置"按钮

02　此时将打开"信任中心"对话框，在左侧列表中选择"宏设置"选项，在右侧的"宏设置"栏中选择相应的选项进行宏安全设置。如这里单击"禁用所有宏，并发出通知"单选按钮，如图 2-30 所示。单击"确定"按钮关闭"信任中心"对话框和"Excel 选项"对话框，完成设置。

图 2-30　宏安全设置

提示
下面对"宏设置"下 4 个单选按钮的意义进行介绍。

- "禁用所有宏，并且不通知"：如果不信任宏，可以使用这个选项。此时，文档中所有的宏都将被禁止运行，而且也不会发出安全警告。该选项的安全级别是最高的。
- "禁用所有宏，并发出通知"：该选项是默认设置。如果想禁止宏的运行，同时希望 Excel 能够在存在宏时发出安全警告，可以选择这个选项。
- "禁用无数字签署的所有宏"：该设置项的作用与"禁用所有宏，并发出通知"选项相同。如果宏已由受信任的发行者给予了数字签名，则可以直接运行宏；如果是不信任的发行者签名的宏 Excel 将会发出安全警告；其余所有未签名的宏则都被禁用且没有安全警告。
- "启用所有的宏（不推荐，可能会运行有潜在危险的代码）"：如果选择该选项，宏将被无条件执行，Excel 也不会给出任何提示。这个设置项的安全性最低，使计算机容易受到恶意宏代码的攻击。

03　单击"确定"按钮分别关闭"信任中心"对话框和"Excel 选项"对话框。Excel 在打开包含宏的工作簿时，会给出提示，提示宏已禁用。如果要使宏可用，可以单击"启用内容"按钮，如图 2-31 所示。对安全警告不予理睬或是关闭该条警告，都将使宏不可用。

图 2-31　宏安全警告

2.4.2　对文件进行限制

在进行宏安全设置时，禁用所有的宏显然不现实，允许所有的宏运行则肯定不安全，每次通过安全警告来启用自己信任的宏又不太方便。这时我们可以使用折衷的办法，将能够完全信任的宏放置到专有的文件夹中，并在 Excel 中将该文件夹中文件设置为信任，这样该文件夹中文件内的宏即可直接运行。

01 打开"信任中心"对话框，在左侧列表中选择"受信任位置"选项，单击"添加新位置"按钮，如图 2-32 所示。

02 此 时 将 打 开 "Microsoft Office 受信任位置"对话框，在对话框的"路径"文本框中输入受信任文件所在文件夹地址，如图 2-33 所示，单击"确定"按钮关闭对话框完成设置。这样打开该文件夹中包含宏的 Excel 文档时，宏即被允许运行。

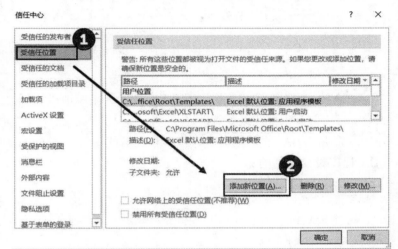

图 2-32　单击"添加新位置"按钮

图 2-33　"Microsoft Office 受信任位置"对话框

提示

如果希望将指定文件夹的子文件夹中的文件设置为信任，可以在"Microsoft Office 受信任位置"对话框中勾选"同时信任此位置的子文件夹"复选框。

第 3 章　学习 VBA，从零开始

VBA 作为程序设计语言，要使用它则需要系统地进行学习，初学者往往会有无从下手的感觉。正所谓万事开头难，要学好 VBA，该从何入手呢？当然是从 VBA 程序设计的基础知识开始。掌握 VBA 的数据类型、常量和变量的知识，以及学会对各类数据计算的方法是进入 VBA 程序设计殿堂的第一步。

本章知识点：

- 学习 VBA 的数据类型
- 学习变量和常量
- 掌握各种运算符
- 学会使用数组

3.1
了解 VBA 的数据类型

在使用 VBA 时，不可避免地会遇到各种数据，如：员工姓名、员工工资以及员工是否在职等，而且这些数据分别属于不同的数据类型。为了能够处理不同类型的数据，VBA 对各种数据类型进行了定义，下面就来看看 VBA 中常见的数据类型。

3.1.1　认识 VBA 基本数据类型

VBA 应用程序可以处理多种类型的数据，包括 Excel 单元格中可以保存和处理的数据类型，如数值、日期/时间、文本和货币等，还包含了在程序设计语言中常见的字节、布尔和变体等数据类型。

1. 字符串（String）

字符串是一个字符系列，通俗地说就是一串文字。在 VBA 程序中，输入的字符串需要放置于双引号中。这里要注意的是，双引号必须是半角符号（即西文字符）。字符串的表示形式如下：

"欢迎进入神奇的 VBA 世界"

如果字符串的长度为 0，这样的字符串被称为空字符串，通常用双引号中不包括任何字符来表示，如下面的语句：

```
""
```

VBA 的字符串实际上分为两种类型，变长和定长的字符串。所谓变长的字符串指的是字符串的长度不确定，这类字符串最多可以包含 2^{31} 个字符串，也就是 20 亿个字符。定长字符串的长度是确定的，可以包含 $1\sim2^{16}$ 个字符。

2. 整数类型（Integer）和长整数类型（Long）

整数类型数据，可以将其理解为整数，也就是那些不带小数部分的数，其可以表示为正整数、负整数和 0。整型数据是 16 位（即 2 个字节）的数值形式，可以包含-32768~32767 的值。在程序中，整数类型数据常用来表示整数，同时也可以用来表示数组变量的下标。整数类型数据的运算速度较快，而且与其他数据相比占用的内存更少。

与整数类型数据相比，长整数类型数据只是数值的取值范围不同，占用内存空间的字节数不同而已。长整数类型数据是存储 32 位（即 4 个字节）的有符号数值，其范围是-2147483648~2147483647。

3. 单精度浮点类型（Single）和双精度浮点类型（Double）

单精度浮点类型数据和双精度浮点类型数据都可以表示带有小数的数值，其中，单精度浮点类型数据存储为 32 位（即 4 个字节）的浮点数值，其通常以科学记数法形式来表示，以 E 或 e 来表示指数部分。单精度浮点类型数据在表示负数时，其值范围是-3.402823E38~-1.401298E-45 的数据，而正数表示为 1.401298E-45~3.402823E38 的数据。

双精度浮点数据存储 64 位（即 8 个字节）的浮点数值，其负值的范围是-1.79769313486231E308~-4.94065645841247E-324，而正值的范围为 4.94065645841247E-324~1.79769313486232E308。

4. 货币类型（Currency）

货币类型数据是一种专门用于处理货币数据的数据类型，该数据类型是 64 位（即 8 个字节）的整数类型数值形式，其值的范围为-922337203685477.5808~922337203685477.5807。货币类型数据主要用于进行货币计算，这类运算场合对于计算精度的要求特别高。虽然浮点类型数据比货币类型数据的有效范围大，但有可能产生小的进位误差。

5. 日期类型（Date）

日期类型数据可以存储日期和数据，该类数据为 64 位（即 8 个字节）浮点数值形式，其可以表示的日期范围从 100 年 1 月 1 日~9999 年 12 月 31 日，时间从 0:00:00~23:59:59。日期型数据在使用时必须前后用数字符号"#"括起来，如下面的语句：

```
#January 1, 2013#
```

6. 变体类型（Variant）

变体类型数据是 VBA 中一种特殊的数据类型，是一种可变的数据类型，可以存放任何类型的数据。当某个变量被指定为变体类型时，VBA 会自动完成数据类型的转换。在 VBA 程序中未经声明的变量会被自动设置为变体类型。变体类型数据最大的劣势在于其需要占用较大的存储空间，因此一般情况下不建议使用这种数据类型。

7. 布尔类型（Boolean）

布尔类型又称逻辑类型，顾名思义，其用来表示逻辑值，其值只有两个，即 True 和 False。在程序中使用布尔值来表示逻辑判断的结果。若是将其他数据类型转换为布尔类型时，0 会转换为 False，其他值则转换为 True。若将布尔值转换为其他数据类型时，False 转换为 0，True 则转换为-1。

8. 字节类型（Byte）

字节类型是一种数值型的数据类型，其用来保存 0~255 的整数，占用 8 位（即 1 个字节）的存储空间，字节类型数据在存储二进制数据时是十分有用的。

9. 对象类型（Object）

对象数据存储为 32 位（即 4 个字节）的地址形式，其用来表示应用程序中的对象，如 Excel 工作簿、工作表或单元格等。在程序中，通过使用 Set 语句来声明为对象类型的变量可赋值为任何对象的引用。

3.1.2 特殊的枚举类型

枚举类型是 VBA 中的一种特殊数据类型，当一个变量有几种可能的值时，可以将其定义为枚举类型。枚举类型数据是将变量的所有可能值一一列举出来，属于该枚举类型的变量只能取枚举中的某一个值。在 VBA 程序中，枚举类型提供了一种处理常数的便捷方法。如在程序中定义一个枚举类型来表示星期与一组常数间的关系，此时在代码中就可以直接使用星期而不是使用数值来表示常数，这无疑会使程序具有更好的可读性。

在默认情况下，枚举中的第一个元素代表常数 0，其后的常数比前一个大 1。如下面语句定义了枚举类型数据：

```
Public Enum Week
星期日
星期一
星期二
星期三
星期四
星期五
星期六
End Enum
```

　　这里，枚举类型数据包含了 7 个元素，它们为一周的 7 天，其中数据"星期日"表示常数 0，数据"星期二"表示常数 2。

　　在上面的代码中，如果希望"星期日"表示的是常数 1，则可以对程序作如下更改：

```
Public Enum Week
星期日＝1
星期一
星期二
星期三
星期四
星期五
星期六
End Enum
```

　　如果定义了枚举类型的数据，在程序中可以声明该枚举类型的变量并使用它。如在使用上面代码定义了 Week 枚举类型数据后，在"代码"窗口中定义变量的数据类型时，代码提示能够选择该枚举类型，如图 3-1 所示。在枚举类型的变量赋值时，代码提示会给出枚举类型数据列表，如图 3-2 所示。

图 3-1　显示枚举类型

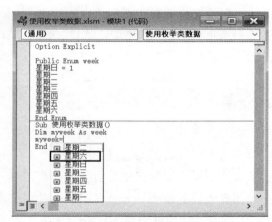

图 3-2　显示枚举类型数据列表

3.1.3　数据类型是可以自定义的

　　在 VBA 中，有一种数据类型被称为自定义型，这是一种用户自定义的数据类型。使用这种自定义数据类型，可以更加灵活地处理许多复杂的数据问题。自定义数据类型实际上包含了一个或多个数据元素，换句话说，它就是一个多种数据类型的集合。

　　在 VBA 中，可以使用 Type 语句来定义自己的数据类型，其语法格式如下：

```
Type 数据类型名
数据类型元素名 As 数据类型
数据类型元素名 As 数据类型
...
End Type
```

这里，"数据类型名"为自定义数据类型的名称，"数据类型"为 VBA 的基本数据类型，当然这里也可以是用户已经定义过的自定义数据类型。下面的语句将自定义一个名为 myType 的数据类型。

```
Type myType
myName As String
myID As Number
myBir As Date
End Type
```

在这段代码定义了名为 myType 的自定义数据类型，该数据类型包含了 3 个数据元素，这 3 个数据元素的数据类型分别是 String、Number 和 Date。

3.2
存储数据的容器：变量

在田间采摘的果实必须放置于篮中，如果没有篮子存储只凭双手，我们每人也许将永远只能得到两个果实。在程序中，经常需要将计算结果保存下来，以便于在其后的程序中使用这些数据，这就要用到存储数据的"篮子"——变量。

3.2.1 使用变量的第一步：声明变量

所谓的变量，顾名思义就是指在程序运行过程中其值可以改变的抽象数据。变量在程序中相当于一个存储数据的容器，其对应计算机内存中的一个存储单元，就像使用的 Excel 工作表中单元格那样。变量在使用前首先需要声明，声明的作用是向系统索要存储数据的存储单元，变量在声明后就会拥有一个名字，同时确定数据类型。

在程序中，声明变量后，每个变量都会拥有一个名字，这个名字被称为变量名。变量名是变量在程序中唯一可识别的标识，程序可以通过这个名字来引用变量。这就像我们在出生时父母给我们起名一样，这个名字将伴随我们一生，成为我们在这个世界上的标识。

在程序中给变量命名有很多的"禁忌"和规定。首先，由于变量名是变量的唯一标识，因此变量名在变量的使用范围内是不允许重名的。同时，在 VBA 中，程序命名必须遵循一定的规则，也就是说作为程序员不能随心所欲地为一个变量命名。声明变量时，变量命名必须遵循如下的规则：

- 变量名必须以字符开头，长度最长为 255 个字符。这里要注意，中文版的 Excel 支持中文作为变量名。
- 变量名只能由字母、数字和下画线组成，不能包含小数点、空格、句点和感叹号以及"@""&""$"和"#"等字符。
- 变量名不能使用 VBA 的关键字（也称保留字），如事件名、语句名或函数名等，因为这些关键字有特殊的意义。

- 不能在相同的变量作用域中使用重复的名称，如不能在同一个 VBA 过程中声明两个名称为 age 的变量。

在 VBA 程序中，可以使用一个专门的命令来声明变量，或者直接在语句中使用变量来创建变量。根据上面的描述可以知道，声明变量就是让 VBA 知道该变量的名称和数据类型，被称为"强制声明"。在 VBA 中，可以使用 Dim 语句来声明变量，语法格式如下：

```
Dim 变量名[As 数据类型]
```

如下面的语句声明了一个命名为 myString 的字符串变量。

```
Dim myString As String
```

这里，Dim 和 As 是声明变量的关键字，数据类型是上一节介绍的 VBA 中的数据类型。中括号里的内容是可以被省略掉的内容，即在声明变量时也可以不指定变量的数据类型。

在声明变量时，可以在一个语句中同时声明多个变量。此时为了给每个变量指定数据类型，需要将每一个变量的数据类型都包含进声明语句中。如下面语句中，将变量 intA、intB 和 intC 声明为 Integer 类型。

```
Dim intA As Integer, intB As Integer, intC As Integer
```

这里要注意的是，如果使用下面的语句：

```
Dim intA, intB, intC As Integer
```

此时变量 intA 和 intB 会被声明为 Variant 类型，只有变量 intC 被声明为 Integer 类型。

3.2.2　先声明，再使用——强制声明变量

程序中的变量在使用前必须要声明吗？熟悉 VBA 的朋友们肯定会说：不声明也行。在 VBA 中，如果程序中引用了未经声明的变量，则意味着 VBA 将创建该变量。此时 VBA 会将这种未声明的变量自动设置为变体类型（即 Variant）数据，这种方式被称为隐式声明。这种方式在实际使用中很方便，至少在编写程序时可以省略变量的声明步骤。但实际上，隐式声明有以下无法回避的缺点：

- 当在过程中错误拼写变量名时，VBA 不会给出提示。如在使用一个名为 myMusic 变量时，如果将变量名错拼成了 myMusice，程序将无法获取变量的值，同时也不会报错。这样无疑增加了调试应用程序的难度。
- 隐式声明的变量为 Variant 型的数据类型，相比其他数据类型，这种数据类型占用的内存空间最多。另外，VBA 每次处理 Variant 类型的变量时都要检查其他数据类型，这会导致程序运行速度变慢，影响程序的运行效率。

在编写 VBA 程序时，应该避免对变量使用隐式声明。为了避免隐式声明，VBA 提供了强制变量声明的功能。在编写程序时，可以在模块的声明部分加入 Option Explicit 语句，该语句的作用是要求该模块中所有的变量必须先声明才能使用。如果 VBA 使用了未声明的变量，VBA 将会给出提示。

每个需要强制变量声明的模块中都必须要包含 Option Explicit 语句，为了省时，我们可以让 VBA 在每次插入新模块时自动添加该语句。具体的操作方法如下。

01 启动 Visual Basic 编辑器后，选择"工具"|"选项"选项，打开"选项"对话框，在对话框的"编辑器"选项卡中选中"要求变量声明"复选框，如图 3-3 所示。

02 单击"确定"按钮，关闭"选项"对话框。此后每次在创建模块时，Visual Basic 编辑器都将自动在模块的第一行添加 Option Explicit 语句，如图 3-4 所示。

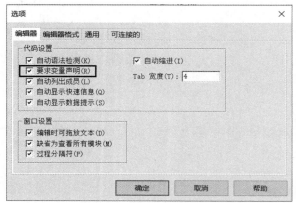

图 3-3　选中"要求变量声明"复选框

图 3-4　插入模块时自动添加 Option Explicit 语句

3.2.3　变量的作用域

不同的变量在 VBA 过程中有不同的有效范围，这个有效范围称为变量的作用域。VBA 中有三种作用域级别的变量，即过程级变量、模块级变量和工程级变量。

1. 过程级变量

过程级变量也被称为局部变量，是一种只能在声明它的过程中使用的变量。过程级变量在过程结束后会马上失效，其他的过程也就无法再使用该变量了，同时 VBA 会释放该变量所占用的内存空间。因此，这种变量的使用可以极大地节省计算机内存空间。

在 VBA 程序中，过程级变量是使用 Dim 关键字来定义的。Dim 在模块中的位置决定了变量的作用域，当 Dim 语句在过程中出现时，声明的变量即为过程级变量，只能在该过程中使用。

2. 模块级变量

一个模块可以包含多个过程，如果多个过程间需要共享某个变量的值，那么就需要将变量定义为模块级变量。定义模块级变量很简单，只需要将声明变量的 Dim 语句放置到模块的声明部分，也就是放置到过程之外即可。如下面语句就可以定义一个模块级变量 myString。

```
Option Explicit
Dim myString As String
Sub test1()
 myString=myString &"欢迎您"
End Sub
Sub test2()
 myString=myString & "VBA 世界"
End Sub
```

在这段程序中，声明变量 myString 的 Dim 语句位于两个过程之外，Dim 语句声明了一个模块级变量，test1 过程和 test2 过程都可以访问该变量。

3. 工程级变量

相对于过程级变量和模块级变量，工程级变量的作用范围最大。工程级变量也被称为全局变量，该类变量能够被工程中的各个模块访问。在模块的声明部分使用 Public 关键字声明的变量就是工程级变量。如下面的语句将声明一个工程级变量 myNumber。

```
Option Explicit
Public myNumber As Number
```

在 VBA 程序中，应该尽量使用过程级变量，只有确实需要在不同过程间共享数据时才使用模块级变量，同时应该尽量控制全局变量的数量。

3.2.4　变量的生存周期

变量有作用范围，也有生存周期，变量的生存周期指的是变量数据能够在内存中保留的时间。如当程序进入变量所在的过程时会为变量分配内存单元，当退出该过程时，该变量占用的内存单元将被释放，其值也将消失。如果再次进入该过程，变量将会重新初始化。这样的变量称为动态变量，使用 Dim 语句声明的变量都属于动态变量。

如果在程序运行进入变量所在的过程后，即使退出了过程，该变量的值仍然被保留，也就是变量所占用的内存单元不释放。当再次进入该过程时，变量值能够再次被使用，这样的变量称为静态变量。

在程序中，动态变量就像一个楼梯上的声控灯，当你步入这段楼梯时灯会亮起，离开时灯会自动熄灭。而静态变量就像一个路灯，夜晚你经过这个路段，它会给你带来光明，照亮你前方的道路，而当你离开这个路段时，它依然会亮着，等待你回来或其他人经过。

要使变量成为永远有效的静态变量，可以使用 Static 关键字来进行声明。下面语句即声明了静态变量 myName。

```
Static myName As String
```

下面通过示例来展示静态变量和动态变量生存周期的不同。

01 打开 VBA 编辑器，选择"插入"|"模块"选项在工程中插入一个模块。在模块的"代码"窗口中输入如下程序代码：

```
Sub 静态变量()
Static num1 As Integer      '声明静态变量
num1 = num1 + 5             '变量值加 5
Debug.Print num1            '显示计算结果
End Sub
Sub 动态变量()
Dim num1 As Integer         '声明变量，变量为动态变量
num1 = num1 + 5             '变量值加 5
Debug.Print num1            '显示计算结果
End Sub
```

02 选择"视图"|"立即窗口"选项，打开"立即窗口"对话框。将插入点光标放置到"静态变量()"模块中，按 F5 键 5 次。由于变量 num1 在该模块中是静态变量，只有在第一次进入过程时才初始化。退出过程时不从内存中释放该变量，则再次进入该过程时变量中仍然保存着上一次的计算结果。因此每执行一次过程，变量的值都会加 5，"立即窗口"中将显示 5 次计算结果，如图3-5 所示。

03 在"代码"窗口中将插入点光标放置到"动态变量()"模块中，按 F5 键 5 次，"立即窗口"中显示计算结果。这里，由于变量 num1 是动态变量，每次过程被执行时变量均会被初始化，过程执行完后变量从内存中释放，因此无论按 F5 键执行该过程多少次，"立即窗口"中显示的变量值永远只是 5，如图 3-6 所示。

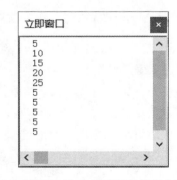

图 3-5　程序运行结果　　　　图 3-6　"立即窗口"中显示的变量值永远是 5

注　意

无论是静态变量还是动态变量，关闭相关 Excel 工作簿后，其生存期都将结束。

3.3
必不可少的常量

常量，顾名思义，指的是在程序运行时其值不发生改变的量，这种量也被称为常数。常量的值在程序执行之前就已经确定好了，在程序执行过程中不会发生改变。在 VBA 中，常量分为三种类型，分别是直接常量、符号常量和系统常量。

3.3.1　直接常量

在 VBA 中，程序代码中直接书写的常量称为直接常量，如下面语句中的数字 3.14 就是一个直接常量。

```
Square=r*r*3.14
```

在程序中使用的直接常量也有数据类型的区别，其数据类型由其本身所表现出来的形式所决定。直接常量的数据类型包括下面 4 种。

- 数值常量：通俗地说，程序中的数字就是数值常量，其可以是整数、小数、十六进制数或八进制数等。如带小数点的负数 -7.93。
- 字符常量：在程序中直接用到的数字、英文字母、特殊符号以及汉字等都属于这种常量类型。字符常量在程序中表现为可见的字符，必须使用双引号，这个双引号称为字符串的定界符。如果常量中包含了双引号，则需要在有双引号的地方输入两次双引号，如下面的语句：

```
"我说：""VBA 实际上真的很简单！"""
```

注　意	
在这里，最后用了三个引号，其中前两个引号将输出一个引号 ""，最后一个引号为这个字符常量的定界符。	

- 日期/时间常量：这也是在 Excel VBA 中很常见的一类常量，其用来表示某一天或某一个时间。与字符常量不同的是，日期/时间常量使用 "#" 作为定界符。日期/时间常量可以有多种形式，在使用日期/时间常量时，日期或时间必须要正确，如 "#29/2/2021#" 这个常量就是错误的，而 "#28/2/2021#" 这个常量就是正确的。因为 2021 年的 2 月没有 29 日。
- 布尔常量：布尔常量也称为逻辑常量，它只有两个值，True 和 False。

3.3.2　符号常量

很多情况下，在 VBA 程序中某个数据不会只使用一次，常量更是如此。对于需要在程序中反复使用的常量，可以为其命名，并用一个符号名来代替它。这种用符号名来替代的常量，被称为符号常量，使用符号常量具有以下明显的优势：

- 提高程序的可读性。符号常量具备有意义的符号名，程序员可以通过常量名来了解该常量的作用，以增强程序的可读性。
- 实现程序的快速修改。假设在一个程序中需要修改一个被多次使用的常数的值，我们是否应该像捉虫那样翻遍程序的每一个角落将它们都找出来进行修改呢？这无疑是对耐心和眼力的巨大考验。但是如果使用了符号常量，这个问题将变得很简单，我们只需要在定义符号常量处对数据进行修改即可。
- 减少程序出错率。如果反复在程序中输入同一个数据，哪怕是最优秀的程序员都无法保证永远不出错。程序中某个细小的数据错误，将会导致计算结果的不同，而且这样的错误很难被发现。而使用符号常量则能够有效地减少这种错误的出现，因为只需要将数据定义一次即可。

在程序运行过程中，将不允许对符号常量进行赋值和修改。因此符号常量必须在程序运行前就确定其值。符号常量的定义方式如下：

```
[Public|Private] Const 常量名 [AS 数据类型]=常数表达式
```

这里，Public 用于在模块中声明符号常量，常量将在整个程序中可用。Private 声明符号常量只能在所声明的过程范围内使用，即它是过程所私有的。如果省略了 Public 或 Private，则默认为 Private。Const 为定义符号常数的关键字，常数表达式的值将一直保存在常数名中，常数值将不会更改。下面这些语句都将实现私有常量的声明：

```
Const PI=3.14
Private Const myStr AS String="VBA 其实很简单"
```

下面的语句将声明公有常量：

```
Public Const myStr= "Hello, VBA!"
```

下面的语句将实现在一行中同时声明多个常量：

```
Const myStr="Hello,VBA!", PI AS Double=3.1416
```

> **注　意**
>
> 与变量一样，在自定义常量时，使用的常量名称是有一定限制的，如不能使用 VBA 的过程、语句或方法名，不能使用空格、句点（.）、感叹号（!）或诸如"@""#"和"&"等符号。常量的命名规则和变量是一样的。

3.3.3　系统常量

系统常量是 VBA 系统内部提供的一系列具有不同用途的符号常数。使用符号常数比直接使用常数更为直观和易懂，如色彩常数中的 vbRed 表示红色，这显然比用数值 0xFF0000 要直观易懂得多。

在 VBA 中，系统常量可以与应用程序中的对象、方法和属性一起使用。在 VBA 中，系统常数名常采用大小写混合的格式，其前缀表示定义常数的对象库名。在 Excel 中，系统常量名通常是以小写的 xl 作为前缀，如设置工作簿显示状态属性的常量 xlSheetVisible。VBA 系统的内部符号常量则以 vb 作为前缀，如定义颜色的常量 vbBlack 和定义日期的常量 vbSaturday等。

要查阅 Excel VBA 的系统常量，可以使用 Visual Basic 编辑器的"对象浏览器"。在 Visual Basic 编辑器中选择"视图"|"对象浏览器"选项，打开"对象浏览器"，在"搜索文字"文本框中输入需要搜索的系统常量，单击"搜索"按钮。在"对象浏览器"中会列出该变量所属的类以及该类包含的所有成员，如图 3-7 所示。

图 3-7　在"对象浏览器"中查看系统变量

3.4
VBA 的运算符

计算机最基本的功能就是对数据进行计算，程序功能的实现更少不了对数据的运算。运算符是介于操作数之间的符号，用于实现操作数间的运算。如大家熟悉的"+"和"−"就是最常见的运算符。VBA 包括 4 类基本的运算符，分别是算术运算符、比较运算符、逻辑运算符和连接运算符。

3.4.1　进行计算的算术运算符

算术运算符是最常见的运算符，用于在程序中进行算术运算，如对数据进行加、减、乘、除或乘方等运算。进行算术运算的运算符除了大家熟悉的"+"和"−"之外，还包括下面这些运算符。

- "*"和"/"运算符：这两个运算符用来进行两数相乘或相除的运算。如 5*8，其结果为 40；4/2，其结果为 2。
- "\"运算符：这里注意符号的方向，它与除法运算符相似但符号方向不同。该运算符为整数除法运算符，用来计算两个数字相除所得商的整数部分。如 8\5 表示 8 除以 5，商为 1.6，此时的计算结果将取的整数部分，不保留小数部分，因此计算结果为 1。
- "^"运算符：该运算符用来进行幂运算。如 3^2 表示 3 的 2 次幂，其运算结果为 9。
- "Mod"运算符：该运算符用来对两数做除法并且返回余数。如 8 Mod 5，其运算结果是余数 3。

3.4.2　比较大小的比较运算符

比较运算符用来计算两个或多个数值之间的关系，这些运算符包括小于（<）、小于等于（<=）、大于（>）、大于等于（>=）、不等于（<>）以及等于（=）。比较运算符的计算结果只有两个，True 和 False。在使用比较运算符进行数值比较时，如果需要将计算结果赋予某个变量，可以使用下面的方式：

```
结果 = 表达式 1 比较运算符 表达式 2
```

如在下面的语句中，判断表达式 5^2-5*7 的结果与 0 的大小，运算结果赋予变量 b，此时 b 的值为 False。

```
b = 5^2-5*7 > 0
```

在 VBA 中，参与关系运算的操作数可以是数值型的，也可以是字符型的。对数据进行比较操作时，如果两个操作数均为数值型，则比较会按照数值的大小进行。如果两个操作数是字符串型的，则按照字符的 ASCII 码值从左向右进行比较。即先比较两个字符串中的第一个字符，ASCII 码大的字符串的值大。如果第一个字符相同，则将比较第二个字符，以此类推直到比较出大小为止。如下面语句比较的结果是 True。

```
"special" > "sparkle"
```

比较运算符中的等于号（=）的作用是判断其两边的值是否相等，VBA 将首先计算"="两边表达式的值，然后对它们进行比较，如下面语句比较的结果是 True。

```
8*5=4*10
```

在比较运算符中，还有两个比较特殊的运算符，它们是 Like 和 Is。Is 运算符用于对象引用的比较，Like 运算符用于对字符串进行匹配，如下面语句运算的结果为 True。

```
"EFGHIJK" Like "*GH*"
```

3.4.3　进行逻辑运算的逻辑运算符

逻辑运算符是指连接表达式进行逻辑运算的运算符,其运算结果只有 True 和 False 两个。VBA 包括下面这些逻辑运算符。

- Not 运算符:用于对表达式进行"逻辑否"运算,当操作数为 True 时,计算结果为 False。如 NOT 5<4,其值为 True。
- And 运算符:用于对两个操作数进行"逻辑与"计算。在进行"逻辑与"运算时,当两个操作数都为 True 时,运算结果为 True,否则运算结果为 False。如表达式 5>4 And 4>3 的运算结果为 True,5>4 And 4<3 的运算结果为 False。
- Or 运算符:用于对两个操作数进行"逻辑或"运算。在进行"逻辑或"运算时,只要两个操作数中有一个值为 True,运算结果即为 True。如表达式 5>4 Or 4<3 的计算结果为 True。
- Xor 运算符:用于进行两个操作数的"逻辑异或"运算。在进行"逻辑异或"运算时,两个操作数结果相反时结果为 True,否则为 False。如表达式 5>4 Xor 4<3 的计算结果为 True,而表达式 5>4 Xor 4>3 的结果为 False。
- Eqv 运算符:用于对两个操作数进行"逻辑等价"运算。在进行"逻辑等价"运算时,当两个操作数结果相同时结果为 True,否则为 False。如表达式 5<4 Eqv 4<3 的计算结果为 True,而表达式 5>4 Eqv 4<3 的计算结果为 False。
- Imp 运算符:用于对两个操作数进行"逻辑蕴含"计算。在进行"逻辑蕴含"计算时,第一个操作数值为 True,第二个操作数值为 False 时,计算结果为 False,否则计算结果为 True。如表达式 5>4 Imp 4<3 的计算结果为 False,而表达式 5<4 Imp 4>3 或 5<4 Imp 4<3 的计算结果都是 True。

如果用 A 和 B 表示两个操作数,用 T 表示逻辑真(True),F 表示逻辑假(False),则各个逻辑运算符的计算结果如表 3-1 所示。

表 3-1　逻辑运算符的真值表

操作数 A	F	F	T	T
操作数 B	F	T	F	T
Not A	T	T	F	F
A And B	F	F	F	T
A Or B	F	T	T	T
A Xor B	F	T	T	F
A Eqv B	T	F	F	T
A Imp B	T	T	F	T

3.4.4　合并字符的连接运算符

在 VBA 中,连接运算符用于合并两个以上的字符串使其成为单一的字符串。VBA 中的连接运算符有两个,它们是"&"和"+"运算符。

"&"运算符用来强制将两个表达式作为字符串连接起来，如下面的语句：

```
"I love" & "VBA"
```

该语句的运算结果是字符串"I love VBA"。

如果表达式的结果不是字符串，则该运算符将会把表达式的结果转换为字符串。如下面的语句：

```
"Excel" & "20" & "21"
```

该语句的运行结果是"Excel2021"，VBA 将会把数字 20 和 21 转换为字符串，然后再连接它们。

"+"运算符应用于字符串中时，可以将字符串连接起来，如下面的语句：

```
"Excel"+"VBA"
```

该语句的运算结果为字符串"ExcelVBA"。

"+"运算符只有在其两边表达式均为字符串时才能进行字符串连接运算，如下面语句在运行时将提示"类型不匹配"，如图 3-8 所示。

```
"Excel"+2021
```

图 3-8　提示"类型不匹配"

> **注　意**
>
> 在使用连接运算符连接字符串时，如果无法确定是进行加法运算还是进行字符串的连接，为了避免程序错误，应该使用"**&**"运算符来进行连接。

3.4.5　应该先算什么

运算符的作用就是完成运算，将常量、变量和函数等用运算符连接起来的运算式就构成了表达式。如果一个表达式中包含多个运算符就必须考虑运算符的优先级。运算符的优先级指的是在多个运算符并存的情况下究竟应该先优先算哪个运算符。

在表达式中，如果存在多个运算符，一般是先处理算术运算符，然后处理比较运算符，接着处理逻辑运算符。所有的比较运算符的计算顺序是相同的，即按照从左向右的顺序来进行计算。对于算术运算符、比较运算符和逻辑运算符同时存在的语句，按照如表 3-2 所示的由上向下的顺序来进行计算。

表 3-2　运算符的优先顺序

算术运算符	比较运算符	逻辑运算符
指数运算（^）	相等（=）	Not
负数（-）	不等（<>）	And
乘法和除法（*、/）	小于（<）	Or
整数除法（\）	大于（>）	Xor
求模运算（Mod）	小于或等于（<=）	Eqv
加法和减法（+、-）	大于或等于（>=）	Imp
字符串连接（&）	Like 和 Is	

在默认情况下，VBA 中的运算将按照运算符的优先顺序来进行，如果需要更改这个优先顺序，可以使用括号。括号内的运算总是优先于括号外的运算，括号内的运算仍按照运算符的优先顺序来进行。

如下面两个语句：

```
3 ^ 2 + 4 * 5 - 7
3 ^ 2 + 4 * (5 - 7)
```

第一个语句运行的结果是 22，按照运算符的优先级是先进行指数运算，然后是乘法运算，最后进行加减运算。添加括号后则先进行括号内的减法运算，然后进行指数运算和乘法运算，最后计算加法，所以运行结果为 1。

3.5
大量数据的操作从数组开始

正如前面介绍的，对于单个的数据，使用变量名来访问它是比较简单的方法。但是，如果要对大量数据进行访问，使用变量名就非常麻烦。这时，使用数组是一个高效快捷的方式。

3.5.1　初识数组

在程序中遇到大量的数据需要处理，如果为每一个数据定义一个变量将使程序变得非常的庞杂且很难阅读。此时，最好的办法就是使用数组来存储这些数据。

数组可以理解为一种特殊的变量，是一组变量的集合，这些变量具有相同的或不同的数据类型，共享一个名称。VBA 的数组与其他程序设计语言不同的地方在于，其他程序语言的数组中所有元素都必须具有相同的数据类型，而 VBA 数组的各个元素可以是相同的数据类型，也可以是不同的数据类型。通俗地说数组保存数据就像用一个柜子来装数据，柜子被分出了一个个抽屉，将各种数据分别放置在一个个抽屉中。如表 3-3 所示的数据共有 5 个项目，可以使用数组来保存这些数据。

表 3-3　数组数据

项目 1	郭义
项目 2	男
项目 3	教师
项目 4	本科毕业
项目 5	武汉市

在表 3-3 中的数据可以通过项目名称后加上数据元素在列表中的序号来表示，如数据"郭义"可以用"项目 1"来表示。这类只具有行或者列的数据，是一种比较简单的数组，称为一维数组。

如果将由行和列组成的数据表定义为一个数组，这个数组即为二维数组。典型的二维数组就是大家熟悉的 Excel 工作表，工作表中每个数据的位置由行号和列号共同决定，而不像一维数组只需要行号或列号就可确定数据位置。例如在下面的二维数据表 3-4 中，要确定某个数据，必须同时使用行号或列号。如要确定数据"王明"，需要行号 2 和列号 1。

表 3-4　二维数据表

	1	2	3	4
1	李芬	女	本科	北京市
2	王明	男	本科	南京市
3	刘露	女	本科	武汉市

如果数组除了处理行和列上的排列之外，还具有深度，这样的数组即是三维数组。如果把 Excel 的工作表看作一个二维数组，那么由于一个工作簿同时包含了多个工作表，其可以看作是三维数组。VBA 的数组最大能够达到 60 维，其实超过三维的数组就难以理解了。所以在编写 VBA 程序时，那种庞大而繁杂的多维数组基本难以遇到，一般情况下，用得最多的是一维、二维和三维数组。

3.5.2　声明数组

与变量一样，数组在使用之前同样需要进行声明，让系统为其分配一片连续的内存空间。数组的声明，与变量相同，同样使用 Dim、Static、Private 或 Public 语句来实现。但是与声明变量不同的是，数组在声明时必须为其指定大小。如果数组的大小被指定的话，则它是固定大小的数组，这种数组被称为静态数组。如果程序运行时，数组的大小可以被改变，则其是动态数组。

对于一维的静态数组，常使用两种方法来进行声明。

第一种方法的语法格式如下所示：

```
Dim 数组名(上界) As 数据类型
```

这里，数组名用于指定数组的名称，上界用于指定数组下标的上边界值，数据类型用于指定数组中数据的数据类型。这种定义方式需要给出数组下标的上界，这个上界值为数组下标可以使用的最大值。如下面的语句：

```
Dim myStrings (15) As String
```

这里，声明了名为 myStrings 的一维数组，数组中的元素从 myStrings(0)开始，依次是 myStrings(1)，myStrings(2)，…，myStrings(15)为止，数组一共包含 16 个元素。其中的数字 0，1，2，…为数组的下标，表示该元素是数组中的第几号数字。

如果省略下标的上界，则该值取默认值 0。

声明数组的第二种方法是在定义数组时，直接指明数组的上界和下界的值。此时数组的下界值将不从默认的 0 开始，而是从定义的下界开始。具体的声明方法如下所示：

```
Dim 数组名 (下界 To 上界) As 数据类型
```

这种方式能够将数组下标的下界定义为任意值。如：

```
Dim myArray(-2 To 8) As String
```

该语句定义了一个名为myArray的数组，该数组共有11个元素，它们分别是myArray(-2)，myArray(-1)，myArray(0)，myArray(1)，…，myArray(8)。

注　意

在声明数组时，数组的命名与变量的命名一样都要符合标识符的规则，并且要尽量做到命名有一定的含义以便于阅读。在同一个过程中，数组名不能和变量名相同，否则将会出错。

如果需要声明二维数组，可以使用下面的语法结构：

```
Dim 数组名 (第一维上界，第二维上界) As 数据类型
```

或

```
Dim 数组名 (第一维下界 To 第一维上界，第二维下界 To 第二维下界) As 数据类型
```

如下面的语句定义了一共具有 60 个元素的二维数组：

```
Dim myArray(-2 To 9,8 To 12) As Integer
```

这里，myArray 数组中的元素为 myArray(-2,8)，myArray(-2,9)，MyArray(-2,10)，myArray(-2,11)，myArray(-2,12)，myArray(-1,8)，myArray(-1,9)，…，myArray(9,12)。

3.5.3　随心所欲的动态数组

在声明数组时，指定数组的下界和上界，数组将是一个固定大小的数组，这种数组就是

静态数组。但是在很多情况下，程序中使用的数组的大小不需要固定，需要在代码的执行过程中根据需要改变数组的大小，这种可以改变容量大小的数组，被称为动态数组。

在 VBA 中，对于静态数组来说，数组的下标必须为常数，不能是变量或表达式，否则将会出错。如下面的语句在运行时将会出错，如图 3-9 所示。

```
Dim i As Integer
i = 3
Dim a(i) As String
a(0) = "Excel VBA"
```

图 3-9　声明数组时的出错提示

动态数组在程序运行时的大小是可以改变的，要实现这种改变，需要使用变量来作为数组下标。要创建动态数组，一般使用如下步骤：

01 首先使用 Dim、Static、Private 或 Public 语句来声明数组，此时语句中的括号为空。如下面语句定义名为 **myArray** 的数组：

```
Dim myArray() As Integer
```

02 在创建数组后，使用 ReDim 语句来再次对数组进行声明，为数组重新分配存储空间。

ReDim 语句的语法格式如下所示：

```
ReDim [Preserve] 数组名(下标) [As 数据类型]
```

ReDim 语句将在过程中重新定义数组的维数和大小，该语句中的关键字 Preserve 为可选。如果省略该关键字，在重新定义数组大小时数组中保存的数据将全部消失。如果使用了 Preserve 关键字，则在扩充数组时将保存原有数组中的数据。

如下面语句能够在 **myArray** 数组中扩充 10 个元素，而原数组中的值不会丢失。

```
ReDim Preserve myArray(UBound(myArray)+10)
```

注　意
这里 UBound 函数用来获得数组的最大下标，如果需要获得数组的最小下标，可以调用 LBound 函数。

第 4 章　编写程序，从语句开始

VBA 的程序代码是由各种各样的语句构成的，语句是构成程序的基本元素，是程序功能得以实现的手段。编写程序就像写一篇文章一样，程序员既要掌握语句的使用规范，又要掌握一些基本的语句，做到以上两点就可以编写具有实用意义的程序了。本章将介绍程序代码的编写规范、赋值和注释语句、基本的输入和输出语句，以及程序的暂停和退出语句。

本章知识点：

- 了解代码规范
- 学习赋值语句和注释语句
- 学习程序的输入和输出
- 了解程序的暂停和退出

4.1
编写程序代码的规则

任何一种程序设计语言都有一套完整而严格的编程规则，用来告诉编程者如何正确地使用程序设计语言来与计算机进行交流。在开始学习编程之前，我们需要了解 VBA 中编写程序代码所要遵守的规则，这样书写的程序代码才能被 VBA 识别并正确执行。

4.1.1　编写代码必须遵循的原则

VBA 程序中的语句是需要计算机执行的具体指令，它是 VBA 方法、书写、函数、表达式以及 VBA 所能识别的符号的组合。在编写程序代码时，需要遵守的规则称为语法。在书写程序代码时，必须遵守下面这些基本的规则，这些规则不仅能够保证程序顺利通过调试，而且能够使代码能够被其他程序员看懂，增强程序的可读性。

- VBA 程序是不区分字母大小写的。在输入 VBA 程序代码时，可以随意使用大小写字母在完成输入后，VBA 会自动将代码中关键字的首字母转换为大写，其余的字母转换为小写。
- 在编写程序代码时，各个关键字之间与关键字和变量名、常量名以及过程名之间必须以空格分隔开。

● 要使用缩进格式。在编写程序代码时，为了使程序的结构具有可读性，可以使用缩进格式来表现代码的逻辑结构和嵌套关系。如下面的语句在 for 循环中包含了 if 结构，就使用了缩进格式。

```
Set r = Range("myRange")
For n = 1 To r.Rows.Count
    If r.Cells(n, 1) = r.Cells(n + 1, 1) Then
        MsgBox "Duplicate data in " & r.Cells(n + 1, 1).Address
    End If
Next n
```

4.1.2 语句很长和很短怎么办

在 VBA 编辑器中输入程序代码时，经常会遇到一行代码很长的情况，这给代码的打印和阅读带来了不便，此时程序代码就需要换行。在 VBA 中，要实现程序的换行，可以使用续行符 "_"。在使用续行符时，必须要在续行符前添加一个空格将续行符和代码分隔开。如下面这段代码添加了两个续行符将只有一行的语句分成了三行：

```
Application.DefaultWebOptions. _
Fonts(msoCharacterSetEnglishWesternEuropeanOtherLatinScript) _
.ProportionalFont = "Tahoma"
```

续行符并不能将语句从任意位置分隔后续行，程序员在键入程序时必须要为续行符选择合适的使用位置，否则续行符不仅不能发挥作用，还会引起错误警告。如对上面的语句进行如下的修改，运行程序时将得到出错提示，如图 4-1 所示。

```
Application.DefaultWeb _
Options.Fonts(msoCharacterSetEnglishWesternEuropeanOtherLatinScript) _
.ProportionalFont = "Tahoma"
```

图 4-1　出错提示

使用续行符对语句换行必须注意，续行符的出现不能打断语句的完整性，续行符不能出现在关键字、函数名、过程名或参数名的内部，即不能将上述字符串分列到两行中。通常的做法，是将续行符放置到关键字、函数名或过程名等的后面。同时，VBA 中允许输入的连续行不能超过 24 行。

在 VBA 中，如果遇到多条较短的语句需要书写时，可以将它们写在同一行中。此时，各条语句间应该使用英文的冒号 "："来作为分隔符。这些位于同一行的语句将被认为是独立的语句，在逐行执行时将按照顺序来执行。如下面的语句将定义两个变量，同时为这两个变量赋值，这两个赋值语句合并在同一行中书写。

```
Dim Count, Number
Count=5:Number=4
```

注　意

将语句合并到一行中只是为了书写上的方便，同时使代码显得简洁易读，并不是将多个语句合并为一条语句，程序运行时同样会分别执行这些语句。

4.2
最基本的语句——赋值和注释语句

赋值语句和注释语句可以说是 VBA 程序中用得最多的语句。赋值语句用于为变量或常量赋值，注释语句用于在程序中添加语句说明，下面介绍这两种语句的具体使用方法。

4.2.1　赋值语句

赋值语句是程序设计中最基本最常用的语句，其用于在程序中为常量、变量和对象属性进行赋值。在使用赋值语句时，程序将先对等号右侧的表达式进行计算，然后将计算结果赋予左侧的变量或对象属性，其语法格式如下所示：

[Let] 变量名（常量或对象属性）=表达式

上述语句能够将等号右边的值传送给等号左边的常量、变量或对象属性。其中，关键字 Let 可以省略，使用该方式进行赋值必须要注意以下几点：

● 语句中的 "=" 不是比较运算符，其只起赋值的作用。
● "=" 左边必须是常量名、变量名或对象属性名，不能是表达式。
● "=" 左边的变量的数据类型必须和右边表达式计算结果的数据类型兼容，否则将无法完成赋值操作。这里的数据类型兼容不要求 "=" 两边的数据类型必须完全相同，但是数据要能够进行相应的数据类型转换。如不能将字符串表达式的值赋予数值变量，也不能将数值表达式的值赋予字符串变量。

如下面的语句使用 Let 关键字将表达式的值赋予变量。

```
Dim myString, myNum
Let myString="Hello VBA"
Let myNum=30
```

下面的语句则是省略 Let 关键字所进行的赋值操作。

```
Dim myString,myNum
myString="Hello VBA"
myNum=30
```

下面的语句则是将工作表 Sheet1 的 Visible 属性值设置为 True，使该工作表显示出来。

```
Sheets("Sheet1").Visible=True
```

4.2.2　注释语句

在程序中，适当添加注释是编写程序的好习惯。程序员可以使用注释来说明编写某段代码或声明某个变量的目的，通过注释来对当时的编程思路进行提示。注释可以提高程序的可读性，帮助其他用户了解程序，也方便代码的调试和维护。

在程序中，为代码添加注释一般有两种方法，一种方法是以撇号（'）开头，一种方法是以 Rem 关键字开头，然后在它们后面添加注释内容。

使用 Rem 关键字的语法格式如下所示：

```
Rem 注释文本
```

在程序中，Rem 语句有两种用法，一种是将 Rem 关键字放在一行的起点，然后在其后跟随注释文字即可，如下面的语句：

```
Rem 本行是注释语句
a=300
```

如果需要将注释语句添加到程序代码某行语句后，则必须在代码和 Rem 语句间使用冒号衔接，如下面的语句：

```
A=300: Rem 这是注释内容
```

在 VBA 程序中，还有一种更简单的为程序添加注释的方法，那就是以单引号（'）开头，然后在其后添加注释内容。这种注释方式并不需要确保单引号在注释内容之间留有空格，单引号可以和注释内容紧密连接。在代码行中添加注释时，也不需要利用冒号来衔接代码和注释。因此，这是为程序添加注释最为便捷的方法，如下面的语句：

```
Sheets("sheet1").Visible=false            '设置工作表的可视状态
```

在 Visual Basic 编辑器中，在"代码"窗口中输入注释语句，将插入点光标放置到注释语句所在的行。在"编辑"栏中单击"设置注释块"按钮，如图 4-2 所示。Visual Basic 编辑器会自动在行首添加单引号，将当前行的语句变为注释，如图 4-3 所示。

图 4-2 单击"设置注释块"按钮

图 4-3 语句自动变为注释

4.3
无须控件，一样交互

Excel VBA 应用程序的一个重要功能是对数据进行处理，在数据处理过程中，程序需要知道处理什么数据和数据处理的结果如何告知用户，这就是数据的输入和输出。在 Excel VBA 中，使用对话框是实现数据输入输出的常用方法。在 VBA 程序中，创建对话框并不一定需要使用控件，可以使用 InputBox 函数来获得输入对话框，使用 MsgBox 函数获得输出对话框。另外，使用 Print 方法能够更为便捷地获得程序对数据处理后的结果。

4.3.1 使用输入对话框输入数据

在 VBA 中，InputBox 函数能够产生接受用户输入数据的对话框，用户可以在该对话框中输入数据，在对话框被关闭时将输入的数据作为返回值传递给应用程序。如下面语句将能获得一个输入对话框，对话框如图 4-4 所示。

```
InputBox ("请在此输入数据")
```

图 4-4 输入对话框

在使用 InputBox 函数时，用户不仅可以实现向程序输入数据，还可以通过对函数的参数进行设置来获得不同样式的对话框。InputBox 函数的语法格式如下所示：

```
返回值=IputBox(Prompt,[Title][,Default][,Xpos,Ypos][,Helpfile,Context])
```

InputBox 函数参数的意义如下所示：

- Prompt：该参数用于设置对话框中显示的提示信息，最大长度为 1024 个字符。如果需要在对话框中显示多行字符，可以在文字之间使用回车符 vbCrLf 来换行。
- Title：该参数用于设置对话框标题栏中显示的字符，其值为字符串型数据。如果省略该参数，将会把应用程序名放入标题栏。
- Default：该参数用于设置显示在文本框中的字符串。也就是说，该参数将在打开对话框还未输入数据时显示于对话框的文本输入框中。如果该参数被省略，则文本输入框为空。
- Xpos 和 Ypos：这两个参数分别用于设置对话框在屏幕上的位置。Xpos 值为对话框左边与屏幕左边的水平距离，Ypos 值为对话框上边与屏幕上边的距离。如果省略 Xpos 参数，对话框会水平居中。如果省略 Ypos 参数，对话框将位于屏幕垂直方向距下边大约三分之一的位置。
- Helpfile：该参数用于设置对话框的帮助文件，此参数可以省略。
- Context：该参数用于设置对话框的帮助主题编号，此参数可以省略。

【示例 4-1】使用 InputBox 函数输入多个数据

（1）启动 Excel 并创建一个空白工作簿，打开 Visual Basic 编辑器，创建一个新模块。在该模块的"代码"窗口中输入如下程序代码：

```
01    Sub 使用InputBox函数()
02    Dim myName As String, mySex As String, _
03    myAge As String                            '声明变量
04    myName = InputBox("请输入你的姓名", _
05    "个人信息输入框")                          '创建第一个输入对话框用于输入姓名
06    mySex = InputBox("您的姓名是：" + _
07    myName + vbCrLf + "下面请输入您的性别信息", _
08    "个人信息输入框", "男")                     '创建第二个输入对话框用于输入性别
09    myAge = InputBox("您的姓名是：" + myName + _
10    vbCrLf + "您的性别是：" + mySex + vbCrLf + _
11    "下面请输入您的年龄信息", "个人信息输入框", "30")
                                                 '创建第三个输入对话框用于输入年龄
12    End Sub
```

（2）按 F5 键运行程序，在屏幕上出现第一个输入对话框，在输入对话框中输入姓名信息，如图 4-5 所示。单击"确定"按钮后将再次打开输入对话框，对话框中显示上次输入的姓名，并要求输入性别信息。此时输入文本框中的默认值为"男"，如图 4-6 所示。完成输入后单击"确定"按钮关闭对话框。接着将再次打开输入对话框要求输入年龄，此时对话框中将显示已经输入的姓名和性别，如图 4-7 所示。

图 4-5　在输入框中输入姓名信息

图 4-6　输入性别

图 4-7　输入年龄

代码解析：

- 使用 InputBox 函数一次只能返回一个值，如果需要输入多个值，则必须要多次调用该函数，就像本例中那样。
- 在默认情况下，InputBox 函数的返回值是一个字符串，而不是变体类型。因此，在代码开始声明变量时，将存储 InputBox 函数返回值的变量均要定义为字符串类型。
- 在设置输入对话框显示的文字时，如果文字需要换行，可以使用常量 vbCrLf。同时，可以使用连接运算符 "+" 来将多个字符串连接在一起显示。

4.3.2　使用 MsgBox 函数输出数据

在 VBA 中，MsgBox 函数能够以对话框的形式显示一些简单的提示信息，如错误、警告或信息提示等。此时，程序将等待用户对提示做出反应，用户操作可以通过单击对话框上的按钮来完成。这些按钮被赋予了特殊的值，用户单击相应的按钮后，返回值将传递回程序，告诉程序用户所做的选择。

如下面的语句将能够创建一个简单的信息提示框，单击"确定"按钮将关闭该对话框，如图 4-8 所示。

```
MsgBox "这是一个信息提示框", vbInformation
```

图 4-8　信息提示框

MsgBox 函数有两种用法：

- 一种是不返回值的函数调用。也就是说，不需要告诉程序用户当前单击的是哪个按钮，只是需要显示某些提示信息。此时，可以使用下面的语法格式：

```
MsgBox Prompt [,Buttons] [,Title] [,Helpfile,Context]
```

- 如果是要获取返回值的函数调用，也就是需要将用户单击了哪个按钮告知程序，则可以使用下面的语法格式：

```
返回值=MsgBox(Prompt [,Buttons] [,Title] [,Helpfile,Context])
```

MsgBox 函数和 InputBox 函数的参数意义基本一致，不同的只是其增加了一个 Buttons 参数，该参数用来指定显示按钮的数目与样式、对话框中的图标样式以及指定默认按钮等。这里，按钮的样式由 VBA 常数来设置，这些常数的意义如表 4-1 所示。

表 4-1　按钮设置表

常量	值	说明
vbOkOnly	0	只显示"确定"按钮
vbOkCancel	1	显示"确定"及"取消"按钮
vbAbortRetryIgnore	2	显示"异常终止""重试"及"忽略"按钮
vbYesNoCancel	3	显示"是""否"及"取消"按钮
vbYesNo	4	显示"是"及"否"按钮
vbRetryCancel	5	显示"重试"及"取消"按钮
vbMsgBoxHelpButton	16384	显示"帮助"按钮

MsgBox 函数可以使用 VBA 常数来设置对话框中显示的图标样式，这些常数的意义如表 4-2 所示。

表 4-2　图标样式设置表

常量	值	说明
vbCritical	16	显示 Critical Message 图标
vbQuestion	32	显示 Warning Query 图标
vbExclamation	48	显示 Warning Message 图标
vbInformation	64	显示 Information Message 图标

由于在对话框中往往会存在多个按钮，MsgBox 函数允许用户任意选择一个按钮，并将其设置为默认被选择的按钮，这个按钮称为对话框中的默认按钮。使用 VBA 中的常量可以指定对话框中的默认按钮，默认按钮设置所需使用的常量如表 4-3 所示。

表 4-3　默认按钮设置表

常量	值	说明
vbDefaultButton1	0	以第 1 个按钮为默认按钮
vbDefaultButton2	256	以第 2 个按钮为默认按钮
vbDefaultButton3	512	以第 3 个按钮为默认按钮
vbDefaultButton4	768	以第 4 个按钮为默认按钮

在对 Buttons 参数进行设置时，可以将上面不同作用的多个常量结合起来使用，这样就可以随心所欲地定制自己的消息对话框样式了。在使用多个常量时，可以使用"+"来连接它们。如使用下面语句定义消息对话框的样式，该消息框将有"是""否""取消"和"帮助"4 个按

钮，同时将显示 Warning Message 图标⚠，并且以第 2 个按钮作为默认被选择的按钮，如图 4-9 所示。

```
MsgBox " 这 是 一 个 信 息 提 示 框 ", vbYesNoCancel + vbMsgBoxHelpButton +
vbExclamation+vbDefaultButton2
```

图 4-9　自定义消息对话框获得的样式

【示例 4-2】使用 MsgBox 函数创建提示对话框

（1）启动 Excel 并创建一个空白文档，打开 Visual Basic 编辑器。创建一个模块，在模块的"代码"窗口中输入如下程序代码：

```
01   Sub 使用 MsgBox 函数()
02      Dim Msg, Style, Response, Title          '声明变量
03      Msg = "你想继续完成你的操作吗？"             '设置对话框现显示的提示文字
04      Style = vbYesNo + vbCritical + vbDefaultButton2  '设置对话框的显示样式
05      Title = "操作提示"                        '标题文字
06      Response = MsgBox(Msg, Style, Title)'显示提示对话框，并获取用户的操作
07      If Response = vbYes Then               '如果用户单击了"确定"按钮
08        MsgBox "你选择了继续操作，操作将继续！", _
09       vbOKOnly + vbExclamation, "注意"        '提示操作将继续
10      Else                                   '如果用户单击了"否"按钮
11        MsgBox "你选择了不再操作，当前操作将结束！", _
12       vbOKOnly + vbExclamation, "注意"        '提示操作将终止
13      End If
14   End Sub
```

（2）按 F5 键运行程序，程序将首先给出提示对话框，对话框包含"是"按钮和"否"按钮，默认选择的按钮将是第 2 个按钮，即"否"按钮，如图 4-10 所示。如果单击"是"按钮，程序给出只含有一个按钮的提示对话框，提示当前的操作，如图 4-11 所示。如果单击"否"按钮，程序同样给出提示对话框，如图 4-12 所示。

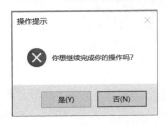

图 4-10　程序给出提示对话框

图 4-11　提示对话框提示当前操作

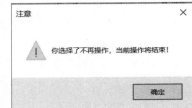

图 4-12　程序给出提示对话框

代码解析：

- 在代码中，将 MsgputBox 函数需要的参数置于变量中，当需要更改对话框的提示文字时，只修改变量的值即可。
- 程序通过设置 MsgBox 函数的 Buttons 参数来设置"操作提示"对话框的样式，这包括指定对话框中显示的图标样式、按钮类型以及默认选择的按钮。
- 程序将 MsgBox 函数的返回值置于变量 Response 中，使用 if 语句来判断用户单击的是哪个按钮。如果变量 Response 值为 vbYes，说明单击了"是"按钮，否则单击的是"否"按钮。根据用户选择的不同，分别使用提示对话框显示不同的提示内容。

4.3.3 简单实用的 Print 方法

调用 MsgBox 函数可以在一个独立的对话框中显示程序的运行结果，但是在程序调试时如果使用它来显示结果就显得不够快捷直观。这时，Print 方法就显示出了独特的优越性，因为该方法能够直接在 Visual Basic 编辑器的"立即窗口"中显示程序的结果。在程序运行时，任何变量值的变化，都可以调用该方法在"立即窗口"中实时显示，就像看现场直播那样。

在 VBA 中，Print 方法的语法结构如下所示：

```
Debug.Print 显示内容
```

下面的语句将在"立即窗口"中显示字符串"VBA 很简单，I Love her！"，如图 4-13 所示。

```
Debug.Print "VBA 很简单, I Love her! "
```

图 4-13 在"立即窗口"中显示的字符串

在调用 Print 方法时，为了设置输出字符的格式，可以在输出字符时使用下面的参数。

- Spc(n)：该参数为可选参数，用于指定在输出时需要在字符前添加的空格的数目，空格的数目由 n 决定。
- Tab(n)：该参数为可选参数，用于将插入点定位到 n 所指定的列。
- 插入点参数：在输出字符时，可以通过插入点参数来设置插入点的位置。在输出时，使用逗号（,）能够以 14 个字符为一个分隔区，将数据输出到对应的输入区中。使用分号（;）能够指定插入点为前一个字符的后面，其能够将两个字符串连接在一起显示。

【示例 4-3】调用 Print 方法创建字符画

（1）启动 Excel 并创建空白文档，打开 Visual Basic 编辑器。创建模块，在模块的"代码"窗口中输入如下程序代码：

```
01    Sub 使用 Print 方法()
02        Debug.Print Tab(3); "n"; "n"; "n"; Tab(7); Spc(5); "n"; "n"; "n"
03        Debug.Print Tab(2); "n"; Tab(7); "n"; Tab(10); "n"; Tab(15); "n"
04        Debug.Print Tab(1); "n"; Tab(9); "n"; Tab(16); "n"
05        Debug.Print Tab(0); "n"; Tab(4); "情人节快乐!"; Tab(16); "n"
06        Debug.Print Tab(2); "n"; Tab(15); "n"
07        Debug.Print Tab(3); "n"; Tab(14); "n"
08        Debug.Print Tab(4); "n"; Tab(13); "n"
09        Debug.Print Tab(6); "n"; Tab(12); "n"
10        Debug.Print Tab(9); "n"
11    End Sub
```

（2）按 F5 键运行程序，程序运行时将在"立即窗口"中显示指定的字符，这些字符将组成一幅有趣的字符画，如图 4-14 所示。

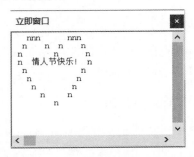

图 4-14　在"立即窗口"中显示的结果

代码解析：

● 这段代码调用 Print 方法来输出字符组成字符画。

● 使用 Tab(n) 来确定字符出现的位置，该分隔符能够将插入点光标移动到指定的位置，其类似于按 Tab 键来创建制表位。

● 程序使用分号";"分隔符来连接字符形成一行连续的字符。

● 程序调用 Spc(n) 来添加空格以增加字符间的间隔。

● 在调用 Print 方法时，用于换行的常数 vbCrLf 同样有用。因此，上面的代码完全可以只调用一个 Print 方法来完成，具体的代码如下所示。与上面的代码相比，这段代码只调用了一次 Print 方法，为了实现字符的分行显示，使用了 vbCrLf 来换行。当然这样做的代价是：这一行代码将会很长，要完整地看到它，读者只能无可奈何地不断地向右拖动"代码"窗口中的滚动条了。

```
Debug.Print Tab(3); "n"; "n"; "n"; Tab(7); Spc(5); "n"; "n"; "n"; vbCrLf; Tab(2);
"n"; Tab(7); "n"; Tab(10); "n"; Tab(15); "n"; vbCrLf; Tab(1); "n"; Tab(9); "n";
Tab(16); "n"; vbCrLf; Tab(0); "n"; Tab(4); "情人节快乐!"; Tab(16); "n"; vbCrLf; Tab(2);
```

```
"n"; Tab(15); "n"; vbCrLf; Tab(3); "n"; Tab(14); "n"; vbCrLf; Tab(4); "n"; Tab(13);
"n"; Tab(6); "n"; Tab(12); "n"; vbCrLf; Tab(9); "n"
```

4.4
暂停和退出程序的方法

在程序运行时，有时需要对程序的运行进行控制，如暂停程序的运行或退出程序。VBA 提供了专门的暂停和退出语句对程序进行控制，本节将对这些语句进行介绍。

4.4.1　让程序暂时停止一下——使用 Stop 语句

在程序中使用 Stop 语句可以使程序在该语句处暂停运行，该语句的作用相当于在该处设置断点。当程序运行到该语句时，程序将被暂时挂起停止执行，但不会造成文件关闭或变量被清除等情况的发生。暂停的程序可以继续执行，继续执行时程序将从 Stop 语句的下一条语句开始执行。

Stop 语句能够将程序暂时挂起，但在继续运行则需要用户来进行操作，因此 Stop 语句常用于进行程序调试。Stop 语句不带任何参数，因此可以被放置在程序的任意位置。下面将通过一个示例来介绍 Stop 语句的使用方法。

【示例 4-4】使用 Stop 语句实现逐行显示

（1）启动 Excel 并创建一个空白文档，打开 Visual Basic 编辑器。创建一个模块，在模块的"代码"窗口中输入如下程序代码：

```
01    Sub 使用 Stop 方法()
02        Dim a As String                              '声明变量
03        a = InputBox("请输入字符", "输入字符")          '创建输入对话框
04        Debug.Print Tab(3); a                        '显示第一行字符
05        Stop                                         '暂停程序
06        Debug.Print Tab(2); a; Tab(4); a             '显示第二行字符
07        Stop                                         '暂停程序
08        Debug.Print Tab(1); a; Tab(3); a; Tab(5); a  '显示第三行字符
09    End Sub
```

（2）按 F5 键运行程序，程序将首先弹出输入对话框要求用户输入字符。在对话框的输入文本框中输入字符，如图 4-15 所示。单击"确定"按钮，在"立即窗口"中将显示第一行字符，同时在"代码"窗口中将标示出程序暂停的位置，如图 4-16 所示。按 F5 键，程序将继续向下执行，"立即窗口"显示第二行字符，如图 4-17 所示。继续按 F5 键向下执行程序，程序执行完成后的结果，如图 4-18 所示。

图 4-15 在输入对话框的输入文本框中输入字符

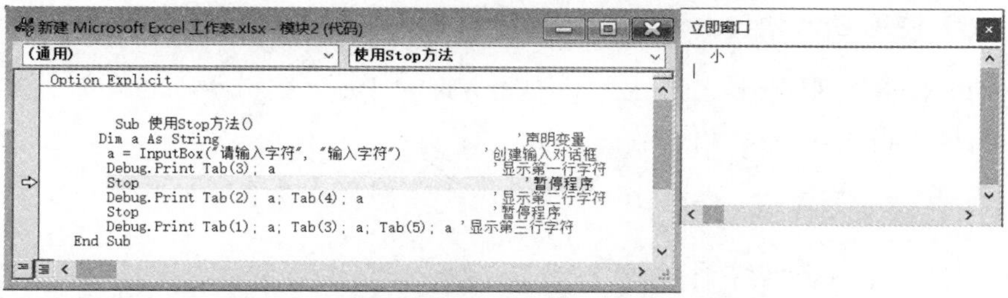

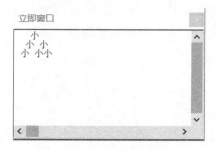

图 4-16 "代码"窗口标示出代码暂停的位置

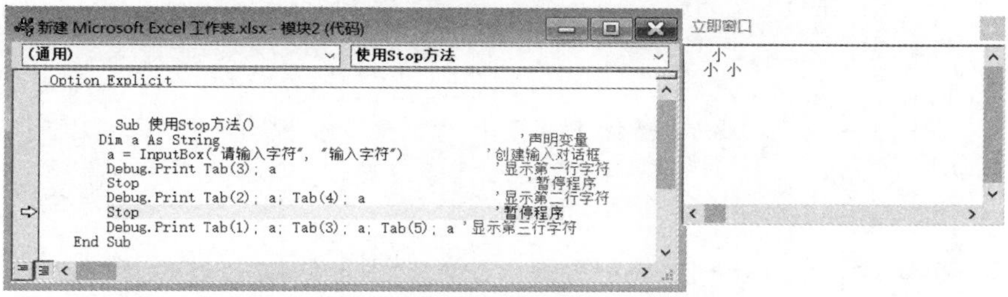

图 4-17 程序继续并显示执行结果

图 4-18 程序执行完成后的结果

代码解析：

- 程序在执行时，遇到 Stop 语句将暂停程序的运行，同时将在"代码"窗口中停在程序的暂停处等候用户处理。按 F5 键能够使程序继续向下执行。

- 示例中调用 InputBox 函数获取用户输入的字符，调用 Print 方法将用户输入的字符显示在"立即窗口"中。在调用 Print 方法时，使用 Tab 参数来确定字符输入的位置。

4.4.2 停止程序的运行——End 语句

对于 VBA 来说，停止程序的运行意味着程序的运行被终止并返回 VBA 编辑器，此时将卸载所有被程序打开的窗体。在没有其他程序引用当前程序公有类模块的对象，同时也没有代码被执行时，变量占用的内存将被清空。在 VBA 中，停止程序的运行可以使用 End 语句来实现。

End 语句与 Stop 语句不同，其将强制终止程序的运行，重置所有模块级别的变量和静态局部变量。如果需要保留这些变量的值，则只能用 Stop 语句。

【示例 4-5】使用 End 语句

（1）启动 Excel 并创建一个空白文档，打开 Visual Basic 编辑器。创建一个模块，在模块的"代码"窗口中输入如下程序代码：

```
01    Sub 使用 End 语句()
02        Dim m                                          '定义变量
03        m = InputBox("请输入数字","猜猜应该输入数字几","5")    '使用输入框获取输入数据
04        If m > 10 Then                                 '如果输入值大于 10
05            MsgBox ("你输入的数字为  " + m + ", 大于10, 程序运行将终止。")
              '显示提示信息
06            End                                        '结束程序
07        Else                                           '如果输入值小于 10，给出提示
08            MsgBox ("你输入的数字为 " + m + ", 小于10。程序将终止。o(∩_∩)o...哈哈！")
09        End If                                         '结束 if 语句块
10    End Sub                                            '结束 Sub 过程
```

（2）按 F5 键运行程序，程序将首先弹出输入对话框要求用户输入数字。在对话框的输入文本框中输入数字，如图 4-19 所示，单击"确定"按钮关闭对话框。如果输入数字大于 10，程序将弹出提示信息对话框给出提示，如图 4-20 所示。此时，单击"确定"按钮将退出程序。如果在输入对话框中输入的值小于 10，程序会给出提示信息，如图 4-21 所示。此时单击"确定"按钮同样将退出程序。

图 4-19　在对话框的文本框中输入数字

图 4-20　输入数字大于 10 给出提示信息

图 4-21　程序提示输入数字小于 10

代码解析：

- 程序调用 InputBox 函数来获取用户输入的数字，使用 if 结构来判断输入值与 10 的大小关系并分别做出不同的反馈。

- End 语句在程序中有不同的用法。End 语句可以单独使用，如第 06 行的语句直接终止程序的运行。End 语句也可以和不同的控制关键字结合使用，如第 09 行的 End If 结束一个 If-Then-Else 语句块。第 10 行的 End Sub 语句，是结束当前的 Sub 过程。

第 5 章　控制程序的流程——VBA 的基本语句结构

与其他程序设计语言一样，VBA 也包含了控制程序流程的控制语句，这些语句用于控制程序的执行顺序。从前面章节的程序可以看到，程序的执行都是按照语句出现的先后顺序来执行，这是一种顺序结构的语句。实际上，程序的执行并不都是按一定顺序执行的，有时需要某段代码先执行，有时又需要反复执行某段代码。因此，程序的流程控制就十分必要了，本章将就 VBA 中更改程序运行顺序的常用语句进行介绍。

本章知识点：

- 学习 VBA 的分支结构
- 使用循环结构
- 学习嵌套分支和嵌套循环
- 使用 GoTo 语句

5.1
VBA 的分支结构

在程序中，常常需要根据某些条件是否得到满足来决定后续所需要执行的程序代码，这种结构被称为选择结构，又称为分支结构。分支结构对给定的条件进行判断，根据条件来选择执行不同分支上的语句。分支结构能够对数据进行判断，选择需要的分支进行处理，这样可以使程序变得聪明起来，具有智能性。

5.1.1　实现单一条件选择

If…Then 语句是最基本的分支语句，可以在 VBA 程序中做出判断，根据条件选择执行一条语句或一个分支上的多条语句。使用该语句有两种书写方式：单行书写格式和多行书写格式。

If…Then 结构的单行书写格式的语法结构如下所示：

```
If 条件表达式 Then 执行语句
```

这里，条件表达式可以是算术表达式、关系表达式或逻辑表达式，VBA 将以 True 或 False 来标示该条件表达式的计算结果。如果条件表达式的计算结果为非零值，则看作 True，如果是零值，则看作是 False。

当条件表达式的值为 True 时，将执行 Then 关键字后的语句；否则将不执行 Then 后的语句而直接执行下一条语句。该结构的流程图如图 5-1 所示。

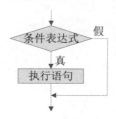

图 5-1　If…Then 语句的流程图

如下面的语句：

```
If x<0 Then x=-x
```

在这个语句中，判断变量 x 的值与 0 的关系，如果其值小于 0，则将其值取相反数变为正数。If…Then 语句就像是生活中常用的“如果…那么…”句式，上面的语句可以套用这种句式理解为：如果 x<0，那么 x=-x。

在 VBA 中，If…Then 语句还有一种多行形式，采用多行的形式来书写，结尾必须使用 End If 语句来终结这个条件判断结构。多行书写格式的优势在于程序便于阅读，语句的结构清晰。当满足条件后需要执行多行语句时，使用这种多行的书写方式。多行 If…Then 语句的语法格式如下所示：

```
If 条件表达式 Then
    语句块
End If
```

【示例 5-1】使用 If…Then 语句实现数字排序

（1）启动 Excel 并创建一个空白工作簿，打开 Visual Basic 编辑器，创建一个新模块。在该模块的“代码”窗口中输入如下程序代码：

```
01   Sub 对输入数字排序()
02       Dim a, b, c, t                        '声明变量
03       a = InputBox("请输入第一个数字")        '依次在出现的输入对话框输入三个数字
04       b = InputBox("请输入第二个数字")
05       c = InputBox("请输入第三个数字")
06       If a > b Then                          '比较变量 a 和变量 b 的大小
07           t = a                              '交换变量 a 和变量 b 的值
08           a = b
09           b = t
10       End If
11       If a > c Then                          '比较变量 a 和变量 c 的数值大小
```

```
12           t = a                                          '交换变量 a 和变量 c 的值
13           a = c
14           c = t
15      End If
16      If b > c Then                                       '比较变量 b 和变量 c 的值的大小
17           t = b                                          '交换变量 b 和变量 c 的值
18           b = c
19           c = t
20      End If
21      MsgBox "你输入的三个数字按由小到大顺序排序为： " + a + "," + b + "," + c
'显示排序结果
22  End Sub
```

（2）按 F5 键运行程序，在屏幕上出现第一个输入对话框，在对话框的输入文本框中输入数字，如图 5-2 所示。单击"确定"按钮，出现第二个输入对话框要求输入第二个数字。输入数字后单击"确定"按钮，出现第三个输入对话框要求输入第三个数字，如图 5-3 所示。在完成三个数字的输入后，程序将对这三个数字进行排序并在对话框中显示排序的结果，如图5-4 所示。

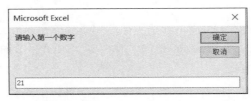

图 5-2　打开输入对话框输入第一个数字

图 5-3　在打开的输入对话框中输入第二个和第三个数字

图 5-4　显示排序结果

代码解析：

- 本示例代码使用 InputBox 函数来获取用户输入的数据，使用 MsgBox 函数将排序的结果显示出来。
- 程序使用 If…Then 结构对获取数值的大小进行比较，如果第一个值大于第二个值，则将这两个值进行交换。这段程序对三个数字进行排序，因此需要使用 If…Then 结构进行三次比较，即比较变量 a 和变量 b 的大小、变量 a 和变量 c 的大小以及变量 b 和变量 c 的大小。

5.1.2　实现双重条件选择

使用 If…Then 语句时，如果条件为 False，则不会执行 If…Then 中的任何语句，而直接执行该结构后面的语句。如果需要实现程序在执行时有双重选择，也就是当满足某个条件时执行某些代码，不满足条件时执行另外一些代码，则可以使用 If…Then…Else 语句来实现。If…Then…Else 语句同样具有两种形式：单行和多行形式。单行形式的语法格式如下所示：

```
If 条件表达式 Then 语句 1 Else 语句 2
```

该语句当条件表达式的值为 True 时，执行关键字 Then 后的语句 1，如果条件表达式的值为 False，则将执行关键字 Else 后的语句 2。该语句的作用就像日常生活中常用的句式：如果…那么…否则。如下面的语句，当变量 a 的值为正数时，保持 a 值不变；如果变量 a 的值为负数，则取其相反数将其变为正数。

```
If a>0 Then a=a Else a=-a
```

如果在 If…Then…Else 结构中需要执行的语句较多，可以使用冒号（:）在一行中分隔多条语句，但这样往往会造成一行代码较长不便于阅读。此时，可以将 If 语句写成代码块的形式，也就是所谓的多行条件语句形式。If…Then…Else 结构的多行条件语句形式的语法结构如下所示。

```
If 条件表达式 Then
    语句块 1
Else
    语句块 2
End If
```

这里，程序的执行顺序和上面介绍的单行结构相同，那就是当条件表达式值为 True 时，执行语句块 1 中的语句；如果值为 False，则将执行语句块 2 中的语句。If…Then…Else 语句的流程图，如图 5-5 所示。

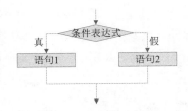

图 5-5　If…Then…Else 结构的流程图

实际上，在 VBA 中，If…Then…Else 结构还有一个简写版本，那就是调用 IIf 函数来进行条件判断，其语法格式如下：

```
result=IIf(条件表达式, true 部分, false 部分)
```

这里，变量 result 用于保存 IIf 函数的返回值，当条件表达式值为 True 时，将会返回 True 部分的值；如果条件表达式值为 false，则将返回 false 部分。

如下面的 If…Then…Else 语句：

```
If score>60 Then
 grade="及格"
Else
 grade="不及格"
End IF
```

该语句可以调用 IIf 函数来实现其功能，程序可以更改如下语句：

```
grade=IIf(a>60,"及格","不及格")
```

【示例 5-2】使用 If…Then…Else 语句实现数字排序

（1）启动 Excel 并创建一个空白工作簿，打开 Visual Basic 编辑器，创建一个新模块。在该模块的"代码"窗口中输入如下程序代码：

```
01    Sub 判断输入者身份()
02        Dim n                                    '声明变量
03        n = InputBox("我是机智小小，我认识你吗?
04    请输入你的名字让我来判断。", "机智小小")         '创建输入对话框获取用户输入的数据
05        If n = "郭刚" Then                        '如果输入的是"郭刚"则给出对应提示
06            MsgBox "原来是你呀，我的朋友" + n + "，我认出你来了。",vbInformation,
                  "机智小小"
07        Else                                      '如果输入的不是"郭刚"同样给出对应提示
08            MsgBox "很抱歉，我实在是想不起你了。你到底是谁呢？（︶︿︶）",
09           vbInformation,"机智小小"
10        End If
11    End Sub
```

（2）按 F5 键运行程序，在屏幕上出现输入对话框要求输入姓名，在对话框的输入文本框中输入姓名，如图 5-6 所示。单击"确定"按钮，如果输入了正确的姓名，程序给出提示信息，如图 5-7 所示。如果输入姓名有误，程序同样给出提示信息，提示信息的内容如图 5-8 所示。

代码解析：

- 本示例代码调用 InputBox 函数来获取用户输入的姓名，调用 MsgBox 函数显示提示信息。
- 程序使用 If…Then…Else 结构对输入的姓名进行判断，如果是符合条件的姓名，给出提示信息。如果输入的是不符合条件的姓名，程序使用提示对话框给出相应的提示。

图 5-6　在输入对话框中输入姓名

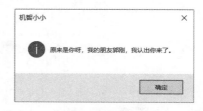

图 5-7　输入正确姓名获得的提示信息

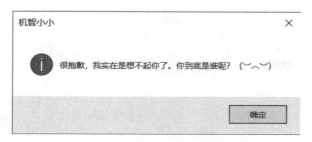

图 5-8　输入错误信息获得的提示信息

5.1.3　实现多重选择

在编写程序时，经常需要对多个不同的条件进行判断，根据这些条件来执行不同的程序代码。如果使用多个单条件的 If…Then 语句，会使程序变得繁杂。此时，可以使用 If…Then…ElseIf 语句来对多个不同的条件进行判断，并根据条件判断结果在多个语句块中选择需要执行的语句块。If…Then…ElseIf 的语法结构如下所示：

```
If 条件表达式 1 Then
    语句块 1
ElseIf 条件表达式 2 Then
    语句块 2
…
Else
    语句块 n+1
End If
```

该语句在执行时，当条件表达式 1 值为 True，将执行语句块 1，完成语句块 1 的执行后将跳过其他的分支直接执行 If 语句之后的后续语句。如果条件表达式 1 值为 False，则将判断条件表达式 2 的值，如果其值为 True，则程序将执行语句块 2，否则将跳过其他分支执行 If 语句之后的后续语句。后面的判断依此类推，直到一个条件表达式的值为 True，才执行对应的语句块。需要进行多少个判断，就添加多少个 ElseIf。在这个结构中，Else 语句可有可无，如果其存在，当所有的条件表达式的值均为 False 时，程序将执行其中的语句块 n+1；否则，将执行 If…Then…ElesIf 结构后面的语句。If…Then…ElesIf 结构的流程图，如图 5-9 所示。

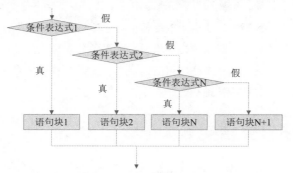

图 5-9　If…Then…ElseIf 结构的流程图

【示例 5-3】 使用 If...Then...ElseIf 语句实现等级评定

（1）启动 Excel 并创建一个空白工作簿，打开 Visual Basic 编辑器，创建一个新模块。在该模块的"代码"窗口中输入如下程序代码：

```
01    Sub 评定分数等级()
02       Dim a                                '声明变量
03       a = InputBox("请输入分数", "评定分数等级")    '获取输入的分数
04       If a >= 90 Then                      '如果分数大于等于90，显示等级为优秀
05          MsgBox "你的分数是： " & a & "，评定等级为"优秀"。"
06       ElseIf a >= 80 Then                  '如果分数大于等于80而小于90，显示等级为良好
07          MsgBox "你的分数是： " & a & "，评定等级为"良好"。"
08       ElseIf a >= 60 Then                  '如果分数大于等于60小于80，显示等级为及格
09          MsgBox "你的分数是： " & a & "，评定等级为"及格"。"
10       Else                                 '如果分数小于60，显示等级为不及格
11          MsgBox "你的分数是： " & a & "，评定等级为"不及格"。"
12       End If
13    End Sub
```

（2）按 F5 键运行程序，在屏幕上出现输入对话框，在输入对话框的文本框中输入分数值，如图 5-10 所示。单击"确定"按钮，程序将根据输入的分数值评定等级，并弹出消息对话框给评定的分数等级，如图 5-11 所示。

图 5-10　在输入对话框中输入分数值　　图 5-11　弹出提示对话框显示分数等级

代码解析：

- 本示例代码使用 InputBox 函数来获取用户输入的分数值，使用 MsgBox 函数显示根据分数评定等级的结果。
- 程序使用 If...Then...ElseIf 结构来实现分数等级的评定。在程序中，作为评定条件的分数根据等级分为不同的分数段，分数段的下限值取等号，即可以等于该值，如分数为 90 时仍然评定为优秀。根据判断结果的不同，在提示对话框中显示不同的等级结果。
- 这里，在对多重条件进行判断来确定等级时，如果条件表达式使用的是大于等于作为条件，则应该按照分数从高到低的顺序来进行判断。反之，如果条件表达式中使用了小于等于号，则应该按照分数从低到高的顺序来进行判断。

5.1.4　特殊的多分支语句

在 If...Then...ElseIf 结构中，用户可以根据需要随心所欲地添加 ElseIf 块。在使用 If...Then...ElseIf 结构时，有时会出现所有的 ElseIf 块都是将相同的表达式与不同的数值进行

比较的情况。如示例 5-3 中，ElseIf 块的条件表达式实际上都是在将变量 a 的值与不同的数值比较。对于示例 5-3 来说，ElseIf 块的个数并不多，但如果在程序中这样的 ElseIf 块的个数很多时，程序代码的输入就会变得烦琐，不易阅读，且不利于维护。

在 VBA 中，要实现上面提到的多重选择，有一个更为简洁的方法，那就是使用 Select Case 语句。Select Case 多分支语句的语法格式如下所示：

```
Select Case 条件表达式
    Case 条件表达式 1
        语句序列 1
    Case 条件表达式 2
        语句序列 2
    ...
    Case 条件表达式 n
        语句序列 n
    Case Else
        语句序列 n+1
End Select
```

该结构首先计算 Select Case 语句后的条件表达式的值，将该值与结构中每个 Case 子句中的条件表达式的值进行比较，如果相匹配，则执行匹配的 Case 子句下的语句序列。如果找不到相匹配的 Case 子句，则将执行 Case Else 子句下的语句序列。Select Case 结构的流程图如图 5-12 所示。

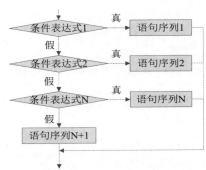

图 5-12 Select Case 结构的流程图

使用 Select Case 结构应该注意下面几点：

- 紧跟 Select Case 语句的条件表达式可以是数值类型，也可以是字符类型，其通常是数值类型或字符类型的变量。
- 紧跟 Case 子句的条件表达式可以是一个值，也可以是几个值的列表。如果其是包含多个值的列表，可以用逗号将各个值分隔开。
- 每个 Case 子句内的语句序列都可以包含多个语句，也可以没有语句。
- 如果不止一个 Case 与作为条件的表达式相匹配，则 VBA 只会执行第一个匹配的 Case 子句中的语句序列。如果没有一个 Case 与条件表达式的值相匹配，则将执行 Case Else 子句中的语句序列。

- Select Case 结构必须以 End Select 语句结束。
- 由于 Select Case 语句一旦找到匹配值并执行完对应的程序序列后即会跳出整个语句块，因此，为了减少判断的次数，提高程序运行的效率，应该将最有可能发生匹配的情况写在最前面。

在 Select Case 结构中，紧跟 Case 子句的条件表达式可以是包含多个值的列表，列表的表达式可以按照下面的几种方式来书写。

- 以表达式的形式来书写：这种方式常用来表达一些具体的取值，此时应该用逗号“,”来分隔。如下面的语句表示相匹配值为 2、4、6。

```
Case 2,4,6
```

- A To B 形式：这里 A 和 B 均表示表达式，这种形式用来表示一个数据范围。如下面语句表示相匹配的数值为 20~30 的数值。

```
Case 20 To 30
```

- Is 比较运算符表达式：如下面的语句表示相匹配的值为所有小于 50 的值。

```
Case Is<50
```

- 同时运用上述三种方式：如下面语句表示相匹配的数据为 10~30 的数字、数字 75 和大于 100 的数字。

```
Case 10 To 30,75,Is>100
```

【示例 5-4】使用 Select Case 语句计算打折后顾客的付费金额

（1）启动 Excel 并创建一个空白工作簿，打开 Visual Basic 编辑器，创建一个新模块。在该模块的“代码”窗口中输入如下程序代码：

```
01    Sub 计算应付费金额()
02    Dim a, b                     '声明变量
03    a = InputBox("请输入付款金额", , 0)        '获取付款金额
04    Select Case a
05        Case Is < 1000           '如果付款金额未达到1000元则无优惠
06            b = a
07        Case Is < 2000           '如果付款金额在1000元至2000元之间则九五折优惠
08            b = a * 0.95
09        Case Is < 3000           '如果付款金额在2000元至3000元之间则九折优惠
10            b = a * 0.9
11        Case Is < 4000           '如果付款金额在3000元至4000元之间则八五折优惠
12            b = a * 0.85
13        Case Is < 5000           '如果付款金额在4000元至5000元之间则八折优惠
14            b = a * 0.8
15        Case Is >= 5000          '如果付款金额不少于5000元则七五折优惠
16            b = a * 0.75
17    End Select
```

```
18          MsgBox "付款金额为: " & a & "元" &Chr(13) & _
19          "实收金额: " & b & "元"        '显示付款金额和实收金额
20    End Sub
```

（2）按 F5 键运行程序，在屏幕上出现输入对话框，在输入对话框的文本框中输入付款金额，如图 5-13 所示。单击"确定"按钮，程序将根据输入的付款金额计算打折后的实收金额并弹出消息对话框显示相关金额值，如图 5-14 所示。

图 5-13　在输入对话框中输入付款金额　　图 5-14　弹出对话框显示相关金额

代码解析：

- 本示例代码调用 InputBox 函数来获取付款金额的值，调用 MsgBox 函数显示根据付款金额计算折扣后的实收金额。
- 根据顾客付款金额的不同，对应不同的折扣，如付款不到千元无优惠，如果付款在 1000~2000 元打九五折，付款在 2000~3000 元打九折，付款在 3000~4000 元打八五折，付款在 4000~5000 元打八折，付款超过 5000（含 5000）元打七五折。使用 Select Case 结构来判断顾客付费金额属于哪个打折区间，然后根据该区间的折扣计算实收金额。
- 在第 18~19 行，使用连接运算符"&"来强制所有的表达式作为字符串连接，这里如果使用连接运算符"+"将导致运行出错。另外，在第 18 行使用回车符 Chr(13)来实现字符串的换行。

5.2
使用循环结构

计算机具有运算速度快和精度高的特点，特别适合进行大量的重复性工作，重复次数越多越能显示其强大的能力。在使用计算机解决问题时，一个重要的思路就是将问题转化为简单且有规律的重复性运算和操作，这样就能充分发挥计算机的特长。在进行程序设计时，经常会遇到一些具有特定规律并需要重复进行的运算和操作，这时就需要使用循环结构来完成这些运算和操作。

5.2.1　指定循环次数的循环

在 VBA 中，用来实现程序循环执行的语句被称为循环语句，在循环语句中被重复执行的语句被称为循环体。VBA 的循环语句有很多种，如果循环次数为可预知的，循环可以通过

For…Next 语句来实现。

For…Next 循环可以用来执行设定次数的循环，在设定的次数内，循环体内的程序代码将会被反复执行，直到达到设定的计数次数。这里，循环体被执行的次数是由一个被称为循环计数器的变量来决定的，每执行一次循环，该变量的值将自动增加或减少一个固定值。当该变量达到规定值时，循环即宣告结束，程序将退出 For…Next 结构并执行下面的语句。For…Next 结构的语法格式如下所示：

```
For 循环变量=初始值 To 终值 [步长]
    循环体语句
Next [循环变量]
```

下面对上述结构中的各个参数进行介绍。

- 循环变量：该参数为必选参数，用于设置循环次数的计数变量。
- 初始值：此参数为必选参数，用于设置循环变量的初始值。
- 终值：该参数为必选参数，用于设置循环变量的终止值。
- 步长：该参数为可选参数，用于设置循环变量在每次循环后变化的数值，其默认值为 1。

这里，当步长值为正数时，如果初始值小于或等于终止值，则循环体内的语句将被执行，否则将退出循环。如果步长值为负数，则初始值必须大于或等于终止值，只有这样循环体内的语句才能被执行。如果步长值设置为 0，则会陷入死循环。

For…Next 语句的执行流程为：将初始值赋予循环变量，然后判断循环变量的值是否超过了终止值，如果超过了，则退出循环，执行 For…Next 循环后的语句。如果没有超过，则将执行循环体内的语句。完成循环体内的语句执行后，循环变量将累加步长值，然后再从判断循环变量值是否超过终止值重新开始。For…Next 语句的流程图如图 5-15 所示。

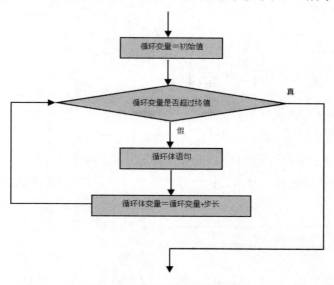

图 5-15 For…Next 结构流程图

注　意
For…Next 循环结构的循环次数是可以计算出来的，计算公式为：循环次数＝|终值-初始值|/步长+1。这里要注意公式中"|终值-初始值|"为终值和初始值差的绝对值，"|终值-初始值|/步长"计算的结果不是整数时，应该将其取整。

【示例 5-5】使用 For…Next 语句计算用户输入数字范围内所有数字的和

（1）启动 Excel 并创建一个空白工作簿，打开 Visual Basic 编辑器，创建一个新模块。在该模块的"代码"窗口中输入如下程序代码：

```
01    Sub 计算指定范围内数字的累加和()
02        Dim a, b                          '声明变量，变量用于放置输入的起始值和终止值
03        Dim i As Integer, sum As Double
04    '声明变量，i 为循环变量，sum 为每次循环获得的和
05        a = InputBox("请输入起始值", "计算数字的累加和", "0")
            '获取用户输入的起始值和终止值
06        b = InputBox("请输入终止值", "计算数字的累加和", "0")
07        sum = 0                            '变量的初始值设置为 1
08        For i = a To b
09            sum = sum + i                  '使用 for 循环将取值范围内的数字进行累加
10        Next
11        MsgBox "从" & a & "到" & b & "的和为" & sum, , "计算数字的累加和"
            '显示计算结果
12    End Sub
```

（2）按 F5 键运行程序，在屏幕上出现输入对话框，首先在输入对话框的文本框中输入需要求和数字的起始值，如图 5-16 所示。单击"确定"按钮，程序给出第二个输入对话框，此时可以输入需要求和数字的终止值，如图 5-17 所示。单击"确定"按钮后，程序弹出提示对话框给出求和结果，如图 5-18 所示。

图 5-16　在输入对话框中输入起始值

图 5-17　在输入对话框中输入终止值

图 5-18　显示计算结果

代码解析：

- 本示例用于计算两数间的所有整数的和，求和数字的起始值和终止值调用 InputBox 函数获取用户的输入值，调用 MsgBox 函数来显示最终计算结果。
- 本例在实现数字累加求和时，使用 For...Next 循环。其中，循环体内的语句比较简单，在每次循环时，循环变量 i 为需要求和的数字，将循环变量的值加到上一次计算获得的 sum 值上后赋予 sum 变量，这样就可以获得累加的结果。

5.2.2 针对数组和对象集合的循环

在 VBA 中，如果需要对数组或对象集合中的每个元素进行循环操作，就需要使用 For Each..In 结构。For...Next 循环在使用时必须要知道循环次数，而在对数组或对象集合进行操作时，往往无法知道数组或对象集合中有多少个元素，这样将无法使用 For...Next 语句来进行计数循环，此时就只能使用 For Each ...In 结构。For Each...In 语句的语法结构如下所示：

```
For Each 成员变量 In 数组或集合对象
    语句块
Next [变量]
```

下面对上述语句中的各个参数进行介绍。

- 成员变量：该参数用于变量数组或对象集合中的所有元素。对于数组来说，该变量只能是一个 Variant（即变体）类型的变量。对于对象集合来说，其可以是一个 Variant 变量，也可以是一个通用对象变量或是任何对象变量，该参数用于遍历数组或对象集合中的所有元素。
- 数组或对象集合：该参数为数组名或对象集合的名称。
- 语句块：由一条或多条语句组成，用来完成需要实现的功能。

程序在执行该结构语句时，首先从数组或对象集合中获取首个元素或对象并将其赋予成员变量，然后再执行循环体中的语句块。完成一次循环后，程序将数组或对象集合中的下一个元素或对象赋予成员变量并再次执行语句块。这样往复循环操作，直到成员变量遍历了数组或对象集合中的所有元素或对象后才跳出循环。

【示例 5-6】使用 For Each...In 语句反转输入的文字

（1）启动 Excel 并创建空白工作簿，打开 Visual Basic 编辑器，创建一个新模块。在该模块的"代码"窗口中输入如下程序代码：

```
01    Sub 反转文字()
02      Dim str, myArray(), resultStr As String , i As Integer, s As Variant
'声明变量
03      str = InputBox("请在此输入字符", "反转文字")        '获取输入字符串
04      ReDim myArray(1 To Len(str))                      '重新定义一维数组的长度
05      For i = 1 To Len(str)                             '将各字符依次保存到数组元素中
06          myArray(i) = Mid(str, i, 1)
07      Next
```

```
08      s = ""                                    '将 Variant 型变量 str 设置为空
09      For Each str In myArray                   '遍历数组 myArray 中所有元素
10        resultStr = str & resultStr             '反转连接字符
11      Next
12      MsgBox resultStr, "反转文字"               '输出翻转后的字符串
13    End Sub
```

（2）按 F5 键运行程序，在屏幕上出现输入对话框，在输入对话框的文本框中输入字符串，如图 5-19 所示。单击"确定"按钮，程序会将输入字符串的文字反转，而后在弹出的提示对话框中给出反转结果，如图 5-20 所示。

图 5-19 在输入对话框中输入字符串

图 5-20 显示文字反转后的效果

代码解析：

- 本示例调用 InputBox 函数获取用户输入的字符串，程序对该字符串进行处理使其反转，调用 MsgBox 函数将反转的字符串显示出来。
- 第 04 行使用 ReDim 语句来定义数组的大小，调用 Len 函数来获取输入字符串的长度，并且使用该长度值来定义数组的大小。
- 第 05~07 行使用 For…Next 循环将用户输入字符串中的字符放置到数组中。在循环体中，调用 Mid 函数依次获取字符串中的每个字符，并将它们放置到数组中。
- 在第 09~11 行，使用 For Each…In 语句遍历数组中的所有元素，这些元素就是放置在数组中的单个字符。程序将获取的字符赋予变量 str，在循环体的语句中将该字符与 resultStr 变量中的字符拼接后赋予 resultStr 变量。这里，赋值语句等号右边的 str 变量在连接符前，resultStr 变量在连接符后，在字符连接时，当前循环从数组中获取的字符将放在前一次循环获取字符的前面，这样就实现了字符的反转。

5.2.3 先条件后循环

使用 For…Next 语句来实现循环，循环的次数必须已知，但实际操作中很多时候循环次数无法确定。如对一个工作表中的数据进行处理，如果工作表中的记录随时都在改变，那就无法确定到底有多少条记录，也就无法在编程时确定循环的次数，使用 For…Next 循环显然就不合适了。在 VBA 中如果遇到这种问题，可以使用 Do 循环结构。

Do 循环语句一共有 4 个，分别是 Do While…Loop、Do…Loop while、Do Until…Loop 和 Do…Loop Until。这 4 个语句分为两类，即先进行条件判断后循环和先循环后进行条件判断，其中 Do While…Loop 和 Do Until…Loop 属于前一类，Do…Loop While 和 Do…Loop Until 属于后一类。

先判断条件然后再循环指的是在进行循环之前，先对条件表达式进行判断，如果满足条件则运行循环体的语句，否则将不进入循环。这种循环最重要的特征是，如果不满足条件，循环体中的语句将一次都不会执行。

Do While...Loop 语句的语法格式如下所示：

```
Do While 条件表达式
    语句块
Loop
```

下面对上述语句的参数进行介绍。

- 条件表达式：该参数为可选参数，它与 While 关键字配合作为循环条件使用。
- 语句块：一条或多条语句，循环时执行的语句，用语言实现功能。
- Loop：标准 Do While 语句结束，循环将从该语句返回 Do 语句处再次执行循环语句。

该语句在执行时，首先判断条件表达式的值，如果其值为 True，则将执行循环体内的语句块。如果条件表达式的值为 False，则将退出循环。该语句的流程图如图 5-21 所示。

与 Do While...Loop 语句功能相似的是 Do Until...Loop 语句，其语法格式如下所示：

```
Do Until 条件表达式
    语句块
Loop
```

该语句在执行时，将同样在循环之前计算条件表达式的值。如果其值为 True，则将立即退出循环；如果其值为 False，则将执行循环体内的语句块。该语句的流程图如图 5-22 所示。与 Do While...Loop 语句相比，两者的区别是 Do Until...Loop 语句在条件表达式值为 True 时退出循环，而 Do While...Loop 语句在条件表达式值为 False 时退出。

图 5-21　Do While...Loop 语句的流程图　　图 5-22　Do Until...Loop 语句的流程图

【示例 5-7】 使用 Do Until...Loop 语句制作简单的随机验证码登录验证程序

（1）启动 Excel 并创建一个空白工作簿，打开 Visual Basic 编辑器，创建一个新模块。在该模块的"代码"窗口中输入如下程序代码：

```
01    Sub 简单的随机验证码登录验证程序()
02        Dim a, b, c, d, e                          '声明变量
03        a = Int(Rnd() * 10)                        '生成三个随机整数
04        b = Int(Rnd() * 10)
05        c = Int(Rnd() * 10)
```

```
06          d = a & b & c                                    '将随机整数拼合为三位验证码
07          e = InputBox("请输入验证码: " & d, "用户登录", "000")
            '获取用户输入的验证码
08          Do Until e = d          '当用户输入的数字和验证码相同时跳出循环, 否则执行循环体内
的语句
09             MsgBox "验证码输入错误, 请重新登录!", vbOKOnly, "用户登录"
               '给出提示信息
10             a = Int(Rnd() * 10)                           '重新生成随机数
11             b = Int(Rnd() * 10)
12             c = Int(Rnd() * 10)
13             d = a & b & c                                 '将随机数拼合三位验证码
14             e = InputBox("请输入验证码: " & d, "用户登录", "000")
               '获取用户输入的数字
15          Loop
16          MsgBox "验证码输入正确, 欢迎您的到来!",vbOKOnly,"用户登录"'给出提示信息
17      End Sub
```

（2）按 F5 键运行程序，在屏幕上出现输入对话框，输入对话框中会显示三位验证码。用户在该对话框的文本框中输入验证码，如图 5-23 所示。单击"确定"按钮，如果输入验证码正确，会出现提示输入正确的对话框，如图 5-24 所示。如果输入错误，则出现提示输入错误的对话框，如图 5-25 所示。单击"确定"按钮关闭提示对话框后将再次弹出输入对话框，要求输入验证码，如图 5-26 所示。

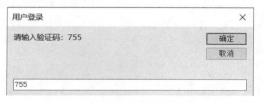

图 5-23 在输入对话框中输入验证码   图 5-24 如果输入正确则给出提示

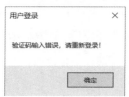
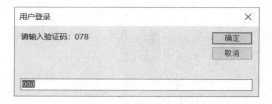

图 5-25 提示输入错误   图 5-26 要求再次输入验证码

代码解析：

- 本示例调用 InputBox 函数获取用户输入的数字，调用 MsgBox 函数显示验证码输入成功或错误的提示信息。

- 在程序中，调用 Rnd 函数获取随机数，随机数值在 0~1，将随机数乘以 10 可以获得 0~10 的随机数。VBA 中的 Int 函数能够删除数字的小数部分留下整数部分，因此程序中使用它来对获取的随机数进行处理以获得随机整数。

- 程序使用了 Do Until…Loop 循环，循环的条件表达式检测输入数字与生成的随机码是否相同，如果相同则跳出循环，如果不相同则执行循环体内的代码。

- 程序的 Do Until…Loop 循环体内的代码用于重新生成随机码,并获取用户新的输入数字。这样, 只要用户未输入正确的随机码,循环将一直继续下去,不断生成新的随机数并出现输入对话框 要求用户输入正确的随机码。

5.2.4 先循环后条件

Do 循环除了上一节介绍的先判断条件,然后再执行循环体内语句的 Do Until…Loop 循环 结构之外,还包括后判断循环条件的一种循环结构。这种 Do 循环在执行时将首先执行循环体 内的语句,然后再计算条件表达式的值并对该值进行判断以决定是否进行下一次循环。从上面 的描述可以看出,与先判断条件的 Do 循环相比,先进行循环的 Do 循环无论条件能否满足, 都将至少执行一次循环体中的语句。

先进行循环后判断条件的 Do 循环有两种,它们是 Do…Loop While 和 Do…Loop Until。 Do…Loop While 语句的语法格式如下所示:

```
Do
    语句块
Loop While 条件表达式
```

这里,程序将首先执行循环体内的语句块,然后计算条件表达式的值,如果其值为 True, 则将继续执行语句块;否则将退出循环结构。Do…Loop While 语句的流程图,如图 5-27 所示。

Do…Loop Until 语句的语法格式如下所示:

```
Do
    语句块
Loop Until 条件表达式
```

这里,程序将首先执行循环体中的语句块,然后计算条件表达式,如果条件表达式值为 True 则将退出循环结构,如果其值为 False 则将继续执行循环体中的语句块。Do…Loop Until 语句的流程图,如图 5-28 所示。

图 5-27　Do…Loop While 语句的流程图　　　图 5-28　Do…Loop Until 语句

Do…Loop While 语句和 Do…Loop Until 语句的区别只有一个,即前一个是条件为真时执 行循环体的语句块,而后一个是在条件为假时执行循环体的语句块。

【示例 5-8】使用 Do…Loop While 计算反转输入的文字

（1）启动 Excel 并创建一个空白工作簿,打开 Visual Basic 编辑器,创建一个新模块。在该模块的"代码"窗口中输入如下程序代码：

```
01    Sub 计算产量达标的年份()
02        Dim a As Integer                              '声明计数变量
03        Dim n, m, q, r                                '声明变量
04        n = InputBox("请输入今年的产量: ", , "0")       '获取输入值
05        m = InputBox("请输入年均增长率: ", , "0")
06        q = InputBox("请输入预计产量: ", , "0")
07        a = 0                                         '计数变量初始化
08        r = n                                         '保存当前的产量数据
09        Do                                            '使用 Do...Loop While 语句进行计算
10            n = n * (m + 1)                           '计算每年的产量
11            a = a + 1                                 '计数变量加1
12        Loop While CInt(n) < CInt(q)                  '判断本次循环获得的产量值是否小于预设值
13        MsgBox "预计经过" & a & "年，您厂的产量 _
              将由" & r & "万吨" & "达到" & q & "万吨。"        '显示满足条件的 a 值
14    End Sub
```

（2）按 F5 键运行程序，在屏幕上出现输入对话框，在文本框中输入今年的产量值，如图 5-29 所示。单击"确定"按钮，程序弹出对话框要求输入年均增长率，在文本框中输入预计的年均增长率，如图 5-30 所示。单击"确定"按钮，程序弹出对话框要求输入预计产量值，在文本框中输入数值，如图 5-31 所示。单击"确定"按钮，程序弹出信息对话框给出计算结果，计算结果将显示达到预计产量所需要的年数，如图 5-32 所示。

图 5-29　在对话框中输入今年的产量值

图 5-30　在对话框中输入年均增长率

图 5-31　在对话框中输入预计产量

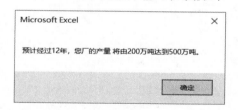

图 5-32　显示达到预计产量的年数

代码解析：

- 本示例调用 InputBox 函数获取用户输入的当年产量、年增长率和预计年产量数据，调用 MsgBox 函数显示计算获得的年数值。

- 在程序中获取计算所需要的数值后，使用 Do...Loop While 语句来实现循环计算，每次循环将上次获得的产量值 n 乘以 1 加增长率获得当前的年产量值。每次循环都会将计算获得的产量值 n 与预设值 q 进行比较。如果当前产量值 n 小于预设值 q，则再次进行计算，否则退出循环。

- 第 12 行条件表达式中调用 Cint 函数将 n 和 q 的值转换为整数，在转换时小数部分将进行四舍五入的处理。
- 程序专门设置了一个计数变量 a，该变量在循环体内使用赋值语句 a=a+1 来计算循环的次数，该数值即为年数值。

5.3
结构也可以嵌套

在编写 VBA 应用程序时，单一的语句结构往往无法实现复杂的操作，此时可以在一个语句格式的执行语句中插入另外一种语句格式，两种语句间存在着包含关系，这种将一类语句插入到另一类语句的方法被称为语句的嵌套。在 VBA 中，嵌套语句置于外层的语句被称为外部语句，处于内层的语句被称为内部语句。嵌套语句内部和外部语句可以是同一类语句也可以是不同类的语句，下面将分别介绍分支结构的嵌套和循环结构的嵌套。

5.3.1 分支结构的嵌套

在一个分支结构中包含另一个分支结构，被称为分支结构的嵌套。在程序中，使用这种嵌套方式能够实现多个条件的选择，实现比单一的分支结构更为复杂的逻辑选择，下面通过一个实例来介绍分支结构嵌套的使用方法。

【示例 5-9】使用分支结构的嵌套来实现对输入单词的模糊匹配

（1）启动 Excel 并创建空白工作簿，打开 Visual Basic 编辑器，创建新模块。在该模块的"代码"窗口中输入如下程序代码：

```
01    Sub 实现模糊匹配()
02      Dim myStr As String '声明变量
03      myStr = InputBox("在此输入英文单词")          '获取输入的单词
04      If myStr <> "" Then                          '判断是否输入
05        Select Case True
06          '判断单词中是否有某个字母，如果有则显示提示信息，否则提示没有找到匹配字母
07          Case myStr Like "*a*"
08            MsgBox "单词中含有字母 a"
09          Case myStr Like "*b*"
10            MsgBox "单词中含有字母 b"
11          Case myStr Like "*c*"
12            MsgBox "单词中含有字母 c"
13          Case myStr Like "*d*"
14            MsgBox "单词中含有字母 d"
15          Case myStr Like "*e*"
16            MsgBox "单词中含有字母 e"
17          Case myStr Like "*f*"
18            MsgBox "单词中含有字母 f"
```

```
19                  Case Else
20                      MsgBox "没有找到匹配的字母"
21          End Select
22      Else                                        '如果没有输入单词则给出提示
23          MsgBox "请输入英文单词"
24   End If
25   End Sub
```

（2）按 F5 键运行程序，在屏幕上出现输入对话框，在文本框中输入一个英文单词，如图 5-33 所示。单击"确定"按钮，程序弹出信息对话框提示单词中含有哪个预设字母，如图 5-34 所示。如果输入的单词中没有出现程序中的预设字母，程序同样给出提示信息，如图 5-35 所示。如果在输入对话框中没有输入内容，程序同样会给出提示，如图 5-36 所示。

图 5-33　在输入对话框中输入英文单词　　　图 5-34　显示匹配的字母

图 5-35　提示没有找到匹配字母　　　图 5-36　提示没有输入

代码解析：

● 本示例调用 InputBox 函数获取用户输入的单词，调用 MsgBox 函数显示提示信息。

● 程序使用了两层分支结构进行嵌套，外层的 If...Else 结构用于判断输入对话框中是否输入内容，内层的 Select Case 结构用于判断输入单词是否存在与指定字母相匹配的字母。

● 程序首先使用 if...Else 语句判断输入对话框中是否输入内容，如果有输入，则使用 Select Case 语句来判断输入单词中是否存在字母 a、b、c、d 或 e，如果存在则给出提示。如果这几个字母都不存在，则提示没有找到匹配的字母。如果输入对话框中没有输入内容，则提示没有输入英文单词。

● 在 Select Case 语句中使用 Like 语句对输入的单词进行模糊匹配，以确定字符串中是否包含某个字母。

5.3.2　循环结构的嵌套

在使用 VBA 编写程序时，有时仅使用单循环结构无法有效地解决问题，此时就需要使用循环结构的嵌套。循环的嵌套，指的是在一个循环结构中放置另外一个循环结构，在执行程序时，外层的循环每执行一次，嵌套在内部的循环将会执行一轮。

如下面的代码，当初始值 1 赋予变量 i 时，将以 i＝1 执行循环体，该循环体内放置着另一个循环，也就是内循环。当 i=1 时，j 的值从 1 变化到 10，Debug.Print 语句被执行 10 次，输出结果为 1 和 1、1 和 2、1 和 3……直至 1 和 10。当 i=1 时的内循环执行完后，以 i=2 再次执行内循环，因此输出结果为 2 和 1、2 和 2、2 和 3……直至 2 和 10。程序将按照上面的顺序依次执行下去，直至当 i=10 时的循环被执行完成。本例代码在"立即窗口"中的输出结果，如图 5-37 所示。

```
Sub test()
    Dim i As Integer, n As Integer
    For i = 1 To 10
        For n = 1 To 10
            Debug.Print i, n
        Next
    Next
End Sub
```

图 5-37　"立即窗口"中显示的输出结果

【示例 5-10】使用循环嵌套在"立即窗口"中显示阶梯状九九乘法表

（1）启动 Excel 并创建一个空白工作簿，打开 Visual Basic 编辑器，创建一个新模块。在该模块的"代码"窗口中输入如下程序代码：

```
01   Sub 九九乘法表()
02      Dim i As Integer, n As Integer              '声明变量用于计数
03      Dim myStr As String                         '声明变量用于放置算式
04      For i = 1 To 9                              '开始外层循环
05          For n = 1 To i                          '开始内层循环
06              myStr = myStr & i & "×" & n & "=" & i * n & " "
                '连接字符和计算结果获得算式
07          Next
08          myStr = myStr & vbCrLf                  '完成一次内循环就换行一次
09      Next
10      Debug.Print myStr                           '循环完成后显示乘法表
11   End Sub
```

（2）按 F5 键运行程序，在"立即窗口"中显示阶梯状九九乘法表，如图 5-38 所示。

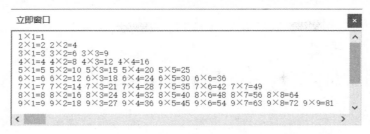

图 5-38 在"立即窗口"中显示阶梯状九九乘法表

代码解析：

- 本示例使用 For…Next 循环的嵌套来获取九九乘法表的各个运算式，并调用 Debug.Print 方法将它们在"立即窗口"中显示出来。
- 在示例中，外层循环从 1~9，内层循环的循环变量的取值从 1 至外层循环变量 i 的值。如当 i 为 1 时，内层循环只执行 1 次，此时将获得算式 1×1＝1。当 i 为 2 时，内层循环的计数变量从 1 变 2，内层循环将执行 2 次，此时将可以获得两个算式：2×1＝2 和 2×2＝4。随着循环进行下去，程序将能够获得完整的九九乘法表。
- 第 06 行使用连接运算符"&"获得本次循环生成的乘法算式，并将该算式添加到 myStr 变量中。
- 第 08 行的程序语句位于外循环的循环体中，该语句在 myStr 变量的字符串后添加常量 vbCrLf。当内层循环完成一次循环后，获得的字符串将换行。随着循环不断进行下去，最终连接获得的字符串在"立即窗口"中将能够获得阶梯状的显示效果。

嵌套的循环有多种形式，除了本示例介绍的 For…Next 循环的嵌套之外，还可以使用其他的循环结构来进行嵌套。如本示例使用 Do While…Loop 循环的嵌套来获得阶梯状九九乘法表，可以使用下面的代码。这段代码与示例代码不同的地方在于，由于使用的是 Do While…Loop 循环，记录循环次数的循环变量不会自动增加，需要每次循环时将它们增加 1。同时，对于内循环的计数变量来说，在完成循环后应该对其初始化，为下一次循环做准备。

```
Sub 九九乘法表()
    Dim i As Integer, n As Integer      '声明变量用于计数
    Dim myStr As String                 '声明变量用于放置算式
    i = 1                               '变量初始化
    n = 1
    Do While i < 10
        Do While n < i + 1              '开始内层循环，循环从 1 至外层循环的 i 值
            myStr = myStr & i & "×" & n & "=" & i * n & " "
            '连接字符和计算结果获得算式
            n = n + 1                   '内循环计数变量增加 1
        Loop
        myStr = myStr & vbCrLf          '完成一次内循环就换行一次
        i = i + 1                       '外循环计数变量增加 1
        n = 1                           '内循环计数变量初始化
    Loop
```

87

```
    Debug.Print myStr                          '循环完成后显示乘法表
End Sub
```

5.4
如何找出程序中的错误

无论程序员多么认真仔细，任何程序在编写的过程中都无法避免出错。因此，好的程序必须具备快速准确处理错误的能力。在程序所发生的错误中，有些错误是可以预见的，如使用 0 作为除数来进行计算、输入的值超过取值范围或使用了错误的数据类型等。对于这些可以预见的错误，可以使用 VBA 的错误处理程序来捕获它们，并对其进行适当的处理，使程序得以继续执行。

5.4.1 让程序跳转到指定位置

GoTo 语句并不是 VBA 中的错误捕捉语句，但要理解 VBA 的错误捕捉语句，首先必须了解 GoTo 语句。GoTo 语句是 VBA 中一个常用的跳转语句，单独使用它可以更改程序的执行流程，使程序无条件跳转到指定的语句并执行该语句。

GoTo 语句的语法规则如下所示：

```
GoTo 行号|行标签
```

GoTo 语句在使用时，必须为程序的跳转提供行标识，这里的行标识可以是行号。随着结构化程序设计方法的广泛使用，程序中已经很少为每行代码添加行号了。因此，要为 GoTo 语句指定跳转的目标位置，常常使用行标签而非行号。行标签作用就像公路上的指示牌，用来指示程序中代码的位置，告知程序 GoTo 语句的跳转目标。行标签以字母开头，以冒号（:）结尾。

> **注 意**
>
> GoTo 语句是一个很简单的语句，使用起来却很灵活，可以方便地实现程序流程的改变。但是要注意的是，该语句增加了程序阅读和调试的难度，同时在大型程序中频繁使用该语句将可能导致程序的崩溃。因此，除非必要，应该尽量避免使用该语句。

【示例 5-11】 使用 GoTo 语句实现程序的跳转

（1）启动 Excel 并创建一个空白工作簿，打开 Visual Basic 编辑器，创建一个新模块。在该模块的"代码"窗口中输入如下程序代码：

```
01   Sub 使用 GoTo 语句()
02      Dim n                                           '声明变量
03   inputAgain:                                        '创建行标签
04      n = InputBox("请输入数字：", "计算任意数的 3 次幂")  '获取用户输入
05      If IsNumeric(n) Then
     '如果输入的是数字，计算该数字的立方并将结果显示在对话框中
```

```
06          MsgBox "你输入的数字是: " & n & vbCrLf & "其立方为: " & (n ^ 3)
07      Else
            '如果输入的不是数字则给出提示
08          MsgBox "你输入的不是数字,请重新输入数字!"
09          GoTo inputAgain                                          '跳转到行标签处
10      End If
11 End Sub
```

（2）按 F5 键运行程序，程序弹出输入对话框，用户在输入文本框中输入数字，如这里输入负数-27，如图 5-39 所示。单击"确定"按钮关闭对话框，将会弹出信息对话框给出计算结果，如图 5-40 所示。如果在输入对话框中输入的是非数字，程序将在提示对话框中给出提示信息，如图 5-41 所示。此时单击"确定"按钮后，将再次弹出输入对话框，要求用户输入数字。

图 5-39　在输入对话框中输入数字

图 5-40　显示计算结果

图 5-41　提示输入非数字

代码解析：

● 本示例调用 InputBox 函数来获取用户输入的内容，调用 MsgBox 函数显示计算结果和输入错误提示信息。

● 第 03 行创建行标签 inputAgain 用于定位程序跳转的目标位置。第 09 行的程序语句使用 GoTo 语句使程序跳转到行标签 inputAgain 处。

● 程序使用 If…Else 结构判断用户输入的是否为数字，如果是数字则对数字进行计算并显示计算结果。如果用户输入的是非数字则给出提示并跳转到程序中行标签所指定的位置，这样就能在用户输入非数字时再次弹出输入对话框，要求用户重新输入数字。

● 第 05 行调用 IsNumeric 函数来判断用户输入的是否为数字。当该函数的参数被识别为数字时，函数将返回值 True，否则将返回 False。

5.4.2　抓住程序中的错误

在 VBA 中，处理程序的错误需要经过捕获错误、编写错误处理程序和退出错误处理程序这三个阶段。要捕获 VBA 程序中的错误，可以使用 On Error 语句，该语句的作用是告诉 VBA 如果程序在运行时发生了错误该怎么办。

在捕获到程序错误后，需要对错误进行处理，其中一种方法是使程序跳转到错误处理程序。此时就需要用到 GoTo 语句。在 VBA 中，实现错误的捕获和程序的跳转，可用下面的语句。

```
On Error GoTo 行标签
```

这里，On Error 语句捕获到程序的错误，程序将执行"GoTo 行标签"语句跳转到行标签所指定的行继续运行，行标签处实际上就是错误处理程序的开始行。

> **注　意**
>
> 这里行标签指定的行必须与 On Error 语句处于相同的过程中，否则将会产生编译事件错误。

【示例 5-12】对输入的数字进行开方运算

（1）启动 Excel 并创建一个空白工作簿，打开 Visual Basic 编辑器，创建一个新模块。在该模块的"代码"窗口中输入如下程序代码：

```
01    Sub 对输入数字开方()
02        Dim a As Double, b As Double                          '声明变量
03        On Error GoTo error1    '捕获可能的输入错误并跳转
04        a = InputBox("请在此输入被开方数", "简易开方计算器")      '获取输入的底数
05        b = InputBox("请在此输入根指数", "简易开方计算器")        '获取输入的指数
06        On Error GoTo error2                '捕获计算中可能出现的错误并跳转
07        MsgBox "对数字" & a & "开" & b & "次方" & "的
08            结果为: " & (a ^ (1 / b)), vbOKOnly, "简易开方计算器"    '显示计算结果
09        Exit Sub                                         '结束过程
10    error1:                                              '第一个行标签
11        MsgBox "输入错误，程序只能对数字进行运算。", _
12            vbOKOnly, "错误提示"                          '显示输入错误提示
13        Exit Sub                                         '结束过程
14    error2:                                              '第二个行标签
15        If (b Mod 2 = 0) Then
16            MsgBox "无法对数字" & a & "开" & b & "次方"
17        , vbOKOnly, "错误提示"                            '如果 b 为偶数，给出错误提示
18        Else
19            a = -a                                       '如果 b 为奇数，将 a 变为正数
20            MsgBox "对数字" & -a & "开" & b & "次方" & "的结果为: _
21                " & (-a ^ (1 / b)), vbOKOnly,"简易开方计算器"     '显示计算结果
22        End If
23    End Sub
```

（2）按 F5 键运行程序，弹出输入对话框要求输入被开方数，如这里输入数字-4，如图 5-42 所示。单击"确定"按钮关闭该对话框后，将会弹出第二个输入对话框要求输入开方运算的根指数，如这里输入数字 5，如图 5-43 所示。单击"确定"按钮关闭对话框后，将会弹出对话框给出计算结果，如图 5-44 所示。如果在输入被开方数或根指数时未输入数字，程序提示输入错误，如图 5-45 所示。当底数输入为负值时，如果指数输入的是偶数，由于负数无法开偶次方，因此程序也会给出错误提示，如图 5-46 所示。

图 5-42　输入被开方数

图 5-43　输入根指数

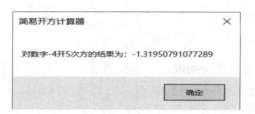

图 5-44　显示计算结果

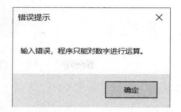

图 5-45　输入非数字时的提示

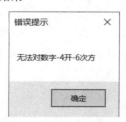

图 5-46　对负数开偶次方时的出错提示

代码解析：

- 本示例用于对输入的数字进行开方运算，其中开方运算的底数和根指数由用户输入。本示例调用 InputBox 函数来获取用户输入的底数和根指数，调用 MsgBox 函数显示计算结果和错误提示信息。

- 本示例调用 InputBox 函数获取数值时，用户可能输入的不是数字，而是字符，由于变量 a 和 b 均被定义为 Double，因此程序会出错。第 03 行，也就是在获取用户输入的 InputBox 语句之前放置 On Error Goto 语句。该语句在捕获到错误时，程序将跳转到指定的行标签 error1 处去执行错误处理程序，错误处理程序调用 MsgBox 函数提示出错原因，同时退出过程。

- 本示例使用幂运算符 "^" 来对输入的操作数进行开方运算。从运算的角度来说，负数无法进行开偶次方的运算，而 VBA 的幂运算符 "^" 只有在作为指数的参数为整数时其作为被开方数的参数才能为负。也就是说，这里只有 b 的值为整数时，a 值才能取负数进行运算，否则就会出错。因此，第 06 行放置 On Error GoTo 语句来捕获错误，当出错时使程序跳转到指定的错误处理程序。

- 第 14~22 行是第二段错误处理程序，用于处理幂运算中可能出现的错误。由上面的分析可以得知，程序出错的原因是底数 a 为负值，而作为指数的 1/b 不是整数。此时，如果 b 的值是偶数，则将会出现对负数 a 开偶次方，这显然是错误的。要判断 b 是否为偶数，使用 if 语句判断 b 除以 2 的余数是否为 0（即对 b 运用 mod 运算求余数），如果为 0，则说明 b 为偶数，此时应该给出提示，说明运算无法进行。如果计算获得的余数不为 0，说明 b 为奇数，则负数能够开奇次方，应该有运算结果。此时在运算时，首先将数字 a 变为正数，这样就可以使用幂运算符 "^" 对其进行运算，然后取计算结果的相反数即可得到正确的结果。

注　意

一般情况下，错误捕获语句可以放置在整个过程的开始位置，同时，它也可以根据需要直接放置在程序中可能发生错误的语句的前面。

5.4.3 错误处理完了该怎么办

对于捕获到的错误，一般是使用 GoTo 语句跳转到错误处理程序进行处理。在错误处理程序执行完成后，有时需要退出错误处理程序并返回到程序的指定位置继续执行。VBA 的 Resume 语句就具有这种返回功能。Resume 语句一般有下面三种用法。

- Resume 或 Resume 0：程序返回到出错语句处继续执行原来的程序。
- Resume Next：该语句使程序返回到出错处的下一语句继续执行。
- Resume 行标签：该语句使程序返回到行标签所在行继续执行。

【示例 5-13】使用 Resume 语句

（1）启动 Excel 并创建一个空白工作簿，打开 Visual Basic 编辑器，创建一个新模块。在该模块的"代码"窗口中输入如下程序代码：

```
01    Sub 使用 Resume 语句()
02        Dim r As Integer, vbCancel As Long            '声明变量
03        Dim b
04    startLine:                                        '创建行标签
05        On Error GoTo error1                          '捕获可能的错误
06        r = InputBox("请在此输入半径", "计算圆面积", "0")   '获取用户输入的半径
07        MsgBox "圆面积为: " & 3.14 * (r ^ 2), vbOKOnly,   "计算圆面积"
          '计算圆面积并显示
08        Exit Sub                                      '退出过程
09    error1:                                           '创建行标签
10        b = MsgBox("数据输入错误，你需要再次输入吗？", vbOKCancel, "出错")
          '给出错误提示
11        If b = vbOK Then Resume startLine
             '如果单击"确定"按钮则从行标签 startLine 处执行
12        If b = vbCancel Then Exit Sub
             '如果单击"取消"按钮则退出过程
13    End Sub
```

（2）按 F5 键运行程序，程序弹出输入对话框要求输入半径，在对话框中输入半径值，如图 5-47 所示。单击"确定"按钮关闭该对话框，此时程序弹出提示对话框显示面积计算结果，如图 5-48 所示。如果在输入对话框中没有输入数字，程序将弹出"出错"提示对话框，如图 5-49 所示。单击"确定"按钮关闭对话框，程序将再次弹出输入对话框要求输入半径，如果单击"取消"按钮则退出当前过程。

图 5-47 输入半径值

图 5-48 显示计算结果

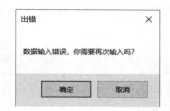

图 5-49 "出错"提示对话框

代码解析：

- 本示例调用 InputBox 函数来获取用户输入的圆半径值，计算圆的面积并调用 MsgBox 函数显示计算结果。

- 在程序中，如果输入的是数字，程序将计算以该数字为半径的圆并显示计算结果。如果输入非数字，则程序捕获错误后跳转到行标签 error1 处执行其下面的语句。此时将出现错误提示对话框，使用 If 语句判断用户单击的是对话框中的哪个按钮，如果单击"确定"按钮，即 MsgBox 函数的返回值为 vbOk，则使用 Resume 使程序跳转到行标签 startLine 处，这样就可以重新弹出输入对话框。如果单击"取消"按钮，即 MsgBox 函数的返回值为 vbCancel，则使用 Exit Sub 语句结束当前过程。

- 在程序中，如果不使用 Resume startLine 语句来实现程序的跳转，也可以对程序进行如下的修改来实现其功能。删除程序中第 04 行的行标签，将第 11 行的程序语句更改为下面两个语句中的任意一个。这两个语句中都是使用 Resume 语句使程序返回到出错语句处继续执行。

```
If b = vbOK Then Resume
```

或

```
If b = vbOK Then Resume 0
```

第6章 Sub 过程，VBA 的基本程序单元

过程，顾名思义，就是完成某一件事情的经过。对于程序而言，过程就是将不同的操作按照先后顺序排列组合起来，最终能完成某个完整的任务的集合。VBA 应用程序是由过程组成的，开发 Excel VBA 程序实际上就是编写过程代码。

本章知识点：

- 什么是过程
- 如何创建过程
- 过程的作用域
- 掌握参数的传递过程

6.1 你知道过程是什么吗

一个 VBA 程序可以拆分为若干个逻辑部件，每个逻辑部件能够完成一个相对独立的过程。如大家熟悉的向 Excel 工作表录入数据的整个操作，就需要打开工作簿、输入数据、保存工作簿并退出 Excel 程序，如果要编写 VBA 程序来实现这些功能，可以把每一步的操作编写为一段代码，将这 4 段代码按照顺序组合起来，就得到了一个 VBA 过程。

6.1.1 过程放在哪里

在 VBA 中，可执行的代码必须放置在过程中。那么，这些执行操作的过程代码应该放在哪里呢？答案是：放在模块中。

在 VBA 中，模块是将 VBA 定义和过程的集合作为一个单元保存在一起。因此模块就是程序代码放置的位置。VBA 的模块一般分为两类，一种是标准模块，一种是类模块。其中，标准模块用于存放全局变量、公有函数的说明、自定义函数和过程等；而类模块用于存放用户自己创建的对象定义。

与录制宏一样，过程代码也是放置在模块中的。编写过程代码时，必须要先插入一个模块作为程序代码的载体。插入模块的方法是：在 Visual Basic 编辑器中，选择"插入"|"模块"

命令，此时 Visual Basic 编辑器将会在当前的工程中创建一个新模块。此时在打开的"代码"窗口中，用户即可以创建模块并编写过程代码了，如图 6-1 所示。

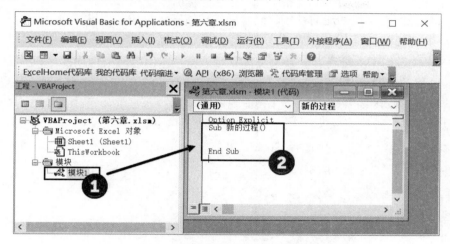

图 6-1　创建模块并添加过程代码

注　意
在"工程资源管理器"窗口中，在任意一个选项上右击，在打开的关联菜单中选择"插入"|"模块"命令也可以插入一个模块。

在 VBA 中，不仅仅是模块对象才能保存过程。实际上，Excel 对象或窗体对象都能够保存过程。如在"工程资源管理器"窗口中双击任意一个对象打开"代码"窗口后，同样可以编写过程代码，如图 6-2 所示。

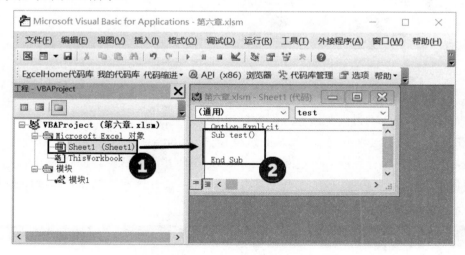

图 6-2　打开"代码"窗口编写过程代码

6.1.2　VBA 包含哪些过程

在 VBA 中，所有实现功能的程序代码都必须放置在过程中，通过启动该过程来执行程序代码。VBA 中的过程包括事件过程、属性过程和通用过程。

VBA 的事件过程指的是当发生某个事件时对该事件做出响应的程序段。事件过程是 VBA 中很重要的过程，借助于过程代码可以完成很多重要的任务。因为事件过程用于告诉 VBA，当某件事情发生（如用户选择了某个工作表、某个单元格中数据发生了改变或单击了工作表中的某个对象等）后，程序应该做什么。

如在"工程资源管理器"中选择 Sheet1 对象，在该对话框的"代码"窗口中输入事件代码，如图 6-3 所示。代码如下所示：

```
Private Sub Worksheet_Activate()
    MsgBox "欢迎你的到来!"
End Sub
```

这里，使用 WorkSheet 对象的 Activate 事件，该事件代码调用 MsgBox 函数给出一个提示对话框。在 Excel 中，当选择工作簿的 Sheet1 工作表时将触发 Activate 事件，事件代码将被执行，程序弹出提示对话框，如图 6-4 所示。

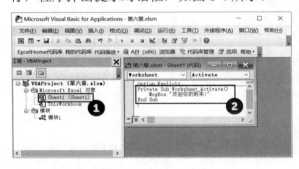

图 6-3　选择对象并创建事件过程

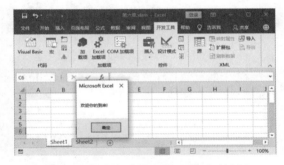

图 6-4　选择工作簿后给出提示对话框

VBA 的属性过程是专门为类模块编写的程序代码块。在创建类模块时，常需要为类模块创建属性，此时就可以通过编写属性过程来创建类模块的属性。

在 VBA 中，通用过程分为两类：Sub 过程和 Function 过程。其中，Sub 过程用于完成特定的任务，该过程在执行完成后不返回值。Function 过程用于完成特定的任务，并在任务完成后返回值供调用它的程序使用。从这里的描述可以看出，Sub 过程与 Function 过程的区别仅仅在于一个没有返回值，而另一个有返回值。

> **注　意**
>
> 一般情况下，通用过程保存在 VBA 的模块中，一个模块可以包含任意数量的过程，而一个 VBA 的过程又可以包含任意多个模块。

6.2 使用 Sub 过程

对于 Sub 过程大家都不陌生，无论是前面章节中创建的宏代码，还是章节示例中编写的 VBA 程序，实际上都是简单或复杂的 Sub 过程。Sub 过程是通用过程中一类常见的过程，是 VBA 应用程序的基础。

6.2.1　如何创建 Sub 过程

Sub 过程的创建比较简单，在 Visual Basic 编辑器中可以通过"添加过程"对话框来创建 Sub 过程。具体的操作步骤如下：

01 打开 Visual Basic 编辑器，在"工程资源管理器"中添加一个模块，在该模块的"代码"窗口中放置插入点光标，如图 6-5 所示。

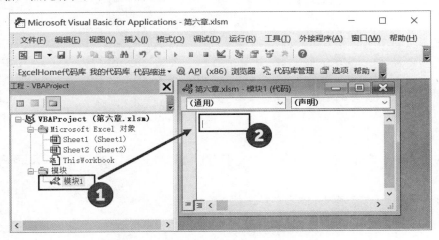

图 6-5　插入模块并放置插入点光标

02 选择"插入"|"过程"命令，打开"添加过程"对话框，在对话框的"名称"输入框中输入过程名称，在"类型"和"范围"栏中选择相应的单选按钮，设置过程类型和适用范围，如图 6-6 所示。

03 完成设置后单击"确定"按钮，关闭"添加过程"对话框，Visual Basic 编辑器将根据设置在"代码"窗口中自动添加过程结构代码，如图 6-7 所示。

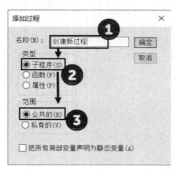
图 6-6　"添加过程"对话框

图 6-7　生成结构代码

对于程序员来说，上述创建 Sub 过程的方法并非最快捷的方法，在 Visual Basic 编辑器中，直接在"代码"窗口中输入 Sub 过程的代码才是最方便、快捷的方法。声明 Sub 过程语句的语法结构如下所示：

```
[Private|Public|Friend]|[Static] Sub 过程名 [（参数列表）]
语句块
 [Exit Sub]
End Sub
```

下面对上述语句中的参数进行介绍。

- Private：该关键字表示过程是一个局部过程。
- Public：该关键字表示过程是一个公有过程，如果 Sub 前面省略了关键字，则默认其为 Public。
- Friend：该关键字表示过程只能在类模块中适用，其在整个工程中都是可见的，但对对象实例的控制是不可见。
- Static：表示在调用过程时将保留 Sub 过程中的局部变量的值，即过程在完成调用后，变量值仍将被保留。
- End Sub：该语句表示 Sub 过程的结束。为了 Sub 过程能够正确运行，每个 Sub 过程都必须有一个 End Sub 语句，程序执行到该语句即结束该过程的运行。
- Exit Sub：在过程中可以使用一个或多个 Exit Sub 语句，该语句可直接退出过程的执行。

> **注　意**
>
> 每一个过程都必须有一个过程名，过程名必须符合标识符的命名规则。另外，Sub 过程的定义不能嵌套，即不能在一个过程中再定义另一个过程。

【示例 6-1】创建和执行 Sub 过程

（1）启动 Excel 并创建一个空白工作簿，打开 Visual Basic 编辑器，创建一个新模块。在该模块的"代码"窗口中输入过程声明语句"Sub 判断是否输入用户名"后按 Enter 键，Visual Basic 编辑器会自动添加语句 End Sub 创建一个过程结构，如图 6-8 所示。

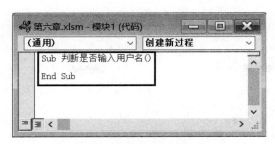

图 6-8　创建过程结构

（2）在过程结构中输入过程代码，具体的代码如下所示：

```
01   Sub 判断是否输入用户名()
02       Dim name As String                        '声明变量
03       name = InputBox("请输入用户名", "用户登录")   '获取用户名
04       If name = Empty Then
05           MsgBox "请输入用户名"                   '如果没有输入用户名，给出提示
06       Else
07           MsgBox "欢迎你: " & name               '如果输入用户名，显示输入的用户名
08       End If
09   End Sub
```

　　（3）切换回 Excel，打开"开发工具"选项卡，在"代码"组中单击"宏"按钮。此时将打开"宏"对话框，在对话框中选择 Sub 过程名选项后单击"执行"按钮，如图 6-9 所示。此时 Sub 过程将执行，这里将首先打开输入对话框要求输入用户名，在对话框中输入用户名，如图 6-10 所示。单击"确定"按钮，Excel 将弹出提示对话框，如图 6-11 所示。如果没有输入用户名，Excel 将提示输入用户名，如图 6-12 所示。

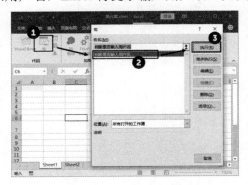

图 6-9　执行 Sub 过程

图 6-10　在输入对话框中输入用户名

图 6-11　输入用户名后的提示

图 6-12　没有输入用户名的提示

代码解析：

- 本示例在创建模块后，通过直接在模块的"代码"窗口中输入 Sub 过程的过程声明语句来创建 Sub 过程，然后再输入过程代码。
- 程序使用 If…Then 结构来判断用户是否有输入，如果有，则调用 MsgBox 函数显示用户输入的内容；否则，将提示用户还没有输入内容。
- 程序使用了 Empty 关键字，该关键字用来指示未初始化的变量值。

6.2.2　过程间的互相调用

在编写 VBA 程序时，使用过程的目的是将一个应用程序划分为多个功能块，每个功能块能够完成一个具体的功能，将这些功能块组合起来就能够实现复杂的功能。这种操作模式就像搭积木一样，简单而快捷。

在 VBA 的过程代码中，如果在某个过程中要调用位于同一模块中的其他的过程，可以使用 Call 语句。Call 语句可以将程序的执行控制权移交给一个 Sub 过程或 Function 过程，此时被调用的过程中的代码将被执行，直到遇到 End Sub 语句或 Exit Sub 语句才结束调用，程序将继续执行调用程序的下一行语句。

Call 语句的语法格式如下所示：

```
Call 过程名(参数 1,参数 2……)
```

这里，如果使用 Call 语句调用一个需要参数的过程，则参数必须使用括号将它们括起来。如果过程没有参数，则可以省略过程名后的括号。此时的语法格式如下所示：

```
Call 过程名
```

在调用过程时，如果省略 Call 关键字，过程也可以被调用。此时，如果过程需要参数，过程名和参数之间必须删除括号，具体的语法格式如下所示：

```
过程名参数 1，参数 2……
```

如下面的语句调用过程名为 Test 的 Sub 过程，该过程需要两个参数 name 和 age。

```
Test name, age
```

【示例6-2】创建和执行 Sub 过程

（1）启动 Excel 并创建一个空白工作簿，打开 Visual Basic 编辑器，创建一个新模块。在该模块的"代码"窗口中输入如下程序代码：

```
01   Sub main()
02     Dim m                            '声明变量
03     m = MsgBox("您是否需要进行矩形的面积计算？", vbOKCancel, "计算矩形面积")
     '给出提示信息
04     If m = vbOK Then
```

```
05          area                                    '如果单击"确定"按钮则调用 area 过程进行计算
06      Else
07          MsgBox "你选择了退出程序，程序将马上退出。",vbOKOnly
                                                     '如果单击"取消"按钮则给出提示
08          Exit Sub                                 '退出过程
09      End If
10  End Sub
11  Sub area()
12      Dim c As Double                              '声明变量
13      Dim a As Long, b As Long
14      a = InputBox("请输入矩形的长", "计算矩形面积")    '获取用户输入的长和宽的值
15      b = InputBox("请输入矩形的宽", "计算矩形面积")
16      If a <= 0 Or b <= 0 Then
17      MsgBox "边长输入不对！", vbOKOnly, "数据错误"     '如果输入为非正数，给出提示
18      Exit Sub                                     '退出过程
19      End If
20      c = a * b                                    '计算面积
21      MsgBox "你输入的边长为：" & a & "和" & b & Chr(13) & "矩形的面积为："_
            & c, , "计算矩形面积"                       '显示计算结果
22  End Sub
```

（2）在"代码"窗口中将插入点光标放置到 main 过程代码中，按 F5 键运行该过程，程序将首先给出提示对话框，如图 6-13 所示。此时程序将调用 area 过程，依次给出两个输入对话框要求输入矩形的长和宽，依次输入矩形的长和宽，如图 6-14 所示。完成输入后，程序弹出提示对话框显示计算结果，如图 6-15 所示。如果在 main 过程弹出的提示对话框中单击了"取消"按钮，则程序会给出提示信息，如图 6-16 所示。

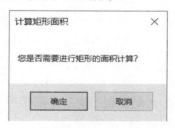

图 6-13　程序给出提示对话框

图 6-14　依次输入矩形的长和宽

图 6-15 显示计算结果

图 6-16 提示退出程序

代码解析:

- 本示例是过程的调用，第 05 行在 main 过程中调用 area 过程。
- area 过程实现了用户的输入，程序使用 If...Then 结构来判断用户是否有输入。
- 第 21 行通过 Chr(13)实现 MsgBox 窗口提示信息的换行。

6.2.3 过程的作用域

在上一小节介绍了 Sub 过程间调用的知识，本小节将介绍 Sub 过程的作用域。Sub 过程和变量一样，也存在着作用域的问题。过程按照作用域的不同分为公有过程和局部过程，过程的作用域决定了过程能够在什么地方被调用。

在声明一个 Sub 过程时，如果使用 Public 关键字，该过程即被定义为一个公有过程，公有过程能够在 VBA 程序的任何位置被调用。通俗地说，公有意味着共有，在程序中无论过程在哪个模块中，也就是说无论模块是否拥有该过程，模块都可以使用它。在 Excel VBA 中，各个工作表、用户窗体调用的过程都要在模块中使用 Public 关键字来声明。

在声明 Sub 过程时，如果使用了 Private 关键字，则该过程将是一个局部过程。局部过程也被称为私有过程，通俗地说，它是一种只能为"私人"拥有的过程，该过程只能被过程所在模块中的其他过程访问，而无法被模块外的过程访问。从这一点上来说，局部过程就像私人财产那样，只属于其所在的模块。

如何将 Sub 过程变为"私人财产"呢？在 VBA 中，只需要在声明 Sub 过程时使用 Private 关键字即可。如将本章示例 6-1 的代码做如下更改，在声明 Sub 过程时使用 Private 关键字。如果不写任何关键字，则默认该过程为 Public 过程。

```
01   Private Sub 判断是否输入用户名()
02     Dim name As String                          '声明变量
03     name = InputBox("请输入用户名", "用户登录")  '获取用户名
04     If name = Empty Then
05         MsgBox "请输入用户名"                    '如果没有输入用户名，给出提示
06     Else
07         MsgBox "欢迎你: " & name                 '如果输入用户名，显示输入的用户名
08     End If
09   End Sub
```

此时，Sub 过程"判断是否输入用户名"变为局部过程，该过程只有这个模块中的过程才

能调用它，模块外的过程则无法调用。同时，在"宏"对话框中也不会再出现该过程的名称。可见，局部过程无法像公有过程那样使用"宏"对话框来执行，如图 6-17 所示。

图 6-17　"宏"对话框中没有显示局部过程

6.3
你有我有全都有——传递参数

过程之间可以相互调用，那么一个过程中的数据能否被另一个过程使用呢？也就是说，VBA 的过程间能否出现数据的交流和共享呢？答案是肯定的。在 VBA 程序中，过程之间是可以有参数传递的。本节将介绍 VBA 过程间传递参数的方法。

6.3.1　传递参数的两种方式

在正式介绍参数传递的方式前，首先需要读者了解形参和实参的概念。所谓的形参，是形式参数的简称，它实际上是 Sub 过程定义中出现的变量名，因为它没有具体的数值，只是一个形式上的参数，因此在 VBA 中被称为形参。

实参是实际参数的简称，它是在调用 Sub 过程时传递给 Sub 过程的值，由于它是实际传递的参数值，因此被称为实参。在 VBA 中，实参可以是变量、常量、数字或对象类型等数据。

在 VBA 中，过程间传递实参的方法有两种，分别是按地址传递和按值传递。按地址传递是 VBA 中默认传递参数的方法。在定义过程时，如果在参数前添加了 ByRef 关键字，则该参数将按地址来进行传递。

按地址传递参数，是将实参变量的地址传递给形参，让形参和实参都作用于同一个内容区域。这样，在过程中若对形参的值进行改变，当返回调用程序后，使用实参的变量名也可以访问到改变后的值。

下面通过示例来介绍按地址传递参数的方法。

【示例6-3】按地址传递参数

（1）启动 Excel 并创建一个空白工作簿，打开 Visual Basic 编辑器，创建一个新模块。在该模块的"代码"窗口中输入如下程序代码：

```
01    Sub main()
02        Dim b As Integer                                    '声明变量
03        b = 4                                               '变量初始化
04        Debug.Print "调用子过程前变量的初始值为: " & b      '显示变量初始值
05        test b                                              '调用子过程并传递参数
06        Debug.Print "这是调用子过后变量的值: " & b          '显示调用子过程后的变量值
07    End Sub
08    Sub test(ByRef a As Integer)
09        a = a * 5                                           '进行计算
10        Debug.Print "子过程中的计算结果: " & a              '显示计算结果
11    End Sub
```

（2）在"代码"窗口中将插入点光标放置到 Main 过程代码中，按 F5 键运行该过程，"立即窗口"中将显示变量的初始值、子过程中的计算结果以及调用子过程后的变量值，如图 6-18 所示。

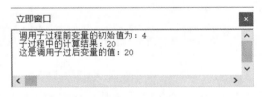

图6-18 "立即窗口"中的显示结果

代码解析：

- 本示例在声明变量 b 后将 4 赋值给该变量，而后调用 Print 方法在"立即窗口"中显示变量 b 的初始值。
- 第 08 行在声明 Sub 过程 test 时，在参数列表中使用了 ByRef 关键字，表示调用过程时将按地址的方式来传递参数。
- 第 05 行调用 test 过程并将参数传递给该过程，test 过程对传递来的参数乘以 5，并在"立即窗口"中显示相乘后的积。
- 第 09 行在"立即窗口"中显示变量 b 的值。由于使用的是按地址传递参数，因此变量 b 和子过程的变量 a 其实使用的是相同的内存单元，此时变量 b 的值与变量 a 的值相同。

> **注 意**
>
> Sub 过程是不能返回运算结果的，如果需要获得子过程的运算结果，可以采用这里示例的方法按地址来传递参数即可。这里要注意的是，当将形参定义为 ByRef 形式时，只有实参是变量才能按地址传递参数。如果实参是一个表达式或常量，则无法按地址传递参数。

　　实参传递的第二种方式是按值传递参数，此时，实参的值将作为一个副本赋值给形参。这种操作相当于对形参进行了一次赋值操作，而不是将实参按照地址传递给形参。在声明过程时，在形参前添加 ByVal 关键字，参数将按照传值的方式传递，否则默认将按照传地址方式传递参数。

　　与上面介绍的按地址传递参数不同，按值传递参数传递的只是变量的副本。如果被调用的过程改变了形参的值，所做的改变只在过程内部起作用，不会像按地址传递那样改变调用程序中变量的原始值。

　　下面将示例 6-2 的代码进行修改，以按值传递参数的方法来传递参数，比较一下调用子过程前后变量 b 的值与按地址传递参数时的不同。

【示例 6-4】按值传递参数

（1）启动 Excel 并创建一个空白工作簿，打开 Visual Basic 编辑器，创建一个新模块。在该模块的"代码"窗口中输入如下程序代码：

```
01  Sub main()
02      Dim b As Integer                              '声明变量
03      b = 4                                         '变量初始化
04      Debug.Print "调用子过程前变量的初始值为: " & b  '显示变量初始值
05      test b                                        '调用子过程并传递参数
06      Debug.Print "这是调用子过后变量的值: " & b      '显示调用子过程后的变量值
07  End Sub
08  Sub test(ByVal a As Integer)
09      a = a * 5                                     '进行计算
10      Debug.Print "子过程中的计算结果: " & a          '显示计算结果
11  End Sub
```

　　（2）在"代码"窗口中将插入点光标放置到 Main 过程代码中，按 F5 键运行该过程，"立即窗口"中将显示变量的初始值、子过程中的计算结果以及调用子过程后的变量值，如图 6-19 所示。

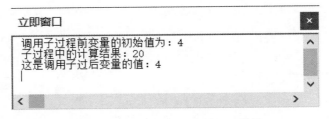

图 6-19　"立即窗口"中的显示结果

代码解析：

- 本示例与示例 6-2 的唯一区别是在第 08 行声明 Sub 过程 test 时，将参数列表中使用的 ByRef 关键字更改为 ByVal，此时在调用过程时将以按值的方式来传递参数。
- 在"立即窗口"中可以看到程序运行后各个变量的值，与示例 6-2 比较可以发现，被调用的子过程 test 改变了变量 a 的值，但是并没有影响到 main 过程中变量 b 的值，变量 b 的值在调用子过程后仍然是其初始值不变。

> **注 意**
>
> 在 VBA 程序中，使用按地址方式来传递参数比按值的方式效率要高。但是按地址方式传递参数时，形参不是一个真正的局部变量，这样有可能会对程序产生不必要的影响。因此，为了避免错误，如果没有特别的要求，应该尽量采用按值的方式来传递参数。

6.3.2 数组也可以作为参数

数组是一组变量的集合，是内存中的一片连续区域，其同样可以作为参数传递给 Sub 过程进行处理。在 VBA 中，数组一般是通过传地址的方式来进行传递的。具体的操作示例如下。

【示例 6-5】传递数组参数

（1）启动 Excel 并创建一个空白工作簿，打开 Visual Basic 编辑器，创建一个新模块。在该模块的"代码"窗口中输入如下程序代码：

```
01   Sub main()
02     Dim myArray() As Variant                '声明数组
03     myArray = Array("a", "b", "C", "D")      '为数组赋值
04     test myArray()                           '调用子过程
05   End Sub
06   Sub test(a() As Variant)
07     Dim i As Integer                         '声明变量
08     For i = 0 To UBound(a)                    '使用 for 循环变量数组中每个元素
09         If StrConv(a(i), vbWide) = StrConv(a(i), vbWide + vbUpperCase) Then
10             MsgBox a(i) & "为大写字母"         '如果是大写字母，给出提示
11         Else
12             MsgBox a(i) & "为小写字母"         '如果是小写字母，给出提示
13         End If
14     Next
15   End Sub
```

（2）在"代码"窗口中将插入点光标放置到 Main 过程代码中，按 F5 键运行该过程，程序将一次弹出提示对话框显示数组中每个字母的大小写情况，如图 6-20 所示。

图 6-20　弹出提示对话框显示数组中每个字母的大小写情况

代码解析：

● 本示例展示传递数组参数的方法。在名为 main 的过程中定义一个数组，然后为数组赋值。调用

test 子过程来对数组中的字母进行分析，提示该字母是大写字母还是小写字母。

- 在子过程中使用 for 循环遍历数组中的每个字母，第 08 行的程序语句调用 UBound 函数来获取数组中最大下标。使用 if 结构来判断获得的字母是大写字母还是小写字母，判断的方法是调用 StrConv 函数来将字母进行大写转换，判断转换后的字母与原始字母是否相同。如果相同，则原始字母为大写字母，否则为小写字母。
- 这里要注意的是，第 06 行的程序语句，子过程声明数组形参时，数组名后必须带有空括号。

6.3.3　参数没有传递该怎么办

在 VBA 中调用子过程时，形参和实参的数据传递是按照位置来进行的。也就是说，调用 Sub 过程时，实参的排列顺序必须与声明 Sub 过程时定义形参的次序要对应。

如下面语句声明一个名为 Test 的子过程。

```
Sub Test (arg1 As Integer, arg2 As String, arg3 As Boolean)
......
End Sub
```

在调用该子过程时传递 3 个参数，可以使用下面的语句来进行调用。

```
Test 5,"abcd",True
```

此时，在调用子过程并传递参数时，形参和实参的对应关系如图 6-21 所示。

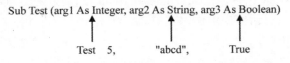

图 6-21　实参和形参之间的对应关系

对于这种参数传递方式，形参的数量必须固定，调用时提供的实参的数量也必须固定。但在程序中，有时无法确定实参是否真正传递，此时就需要在定义形参时将对应的参数定义为可选参数。

在声明 VBA 过程时，如果在形参前面加上 Optional 关键字，则该参数将被定义为可选参数。在过程的内部，可以使用 IsMissing 函数来测试调用的那个程序是否传递了可选参数。下面通过一个示例来介绍可选参数的使用方法。

【示例 6-6】使用可选参数

（1）启动 Excel 并创建一个空白工作簿，打开 Visual Basic 编辑器，创建一个新模块。在该模块的"代码"窗口中输入如下程序代码：

```
01   Sub main()
02      Dim a As String, b As String, c As String        '声明变量
03      a = InputBox("请输入用户名", "用户登录")          '获取用户输入信息
04      b = InputBox("请输入性别", "用户登录")
05      c = InputBox("请输入年龄", "用户登录")
```

```
06          If a = "" Then
07              MsgBox "用户名必须输入！"                    '如果没有输入用户名，则给出提示
08              Exit Sub                                   '退出当前过程
09          ElseIf b = "" Then
10              MsgBox "必须输入性别！"                       '如果没有输入性别，则给出提示
11              Exit Sub                                   '退出当前过程
12          ElseIf c = "" Then
13              check a, b                                 '如果没有输入年龄，则调用子过程
14          Else
15              check a, b, c                              '如果所有信息都输入了，则调用子过程
16          End If
17      End Sub
18      Sub check(d As String, e As String, Optional f)
19          If IsMissing(f) Then
20              MsgBox "用户名为：" & d & Chr(13)& "性别为：" _
21           & e & Chr(13) & "下面将登录系统！", , "用户登录"
                  '如果缺少年龄信息给出提示
22          Else
23              MsgBox "用户名为：" & d & Chr(13) _
24               & "性别为：" & e & Chr(13) & "年龄为：" _
25               & f & Chr(13) & "下面将登录系统！", , "用户登录"
                  '如果输入完整，给出提示信息
26          End If
27      End Sub
```

（2）在"代码"窗口中将插入点光标放置到 Main 过程代码中，按 F5 键运行该过程，程序运行时将依次给出输入对话框要求输入登录名、性别和年龄，如图 6-22 所示。如果登录名或性别未输入，程序给出提示对话框，如图 6-23 所示。关闭提示对话框后将退出程序。如果输入了登录名和性别而未输入年龄，程序给出登录提示，如图 6-24 所示。如果所有信息都输入了，程序给出登录提示，如图 6-25 所示。

图 6-22   程序给出输入对话框要求输入登录名、性别和年龄

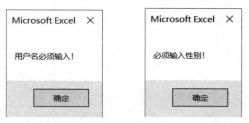

图 6-23   未输入用户名和性别信息时的提示

图 6-24 未输入年龄时获得的登录信息　　　图 6-25 完整输入时获得的登录信息

代码解析：

● 本示例演示可选参数的使用方法。作为主程序的 main 过程首先通过 InputBox 函数获取用户输入信息，使用 if 语句判断用户的输入情况。如果用户未输入用户名或性别，程序给出提示后退出 Sub 过程。如果未输入年龄，在调用 check 子过程时将只传递用户名和性别参数；如果信息全部输入，则在调用 check 子过程时传递所有参数。

● 在声明 check 子过程时定义了三个参数，最后一个参数 f 使用 optional 关键字将其定义为可选参数。

● 在 check 子过程中，第 19 行的程序语句调用 IsMissing 函数来判断是否传递了可选参数 f。如果该参数没有传递，则提示对话框只显示用户名和性别信息。如果传递了该参数，则提示对话框显示用户输入的完整信息。

注　意
在过程中可以定义多个可选参数，但这些可选参数必须放置在参数列表的后面。也就是说，当定义了一个可选参数后，其后的所有参数都必须定义为可选参数。

6.3.4　参数的数量无法确定该怎么办

在 VBA 中，无论是固定参数还是可选参数，在声明过程时都已经指定了参数的个数。实际应用中，在调用子过程时，还会遇到参数的个数无法确定的情况，此时就只能使用可变参数了。

在调用子过程时使用可变参数，应该在声明过程的参数列表最后一个参数前加上关键字 ParamArray，子过程将接受任意个数的参数。下面通过一个示例来介绍可变参数的使用方法。

【示例 6-7】使用可变参数

（1）启动 Excel 并创建一个空白工作簿，打开 Visual Basic 编辑器，创建一个新模块。在该模块的"代码"窗口中输入如下程序代码：

```
01   Sub main()
02      Dim n As Integer                              '声明变量
03      toSum n, 1, 2, 3, 4, 5                        '调用子过程进行计算
04      MsgBox "求和的结果为: " & n                    '显示计算结果
05      toSum n, 7, 3, 2                              '再次调用子过程进行计算
06      MsgBox "求和的结果为: " & n                    '显示计算结果
07   End Sub
08   Sub toSum(toTotal As Integer, ParamArray intNums())
```

```
09      Dim i As Integer                              '声明变量
10      For i = LBound(intNums) To UBound(intNums)
11          toTotal = toTotal + intNums(i)            '使用 for 循环累加求和
12      Next
13    End Sub
```

（2）在"代码"窗口中将插入点光标放置到 Main 过程代码中，按 F5 键运行该过程，程序将给出提示对话框显示两次求和计算的结果，如图 6-26 所示。

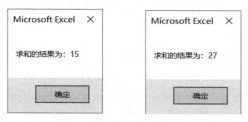

图 6-26　显示两次求和计算的结果

代码解析：

● 本示例演示可变参数的使用方法。在 main 过程中声明变量 n，该变量用于获取子过程计算的结果。第 03 行调用 toSum 过程进行求和计算，将参数 n 以按地址传递方式传递给 toSum 子过程的形参 toTotal，将数字 1，2，3，4 和 5 传递给子过程的形参 intNums。

● 在声明 toSum 子过程时，定义了两个形参 toTotal 和 intNums，形参 toTotal 用于返回求和计算的结果，参数 intNums 前使用关键字 ParamArray 将其定义为可变参数。

● 可变参数实际上是一个数组，在第 10 行调用 LBound 函数和 UBound 函数来获得数组下标的上下边界，通过 for 循环实现数组中所有数字的累加。累加的结果置于变量 toTotal 中，由于是按地址传递参数，该值能够在 main 过程中被读取。

● 第 06 行第二次调用 toSum 过程进行求和，此时参数个数变为三个，从程序运行结果可以看到，参数个数的改变并不影响调用子过程时的参数传递。

注　意

使用 ParamArray 关键字定义可选参数实际可以认为是定义了一个参数数组，其在接受数据时可以根据实际接受的数据个数来调整数组的大小，因此可以接受不定数量的参数值。使用 ParamArray 关键字定义的参数数组不能与 ByVal、ByRef 和 Optional 关键字同时使用，这个参数数组只能是参数列表的最后一个参数，其数据类型为 Variant。

第 7 章　调用函数

在上一章学习 Sub 过程时曾经提到，VBA 的通用过程包括 Sub 过程和 Function 过程。在 Excel VBA 中，创建的 Function 过程不仅能够在该项目的模块中使用，还可以作为工作表函数应用到工作表公式中，这种能力是 Excel 的一大特色。本章将介绍 Function 过程的调用方法。

本章知识点：

- 过程与函数的区别
- 创建函数
- 调用函数
- 调用内置函数

7.1
有了过程为什么还要函数

在 VBA 中，Function 过程既可以像 Sub 过程那样在模块中被调用，也可以作为工作表函数应用到工作表中，因此 Function 过程一般分为两类：一类是在模块中调用的模块 Function 过程，另一类是作为工作表函数使用的工作表 Function 函数。这样的分类并不意味着前者不能被应用到工作表公式中，也不意味着后者不能在模块中被调用。

Function 过程与 Sub 过程相比，它们具有如下的共同点：

- 都是构成 VBA 程序的基本单位。
- 都可以使用 Public 或 Private 等关键字来设置其作用域。
- 都可以接受参数，参数设置的方法完全相同。

但 Function 过程和 Sub 过程也有如下的不同点：

- Sub 过程不能返回值，而 Function 过程能返回值。因此，Function 过程能够像 Excel 中的内置函数那样在表达式中使用。
- Sub 过程能够在 Excel 中作为宏来调用，而 Function 过程不能作为宏直接来调用，它不会出现在"宏"对话框的列表中。但 Function 过程能够像使用 Excel 的内部函数那样使用。
- 在 VBA 中，Sub 过程可以作为独立的语句被调用，而 Function 过程通常作为表达式的一部分来调用。

VBA 本身提供了很多的内置函数，同时 VBA 也可以调用 Excel 的工作表函数，这些无疑使得 VBA 具有强大的功能。但即便如此，在使用 VBA 编写应用程序时也会出现仅靠这些函数无法实现某种操作的情形，此时就可以通过编写 Function 过程来创建自己的函数，使其能够像 VBA 或 Excel 内置函数那样来调用，从而简化数据的分析处理操作，这就是 Function 过程存在的价值。从 Excel 的角度来看，Sub 过程作为宏来调用，Function 过程作为公式中的函数来调用，正好优势互补，互通有无。

另外，在创建 VBA 应用程序时，在有些过程中需要重复某些计算。此时，就要创建进行这种计算的自定义 Function 过程，在过程中如果需要进行同类计算则只需要调用这个自定义 Function 过程即可。这种自定义 Function 过程能够有效地精简程序代码，大大地减少了错误的出现。这应该也是在 VBA 程序中需要 Function 过程的一个重要原因。

在 VBA 中，Function 过程也被称为 Function 函数，在后面的章节中，我们将使用 Function 函数这个名称来称呼 Function 过程。

7.2
调用函数

有了使用 Sub 过程的经验，调用 Function 函数就不是一件困难的事情了。本节将介绍调用 Function 函数的方法。

7.2.1 创建函数

与创建 Sub 过程一样，创建 Function 函数也有两种方式。一种方式是通过"添加过程"对话框，具体的做法是：首先在 Visual Basic 编辑器中选择"插入"|"过程"命令，打开"添加过程"对话框。在对话框的"名称"输入框中输入函数名称，在"类型"栏中选择"函数"单选按钮，在"范围"栏中选择函数的作用域，如图 7-1 所示。完成设置后单击"确定"按钮关闭"添加过程"对话框，此时在模块的"代码"窗口中将创建 Function 函数结构，如图 7-2 所示。在函数体中输入程序代码即可获得需要的 Function 函数了。

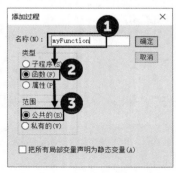

图 7-1　"添加过程"对话框

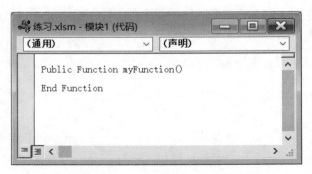

图 7-2　在"代码"窗口中添加 Function 函数

创建 Function 函数的第二种方式是直接在"代码"窗口中输入代码来创建函数。创建 Function 函数的语法结构如下所示：

```
[Public | Private | Friend] [Static] Function 函数名[(参数列表)][AS 返回数据类型]
    语句块 1
    函数名＝表达式 1
    Exit Function
    语句块 2
    函数名＝表达式 2
……
End Function
```

从上面的语句可以看出，Function 函数与 Sub 过程的定义方式基本相同，主要存在下面两点不同：

- 在声明函数语句的最后使用了"AS 返回数据类型"语句，该语句定义函数返回值的数据类型。这个语句在声明 Sub 过程时是没有的。
- 在 Function 函数体内需要通过诸如"函数名＝表达式 1"这样的语句来为函数名赋值，赋值的目的是为了返回函数的计算结果。这种用于返回计算结果的赋值语句，在 Sub 过程中是不需要的。

注　意
如果在 Function 函数体内没有赋值语句，则函数将返回一个默认值。此时，数值函数返回 0，字符串函数将返回空字符串，Variant 函数将返回 Empty。如果是返回对象引用的函数，则默认值为 Nothing。

7.2.2　调用函数

创建了 Function 函数后，该如何调用该函数呢？在 VBA 中，调用 Function 函数有两种方法，一种方法是在工作表中调用，另一种方法是从 VBA 的另一个过程中调用，本小节将首先介绍从工作表中调用 Function 函数的方法。

自定义 Function 函数的作用与系统的内部工作表函数相同，可以在 Excel 工作表中以公式的形式进行引用。下面以一个示例来介绍在工作表中调用 Function 函数的方法。

【示例 7-1】在工作表中调用 Function 函数

（1）启动 Excel 并创建一个空白工作簿，在工作簿中输入数据，如图 7-3 所示。这里要实现在这个工作表中任意选择数据，并将选择的数据求和。

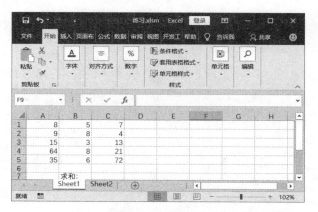

图 7-3 创建工作表

（2）打开 Visual Basic 编辑器，插入一个模块，在模块的"代码"窗口中输入如下程序代码：

```
01   Function toSum(ParamArray intNums()) As Long
02     Dim i As Integer, j As Long                    '声明变量
03     For i = LBound(intNums) To UBound(intNums)
04       j = j + intNums(i)                           '遍历数组中所有值求累积和
05     Next
06     toSum = j                                      '将计算结果赋予函数名
07   End Function
```

（3）切换回 Excel，选择 C7 单元格，在公式编辑栏中单击"插入函数"按钮，在打开的"插入函数"对话框的"或选择类别"下拉列表中选择"用户定义"选项，此时在"选择函数"列表中将显示可用的自定义函数，这里选择在上一步创建的自定义函数，单击"确定"按钮，如图 7-4 所示。

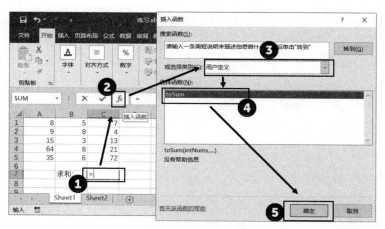

图 7-4 选择自定义函数

（4）此时将打开"函数参数"对话框，在对话框中输入函数需要的参数。这里输入需要求和的数据所在的单元格地址，随着参数的输入，参数输入框也会随之增加。完成参数输入后，单击"确定"按钮关闭对话框，如图 7-5 所示。此时，选择的单元格中将显示计算结果，如图 7-6 所示。

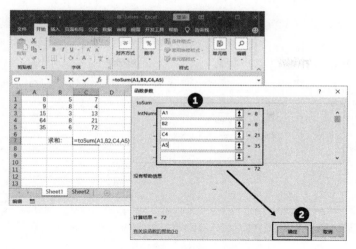

图 7-5 输入函数参数

图 7-6 选择的单元格中显示出计算结果

代码解析:

- 本示例演示创建自定义函数并在工作表中调用自定义函数的方法。在创建这个自定义函数时,第 01 行在使用 ParamArray 关键字将参数定义为可变参数,这样就能接收任意数量的数值作为求和的参数。
- 第 03~05 行使用 for 循环遍历参数数组,并将它们累加求和。第 06 行将累加和 j 的值赋予函数 toSum,以便于回传获得的计算结果。
- 自定义函数的调用方法和 Excel 内置的工作表函数的调用方法相同,通过"插入函数"对话框来插入,通过"函数参数"对话框来指定函数需要的参数。除了这里介绍的方法之外,还可以直接在单元格或公式编辑栏中输入函数后按 Ctrl+Shift+Enter 组合键输入公式并计算。

7.2.3 传递函数参数

在 Visual Basic 编辑器中,Function 函数不能像 Sub 过程那样通过按 F5 键来运行,其必须通过另一个过程来调用。Function 过程的调用一般有两种方法：一种方法是直接调用，另一种方法是使用 Call 语句来调用。在程序中，这两种方法的具体语法结构与调用 Sub 过程几乎是一样的。如在 VBA 程序中调用上一节示例 7-1 中的 toSum 函数，可以使用下面的语句。运行该过程，在"立即窗口"中将显示出调用函数进行计算后的结果，如图 7-7 所示。

```
Sub test()
    Dim a As Long
    a=toSum(2,3,4,56)
    Debug.Print a
End Sub
```

由于 Function 函数具有返回值，因此还可以将 Function 函数作为表达式的一部分来使用，直接使用其返回值来参与表达式的计算。如下面的语句，运行该过程的计算结果，如图 7-8 所示。

```
Sub test()
    Dim a As Long
    a=toSum(2,3,4,56)*10
    Debug.Print a
End Sub
```

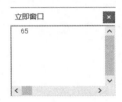

图 7-7　调用函数后的结果　　　图 7-8　在表达式中使用函数的计算结果

实际上，Function 函数也可以像 Sub 过程那样直接输入函数名，并在函数名后面带上参数，且参数不用括号括起来，如下面的语句所示：

```
toSum 2,3,4,56
```

对于上面的语句，由于没有变量来接收函数的返回值，因此也就无法得到函数的计算结果，这显然背离了调用函数的初衷。所以在编写程序时，这种调用 Function 函数的方法没有什么现实意义。

【示例 7-2】在工作表中调用 Function 函数

（1）启动 Excel 并创建空白工作簿，打开 Visual Basic 编辑器，插入一个模块，在模块的"代码"窗口中输入如下程序代码：

```
01  Function length(a As Long, b As Long)
02    length = Sqr(a ^ 2 + b ^ 2)                '计算斜边的长
03  End Function
04  Sub cal()
05    Dim m As Long, n As Long, q As Long  '声明变量
```

```
06      On Error GoTo err                          '如果输入错误则跳转到错误处理程序
07      m = InputBox("请输入第一条直角边的长")      '输入两条直角边
08      n = InputBox("请输入第二条直角边的长")
09      q = length(m, n)                           '调用函数并获得计算结果
10      MsgBox "该直角三角形的斜边长为: " & q       '显示计算结果
11      Exit Sub                                   '退出过程
12    err:
13       MsgBox "数据输入错误，无法进行计算！"       '显示出错提示
14    End Sub
```

（2）将插入点光标放置到 cal 过程中，按 F5 键运行该过程。程序将依次给出两个输入对话框要求用户输入直角三角形两条直角边的长，在对话框中依次输入两条直角边的长，如图 7-9 所示。程序将给出直角三角形斜边的长，如图 7-10 所示。如果在输入直角边长时未输入合法的数据，程序给出提示，如图 7-11 所示。

 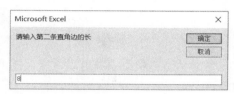

图 7-9　依次输入两直角边的长

图 7-10　显示计算结果　　　　　　　图 7-11　提示数据输入错误

代码解析：

- 本示例演示在 VBA 程序中调用自定义函数的方法。第 01~03 行创建名为 length 的自定义函数，第 02 行调用 Sqr 函数计算平方根，并将计算结果赋予函数名 length。
- 第 04~14 行是名为 cal 的 Sub 过程代码。其中，第 09 行调用 length 函数，并将函数计算结果赋予变量 q。第 10 行调用 MsgBox 函数将计算结果显示在提示对话框中。
- 为了避免用户输入为非数字时产生错误，第 06 行用于检测程序错误，并在出错时跳转到 err 行标签所在的位置以显示出错提示。

7.2.4　在程序中调用工作表函数

Excel 的重要特点是，它提供了大量的工作表函数用于对数据进行分析处理。这种工作表函数可以直接在工作表的单元格中调用，如下面介绍的操作过程所示。

在选择了单元格后单击编辑栏中的"插入函数"按钮，此时将打开"插入函数"对话框，在对话框的"或选择类别"下拉列表中选择函数类别，在"选择函数"栏中选择需要使用的函

数，如图 7-12 所示。单击"确定"按钮即可在单元格中插入选择的函数，此时将打开"函数参数"对话框，在对话框中输入函数需要的参数，如图 7-13 所示。单击"确定"按钮关闭该对话框即可在单元格中获得需要的计算结果。

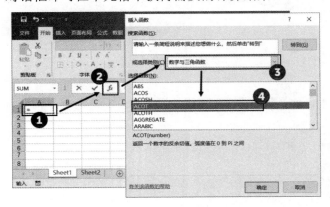

图 7-12　打开"插入函数"对话框　　　　图 7-13　在"函数参数"对话框中设置参数

实际上，在 VBA 程序中可以直接调用 Excel 的工作表函数。在程序中调用工作表函数的语句如下所示：

```
x=Application.WorkSheetFunction 函数名（参数列表）
```

例如求 A1:A10 单元格区域中数据的和，可以调用工作表函数 SUM，在 VBA 程序中可以使用下面的代码获得结果：

```
x=Application.WorkSheetFunction SUM(Range("A1:A10").Value)
```

【示例 7-3】在工作表中调用 Function 函数

（1）启动 Excel 并创建成绩表，如图 7-14 所示。在 K5 单元格中放置一个条件表达式，该表达式作为调用 CountIf()函数统计个数时的条件。

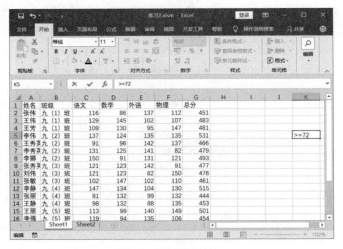

图 7-14　创建成绩表

（2）打开 Visual Basic 编辑器，插入一个模块，在模块的"代码"窗口中输入如下程序代码：

```
01   Sub test()
02   MsgBox "语文的最高分为: " & Application.WorksheetFunction._
03   Max(Range("C2:C20").Value)                    '计算数据的最大值
04   MsgBox "数学的总分为: " & Application.WorksheetFunction._
05   Sum(Range("D2:D20").Value)                    '计算并显示数据的和
06   MsgBox "外语的平均分为: " & Int(Application.WorksheetFunction._
07   Average(Range("E2:E20").Value))               '显示整数平均分
08   MsgBox "物理及格人数为: " & Application.WorksheetFunction._
09   CountIf(Range("F2:F20"), Range("K5").Value)   '计算满足条件的数据的个数
10   End Sub
```

（3）按 F5 键运行该过程，程序将依次显示表格中语文的最高分、数学的总分、外语的平均分以及物理及格人数，如图 7-15 所示。

图 7-15　程序依次显示成绩统计结果

代码解析：

- 本示例演示在 VBA 程序中调用工作表函数的方法。第 02~09 行调用 MsgBox 函数来显示调用工作表函数对数据进行计算后的结果。
- 代码中分别调用了 Max 函数、Sum 函数和 Average 函数来计算各科成绩的最大值、总和及平均值。使用 Range 对象的 Value 属性来获得指定单元格区域中的值。这些函数的用法和在工作表中的用法基本相同。这里，在调用 Average 函数计算平均值时，调用 int 函数对计算结果取值，以获得整数平均值。
- 调用 CountIf 函数来统计满足条件的单元格个数，它需要两个参数，一个是数据所在的单元格区域，另一个是用于判断的条件表达式。因此，在创建工作表时需要在某个单元格中放置条件表达式，在代码中则需要获取该表达式。

7.3
调用内置函数

在 Excel VBA 中，可以调用的函数除了自定义函数和 Excel 的工作表函数之外，还包括 VBA 内置函数。在编写 VBA 程序时，对于某些功能的实现，可以直接调用 VBA 内置函数而不再需要自己去编写程序，这无疑简化了编程步骤，提高了编程效率。Excel VBA 常用的内置

函数包括判断函数、日期/时间函数、字符串函数、转换函数和算术函数。

7.3.1 调用判断函数

判断函数是 VBA 内置函数中的一类特殊函数，其最显著的特征是以字符 Is 开头。这些函数用于判断变量或表达式的值是否为某一类的数据，其返回值为 True 或 False。VBA 的判断函数如表 7-1 所示。

表 7-1　判断函数

函数名称	说明
IsMissing()	表示一个可选的变体参数是否已经传递给了过程，即是否为某个可选的参数赋了值
IsDate()	判断是否为日期
IsEmpty()	判断对象是否被初始化
IsArray()	判断变量是否为数组
IsError()	判断表达式结果是否为一个错误值
IsNull()	判断表达式是否不包含任何有效数字
IsObject()	判断标识符是否表示对象变量

这些函数在调用时都需要一个参数，这个参数可以是表达式，也可以是变量值。下面通过范例来介绍判断函数在 VBA 程序中的调用方法。

【示例 7-4】调用 VBA 判断函数

（1）启动 Excel 并创建空白工作簿，在 Sheet1 工作表中输入文字，如图 7-16 所示。

图 7-16　在工作表中输入文字

（2）打开 Visual Basic 编辑器，插入一个模块，在模块的"代码"窗口中输入如下程序代码：

```
01    Sub 使用 VBA 内置函数()
02        Dim a, b                                              '声明变量
03        a = Worksheets("sheet1").Range("b2").Value           '获取单元格中数据
04        b = Worksheets("sheet1").Range("c2").Value
05        If (IsEmpty(a) Or IsEmpty(b)) Then                   '判断单元格中是否输入了数据
06            MsgBox "必须要输入单价或件数！"                    '如果未输入，则给出提示
```

```
07        Else                                              '如果有输入,则判断输入是否为数字
08            If IsNumeric(a) And IsNumeric(b) Then         '判断单元格中是否输入数字
09                MsgBox "应收款:" & a * b & "元"             '输入均为数字,则显示计算结果
10            Else
11                MsgBox "数据错误,无法进行计算!请重新输入!"  '输入非数字则给出提示
12            End If
13        End If
14  End Sub
```

（3）在工作表中的指定单元格中输入单价和件数，运行该过程，程序给出应收款，如图 7-17 所示。如果在单元格中没有输入单价或件数，程序给出提示，如图 7-18 所示。如果在单元格中输入的不是数字，程序同样给出提示，如图 7-19 所示。

图 7-17　输入数字后显示应收款　　　　　　图 7-18　没有输入内容则给出提示

图 7-19　输入非数字时给出提示

代码解析：

● 本示例演示在 VBA 程序中调用判断函数的方法。第 03 行和第 04 行获取工作表的 B2 和 C2 单元格的数据。首先调用 IsEmpty 函数判断变量是否被初始化，即判断单元格中是否有数据。如果变量没有被初始化，该函数返回值为 False，否则返回值为 True。第 05 行使用 if 语句判断变量 a 或变量 b 是否被初始化，只要它们存在着未被初始化的情况，将调用 MsgBox 函数给出提示。

● 如果变量 a 和变量 b 均已被初始化，即两个单元格中具有数据，则程序将调用 IsNumeric 函数判断输入的是否都是数字，如果都是数字，则程序将调用 MsgBox 函数显示单价与件数相乘的结果；否则，程序将显示出错提示信息。

7.3.2 调用日期/时间函数

在使用 Excel 进行数据统计时，经常会用到日期与时间函数。VBA 的内置时间和日期函数如表 7-2 所示。

表 7-2　时间和日期函数

函数名称	说明
Now	返回当前的日期和时间，如 2020-2-7 13:16:38
Date	仅返回当前的日期，如 2020-2-7
Time	仅返回当前的时间，如 13:16:38
Timer	代表从午夜开始到现在经过的秒数
TimeValue()	时间部分的值
DateValue()	日期部分的值
DateSerial()	返回包含指定的年、月、日的值
DatePart()	返回一个包含已知日期的指定时间部分的值
Year()	返回包含表示年份的整数
Month()	返回一个 1~12 的整数，表示一年中的某月
Day()	返回一个值为 1~31 的整数，表示一个月中的某一日
MonthName()	返回一个表示指定月份的字符串
WeekdayName()	返回一个字符串，表示一星期中的某天
DateDiff()	返回一个表示两个指定日期间的时间间隔数目的值
DateAdd()	返回包含一个日期的值，这一日期还加上了一段时间间隔
Format()	根据不同的日期格式字符串常量来格式化日期的显示

【示例 7-5】调用 VBA 时间函数

（1）启动 Excel 并创建一个空白工作簿，打开 Visual Basic 编辑器，插入一个模块，在模块的"代码"窗口中输入如下程序代码：

```
01    Sub 判断星期几()
02      Dim d, y, w, m, t                              '声明变量
03      d = InputBox("请输入日期", "我知道这一天是星期几")  '获取用户输入的日期
04      If IsDate(d) Then                              '判断用户是否输入了日期
05        y = Year(d)                                  '获取年份
06        m = Month(d)                                 '获取月份
07        t = Day(d)                                   '获取日期值
08        w = WeekdayName(Weekday(d))                  '获取星期
09        MsgBox "你输入的日期是: " & y & "年" & m & "月" & t & "日" & Chr(13) &
  "这一天是:"& w, , "我知道这一天是星期几"                '显示输入的日期和星期
10      Else
11          MsgBox "数据输入不对，请输入日期! ", ,"我知道这一天是星期几"
        '如果输入的不是日期，则给出提示
12      End If
13    End Sub
```

（2）将插入点光标放置到过程代码中，按 F5 键运行该过程。程序首先给出输入对话框，在对话框中输入日期，如图 7-20 所示。单击"确定"按钮关闭输入对话框，程序给出输入日期的详细信息，并显示当天是星期几，如图 7-21 所示。如果在输入对话框中未输入正确的日期，程序将给出错误提示，如图 7-22 所示。

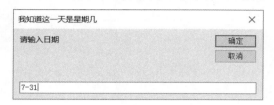

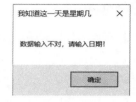

图 7-20　在输入对话框中输入日期　　图 7-21　显示日期信息和星期几　图 7-22　错误提示信息

代码解析：

- 本示例演示了在 VBA 程序中调用时间函数的方法。第 03 行调用 InputBox 函数获取用户输入的日期。第 04 行调用 IsDate 函数判断用户输入的是否为日期值，如果是，则该函数返回值为 True，否则返回值为 False。

- 如果用户在输入对话框中输入了日期，第 05~07 行调用 Year 函数、Month 函数和 Day 函数获取输入日期值中的年份、月份和日期，并将它们分别赋予变量。第 08 行调用 Weekday 函数获取输入日期的星期值，然后调用 WeekdayName 函数将该星期值转换为星期几。完成转换后，调用 MsgBox 函数显示转换结果。

- 如果在输入对话框中未输入日期值，则程序将给出提示对话框，提示输入正确的日期值。

7.3.3　调用字符串函数

在编写 VBA 应用程序时，经常需要对字符进行各种操作，如获取字符串中的某个字符、计算字符串的长度以及去掉字符串两侧的空白等。这些操作可以使用 VBA 内置的字符串函数来完成。VBA 的内置字符串函数如表 7-3 所示。

表 7-3　VBA 的内置字符串函数

函数名称	说明
Trim()	去掉字符串左右两侧的空白
Ltrim()	去掉字符串左侧的空白
RTrim()	去掉字符串右侧的空白
Len()	计算字符串的长度
Left(字符串, x)	取字符串左侧的 x 个字符
Right(字符串, x)	取字符串右侧的 x 个字符
Mid(字符串, start, x)	取字符串从 start 位置开始的 x 个字符
Ucase()	将字符中的字母转换为大写字母
Lcase()	将字符中的字母转换为小写字母

（续表）

函数名称	说明
Space(x)	返回 x 个空白的字符串
Asc()	返回一个 Integer 值，该值为字符串首字母的字符代码
Chr(charcode)	返回与 charcode 相对应的字符

【示例 7-6】调用 VBA 字符串函数

（1）启动 Excel 并创建一个空白工作簿，打开 Visual Basic 编辑器，插入一个模块，在模块的"代码"窗口中输入如下程序代码：

```
01   Sub 使用字符串函数()
02       Dim a                                        '声明变量
03       Dim b As String, i As Integer
04       a = InputBox("请输入单词:")                  '获取输入字符
05       If a <> "" Then                              '判断是否有输入
06           For i = 1 To Len(a)                      '遍历输入的所有字符
07               b = b + UCase(Mid(a, i, 1))          '选取字符后转换为大写并置于变量 b 中
08           Next i
09           MsgBox "你输入的是单词: " & a & vbCrLf
     & "转换为大写后的单词: " & b                     '显示大写转换的结果
10           Exit Sub                                 '退出过程
11       Else
12           MsgBox "请输入一个英文单词"              '如果没有输入则显示提示信息
13       End If
14   End Sub
```

（2）将插入点光标放置到过程代码中，按 F5 键运行该过程。程序首先给出输入对话框，在对话框中输入单词，如图 7-23 所示。单击"确定"按钮关闭输入对话框，程序将输入单词的所有字母转换为大写，如图 7-24 所示。如果在输入对话框中未输入任何字符，程序给出提示，如图 7-25 所示。

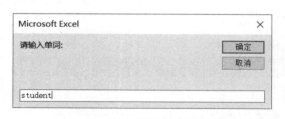

图 7-23　在对话框中输入英文单词　　图 7-24　将单词中字母转换为大写　图 7-25　显示提示信息

代码解析：

- 本示例演示 VBA 内置函数的调用方法。第 04 行调用 InputBox 函数获取用户输入的单词。首先使用 if 语句判断用户是否在输入对话框中输入了内容，如果没有，则调用 MsgBox 函数给出提示信息。

- 调用 Len 函数计算输入对话框中的单词字符个数，使用 For 循环遍历输入单词的每个字母。

- 在 for 循环中，调用 Mid 函数获取单词中的字母。该函数需要三个参数，第一个参数指定需要

处理的字符串，第二个参数指定从该字符串的第几个字符开始获取字符，第三个参数用于指定获取字符的个数。因此，代码中的语句 Mid(a,i,1)表示从变量 a 中字符串的第 i 个字符开始获取字符，也就是获取第 i 个字符。

- 第 07 行将调用 Mid 函数获取的字符通过 UCase 函数转换为大写字母，将转换后的大写字母添加到变量 b 中连接成字符串。
- 在完成单词中所有字母的大写转换后，第 09 行调用 MsgBox 函数显示出转换结果。

7.3.4　调用转换函数

在 VBA 程序中，程序既可以根据需要自动转换数值的类型，也可以对数据类型进行强制转换。要实现数据类型的强制转换，可以调用 VBA 内置的转换函数。VBA 内置的转换函数如表 7-4 所示。

表 7-4　VBA 内置的转换函数

函数	返回类型	Expression 参数范围
CBool	Boolean	任何有效的字符串或数值表达式
CByte	Byte	0 至 255
CCur	Currency	−922,337,203,685,477.5808~922,337,203,685,477.5807
CDate	Date	任何有效的日期表达式
CDbl	Double	负数从−1.79769313486231E308~−4.94065645841247E-324； 正数从 4.94065645841247E-324~1.79769313486232E308
CDec	Decimal	无小数位数值，范围为：+/-79,228,162,514,264,337,593,543,950,335。 对于 28 位小数的数值，范围则为：+/-7.9228162514264337593543950335。 最小可能非零值是：0.0000000000000000000000000001
CInt	Integer	−32,768~32,767，小数部分四舍五入
CLng	Long	−2,147,483,648~2,147,483,647，小数部分四舍五入
CSng	Single	负数为：−3.402823E38~−1.401298E-45 正数为：1.401298E-45~3.402823E38
CStr	String	依据 expression 参数返回 CStr
CVar	Variant	若为数值，则范围与 Double 相同；若不为数值，则范围与 String 相同

【示例 7-7】调用 VBA 转换函数

（1）启动 Excel 并创建一个空白工作簿，打开 Visual Basic 编辑器，插入一个模块，在模块的"代码"窗口中输入如下程序代码：

```
01    Sub 调用转换函数()
02        Dim a                                          '声明变量
03        a = InputBox("请在此输入数字: ")                '获取输入数据
04        Debug.Print "将数据转换为整型数据为: " & CInt(a)  '进行数据转换
```

```
05        Debug.Print "将数据转换为长整型数据为: " & CLng(a)
06        Debug.Print "将数据转换为字符串为: " & CStr(a)
07        Debug.Print "将数据转换为日期数据为: " & CDate(a)
08        Debug.Print "将数据转换为长数值为: " & CVar(a)
09    End Sub
```

（2）将插入点光标放置到过程代码中，按 F5 键运行该过程。程序首先给出输入对话框，在对话框中输入数据，如图 7-26 所示。单击"确定"按钮关闭输入对话框，程序在"立即窗口"中显示数据转换后的结果，如图 7-27 所示。

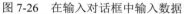

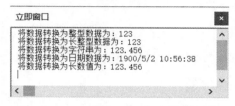

图 7-26　在输入对话框中输入数据　　　　图 7-27　在"立即窗口"中显示数据转换后的结果

代码解析：

- 本示例演示在 VBA 程序中调用判断函数的方法。代码中的第 03 行调用 InputBox 函数获取用户输入的日期。
- 第 04 行调用 CInt 函数将输入数据转换为整型数据，第 05 行调用 CLng 函数将输入数据转换为长整型数据，第 06 行调用 CStr 函数将数据转换为字符串数据，第 07 行调用 CDate 函数将数据转换为日期数据，第 08 行调用 CVar 函数将数据转换为数值数据。

7.3.5　调用算术函数

对数据进行分析统计，离不开对数字进行计算。VBA 内置了算术函数用于对数字进行各种数学计算。VBA 常见的内置算术函数如表 7-5 所示。

表 7-5　VBA 常见的内置算术函数

函数名称	说明
Sin()、Cos()、Tan()	计算正弦、余弦和正切值，参数以弧度为单位
Atn()	计算反正切值，即计算正切值为参数的角度。函数返回值为 $-Pi/2$ 至 $Pi/2$ 之间的角度值，角度以弧度为单位
Log()	返回参数的自然对数
Exp()	返回 e^x 值，其中 x 为函数参数
Abs()	返回给定数值的绝对值
Int()和 Fix()	删除参数的小数部分并返回获得的整数。如果参数为正数，这两个函数返回值相同。如果参数为负数，Int 函数将返回小于参数的第一个负整数；而 Fix 函数返回大于或等于参数的第一个负整数。如 Int(-8.5)值为-9，而 Fix(-8.5)的值为-8

（续表）

函数名称	说明
Sgn()	该函数返回值表示数字的符号。当返回值为 1 时，表示参数大于 0，返回值等于 0 时，表示参数等于 0；返回值为-1 时，表示参数值小于 0
Sqr()	计算指定值的算术平方根，其返回值为 Double 类型数值
Rnd()	该函数将返回 0～1 的随机数，其中的参数为随机数
Round(expression[,numdecimalplaces])	返回对参数 expression 四舍五入后的值。其中参数 numdecimalplaces 为可选参数，用于指定精确到小数点后的位数，该参数省略表示精确到整数位

【示例 7-8】调用 VBA 的算术函数

（1）启动 Excel 并创建一个空白工作簿，打开 Visual Basic 编辑器，插入一个模块，在模块的"代码"窗口中输入如下程序代码：

```
01   Sub 生成指定范围内的随机数()
02      Dim u As Integer, l As Integer          '声明变量
03      Dim i As Integer
04      Dim x As Integer
05      u = InputBox("请输入随机数的上限值")      '获取用户输入的随机数上限和下限
06      l = InputBox("请输入随机数的下限值")
07      For x = 1 To 10
08          i = Int((u - l + 1) * Rnd() + l)    '生成随机数
09          Cells(1, x) = i                     '将生成的随机数置于指定单元格中
10      Next
11   End Sub
```

（2）将插入点光标放置到过程代码中，按 F5 键运行该过程。程序首先给出输入对话框要求输入生成随机数的上限值和下限值，在对话框中分别输入这两个数值，如图 7-28 所示。完成输入后，在 Excel 工作表的第一行生成介于输入数值之间的随机数，如图 7-29 所示。

图 7-28　在输入对话框中输入随机数的上限和下限

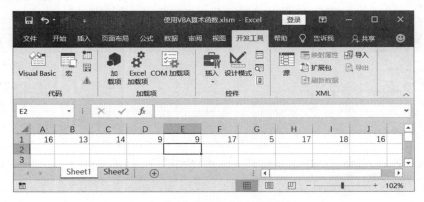

图 7-29　在单元格中输入随机数

代码解析：

- 本示例演示在 VBA 程序中调用数学函数的方法。本范例将在工作表的第一个行单元格中生成指定范围内的 10 个随机数，随机数的范围由用户输入的数值决定。程序调用 Rnd 函数来生成随机数，要在指定范围内的生成随机数，可以使用公式：Int((upperbound−lowerbound +1)*Rnd+lowerbound)。这里，upperbound 为随机数范围的上限，lowerbound 为随机数范围的下限。为了获得整数，需要调用 Int 函数对生成的随机数取整。
- 在程序中，使用 Application 对象的 Cells 属性来指定活动工作表内的单元格。在第 09 行的语句 Cells(1，x)中，1 表示行数，x 表示列数。
- 程序使用 for 循环生成 10 个随机数，并将每次生成的随机数依次置入指定的单元格中。

第 8 章　使用对象

现实世界中的一切都是由对象构成的，这些对象通过一定的方式和渠道相互联系。计算机程序设计也引入了对象的概念，面向对象的程序设计方式是一种非常实用的软件开发方法。VBA 就是一种面向对象的程序设计语言，Excel VBA 的本质就是利用 Visual Basic 语句对 Excel 中的对象进行操作。本章将对 Excel VBA 程序设计中对象的基本知识进行介绍。

本章知识点：

- 认识对象、对象的属性和方法、对象的事件
- 对象变量和对象数组
- 掌握 Excel 中的对象模型

8.1
对象三要素

在现实生活中，任何一个实体都可以看作一个对象。以此类推，在 Excel VBA 程序设计中，对象就是 Excel 中的基本运行实体，如大家熟悉的工作簿、工作表、单元格、图形、用户窗体和窗体上的控件等，这些可操作的实体，都是对象。对象具有三个要素，即属性、方法和事件。在对象建立后，对对象的操作就是通过描述该对象有关的属性、事件和方法来完成。

8.1.1　对象的属性

在现实世界中，每个实体对象都有其特征，如对于一本书来说，如何与其他的书进行区分呢？读者可能会很容易地给出答案：可以根据书的页数、书名、作者、出版社甚至书的厚度和重量等来进行区分，这些都是一本书区别于另一本书的特征。

Excel VBA 中的对象与现实世界的实体一样，同样具有特征。如大家所熟悉的单元格，其具有长度和宽度，可以有边框线也可以没有边框线，边框线颜色可以为红色也可以为黑色，单元格内部可以填充颜色也可以不填充颜色，这些特征决定了这个单元格与其他单元格的区别，这些特征就是单元格的属性。

在 VBA 中，对象所具有的特征被称为对象的属性。在编写程序时，通过改变对象属性可以解决两个问题。一是对象属性决定了对象所具有的特征，如大小、颜色和位置等；二是对象属性能够决定对象在某方面的行为，如对象是否被激活、对象是否可见或是否能够被编辑处理等。

在程序中，可以通过赋值语句更改对象的属性值从而改变对象的状态，具体的语法格式如下所示：

```
object.property=expression
```

这里，等号左边的 object 表示对象的名称，property 为该对象的属性名，expression 为需要赋予对象的属性值。如下面的语句，通过将名为 Sheet1 的工作表的 Visible 属性值设置为 0，使该工作表不可见。

```
WorkSheets("Sheet1").Visible=0
```

在程序中，还可以读取对象的属性值来获取对象所处的状态。获取对象属性值的语法格式如下所示：

```
variable=object.property
```

这里，variable 为变量，object 为需要获取属性值的对象，property 为该对象的属性名。该语句将名为 object 的对象的 property 属性值赋予变量 variable。如下面的语句读取活动窗体对象的 Caption 属性值以获得标题文字：

```
windowName=ActiveWindow.Caption
```

【示例 8-1】改变 Excel 窗口大小

（1）启动 Excel 并创建一个空白工作簿，打开 Visual Basic 编辑器，插入一个模块，在模块的"代码"窗口中输入如下程序代码：

```
01   Sub 改变Excel窗口大小()
02      Dim myWState As Long, myWidth As Double, myHeight As Double      '声明变量
03      With Application
04         myWState = .WindowState                                      '获取当前的窗口状态
05         .WindowState = xlNormal                                      '将窗口设置为一般显示
06         myWidth = .Width                                             '获取当前窗口的宽度
07         myHeight = .Height                                           '获取当前窗口的高度
08         .Width = 500                                                 '设定窗口的宽度
09         .Height = 300                                                '设定窗口的高度
10         If MsgBox("Excel 窗口已经改变!" & vbCrLf & "要恢复为原来的状态吗?",
            vbQuestion + vbYesNo) = vbNo Then Exit Sub
                '单击"否"按钮则退出
11         .Width = myWidth                                             '恢复窗口的宽度
12         .Height = myHeight                                           '恢复窗口的高度
13         .WindowState = myWState                                      '恢复窗口的显示状态
14      End With
15   End Sub
```

（2）将插入点光标放置到程序代码中，按 F5 键运行程序。该程序将 Excel 窗口设置为宽度为 500px，高度为 300px，同时给出提示对话框，如图 8-1 所示。如果单击提示对话框中的"是"按钮，则 Excel 窗口恢复为初始大小。如果单击"否"按钮，则该程序将退出。

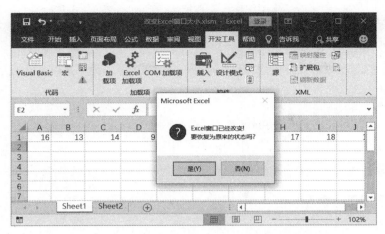

图 8-1 改变 Excel 窗口的大小并给出提示

代码解析：

- 本示例演示通过设置 Application 对象的 Width 属性和 Height 属性来改变 Excel 窗口的大小。

- 第 04 行首先获取 Application 对象的 WindowState 属性值，第 05 行将该属性值设置为 xlNormal 使其处于一般现实状态。

- 第 06 行和第 07 行获取 Application 对象的 Width 属性和 Height 属性值，这两个值为 Excel 窗口的初始宽度和高度。第 08 行和第 09 行更改 Width 和 Height 属性值，将窗口的宽度设置为 500px，高度设置为 300px。

- 第 10 行用于判断用户对提示对话框所作的选择，如果用户单击了"否"按钮，则使用 MsgBox 函数后的返回值为 vbNO，程序将退出当前的过程。如果用户单击"确定"按钮，则程序将继续执行下面的语句。

- 第 11~13 行将变量 myWidth、myHeight 和 myWStage 值赋予属性 Width、Height 和 WindowState，使 Excel 窗口恢复初始大小。

- 在程序中，在获取 Application 对象属性值和更改其属性值时使用了 With 结构。当需要对一个对象的多个属性进行读取或赋值时，使用 With 结构能够提高程序的运行效率，增强代码的可读性，使代码简洁且条理清晰。With 结构的使用方法，可以以本例为参考。

8.1.2 对象的方法

对象的方法指的是对象能够执行的动作，在 VBA 中，方法是对象本身包含的函数或过程。也就是说，方法就是用于实现某种操作的程序代码，用户在编写程序时不需要自己去编写，可以直接调用对象的方法来实现。

如果要关闭当前正在使用的工作簿，用户当然可以自己编写程序实现该功能，但这样不仅会浪费大量的时间，还会使程序变得更加复杂。对于普通用户来说，可能也没能力编写这样的程序。但是如果直接调用工作簿对象的 close 方法解决这个问题则十分简单便捷。

对象的方法，可以改变对象的属性，也可以对保存在对象中的数据实施某种操作。因此，方法可以说是实现功能的函数，但是它专属于某个对象，必须通过对象进行调用，而不能像普通函数那样单独调用。

在调用对象的方法时，需要使用点（.）操作符对方法进行调用，该语法格式如下所示：

```
object.method
```

这里，object 为对象名称，method 为对象方法。

如上面提到的关闭工作簿窗口操作，可以使用下面的语句来实现：

```
WorkBooks.Close
```

【示例 8-2】调用对象方法

（1）启动 Excel 并创建一个空白工作簿，打开 Visual Basic 编辑器，插入一个模块，在模块的"代码"窗口中输入如下程序代码：

```
01    Sub 选择工作表()
02      Dim a                                      '声明变量
03      a = MsgBox("是否要选择第二个工作表？", vbYesNo)  '给出提示对话框
04      If a = vbYes Then Worksheets(2).Select     '调用 Select 方法选择工作表
05    End Sub
```

（2）将插入点光标放置到程序代码中，按 F5 键运行程序，程序弹出提示对话框，如图 8-2 所示。单击"是"按钮，则程序将选择工作簿中的 Sheet2 工作表，如图 8-3 所示。

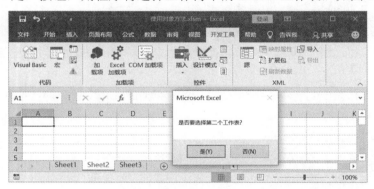

图 8-2　程序弹出提示对话框

图 8-3　选择 Sheet2 工作表

代码解析：

- 本示例演示对象方法的调用。第 04 行的 Worksheets(2)表示工作簿中的第二个工作表,调用 Select 方法选择该工作表。
- 第 03 行调用 MsgBox 函数获取提示对话框,并将用户的选择赋予变量 a。第 04 行使用 if 语句判断用户的选择,如果 a 的值为常数 vbYes,表示用户单击了"是"按钮,则程序将选择第二个工作表。

8.1.3　对象事件

事件是对象在某个特定时刻所发生的事情,是对象状态转换过程的描述。通俗地说,事件就是程序能够认识的动作。事件由某个操作触发瞬间完成,没有持续时间。在 Excel 中,很多的操作都能够触发事件,如打开工作簿、关闭工作簿,改变对工作表的选择或单元格中数据发生改变等。

VBA 的事件分为两种情况,一种情况是由用户的操作触发的事件,如单击、双击或按键等。另一种情况则是由系统或应用程序触发的,如打开工作簿、切换工作表或选择单元格等。在编写程序时,可以用实现某种操作的代码来作为这些动作的响应程序,以动作的发生作为条件,当动作发生时自动执行响应代码。在 VBA 中,这种响应代码被称为事件过程。

在程序运行时,将会等待事件的发生,程序就会执行对应的事件过程。事件过程执行完成后,程序又会进入等待状态直到下一个事件发生。程序的这个执行过程将会周而复始,直到整个程序运行结束。这种工作模式,被称为事件驱动方式。VBA 采用这种事件驱动模式,程序的执行顺序将不再按照预先设定好的固定流程进行,而是通过响应不同的事件来执行不同的程序代码。

这种事件驱动方式,在日常生活中实际上是很常见的。如电灯在什么情况下会亮？当然是在打开开关的时候,打开开关这个动作即为一个事件。这个事件造成的结果就是灯亮起来了,灯亮就是对打开开关事件的响应。没有打开开关这个动作来触发,灯亮这个响应就不会发生。也就是说,打开开关这个事件驱使了灯亮的发生,这就是最直接的事件驱动。

在程序中使用对象事件实际上很简单,只需要解决两个问题即可。首先是确定需要使用的事件,第二是编写事件响应程序。下面通过一个具体的示例来介绍在 VBA 中调用对象事件的方法。

【示例 8-3】调用对象事件

（1）启动 Excel 并创建一个空白工作簿,打开 Visual Basic 编辑器。在"工程"窗口中双击"Microsoft Excel 对象"列表中的 Sheet1 选项,打开该对象的"代码"窗口,如图 8-4 所示。

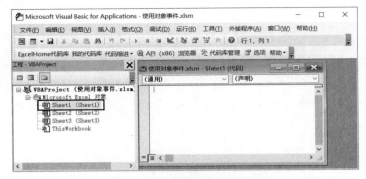

图 8-4　打开"代码"窗口

（2）在"代码"窗口的"对象"下拉列表中选择 Worksheet 选项，如图 8-5 所示。在"过程"下拉列表中选择需要使用的事件选项，如这里选择 Activate 事件，如图 8-6 所示。此时，"代码"窗口中将添加选择的事件过程结构，如图 8-7 所示。

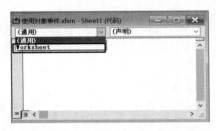

图 8-5　选择 Worksheet 选项

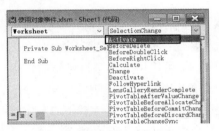

图 8-6　选择 Activate 事件

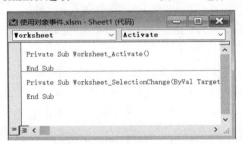

图 8-7　添加选择的事件过程结构

（3）此时，插入点光标被自动放置到事件过程结构中，输入事件响应程序即可。这里，完整的 Activate 事件响应过程如下所示：

```
01   Private Sub Worksheet_Activate()
02       MsgBox "您现在激活了第一个工作表！"        '显示提示信息
03   End Sub
```

（4）切换到 Excel，当单击 Sheet1 工作表的工作表标签激活该工作表时，程序将弹出提示信息，如图 8-8 所示。

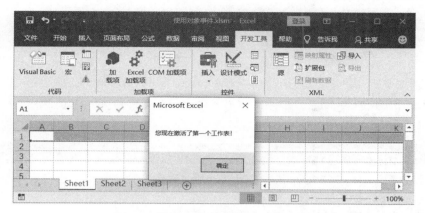

图 8-8　激活工作表时弹出提示对话框

代码解析：

- 本示例演示创建事件响应过程的方法。本例使用了工作表对象（即 WorkSheet 对象）的 Activate 事件，该事件在工作表被激活时触发。此时，事件响应过程即被执行，程序将弹出提示对话框。
- 示例的第一步，在"工程"窗口中双击 Sheet1 选项，打开"代码"窗口，实际上是选择了工作簿中的 Sheet1 工作表对象，下面就能够在"代码"窗口为该对象添加 Worksheet 对象的事件响应过程了。
- 在创建事件响应过程时，在"代码"窗口的"对象"下拉列表中选择对象后，Visual Basic 编辑器会自动在"代码"窗口中添加默认的事件响应过程。在添加了需要的事件响应过程后，用户也可以选择 Visual Basic 编辑器自动添加的事件响应过程代码，然后将其删除。同样，用户也可以直接在对象的"代码"窗口中输入事件过程代码来创建事件响应过程。

8.2 认识对象变量和对象数组

通过前面的讲解，读者已经了解到，对于程序中的各类数据，可以使用变量来存储。那么对于 Excel 中的对象，又应该拿什么来存储呢？实际上，变量和数组同样可以用来保存和引用对象，这就是所谓的对象变量和对象数组。

8.2.1　对象变量

对象变量是代表一个完整对象的变量，该变量中保存着对象的引用指针。对象变量的使用方法和普通变量的使用方法类似，使用它需要两个步骤：一是声明对象变量，二是指定对象变量到某一个对象。

对象变量的声明方式与普通变量相同，可以使用 Dim 语句来进行声明，在声明时同样可以使用 Public、Private 和 Static 关键字来指明变量的作用域。但这里要注意的是，引用对象的变量必须是 Variant、Object 或一个对象的指定类型。如下面声明对象变量的语句：

```
Dim newObject
Dim newObject As Object
Dim newObject As Range
```

在这三个语句中，第一个语句将变量 newObject 声明为 Variant 数据类型，第二个语句将变量 newObject 声明为 Object 数据类型，而第三个语句则将变量 newObject 声明为 Range 对象类型。

注　意

如果对象变量只有在程序运行时才能知道引用的对象类型，则可以将对象类型声明为 Object 数据类型，使用该数据类型可以创建针对任何对象类型的引用。

在 VBA 中，一个对象往往会包含有很多的成员，如车灯这个对象包含了雾灯、示宽灯和倒车灯等多个对象成员。还可以使用点操作符（.）连接对象名来限定对某个特定对象成员的引用。同时，这种方式也指定了对象成员在对象层次结构中的位置。其语法格式如下所示：

```
对象名.对象名.……
```

这种形式表示后一个对象名指定的对象是前一个对象名指定对象的成员，它限定了前一对象所包含的对象成员的引用。如下面的语句：

```
Application.Workbooks("myBook.xlsm").Worksheets("sheet1").Range("A1")
```

这个语句能够很清晰地显示出引用对象之间的层次关系。该语句表示对工作簿 myBook.xlsm 中 Sheet1 工作表的 A1 单元格的引用。

在了解了 VBA 中对象引用的一般方法之后，就可以进行对象的赋值操作了。在 VBA 程序中，完成对象变量的声明后，就可以对变量进行赋值。与普通变量赋值的方法不同，对象变量的赋值必须使用 Set 语句。如下面的语句给名为 myRange 的对象变量赋值：

```
Set myRange=Worksheets(1).Range("A1")
```

【示例 8-4】使用对象变量

（1）启动 Excel 并创建一个空白工作簿，打开 Visual Basic 编辑器，插入一个模块。在模块的"代码"窗口中输入如下程序代码：

```
01   Sub 显示工作簿个数()
02       Dim myRange As Range                                    '声明对象变量
03       Set myRange = Range("A1", "D10").Cells                  '为对象变量赋值
04       MsgBox "指定区域中单元格个数为： " & myRange.Count        '显示单元格数量
05   End Sub
```

（2）将插入点光标放置到程序代码中，按 F5 键运行程序，程序给出提示对话框并显示指定单元格区域中的单元格个数，如图 8-9 所示。

图 8-9 显示指定单元格的个数

代码解析：

- 本示例演示对象变量在 VBA 程序中的使用方法。第 02 行声明一个 Range 对象，第 03 行使用 Set 语句为该对象变量赋值。这里将当前工作表中的 A1:D10 单元格区域的单元格赋予 myRange 对象。
- 第 04 行获取 Range 对象的 Count 属性值，该属性值即为指定单元格区域中单元格的个数。这里，使用对象变量 myRange 来替代单元格对象，使程序结构简洁清晰。

8.2.2 对象数组

当程序中需要处理大量的对象时，使用对象变量显然不是一种简洁的方法，此时可以使用对象数组来指定这些对象。对象数组的定义和数组的定义方式完全相同，其使用也和数组的使用相类似。与数组唯一不同的是对象数组中的元素是 Excel 对象。

下面将通过一个示例来演示对象数组的使用方法。

【示例 8-5】使用对象数组

（1）启动 Excel 并创建一个空白工作簿，在 Sheet1 工作表中输入数据，该工作表中的数据占据了 6 行 5 列单元格区域，如图 8-10 所示。

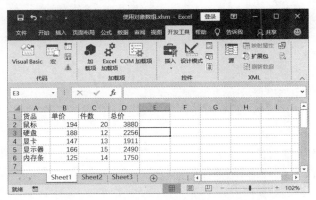

图 8-10 在工作表中输入数据

（2）打开 Visual Basic 编辑器，插入一个模块。在模块的"代码"窗口中输入如下程序代码：

```
01    Sub 使用对象数组来复制数据()
02        Dim myRange(6, 4) As Range                                  '声明数组变量
```

```
03        Dim m As Integer, n As Integer                          '声明计数变量
04        For m = 1 To 6
05          For n = 1 To 4
06            Set myRange(m, n) = Worksheets(1).Cells(m,n)'将单元格中数据置于数组
07          Next
08        Next
09        For m = 1 To 6
10          For n = 1 To 4
11            Worksheets(2).Cells(m, n) = myRange(m, n).value
     '将数组中数据置于指定单元格
12            Set myRange(m, n) = Worksheets(2).Cells(m, n)
     '将单元格引用赋予数组
13            myRange(m, n).Font.Bold = True'使单元格中文字加粗显示
14          Next
15        Next
16     End Sub
```

（3）将插入点光标放置到程序代码中，按 F5 键运行程序，Sheet1 工作表中的数据将被复制到 Sheet2 工作表中，同时数据被加粗显示，如图 8-11 所示。

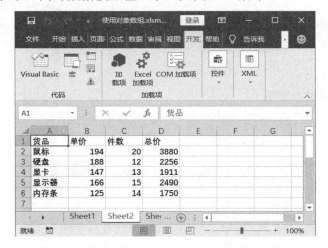

图 8-11　数据复制到 Sheet2 工作表中并加粗显示

代码解析：

- 本示例演示对象数组的使用方法。第 02 行声明一个对象数组，该对象数组包含 4×6 个元素，用于保存 Sheet1 工作表中的数据。
- 第 04~08 行使用 for 循环的嵌套来依次获取 Sheet1 工作表中的数据单元格的引用，同时将对象引用赋予对象数组。
- 第 09~15 行使用 for 循环的嵌套来对数组对象中的每个元素和 Sheet2 工作表中的每个单元格进行操作。
- 第 11 行使用 myRange(m, n).value 语句获取对象数组中对象的 value 值，该值为 Sheet1 工作表单

元格数据，将该值置于 Sheet2 工作表的指定单元格中。

- 第 12 行将对 Sheet2 工作表中单元格的引用赋予对象数组。第 13 行通过对象数组中元素 myRange(m, n) 来控制单元格中字体的属性，这里将 Bold 属性设置为 True，使数组加粗显示。

- 从程序可以看出，对象数组中的元素实际上是对 Range 对象的引用，因此代码的第 11 行使用了 Range 对象的 Value 属性来获取单元格中的数据，第 13 行使用了 Font 对象的 Bold 属性来设置 Range 对象中的字体。

8.3
Excel 的核心对象

使用 VBA 编写 Excel 应用程序的过程，实际上就是对 Excel 对象进行操作的过程。要熟练操作 Excel 对象，就必须要掌握对象之间的关系，而对象模型正是描述这种关系的。本节将帮助读者了解 Excel 的对象模型，进而了解对象之间的关系。

8.3.1　认识 Excel VBA 的对象模型

Excel 拥有超过 200 个对象，这么多的对象，如果对象之间没有任何逻辑联系，要在程序中熟练使用它们，那是不可想象的。实际上，Excel 中所有的对象都处于一个完整的体系中，每个对象都不是孤立的。这种完整的体系说明对象之间存在着逻辑关系，Excel 的对象模型则是描述这种逻辑关系的。

Excel 的对象模型是通过层次结构有逻辑地将对象组织起来，一个对象可以是其他对象的容器，也可以作为容器包含其他对象。在日常生活中，几乎各个行业都存在着这种组织结构。如在一个公司中，最顶层的是公司经理层，其下又分为各个功能部门，如销售部、设计部和后勤部等。在每个部门中，又分为不同的业务小组。

在 Excel 的对象模型中，位于最顶层的是 Application 对象，其代表了整个 Excel 应用程序，该对象包含了 Excel 的其他对象，如 Workbooks 对象、Worksheets 对象和 Range 对象等。为了清晰地显示 Excel 的对象模型，这里借用官方帮助文档中的对象模型图，如图 8-12 所示。

从图 8-12 中可以看到，Excel 顶层对象是 Application 对象，其下包含了大量的对象，如 Answer 对象、AutoCorrect 对象和 Workbook 对象等，图中也清晰地反映出了这些对象间的层级关系。实际上，对于普通用户来说，并不需要掌握 Excel 的所有对象，通常编程中常用的对象只有十几个而已，它们包括 Application 对象、Workbook 对象、WorkSheet 对象和 Chart 对象等。还有一个常用的 Range 对象，它既存在于 WorkSheet 对象中，又存在于 Chart 对象中，操作工作表中的内容几乎都会涉及 Range 对象。

Microsoft Excel 对象

请参阅

图 8-12　Excel 的对象模型

8.3.2 认识 Excel VBA 的引用对象成员

理解了对象的层次结构，在编写程序时就能够快捷地实现对象的引用。Excel 对象引用一般采用详细引用和隐式引用两种方式。详细引用是一种严密的引用方式，在程序中引用某个对象时，首先找到对象在层级结构中的位置，然后再从顶端开始逐项引用直到需要操作的对象。

这种引用方式，就像是你要查找某个地址，首先确定在哪个城市，然后找到该城市中的哪个区，然后明确在哪条街道，最后确定在这条街道的哪个位置，从而找到需要的地址。

在 VBA 中，可以使用点操作符来连接对象名以实现对某个对象的引用，同时也可以指定该对象在对象层次结构中的位置。其语法结构如下所示：

```
对象名.对象名.……
```

这种形式表示后一个对象是前一个对象的成员，其限定了对前一个对象所包含对象成员的引用，也就是说指明了应该引用前一个对象中的哪个对象成员。如下面的语句：

```
Application.Workbooks("myBook.xlsm").Worksheets("Sheet1").Range("A1")
```

这个语句表示对名为 myBook 的 Excel 工作簿中的 Sheet1 工作表的 A1 单元格进行引用，其反映出了 Application、WorkBooks 对象集、Worksheets 对象集和 Range 对象的从属关系。

在使用详细引用方式引用对象时，编写代码比较烦琐。所以在实际代码的编写过程中，常常采用隐式引用方式。具体地说，就是在对对象进行引用时，从 VBA 能够确定的与所需对象层次最接近的对象开始引用。

如对于上面的语句，Application 对象代表正在运行的 Excel，那么运行 Excel 时，程序中实际上隐含了 Application 对象，因此该对象可以在代码中省略，如下所示：

```
Workbooks("myBook.xlsm").Worksheets("Sheet1").Range("A1")
```

如果 myBook 就是当前活动的工作簿，则上面的语句还可以简写为：

```
Worksheets("Sheet1").Range("A1")
```

如果 Sheet1 同时还是当前活动的工作表，则上面的语句可以简化为：

```
Range("A1")
```

这样的引用方式相比详细引用简单得多。可见，在 VBA 程序中，如果省略了工作簿对象，则表示使用当前活动的工作簿；如果省略了工作表对象，则表示使用当前活动的工作表。

如果需要对同一个对象进行多种操作，这时重复输入对象的引用代码会增加程序的输入量，增加程序出错的可能。同时，大量重复的引用对象代码也会造成程序运行效率低下。为了解决这个问题，可以使用 With…End With 语句。

With…End With 语句可以对某个对象执行一系列的操作而不必每执行一个操作就引用对象一次，其语法格式如下所示：

```
With <对象>
     语句代码
End With
```

在这段代码中，<对象>表示需要执行操作的对象，结构中的"语句代码"表示对对象执行操作的语句，这些语句以点操作符开头。

如对当前工作簿的工作表 Sheet1 上的单元格区域 A1:A10 进行操作，设置该单元格区域中文字的字体、字号、文字颜色以及使文字倾斜加粗显示，可以使用下面的语句：

```
Worksheets("Sheet1").Range("A1:A10").Font.Name="宋体"
Worksheets("Sheet1").Range("A1:A10").Font.Size=15
Worksheets("Sheet1").Range("A1:A10").Font.ColorIndex=3
Worksheets("Sheet1").Range("A1:A10").Font.FontStyle="Bold Italic"
```

在输入这段代码时，读者可能会有烦不胜烦的感觉，那就是每一行都要输入相同的代码 Worksheets("Sheet1").Range("A1:A10").Font。如果使用 With…End With 语句，程序代码的输入就会变得十分简单。

```
With Worksheets("Sheet1").Range("A1:A10").Font
    .Name="宋体"
    .Size=15
    .ColorIndex=3
    .FontStyle="Bold Italic"
End With
```

从上面的代码可以看到，对于相同对象的操作，使用 With…End With 语句只需要引用对象一次即可，这无疑大大地提高了程序录入效率。更重要的是，当对同一个对象进行的操作比较多时，使用这种结构能够使程序获得更快的运行速度，操作量越大，这种速度上的差异也越明显。

8.3.3 认识 Excel VBA 的对象集合

对象集合是 VBA 中特殊的对象，其用于代表一组相同的对象。如一本书是一个对象，那么多本书就构成了书的集合。在 VBA 中使用对象集合，能够优化程序代码，提高程序的运行效率。

学过英语的读者都知道，book 表示一本书，而 books 则表示多本书。在 Excel VBA 中，对象集合也采用这种读者所熟悉的名词的复数形式来表示，即"对象名+s"的形式。如 Workbook 表示工作表对象，WorkBooks 则表示工作表对象集合。

这里要注意，Range 对象既能够表示对象，也能够表示对象集合，但其没有带 s 的复数形式。这是因为，Range 对象既可以代表单元格，又可以代表某一行、某一列单元格或一个单元格区域，也就是可以代表一个单元格集合。因此，Range 对象既可以代表对象，也可以代表对象集合。

在 VBA 程序中，引用对象集合可以使用下面的语法格式：

```
集合名("对象名")
```

或

```
集合名(对象索引号)
```

　　这里，集合名为对象集合的名称，对象名为需要引用对象集合中的对象名称，对象索引号为需要引用的对象在对象集合中的索引号。

　　如在工作簿中，第一个工作表被命名为"工资单"，则要引用这个工作表，既可以使用对象名，也可以使用对象索引号，具体引用方式如下所示：

```
WorkSheets("工资单")
```

或

```
Worksheets(1)
```

　　所有的集合对象都有方法和属性，可以用来访问集合中的单个对象。对于集合对象来说，可以通过 Count 属性来获取集合中对象的个数。

　　如下面过程代码将在"立即窗口"中显示当前活动工作簿中工作表的个数。程序运行结果如图 8-13 所示。

```
Sub 集合中对象的个数()
    Dim n As Integer
    n = ActiveWorkbook.Worksheets.Count
    Debug.Print n
End Sub
```

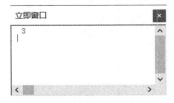

图 8-13　显示活动工作簿中工作表的个数

　　这里，在代码中使用了对象集合的 Count 属性来获取 WorkSheets 对象集合中包含的 WorkSheet 对象的个数。

　　对象集合有两个常用的方法，一个是 Item 方法，另一个是 Add 方法。其中，Item 方法用于访问集合中的某个特定的对象，如下面的语句：

```
Set myWB=ActiveWorkbook.WorkSheets.Item(1)
```

　　在这个语句中，使用 Item 来获取 WorkSheets 对象集合中的对象，括号中的参数 1 表示对象集合中的第一个 WorkSheet 对象，该对象将被赋予对象变量 myWB。

　　对象集合的 Add 方法用于向对象集合中添加对象。如下面语句：

```
Set myWB=ActiveWorkbook.WrokSheets.Add("Sheet4")
```

　　在这个语句中，调用 Add 方法在 Worksheets 对象集合中添加了一个工作表，该工作表的名被称为 Sheet4，这个新添加的工作表对象被赋予对象变量 myWB。

　　当需要对对象集合中的每个对象指向操作时，可以使用 For…Next 结构，此时应该先使用 Count 属性获取对象集合中对象的数量,然后再通过循环结构对对象集合中的每个对象执行操作。

如下面的代码将把选中单元格中的字母转换为大写字母：

```
01    Sub 转换为大写字母()
02        Dim i As Integer, j As Integer
03        i = Selection.Count
04        For j = 1 To i
05            Selection.Cells(j) = UCase(Selection.Cells(j))
06        Next
07    End Sub
```

在这段代码中，第 03 行就是通过 Count 属性获取选择单元格的数量，在第 04~06 行使用 For…Next 结构来遍历集合对象，并将其中的字母转换为大写，如图 8-14 所示。

图 8-14　将选中单元格中的字母转换为大写

要实现对集合中所有对象的遍历，还可以使用 For Each…In Next 结构。如果使用 For Each…In 结构，上述代码可以做如下改动：

```
01    Sub 转换为大写()
02        Dim myRanges As Range
03        For Each myRanges In Selection
04            myRanges = UCase(myRanges)
05        Next
06    End Sub
```

第 9 章 一切操作的开始——使用最顶层的 Application 对象

从 Excel 对象模型可以看出,位于顶层的是 Application 对象,它代表整个 Excel 应用程序。Application 对象就像树的根一样,Excel 所有对象都由它开始。使用 Application 对象能够实现对整个应用程序的控制、返回处于活动状态的各种 Excel 对象以及调用 Excel 的内置函数。在编写 Excel 应用程序时,经常需要用到 Application 对象的属性和方法。

本章知识点:

- 调整 Excel 窗口的设置
- 操作文件
- 操作 Excel 中的工作簿
- 操作单元格
- Application 对象的事件

9.1
对 Excel 进行梳妆打扮

在使用 Excel 时,经常需要对 Excel 的操作界面进行个性化设置,这种设置一方面是为了美化,更重要的是为了操作的方便。要对 Excel 的操作界面进行设置,可以使用 Application 对象的方法和属性来进行。

9.1.1 改变 Excel 窗口的位置

Application 对象的 Left 属性值为屏幕左边界至 Excel 程序窗口左边界的距离,Top 属性值为屏幕顶端至 Excel 程序窗口顶端的距离。在程序中更改这 4 个属性值能够改变 Excel 程序窗口的高度和宽度,并将 Excel 程序窗口放置到屏幕指定的位置。

【示例 9-1】改变 Excel 窗口的位置

（1）启动 Excel 并创建一个空白工作簿，打开 Visual Basic 编辑器，插入一个模块，在模块的"代码"窗口中输入如下程序代码：

```
01    Sub 程序窗口的位置()
02      Dim myL As Double, myT As Double    '声明变量
03      myL = Application.Left              '获取程序窗口左边界的位置
04      myT = Application.Top               '获取程序窗口上边界的位置
05      MsgBox "Excel 程序窗口的当前位置为:"& vbCrLf & "左边界位置为:"& myL &_
06      vbCrLf &"右边界位置为: " & myT       '显示程序窗口当前位置
07      If MsgBox("你愿意将 Excel 程序窗口移到屏幕左上角吗?", vbOKCancel) = vbOK Then
        '判断是否单击了"确定"按钮
08          Application.Left = 0            '使程序窗口左边界位于屏幕左边界
09          Application.Top = 0             '使程序窗口上边界位于屏幕顶部
10      End If
11    End Sub
```

（2）将插入点光标放置到程序代码中，按 F5 键运行程序。程序将给出提示对话框显示 Excel 程序窗口在屏幕上的位置，如图 9-1 所示。单击对话框中的"确定"按钮，程序将给出提示对话框，询问用户是否将屏幕窗口移到屏幕左上角，如图 9-2 所示。如果单击"确定"按钮，则 Excel 程序窗口将被移动到屏幕左上角；如果单击"取消"按钮，则程序窗口在屏幕上的位置保持不变。

图 9-1　提示程序窗口在屏幕上的位置

图 9-2　提示是否将屏幕窗口移到屏幕左上角

代码解析：

- 第 03 行和第 04 行获取 Left 属性值和 Top 属性值，这两个属性值为 Excel 程序窗口在屏幕上的位置。第 05 行调用 MsgBox 函数在提示对话框中显示 Left 属性值和 Top 属性值。
- 第 07~10 行是一个 If 结构，第 07 行判断用户是否单击了提示对话框中的"确定"按钮。如果是，则执行第 08 行和第 09 行的代码，这两行代码通过改变 Left 属性和 Top 属性的值来改变 Excel 程序窗口在屏幕上的位置。这里，将这两个属性值更改为 0，使程序窗口移到屏幕的左上角。

9.1.2　设置 Excel 窗口标题文字

默认情况下，Excel 程序窗口标题栏显示的是打开的文件名，同时改文件名后带有 Excel 字样。在 VBA 程序中，使用 Caption 属性能够获取程序窗口的标题文字。如果将 Caption 属性设置为 VbNullChar，可以使标题栏只显示文件名，去除其中的 Excel 字样。如果将 Caption 属

性值设置为 vbNullString，则能够在标题栏中重新显示默认的 Excel 字样。

【示例 9-2】设置 Excel 窗口标题文字

（1）启动 Excel 并创建一个空白工作簿，打开 Visual Basic 编辑器，插入一个模块，在模块的"代码"窗口中输入如下程序代码：

```
01    Sub 设置标题文字()
02        MsgBox "当前显示的标题文字为: " & Application.Caption & vbCrLf &_
03    "下面将取消标题文字的显示!"                '显示标题文字
04        Application.Caption = vbNullChar
      '取消标题文字中默认显示的 Excel"
05        MsgBox "下面将标题文字更改为: 我的 Excel"    '提示下面的操作
06        Application.Caption = "我的 Excel"        '更改标题文字
07        MsgBox "下面将恢复默认的标题文字"           '提示下面的操作
08        Application.Caption = vbNullString        '恢复默认的标题文字
09    End Sub
```

（2）将插入点光标放置到程序代码中，按 F5 键运行程序。程序将给出提示对话框，显示 Excel 程序窗口上的标题文字，如图 9-3 所示。单击"确定"按钮关闭对话框，标题栏中显示的文字 Excel 将消失，同时程序给出下一步操作的提示，如图 9-4 所示。单击"确定"按钮关闭该对话框，标题文字中将出现"我的 Excel"字样，同时程序给出下一步操作提示，如图 9-5 所示。单击"确定"按钮关闭对话框，标题栏中文字将恢复为默认文字，如图 9-6 所示。

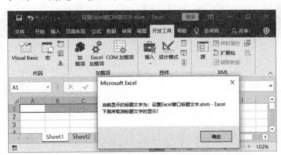

图 9-3　显示当前标题文字

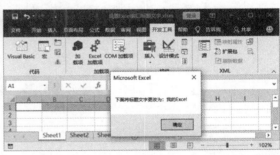

图 9-4　取消默认标题文字并给出提示

图 9-5　更改标题文字并给出提示

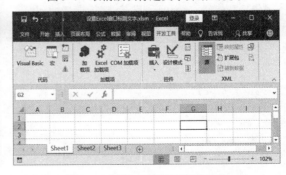

图 9-6　标题文字恢复为默认值

代码解析：

- 代码演示通过 VBA 程序反复设置 Excel 标题栏的文字。第 02~03 行 Application.Caption 语句获取 Caption 属性值，该属性值为当前 Excel 程序窗口标题栏显示的文字，该文字内容使用提示对话框显示。
- 第 04 行将 Caption 属性设置为 vbNullChar 使标题栏不显示 Excel 字样，第 06 行将 Caption 属性值设置为"我的 Excel"使标题栏中显示该文字。第 08 行将 Caption 属性设置为 vbNullString，使标题栏中重新显示 Excel 字样。

9.1.3　设置状态栏和编辑栏

Excel 状态栏用于显示当前正在进行操作的状态信息，使用 Application 对象的 StatusBar 属性能够获取和更改状态栏当前显示的状态信息文字。如果需要隐藏状态栏，可以将 Application 对象的 DisplayStatusBar 属性设置为 False；若设置为 True，则将使状态栏显示。

与状态栏相类似的，在 Excel 窗口功能区下方有一个编辑栏，该编辑栏可以通过设置 Application 对象的 DisplayFormulaBar 属性来改变其显示状态。将 DisplayFormulaBar 属性值设置为 False 时，编辑栏将不可见；设置为 True 时，编辑栏将显示。

如果要同时隐藏状态栏和编辑栏还有一种方式，就是将 Excel 设置为全屏显示，此时 Excel 程序窗口的状态栏、编辑栏、标题栏和功能区都将隐藏。将 Application 对象的 DisplayFullScreen 属性设置为 True 时，即可使 Excel 程序窗口全屏显示；该属性设置为 False 时，程序窗口即恢复到默认状态。

【示例 9-3】设置状态栏和编辑栏

（1）启动 Excel 并创建一个空白工作簿，打开 Visual Basic 编辑器，插入一个模块，在模块的"代码"窗口中输入如下程序代码：

```
01    Sub 设置状态栏和编辑栏()
02        Application.StatusBar = "状态栏隐藏中......"        '设置状态栏显示文字
03        MsgBox "状态栏将马上隐藏。"                         '显示提示信息
04        Application.DisplayStatusBar = False              '使状态栏不可见
05        MsgBox "状态栏已隐藏，下面将使其重新显示。"
06        Application.DisplayStatusBar = True               '使状态栏可见
07        Application.StatusBar = False                     '使状态栏恢复默认显示内容
08        MsgBox "下面将隐藏编辑栏。"
09        Application.DisplayFormulaBar = False             '使编辑栏不可见
10        MsgBox "编辑栏已经隐藏，下面将使其重新显示。"
11        Application.DisplayFormulaBar = True              '使编辑栏可见
12        MsgBox "下面将使程序窗口全屏显示。"
13        Application.DisplayFullScreen = True              '使 Excel 全屏显示
```

```
14        MsgBox "程序窗口已全屏显示,下面将使其恢复为常态。"
15        Application.DisplayFullScreen = False          '使 Excel 恢复正常显示状态
16    End Sub
```

（2）将插入点光标放置到程序代码中，按 F5 键运行程序。程序将给出提示对话框，此时状态栏将显示"状态栏隐藏中……"字样，如图 9-7 所示。单击"确定"按钮关闭该对话框，Excel 程序窗口的状态栏被隐藏，如图 9-8 所示。单击"确定"按钮关闭出现的提示对话框，状态栏重新显示并恢复为默认状态，如图 9-9 所示。单击"确定"按钮关闭出现的提示对话框，Excel 程序窗口中的编辑栏被隐藏，如图 9-10 所示。单击"确定"按钮关闭出现的提示对话框，Excel 程序窗口中的编辑栏恢复显示，如图 9-11 所示。单击"确定"按钮关闭出现的提示对话框，Excel 程序窗口将全屏显示，如图 9-12 所示。此时单击"确定"按钮关闭出现的提示对话框，Excel 程序窗口将恢复默认显示状态。

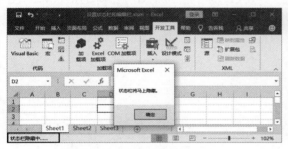

图 9-7　状态栏文字发生改变

图 9-8　状态栏隐藏

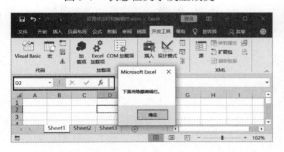

图 9-9　状态栏恢复为默认状态

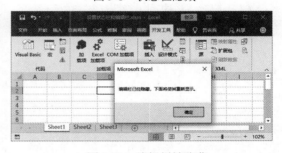

图 9-10　编辑栏被隐藏

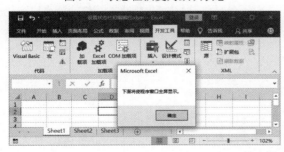

图 9-11　恢复编辑栏显示

图 9-12　Excel 程序窗口全屏显示

代码解析：

- 程序代码的第 02 行设置 StatusBar 属性值更改状态栏的显示。第 04 行和第 06 行通过更改 DisplayStatusBar 属性值来使状态栏隐藏和显示。这里要注意，如果省略第 07 行，则状态栏重新显示时将显示文字"状态栏显示中……"，将 StatusBar 属性值设置为 False 可以使状态栏恢复为默认显示状态。

- 第 09 行和第 11 行通过设置 DisplayFormulaBar 的属性值来使 Excel 编辑栏隐藏和可见。

- 第 13 行和第 15 行通过设置 DisplayFullScreen 属性值来使 Excel 程序窗口进入全屏显示状态和退出全屏状态。在全屏显示状态下，按 Esc 键也可以退出全屏显示。

9.1.4　设置鼠标指针形状

使用 Application 对象的 Cursor 属性，可以改变 Excel 程序窗口中鼠标指针的形状。Excel 中鼠标指针有 4 种样式，下面是这 4 种鼠标指针样式所对应的常量。

- xlDefault：默认指针。
- xlIBeam：工形指针。
- xlNorthwestArrow：指向左上方的箭头指针。
- xlWait："忙"鼠标指针。

【示例 9-4】设置鼠标指针形状

（1）启动 Excel 并创建一个空白工作簿，打开 Visual Basic 编辑器，插入一个模块，在模块的"代码"窗口中输入如下程序代码：

```
Sub 设置鼠标形状()
    Application.Cursor = xlNorthwestArrow              '鼠标指针设置为箭头形
    MsgBox "您现在使用的是箭头形鼠标指针，鼠标放于工作表中可以查看其形状。"
    Application.Cursor = xlIBeam                       '鼠标指针设置为工形
    MsgBox "您将使用工形指针，鼠标放于工作表中可以查看其形状。"
    Application.Cursor = xlWait                        '鼠标指针设置为沙漏形
    MsgBox "您将使用"忙"鼠标指针，鼠标放于工作表中可以查看其形状。"
    Application.Cursor = xlDefault                     '鼠标指针设置为默认形状
    MsgBox "您的鼠标指针已经恢复为默认状态。"
End Sub
```

（2）将插入点光标放置到程序代码中，按 F5 键运行程序。程序将首先给出提示对话框提示鼠标指针的变化，将鼠标放置到工作表中可以查看当前正在使用的指针，如图 9-13 所示。

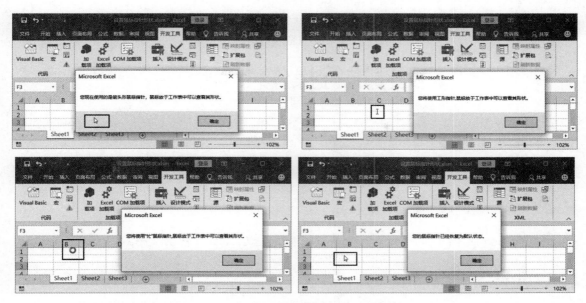

图 9-13 程序改变鼠标指针形状并给出提示

代码解析：

- 程序通过设置 Application 对象的 Cursor 属性更改鼠标指针的形状，该属性值有 4 个常量，本程序都用到了。通过这段程序，读者能够了解各个常量对应的鼠标指针形状。
- 程序在运行停止后，鼠标指针不会自动恢复为默认形状。因此，如果需要下次启动 Excel 后使用默认鼠标指针，必须使用代码将鼠标指针样式更改回默认样式。
- 程序代码设置的指针形状是由系统当前使用的鼠标指针方案决定的。如当系统的"忙"鼠标指针是沙漏形时，常量 xlWait 对应的鼠标指针是沙漏，而不是本例显示的形状。要设置鼠标指针的形状，可以在系统控制面板中打开"鼠标属性"对话框，在对话框的"指针"选项卡中进行设置，如图 9-14 所示。

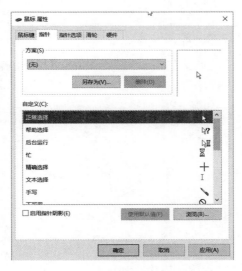

图 9-14 "鼠标属性"对话框

9.2 对文件进行操作

使用 Excel，离不开对文件的操作。在使用 VBA 编写应用程序时，可以使用 Application 对象的属性和方法来对 Excel 文件进行操作。本节将对使用 Application 对象能够实现的一些典型文件操作进行介绍。

9.2.1 获取文件名

Application 对象的 GetOpenFilename 方法能够获取 Excel 文件的文件名。在调用该方法时将会打开一个对话框，在该对话框中选择文件后可以获取选择文件的存放路径以及文件名。GetOpenFileName 方法的语法格式如下所示：

```
表达式.GetOpenFilename(FileFilter,FileFilterIndex,Title,ButtonText,MultiSelect)
```

该方法中各个参数的含义介绍如下：

- FileFilter：该参数是一个指定文件筛选条件的字符串，是 Variant 数据类型，其为可选参数。
- FilterFilterIndex：该参数指定默认文件筛选条件的索引号，其取值为 1 至由 FileFilter 参数指定的筛选条件的数目之间的数值。该参数如果省略或参数值大于可用的筛选条件数目，则使用第一个文件的筛选条件。
- Title：该参数指定对话框的标题，省略该值则标题为"打开"。
- ButtonText：该参数只对苹果电脑有用。
- MultiSelect：此参数值为 True 时，运行同时选择多个文件；如果它的值为 False，则只允许选择一个文件。该参数的默认值为 False。

【示例 9-5】获取指定文件类型的文件名

（1）启动 Excel 并创建一个空白工作簿，打开 Visual Basic 编辑器，插入一个模块，在模块的"代码"窗口中输入如下程序代码：

```
01  Sub 获取指定类型文件的文件名()
02    Dim myFileName As String                    '声明变量
03    myFileName = Application.GetOpenFilename("文本文件(*.txt), *.txt",
04    , "选择文本文件")                            '打开对话框选择文件
05    If myFileName = "False" Then
06      MsgBox "没有选择文件!", vbInformation       '如果没有选择文件，给出提示
07      Range("A1") = ""                          'A1 单元格不放置任何内容
08    Else
09      Range("A1") = myFileName                  '如果选择了文件，A1 单元格中放置选择文件名
10    End If
11  End Sub
```

（2）将插入点光标放置到程序代码中，按 F5 键运行程序。程序将打开一个对话框，该

对话框的标题文字为"选择文本文件","文件类型"下拉列表中将只有一个选项"文本文件（*.txt）",如图 9-15 所示。在对话框中选择文本文件后单击"打开"按钮,工作表的 A1 中将显示完整的文件路径和文件名,如图 9-16 所示。如果单击对话框中的"取消"按钮,程序将给出提示信息,如图 9-17 所示。

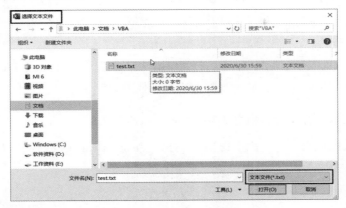

图 9-15　在对话框中选择文件

图 9-16　单元格中显示文件路径和文件名

图 9-17　提示信息

代码解析:

- 程序代码的第 03~04 行调用 GetOpenFileName 方法获取一个对话框。程序将 FileFilter 参数设置为"文本文件(*.txt), *.txt",使对话框中的"文件类型"下拉列表中只显示"文本文件(*.txt)"选项,对话框中只显示文本文件。将 Title 参数设置为"选择文本文件"使对话框的标题不再是默认的"打开",而是"选择文本文件"。

- 在调用 Application 对象的 GetOpenFileName 方法打开对话框后,如果单击对话框中的"取消"按钮时,该方法将返回 False 而不是文件名。这里为了避免在 A1 单元格中获得文字 False,第05~10 行使用 If…Else 结构来对 GetOpenFileName 方法的返回值进行判断,当返回 False 时给出提示信息。如果返回的不是 False,则将获得的文件名置于 A1 单元格中。

> **注　意**
>
> 在设置 GetOpenFileName 方法的 FileFilter 参数时,可以指定多个文件类型。该参数传递的字符串由文件筛选字符串和紧跟其后的符合 MS-DOS 通配符文件筛选规范的字符串,中间必须用英文逗号","连接。该参数如果省略,表示对话框中将显示所有文件。

9.2.2 获取文件的保存位置

调用 Application 对象的 GetSaveAsFilename 方法可以打开一个对话框，并获取文件被保存的位置和文件名，该方法的语法结构如下所示：

```
表达式.GetSaveAsFilename(InitialFilename, FileFilter, FileFilterIndex, Title,
ButtonText)
```

该方法的调用与 GetOpenFileName 方法的调用相同，它增加了 InitialFilename 参数，该参数用于指定建议的文件名。这个参数如果省略，则使用活动工作簿的名称。

【示例 9-6】获取文件保存位置和名称

（1）启动 Excel 并创建一个空白工作簿，打开 Visual Basic 编辑器，插入一个模块，在模块的"代码"窗口中输入如下程序代码：

```
01    Sub 获取文件的保存位置和名称()
02        Dim fileSaveName As Variant                            '声明变量
03        fileSaveName = Application.GetSaveAsFilename( _
04            fileFilter:="Excel 启用宏的工作簿(*.xlsm), *.xlsm")
05    '获取保存路径和文件名
06        If fileSaveName <> False Then    '如果选择了文件则显示文件保存路径和文件名
07            MsgBox "文件保存为：" & fileSaveName
08        Else                            '如果没有选择文件名，给出提示
09            MsgBox "你没有选择文件，无法显示文件保存路径信息！"
10        End If
11    End Sub
```

（2）将插入点光标放置到程序代码中，按 F5 键运行程序。程序将打开一个对话框，该对话框的标题文字为"另存为"，在"保存类型"下拉列表中将只有一个选项"Excel 启用宏的工作簿（*.xlsm）"，如图 9-18 所示。在对话框中选择文件后单击"保存"按钮，程序在提示对话框中显示文件的完整保存路径和文件名，如图 9-19 所示。如果单击对话框中的"取消"按钮，程序将给出提示信息，如图 9-20 所示。

图 9-18 在对话框中选择文件

図 9-19　显示文件完整保存路径和文件名　　　　　　図 9-20　提示信息

代码解析：

- 程序代码的第 03 行调用 GetSaveAsFileName 方法获取一个对话框。程序将 FileFilter 参数设置为 "Excel 启用宏的工作簿(*.xlsm), *.xlsm"，使对话框中的"文件类型"下拉列表中只显示"Excel 启用宏的工作簿(*.xlsm)"选项，对话框中只显示 "*.xlsm" 文件。由于这里没有对 Title 参数进行设置，因此对话框的标题栏显示的文字为"另存为"。

- 第 06~10 行使用 If…Else 结构来对 GetSaveAsFileName 方法的返回值进行判断，当返回 False 时提示没有选择文件。如果返回的不是 False，则在提示对话框中显示选择文件的完整保存路径和文件名。

9.2.3　打开文件

在使用 Excel 进行数据处理时，少不了要打开指定的工作簿文档，需要通过打开"打开"对话框来进行操作。在 VBA 中，调用 Application 对象的 FindFile 方法可以打开"打开"对话框。下面通过示例来介绍 FindFile 方法的调用方法。

【示例 9-7】使用"打开"对话框打开 Excel 文件

（1）启动 Excel 并创建一个空白工作簿，打开 Visual Basic 编辑器，插入一个模块，在模块的"代码"窗口中输入如下程序代码：

```
01   Sub 打开文件()
02      Dim a As Boolean
03      a = Application.FindFile                     '获得返回值
04      If a = True Then                             '判断文件是否打开成功
05         MsgBox "Excel 文件打开成功！", vbOKOnly    '打开成功则显示提示
06      Else
07         MsgBox "你已经取消了打开文件操作！", vbOKOnly '打开失败则显示提示
08      End If
09   End Sub
```

（2）将插入点光标放置到程序代码中，按 F5 键运行程序。程序将打开"打开"对话框，在对话框中选择需要打开的 Excel 文件，如图 9-21 所示。单击"打开"按钮打开选择的文件，同时程序给出打开文件成功提示，如图 9-22 所示。如果单击对话框中的"取消"按钮，程序同样给出提示，如图 9-23 所示。

图 9-21　在"打开"对话框中选择需要打开的文件

图 9-22　打开文件成功提示　　　　图 9-23　提示取消了打开操作

代码解析：

- 程序代码的第 03 行调用 FindFile 方法获取一个对话框，FindFile 方法不带参数。获取对话框后，选中某个后缀名为 .xlsm 的文件。单击"打开"按钮和单击"取消"按钮，返回值不一样，下面的程序对应不同的返回值进行不同的处理。
- 第 04~08 行使用 If...Else 结构来对 FindFile 方法的返回值进行判断，当返回 Ture 时提示"Excel 文件打开成功！"。如果返回的是 False，则在提示对话框中显示"你已经取消了打开文件操作"。

9.2.4　打开最近使用的文档

Excel 可以记录最近打开的文档，用户可以在 Excel 2019 的"文件"窗口的"打开"|"最近"列表中看到它们，如图 9-24 所示。

图 9-24　"最近使用的工作簿"列表

说　明
如果提示"管理员已关闭最近打开的工作簿列表",则在 Windows 的运行窗口中输入 gpedit.msc,并按回车键,找到用户配置 | 管理模板 | "开始"菜单和任务栏。 ① 在右侧找到关闭用户跟踪,改成已禁用,确定关闭。 ② 在右侧找到不保留最近打开的文档历史,改成已禁用,确定关闭。 ③ 在右侧找到从开始菜单中删除最近的项目菜单,改成已禁用,确定关闭。

Application 对象的 RecentFiles 对象集合代表最近使用的这些文件,其 Name 属性值为最近打开过的文档的文件名。在程序中,读取 Name 属性可获得文件名,调用 Open 方法可以打开指定的 Excel 文件。

【示例 9-8】打开最近使用的 Excel 文档

(1)启动 Excel 并创建一个空白工作簿,打开 Visual Basic 编辑器,插入一个模块,在模块的"代码"窗口中输入如下程序代码:

```
01    Sub 打开最近使用的 Excel 文档()
02      MsgBox "最近使用的第一个文件为: " & Application.RecentFiles(1).Name _
03    & Chr(13) & "最近使用的第二个文件为: "& Application.RecentFiles(2).Name _
04    & Chr(13) & "最近使用的第三个文件为: "& Application.RecentFiles(3).Name _
05    & Chr(13) & "单击"确定"按钮后打开第二个文件。" _
06      , vbOKOnly, "显示最近打开的文档"            '显示最近打开的三个文档
07      Application.RecentFiles(2).Open            '打开最近使用的第二个文件
08    End Sub
```

(2)将插入点光标放置到程序代码中,按 F5 键运行程序。程序将在提示对话框中显示最近打开的三个 Excel 文档的文件名,如图 9-25 所示。单击"确定"按钮关闭提示对话框,这三个文档中的第二个文档将被打开。

图 9-25　显示最近打开的三个文档的文件名

代码解析:

- 程序中使用 RecentFile(Index)语句返回由 Index 参数指定的 RecentFile 对象(即曾经打开的 Excel 文件),Index 参数为最近打开文档的索引号。使用 Name 属性可以获得指定 Excel 文件的文件名。
- 第 07 行调用 Open 方法来打开由语句 Application.RecentFiles(2)指定的文件,这里由于使用的是索引号 2,将打开第二个最近使用的 Excel 文件。

9.3
操作 Excel

Application 对象对应 Excel 应用程序，它具有丰富的属性和方法，这些属性和方法能够对 Excel 的各项操作进行设置，也可以实现对 Excel 的各种操作。本节将对如何使用 Application 对象中与 Excel 操作有关的经典属性和方法进行介绍。

9.3.1 了解 Excel

使用 VBA 可以获取有关的系统信息，包括当前操作系统的版本号、Excel 的版本号以及 Excel 的用户名、启动 Excel 的路径和打开文件的默认路径等。

使用 Application 对象的 Version 属性可以获取 Excel 的版本号，使用 OrganizationName 属性可以获取 Excel 注册组织的名称，而使用 UserName 属性可以获取当前的用户名称。

Application 对象还包含一些与 Excel 运行有关的属性，使用 StartupPath 属性可以获得 Excel 的启动路径，使用 DefaultFilePath 属性可以获得打开 Excel 文件时使用的默认路径，使用 TemplatesPath 属性可以获得模板保存的默认路径，使用 LibraryPath 属性可以获得库文件夹的路径。

另外，如果需要获得当前操作系统的信息，可以使用 Application 对象的 OperatingSystem 属性，该属性值为操作系统的名称和版本号。

【示例 9-9】获取 Excel 相关信息

（1）启动 Excel 并创建一个空白工作簿，打开 Visual Basic 编辑器，插入一个模块，在模块的"代码"窗口中输入如下程序代码：

```
01    Sub Excel 相关信息()
02      MsgBox "本机操作系统的名称和版本为:" & Application.OperatingSystem _
03    & Chr(13) & "本产品所登记的组织名为:" & Application.OrganizationName _
04    & Chr(13) & "当前用户名为:" & Application.UserName & Chr(13) _
05    & "Excel 安装路径为:" & Application.Path & Chr(13) _
06    & "Excel 的启动路径为:" & Application.StartupPath & Chr(13) _
07    & "打开 Excel 文件时的默认路径为:" & Application.DefaultFilePath _
08    & Chr(13) & "模板保存的默认路径为:" & Application.TemplatesPath _
09    & Chr(13) & "Excel 库文件保存路径为:" & Application.LibraryPath _
10    & Chr(13)& "当前使用的 Excel 版本为:" & Application.Version, vbOKOnly
11    End Sub
```

（2）将插入点光标放置到程序代码中，按 F5 键运行程序。程序将在提示对话框中显示有关的信息，如图 9-26 所示。

图 9-26 显示有关信息

代码解析：

- 程序中调用 MsgBox 函数来显示相关的信息，这些信息可以通过调用几个 Application 对象的属性值来获得。
- 在获取路径信息时要注意，Path 属性、StartUpPath 属性、DefaultFilePath 和 LibraryPath 属性获取的路径不包括尾部的分隔符 "\"，而 TemplatesPath 属性获取的路径的尾部带有分隔符 "\"。
- 如果需要更改 Excel 默认的文件位置，可以更改 DefaultFilePath 属性值。如下面语句将默认文件位置设置为 C：\My Document。

```
Application.DefaultFilePath="C:\my Document"
```

9.3.2 对"最近使用的工作簿"列表进行操作

Excel 中，"最近使用的工作簿"列表中显示的文件数目是可以设置的，用户既可以在 "Excel 选项"对话框中进行设置，也可以通过 VBA 程序来进行设置。

Application 对象的 RecentFile 属性能够返回 RecentFile 对象集合，该对象集合的 Count 属性的值为"最近使用工作簿"列表中显示的 Excel 文件数量。该对象集合有一个 Maximum 属性，改变该属性值可以改变"最近使用工作簿"列表中显示 Excel 文件的最大数量。

RecentFiles 提供了一个 Add 方法，调用该方法可以向"最近使用工作簿"列表添加文件。

【示例 9-10】对"最近使用的工作簿"列表进行操作

（1）启动 Excel 并创建空白工作簿，打开 Visual Basic 编辑器，插入一个模块，在模块的 "代码"窗口中输入如下程序代码：

```
01    Sub 操作最近使用的工作簿列表()
02        '显示"最近使用的工作簿"列表中的文件数
03        MsgBox ""最近使用工作簿"列表中当前显示的文件个数为：" &_
04        Application.RecentFiles.Count & Chr(13) & _
          "下面将列表中显示的文件数变为7！"    '将最近使用的文件清单中的最多文件数设为7
05    Application.RecentFiles.Maximum = 7
06    MsgBox "最近使用的文件清单中的最多文件数已被设为 7 个。" & Chr(13) _
```

159

```
07          & "下面将文件"设置状态栏和编辑栏.xlsm"添加到列表中！"
            '将文件添加到"最近使用的工作簿"列表中
08          Application.RecentFiles.Add ("设置状态栏和编辑栏.xlsm")
09          MsgBox "操作完成，文件添加到"最近使用工作簿"列表中！"
10    End Sub
```

（2）将插入点光标放置到程序代码中，按 F5 键运行程序。程序将在提示对话框中显示"最近使用工作簿"列表中文件的个数，如图 9-27 所示。单击提示对话框中的"确定"按钮关闭对话框，"最近使用的工作簿"列表中文件个数设置为 7，程序给出提示，如图 9-28 所示。单击提示对话框中的"确定"按钮关闭对话框，指定文件被添加到"最近使用的工作簿"列表中，程序给出操作完成提示，如图 9-29 所示。切换回 Excel，可以在"最近使用的工作簿"列表中看到，列表中显示的文件变为 7 个，文件"设置状态栏和编辑栏.xlsm"被添加到列表中，如图 9-30 所示。

图 9-27　显示列表中的文件数目

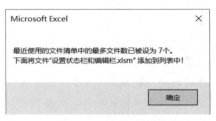

图 9-28　提示下一步将进行的操作

图 9-29　提示操作完成

图 9-30　查看操作结果

代码解析：

- 程序代码的第 04 行调用 Application.RecentFiles.Count 获取"最近使用的工作簿"列表中的文件数。
- 第 05 行通过设置 Maximum 属性值来改变"最近使用的工作簿"列表中文件的数量。
- 第 08 行调用 Add 方法向"最近使用的工作簿"列表中添加文件，该方法以需要添加的文件的文件名为参数。第 08 行还可以改为下面语句。

```
Application.RecentFiles.Add Name="设置状态栏和编辑栏.xlsm"
```

注　意
在当前文档中对"最近使用的工作簿"列表中文件数量的改变将一直有效，直到进行了新的设置。

9.3.3   设置保存自动恢复文件的时间间隔和保存位置

Excel 能够以一定的时间间隔将打开的文档保存到指定的位置，当因发生意外导致程序退出时，用户可以从自动恢复文件中恢复未来得及保存的文档，这样因文档未保存而导致数据丢失就能被降至最低程度。在 Excel 2019 中，设置保存自动恢复文件除了可以使用"Excel 选项"对话框之外，还可以通过 VBA 程序来进行设置。

Application 对象有一个 AutoRecover 属性，使用该属性可以获取 AutoRecover 对象，利用该对话框的 Time 属性和 Path 属性可以对保存自动恢复文件的时间间隔和保存位置进行设置。下面通过一个示例来介绍具体的编程方法。

【示例 9-11】设置保存自动恢复文件的时间间隔和保存位置

（1）启动 Excel 并创建一个空白工作簿，打开 Visual Basic 编辑器，插入一个模块，在模块的"代码"窗口中输入如下程序代码：

```
01   Sub 设置保存自动恢复文件的时间间隔和保存位置()
02      With Application.AutoRecover
03         .Time = 8                          '设置文件保存的时间间隔
04         .Path = "D:\Temp"                  '设置文件保存的路径
05      End With
06   End Sub
```

（2）将插入点光标放置到程序代码中，按 F5 键运行程序，自动恢复文件保存的时间被设置为间隔 8 分钟，默认的保存位置被设置为"D:\Temp"文件夹。打开"Excel 选项"对话框，在左侧列表中选择"保存"选项，在右侧的"保存工作簿"设置栏中可以看到设置后的改变，如图 9-31 所示。

图 9-31   "Excel 选项"对话框

代码解析：

- 程序代码的第 02 行使用 Application 对象的 AutoRecover 属性来获取 AutoRecover 对象，使用 With…End With 结构对该对象的属性进行设置。
- 第 03 行将 AutoRecover 对象的 Time 属性值设置为 8，表示每隔 8 分钟保存自动恢复文件一次。
- 第 04 行对 AutoRecover 对象的 Path 属性进行设置，该属性值是自动恢复文件的保存路径。

9.3.4 使 Excel 不显示警告信息对话框

熟悉 Excel 的读者都知道，在进行某些操作时，Excel 会给出警告信息提示用户。如在退出 Excel 时，如果未对经更改的文档执行存盘操作，Excel 会给出警告对话框，提示用户是否保存对该工作表的更改，如图 9-32 所示。

图 9-32　Excel 警告信息对话框

在编写 VBA 程序时，用户可以通过设置 DisplayAlerts 属性值来决定是否显示警告信息对话框。在程序中，如果将 DisplayAlerts 属性设置为 True，则显示警告信息对话框；设置为 False，则不显示警告信息对话框。

【示例 9-12】取消警告信息对话框的显示

（1）启动 Excel 并创建一个空白工作簿，打开 Visual Basic 编辑器，插入一个模块，在模块的"代码"窗口中输入如下程序代码：

```
01    Sub 控制警告信息对话框的显示()
02        MsgBox "警告信息对话框处于可显示状态，下面将禁止警告信息的显示！" &_
          "此时，退出 Excel 应用程序不会打开保存提示对话框！"    '提示下面的操作
03        Application.DisplayAlerts = False                   '使警告信息对话框不可显示
04        ThisWorkbook.Close                                  '关闭工作簿
05    End Sub
```

（2）将插入点光标放置到程序代码中，按 F5 键运行程序。程序给出提示，如图 9-33 所示。在单击"确定"按钮关闭提示对话框后，工作簿将直接关闭，Excel 不会再提示对未保存的文档进行保存操作。

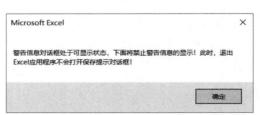

图 9-33　程序给出提示信息

代码解析：

- 程序代码的第 03 行将 Application 对象的 DisplayAlerts 属性设置为 False，使 Excel 的警告信息对话框不显示。
- 第 04 行调用 ThisWorkbook 对象的 Close 方法来关闭当前工作簿。

9.3.5 设置新工作簿中工作表的个数

在默认情况下，Excel 2019 新建的工作簿中只包含 1 个工作表，这个工作表的数量可以根据用户的需要进行设置。在使用 Excel 时，可以在"Excel 选项"对话框中对工作簿中的工作表数量进行设置。在编写 VBA 程序时，可以使用 Application 对象的 SheetsInNewWorkbook 属性来进行设置。

【示例 9-13】设置新工作簿中工作表的个数

（1）启动 Excel 并创建一个空白工作簿，打开 Visual Basic 编辑器，插入一个模块，在模块的"代码"窗口中输入如下程序代码：

```
01   Sub 设置新工作簿中工作表的个数()
02       Dim n As Integer
03       Application.SheetsInNewWorkbook = 6          '工作表个数设为 6
04       n = Application.SheetsInNewWorkbook          '获取工作表的个数值
05       MsgBox "新工作簿中的工作表个数被设置为 " & n & " 个"   '提示工作表数量
06   End Sub
```

（2）将插入点光标放置到程序代码中，按 F5 键运行程序。程序给出提示，如图 9-34 所示。在单击"确定"按钮关闭提示对话框后，新工作簿中工作表的个数设置为 6。按 Ctrl+N 组合键创建一个新工作簿，可以看到设置所带来的变化，如图 9-35 所示。

图 9-34 程序给出提示信息

图 9-35 新工作簿中将有 6 个工作表

代码解析：

- 程序代码的第 03 行将 Application 对象的 SheetsInNewWorkbook 属性值设置为 6，使新工作簿中工作表数为 6 个。
- 第 04 行获取 SheetsInNewWorkbook 属性值，该值为创建新工作簿时工作表的个数，第 05 行调用 MsgBox 函数显示该值。

注　意
这里的设置将会一直保留在工作簿中，直到对该值进行重新设置为止。要对该值进行设置，既可以使用 VBA 程序，也可以直接在"Excel 选项"对话框中进行设置，如图 9-36 所示。

图 9-36　"Excel 选项"对话框中的设置

9.3.6　为过程的启动指定快捷键

在 Excel 中，可以为宏或 Sub 过程的启动指定快捷键。这样，在 Excel 应用程序窗口中直接按快捷键即可使宏或 Sub 过程运行。为某个宏或 Sub 过程指定快捷键，可以调用 Application 对象的 OnKey 方法来实现。下面通过一个具体的示例来介绍实现方法。

【示例 9-14】为过程指定快捷键

（1）启动 Excel 并创建一个空白工作簿，打开 Visual Basic 编辑器，插入一个模块，在模块的"代码"窗口中输入如下程序代码：

```
01   Sub 为过程指定快捷键()
```

```
02        Application.OnKey "+^{q}", "myPro"                    '指定快捷键
03    End Sub
04    Sub myPro()
05        MsgBox "当前快捷键为 Ctrl+Shift+Q, 关闭此对话框后快捷键将取消。"  '显示提示
06        Application.OnKey "+^{q}"                             '取消快捷键的指定
07    End Sub
```

（2）将插入点光标放置到第 02 行中，按 F5 键运行"为过程指定快捷键"Sub 过程。切换到 Excel，按 Ctrl+Shift+Q 组合键，程序给出提示对话框，如图 9-37 所示。单击对话框中的"确定"按钮关闭该对话框，指定的快捷键即被取消。

图 9-37　程序给出提示信息

代码解析：

- 程序一共有两个过程，名为"为过程指定快捷键"的 Sub 过程用于为 myPro 过程指定启动的快捷键。myPro 过程在 Excel 中演示指定快捷键后的运行效果，该过程运行时将给出指定快捷键的提示和下一步的操作提示，关闭该对话框后将取消指定的快捷键。
- 程序代码的第 02 行调用 Application 对象的 OnKey 方法为 myPro 过程的启动指定快捷键。在指定快捷键时，"+"表示 Shift 键，"^"表示 Ctrl 键，Alt 键用"%"来表示。在指定快捷键时，字母键以对应的字母表示，使用"{}"将其括起来。对于 OnKey 方法而言，过程名参数是一个字符串，应该将要运行过程的过程名放入引号中。
- 如果要取消指定的快捷键，可以使用第 06 行程序代码的方式，不指定过程名参数即可。

注　意
在指定快捷键时，如果要指定功能键，可以直接使用该键的名称，如回车键为 Enter、空格键为 BackSpace、向右的方向键为 Right 等。另外，在指定快捷键时，一般应该使用键盘上使用较少的键，如 F2 或 F7 键等。同时在退出应用程序时，最好取消对快捷键的指定。这样可以有效地避免指定的快捷键与 Excel 或其他应用程序中的快捷键相冲突。

9.3.7　实现定时操作

在编写 VBA 应用程序时，有时需要定时运行某段程序代码。Application 对象的 OnTime 方法能够安排一个过程在特定的时间运行，这里的时间可以是一个具体的时间点，如几点几分，也可以是程序开始运行后的某个时间段。

如果需要使用 OnTime 方法在经过一段时间之后执行某个过程，可以使用下面的语句。

```
Application.OnTime Now+TimeValue(time),过程名
```

在这段代码中，Now 表示当前时间，参数 time 为延时时间，其格式为"时：分：秒"，使用 TimeValue（time）可以使过程运行延时到 time 参数指定的时间。

如下面语句将使名为 myProcedure 的 Sub 过程延时 10 秒执行：

```
Application.OnTime Now+TimeValue（"00：00：10"），"myProcedure"
```

如果需要让过程在指定的时间点运行，可以使用下面的语句：

```
Application.OnTime TimeValue(time),过程名
```

如下面的语句将使名为 myProcedure 的 Sub 过程在 17 点运行：

```
Application.OnTime TimeValue（"17：00：00"），"myProcedure"
```

【示例 9-15】实现定时操作

（1）启动 Excel 并创建一个空白工作簿，打开 Visual Basic 编辑器，插入一个模块，在模块的"代码"窗口中输入如下程序代码：

```
01    Sub 实现定时操作()
02        Application.OnTime Now + TimeValue("00:00:20"), "mySub"
      '设置过程启动时间
03    End Sub
04    Sub mySub()
05        a = MsgBox("现在已完成 20 秒计时！", vbOKOnly, "提示")            '显示提示
06    End Sub
```

（2）将插入点光标放置到第 02 行中，按 F5 键运行"实现定时操作"过程。在该过程运行 20 秒之后，程序将给出计时完成提示信息，如图 9-38 所示。

图 9-38　程序给出计时完成提示信息

代码解析：

- 程序一共是两个过程，名为"实现定时操作"的 Sub 过程在运行 20 秒后调用名为 mySub 的 Sub 过程，显示计时完成提示。
- OnTime 方法有 4 个参数，它们是 EarliestTime、Procedure、LatestTime 和 Schedule。EarliestTime 参数是必须的，用于指定过程的开始运行时间。Procedure 参数是必须的，用于指定需要执行的过程。程序代码的第 02 行将 EarliestTime 参数设置为 TimeValue("00:00:20")，即从当前时间开始延时 20 秒，Procedure 参数设置为 mySub 过程。
- OnTime 方法的 LatestTime 参数为可选参数，用于指定过程开始运行的最晚时间。如将 LatestTime

设置为 EarliestTime+40。当时间到了 EarliestTime 时,若恰好其他应用程序处于运行状态使 Excel 无法处于就绪状态，那么 Excel 将等待 40 秒，等其他应用程序结束运行后再运行指定的过程。如果在 40 秒内 Excel 无法回到就绪状态，则指定的过程将不会运行。如果该参数省略，则 Excel 将一直等待到可以运行为止。

- OnTime 方法的 Schedule 参数是一个可选参数,它的值如果为 False,则将清除当前设置的过程。如在这个示例中，需要撤销 OnTime 的设置，可以使用下面的语句:

```
Application.OnTime EarliestTime:=Now + TimeValue("00:00:20"),Procedure:=
"mySub",Schedule:=False
```

9.3.8　退出 Excel 应用程序

熟悉 Excel 的读者都知道，在 Excel 程序窗口中单击右上角的"关闭"按钮可以退出 Excel 应用程序。如果需要在 VBA 程序中实现 Excel 应用程序的退出，可以调用 Application 对象的 Quit 方法，下面通过一个示例来展示 Quit 方法的调用技巧。

【示例 9-16】退出 Excel 应用程序

（1）启动 Excel 并创建一个空白工作簿，打开 Visual Basic 编辑器，插入一个模块，在模块的"代码"窗口中输入如下程序代码:

```
01   Sub 退出 Excel 应用程序()
02       a = MsgBox("真的退出 Excel 吗? ", vbOKCancel, "注意")    '显示提示对话框
03       If a = vbOK Then
04           Application.Quit                '如果单击"确定"按钮，则退出 Excel
05       Else
06           Exit Sub                '如果单击"取消"按钮，则结束进程
07       End If
08   End Sub
```

（2）将插入点光标放置到程序代码中，按 F5 键运行程序。程序给出提示对话框，如图 9-39 所示。单击"确定"按钮将退出 Excel 应用程序，单击"取消"按钮，Excel 程序窗口不会关闭。

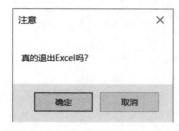

图 9-39　程序提示是否退出 Excel

代码解析:

- 程序调用 MsgBox 函数创建提示对话框，使用 If 结构判断用户做出的选择。如果用户单击的是

提示对话框的"确定"按钮，程序调用 Quit 方法退出 Excel 应用程序。

- 这里，在退出 Excel 时，如果经过修改的文档没有被保存，Excel 将给出警告信息对话框，提示用户保存工作簿。如果需要在退出 Excel 时不显示该对话框，可以使用 9.3.4 小节介绍的方法，将 DisplayAlerts 属性设置为 False。

9.4
与单元格有关的操作

单元格是 Excel 工作表的基本运算单元，数据的操作离不开对单元格的操作。对单元格进行操作一般需要使用 Range 对象，但其实使用 Application 对象也可以对单元格进行某些操作。本节将介绍使用 Application 对象进行单元格有关的操作。

9.4.1 取消对单元格的复制或剪切操作

数据的复制和剪切是进行单元格数据输入的一种快捷方法。如果将数据复制或剪切到系统剪贴板后，可以按 Esc 键取消数据的复制和剪切。但在 VBA 程序中，则可以通过设置 Application 对象的 CutCopyMode 来取消数据的复制和剪切。

在程序中，如果将 CutCopyMode 属性设置为 False，则可以取消复制和剪切操作。CutCopyMode 属性值为 False 时表示没有进行复制或剪切操作，当值为 xlCopy 时则表示进行了数据的复制，当值为 xlCut 时表示进行了数据的剪切。

【示例 9-17】取消对单元格的复制或剪切操作

（1）启动 Excel 并创建一个空白工作簿，打开 Visual Basic 编辑器，插入一个模块，在模块的"代码"窗口中输入如下程序代码：

```
01   Sub 取消复制或剪切操作()
02     Select Case Application.CutCopyMode          '判断复制剪切状态
03       Case Is = False                            '如果没有复制剪切操作
04           MsgBox "没有进行复制或剪切操作！"
05       Case Is = xlCopy
06           MsgBox "您已经进行了复制操作！"          '如果进行了复制操作
07       Case Is = xlCut                            '如果进行了剪切操作
08           MsgBox "您已经进行剪切操作！"
09     End Select
10     Application.CutCopyMode = False              '取消复制剪切操作
11   End Sub
```

（2）切换到 Excel，在工作表中选择需要复制的数据后按 Ctrl+C 组合键复制数据，如图 9-40 所示。切换到 Visual Basic 编辑器，将插入点光标放置到程序代码中，按 F5 键运行程序。程序提示进行的操作，如图 9-41 所示。此时如果再运行该过程，程序提示没有进行复制或剪切操作，如图 9-42 所示。

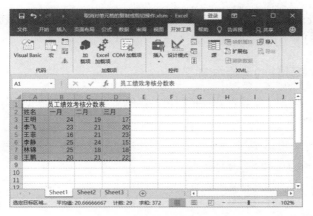

图 9-40　复制数据

图 9-41　提示进行的操作

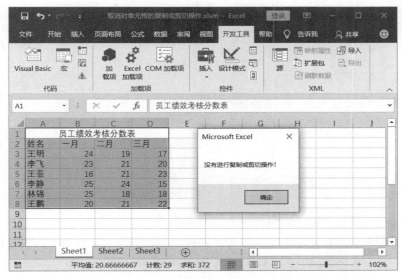

图 9-42　提示没有进行复制或剪切操作

代码解析：

- 程序演示 CutCopyMode 属性的应用方法。第 02~09 行使用 Select Case 结构对进行的操作进行判断，根据不同的操作给出不同的提示信息。
- 第 10 行通过将 CutCopyMode 属性值设置为 False，取消剪切或复制操作。

9.4.2　设置单元格的选择方向

在默认情况下，按 Enter 键将选择当前单元格右侧的单元格，在"Excel 选项"对话框中可以对单元格的选择方向进行设置。在 VBA 程序中，可以使用 Application 对象的 MoveAfterReturnDirection 属性对单元格的选择方向进行设置。

MoveAfterReturnDirection 属性值为 4 个常量，它们分别是 xlToRight、xlToLeft、xlDown 和 xlUp，分别表示向右、向左、向下和向上选择单元格。要使按 Enter 键能够实现单元格的选择，Application 对象的 MoveAfterReturn 属性值必须设置为 True。如果设置为 False，则无论 MoveAfterReturnDirection 的属性值设置为任何值都将无法进行单元格的选择。

【示例 9-18】设置按 Enter 键后单元格的选择方向

（1）启动 Excel 并创建一个空白工作簿，打开 Visual Basic 编辑器，插入一个模块，在模块的"代码"窗口中输入如下程序代码：

```
01    Sub 设置选择单元格的方向()
02        Application.MoveAfterReturn = True
03        Application.MoveAfterReturnDirection = xlUp          '向上选择单元格
04        MsgBox "已经改为向上选择单元格"
05    End Sub
```

（2）将插入点光标放置到程序代码中，按 F5 键运行程序。程序将把按 Enter 键后单元格的选择方向更改为向上，并给出提示信息，如图 9-43 所示。

代码解析：

- 程序代码的第 03 行将 MoveAfterReturnDirection 属性值设置为 xlUp，将按 Enter 键后的单元格选择方向更改为向上。

图 9-43　给出提示信息

- 为了保证程序对选择方向的更改有效，第 02 行将 MoveAfterReturn 的属性设置为 True。

9.4.3　控制函数名称列表的显示

在使用 Excel 对数据进行分析处理时，不可避免的需要调用函数。Excel 为了方便用户调用函数，在单元格中输入等号及某个字母后会出现一个函数列表，用户可以直接在列表中选择需要调用的函数，如图 9-44 所示。

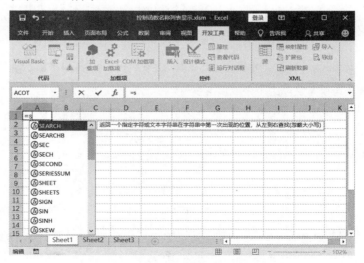

图 9-44　Excel 的函数列表

在程序中如果要设置这个函数名称列表是否显示，可以使用 Application 对象的 AutoComplete 属性，该属性值可以读取，也可以通过程序更改。在默认情况下，AutoComplete 属性值为 True，表示在单元格中输入函数时显示函数列表。如果将 AutoComplete 属性值设置为 False，则在单元格中输入函数时将不再显示函数列表。

【示例 9-19】控制函数名称列表的显示

（1）启动 Excel 并创建一个空白工作簿，打开 Visual Basic 编辑器，插入一个模块，在模块的"代码"窗口中输入如下程序代码：

```
01   Sub 控制函数名称列表的显示()
02     If Application.DisplayFormulaAutoComplete Then
        '判断函数名称列表是否为可显示状态
03       MsgBox "函数名称列表处于可显示状态，下面将其更改为不可显示状态！"
04       Application.DisplayFormulaAutoComplete = False
        '使函数名称列表不可见
05     Else
06       MsgBox "函数名称列表处于不可显示状态，下面将其更改为可显示状态！"
07       Application.DisplayFormulaAutoComplete = True
        '使函数名称列表可见
08     End If
09   End Sub
```

（2）将插入点光标放置到程序代码中，按 F5 键运行程序。程序将判断函数名称列表是否处于可显示状态，如果是，则给出提示信息，如图 9-45 所示。单击"确定"按钮关闭提示对话框后，函数名称列表将不可见。如果函数名称列表处于不可显示状态，同样给出提示信息，如图 9-46 所示。在单击"确定"按钮后，函数名称列表将处于显示状态。

图 9-45   提示函数名称列表可见

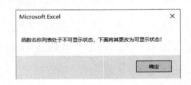

图 9-46   提示函数名称列表不可见

代码解析：

- 程序代码的第 03~08 行使用 If…Else 结构对 DisplayFormulaAutoComplete 属性值进行判断，当它的值为 True 时，显示提示对话框并将其属性值设置为 False；如果它的值为 False，则给出提示并将其值设置为 True。
- 程序对 DisplayFormulaAutoComplete 属性的更改不会随着应用程序的关闭而消失，设置将会一直保留，直到对它重新设置为止。

9.4.4   设置编辑栏的高度

在 Excel 中，编辑栏可以对单元格进行数据和公式的输入，用户可以通过拖动编辑栏边框对编辑栏的高度进行调整，如图 9-47 所示。

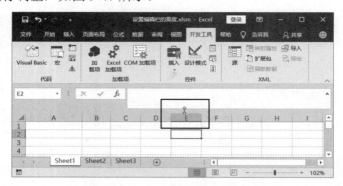

图 9-47　调整编辑栏高度

在 VBA 中，可以使用 Application 对象的 FormulaBarHeight 属性对编辑栏的高度进行设置。下面通过一个示例来介绍具体的操作方法。

【示例 9-20】设置编辑栏的高度

（1）启动 Excel 并创建一个空白工作簿，打开 Visual Basic 编辑器，插入一个模块，在模块的"代码"窗口中输入如下程序代码：

```
01   Sub 设置编辑栏高度()
02      Dim h As Long, s As String                    '声明变量
03      h = Application.FormulaBarHeight              '获取编辑栏的高度
04      s = "现在将当前编辑栏的高度更改为 5 行"           '设置提示文字
05      MsgBox "当前编辑栏的高度为:" & h & "行" & Chr(13) & s   '显示提示信息
06      Application.FormulaBarHeight = 5              '将编辑栏高度设置为 5 行
07   End Sub
```

（2）将插入点光标放置到程序代码中，按 F5 键运行程序。程序将首先给出提示对话框，提示当前编辑栏的高度和下面将进行的操作，如图 9-48 所示。单击"确定"按钮，关闭提示对话框后编辑栏被设置为指定的高度，如图 9-49 所示。

图 9-48　程序给出提示信息

图 9-49　编辑栏高度发生改变

代码解析：

● 程序代码的第 03 行获取 FormulaBarHeight 属性值，该值为编辑栏当前的高度，以行为单位。第 06 行将 FormulaBarHeight 属性值设置为 5，使编辑栏的高度变为 5 行。

- 在设置编辑栏高度时，FormulaBarHeight 的值不能过大，如果该值使编辑栏的高度大于当前 Excel 程序窗口的高度将会导致程序错误，出现的出错提示信息如图 9-50 所示。

图 9-50　程序给出的出错提示

9.4.5　控制浮动工具栏的显示

在 Excel 2019 中，默认情况下，如果右击工作表中的任意一个单元格，在弹出关联菜单的同时也会出现一个浮动工具栏，使用该工具栏可以对选择单元格进行设置，如图 9-51 所示。

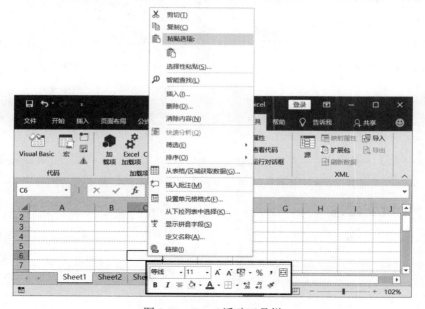

图 9-51　Excel 浮动工具栏

这个浮动工具栏是否显示，既可以在"Excel 选项"对话框中设置，也可以使用 Application 对象的 ShowMenuFloaties 属性来进行设置。在程序中将 ShowMenuFloaties 属性值设置为 False，将显示浮动工具栏；如果将其设置为 True，则浮动工具栏不显示。

【示例 9-21】设置浮动工具栏的显示

（1）启动 Excel 并创建一个空白工作簿，打开 Visual Basic 编辑器，插入一个模块，在模块的"代码"窗口中输入如下程序代码：

```
01    Sub 控制浮动工具栏的显示()
02        Application.ShowMenuFloaties =True              '使浮动工具栏不可见
```

```
03        MsgBox "浮动工具栏已经设置为不显示,
04            你可以在 Excel 程序窗口中查看设置效果！"                '显示提示信息
05    End Sub
```

（2）将插入点光标放置到程序代码中，按 F5 键运行程序。程序将浮动工具栏设置为不显示，同时给出提示对话框，如图 9-52 所示。关闭提示对话框后在 Excel 工作表中的单元格上右击，此时将只弹出关联菜单而不出现浮动工具栏，如图 9-53 所示。

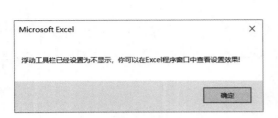

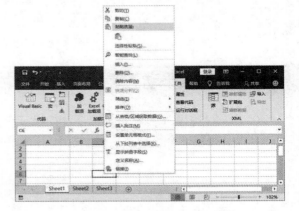

图 9-52　程序给出提示对话框　　　　　　　　图 9-53　不再显示浮动工具栏

代码解析：

- 程序代码的第 02 行将 ShowMenuFloaties 属性设置为 True，在单元格上右击后 Excel 不再显示浮动工具栏。
- 在取消浮动工具栏显示后如果需要它能够恢复显示，可以在程序中将 ShowMenuFloaties 属性设置为 False，或是在"Excel 选项"对话框中对它进行设置，如图 9-54 所示。

图 9-54　"Excel 选项"对话框中的设置

9.4.6　设置多线程计算

在 Excel 2019 中，用户可以根据计算机的配置对多线程重新计算进行设置，以提高计算速度和数据处理的效率。多线程重新计算的线程数，可以通过"Excel 选项"对话框进行设置，如图 9-55 所示。

图 9-55　设置多线程计算

如果需要通过 VBA 程序来设置 Excel 的多线程重新计算，就需要使用 Application 对象的 MultiThreadedCalculation 属性，该属性将返回控制多线程重新计算的设置对象 MultiThreadedCalculation，使用该对象的属性即可对多线程计算进行设置。

MultiThreadedCalculation 对象的 Enabled 属性用于启用或禁止对象 MultiThreadedCalculation，ThreadCount 属性用于指定计算线程的总数。MultiThreadedCalculation 对象的 ThreadMode 属性用于返回或设置对象 MultiThreadedCalculation 的线程模式，当值为 xlThreadModeAutomatic 时为自动线程计算模式，当值为 xlThreadModeManual 时为手动重算模式。这两个常量相当于在图 9-55 中选择"使用此计算机上的所有处理器"单选按钮和"手动重算"单选按钮。

【示例 9-22】设置多线程计算

（1）启动 Excel 并创建一个空白工作簿，打开 Visual Basic 编辑器，插入一个模块，在模块的"代码"窗口中输入如下程序代码：

```
01  Sub 设置多线程计算()
02      Application.MultiThreadedCalculation.ThreadCount = 3  '将线程数设置为3
03  End Sub
```

（2）将插入点光标放置到程序代码中，按 F5 键运行程序，程序将线程数设置为 3，如图 9-56 所示。

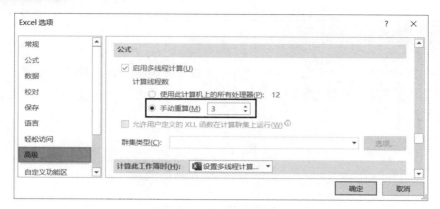

图 9-56　线程数设置为 3

代码解析：

- 程序代码的第 02 行使用 MultiThreadedCalculation 属性获取 MultiThreadedCalculation 对象，将该对象的 ThreadCount 属性设置为 3，使计算线程数为 3。
- 多线程重新计算的线程数是由计算机的 CPU 所决定的，如果是双核 CPU，则线程数应该设定为 2。默认情况下，Excel 会根据计算机硬件的情况自动进行设置。如果需要 Excel 对计算线程数进行自动设置，可以在 VBA 程序中使用下面的语句。

```
Application.MultiThreadedCalculation.ThreadMode = xlThreadModeAutomatic
```

9.4.7　在工作表中快速选择单元格

调用 Application 对象的 Goto 方法能够在工作簿中快速选择单元格或单元格区域。Goto 方法的语法格式如下所示：

```
表达式.Goto Reference:=参数,Scroll:=参数
```

- Reference：该参数用于指明目标区域，而且可以是 Range 对象、包含 R1C1 样式的单元格应用字符串或包含 Visual Basic 过程名的字符串。如果该参数被省略，选择的目标将是最后一次调用 Goto 方法选定的区域。
- Scroll：当该参数值为 True 时，Excel 会滚动窗口直至选择区域的左上角出现在窗口的左上角为止；如果其值为 False，则不滚动窗口，该参数的默认值为 False。

【示例 9-23】快速选择指定的单元格区域

（1）启动 Excel 并创建一个空白工作簿，打开 Visual Basic 编辑器，插入一个模块，在模块的"代码"窗口中输入如下程序代码：

```
01    Sub 快速选择指定的单元格区域()
02       Application.Goto reference:=Worksheets("sheet1").
03        Range("A1:C10"), Scroll:=True              '选择指定工作表的单元格区域
04    End Sub
```

（2）将插入点光标放置到程序代码中，按 F5 键运行程序，程序选择 Sheet1 工作表的 A1:C10 单元格区域，如图 9-57 所示。

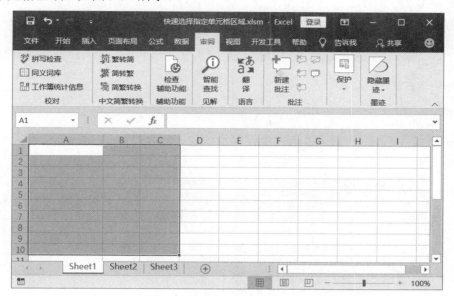

图 9-57　选择 A1:C10 单元格区域

代码解析：

● 程序调用 Goto 方法来实现对工作表中的某个单元格区域进行引用。在程序代码的第 02 行，reference 参数指定需要引用的单元格区域，Scroll 参数设置为 True 使窗口滚动到区域的左上角。

注　意
在调用 Goto 方法时，如果指定的单元格区域非当前激活的工作表，Excel 会在选择单元格时将指定的工作表激活。在 VBA 中，选择单元格还可以调用 Select 方法，但 Select 方法只能对单元格进行选择，而不能像 Goto 方法那样将单元格所在的工作表激活。另外，Goto 方法有一个 Scroll 参数，可以实现目标窗口的滚动，而 Select 方法没有这个参数。

9.4.8　同时选择多个单元格区域

在工作表中输入数据时，如果需要同时对多个单元格输入相同的数据，那就需要选择这些单元格。在 VBA 中，Application 对象的 Union 方法能够返回两个或多个单元格区域的合并区域。Union 方法的语法格式如下所示：

```
表达式.Union(Arg1,Arg2...Arg30)
```

其中的参数 Arg1，Arg2…Arg30 用于指定需要合并的单元格区域。Union 方法最少需要两个 Range 对象区域作为参数，最多只能合并 30 个 Range 对象区域。

【示例 9-24】同时选择多个单元格区域

（1）启动 Excel 并创建一个空白工作簿，打开 Visual Basic 编辑器，插入一个模块，在模块的"代码"窗口中输入如下程序代码：

```
01    Sub 合并单元格区域()
02        Worksheets("sheet1").Activate                     '激活 Sheet1 工作表
03        Set myRange = Application.Union(Range("A2:D5"), Range("A6:D10"))
          '合并单元格区域
04        myRange.Formula = "=int(rand()*9+1)"        '在合并单元格区域中生成随机整数
05    End Sub
```

（2）将插入点光标放置到程序代码中，按 F5 键运行程序，程序选择 Sheet1 工作表的 A2:D10 单元格区域中生出 1~9 的随机整数，如图 9-58 所示。

图 9-58　在 A2:D10 单元格区域中生成随机整数

代码解析：

● 程序代码的第 03 行调用 Union 方法将 A2:D5 单元格区域和 A6:D10 单元格区域合并为 Range 对象。

● 第 04 行调用 Formula 方法为合并单元格区域添加公式，并向这些单元格中填充 1~9 的整数。

9.5
使用对话框

交互是计算机与用户交流的过程，交互能力是衡量一个程序功能是否强大的重要标准。对话框是应用程序中实现交互的一个重要工具，Application 对象提供了访问 Excel 内置对话框的途径，同时调用 InputBox 方法也能获得一个输入对话框。

9.5.1　使用内置对话框

Excel 本身内置了大量的对话框，如读者比较熟悉的"打开"对话框、"另存为"对话框和"查找"对话框等。Excel 内置对话框的功能强大，能够独立完成某个功能。在编写 VBA 程序时，使用这些内置对话框，完全可以避免编写复杂的代码，而直接获得需要的功能。如要打开 Excel 文件，直接打开 Excel 内置的"打开"对话框，在对话框中选择需要的文件后单击"打开"按钮即可将该文件打开。

在编写 VBA 程序时，可以使用 Application 对象的 Dialogs 属性来获得 Dialogs 集合。该集合即代表了 Excel 的内置对话框。要获得某个内置对话框，可以使用下面的语句：

```
Application.Dialogs(内置常量)
```

这里，内置常量为对话框的 XLBuiltInDialog 枚举值，该值可以在 VBA 的"对象浏览器"窗口中查到，如图 9-59 所示。从对话框中可以看到，内置对话框常量均以 xlDialog 开头，紧随其后的是对话框的名称。

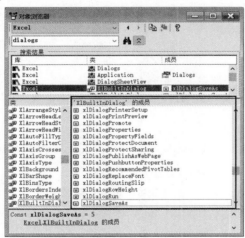

图 9-59　"对象浏览器"中 XLBuiltInDialog 对象成员

如要获得"另存为"对话框，可以使用下面的语句：

```
Application.Dialogs(xlDialogSaveAs)
```

另外，也可以使用常量值来获取内置对话框。如要获得"另存为"对话框，还可以使用下面的语句：

```
Application.Dialogs(5)
```

在 VBA 中，要使某个对话框显示，可以调用 Dialog 对象的 show 方法。如要使"另存为"对话框显示，可以使用下面的语句：

```
Application.Dialogs(5).show
```

【示例9-25】打开 Excel 文件

（1）启动 Excel 并创建一个空白工作簿，打开 Visual Basic 编辑器，插入一个模块，在模块的"代码"窗口中输入如下程序代码：

```
01    Sub 打开Excel文件()
02        Application.Dialogs(xlDialogOpen).Show          '显示"打开"对话框
03    End Sub
```

（2）将插入点光标放置到程序代码中，按 F5 键运行程序，程序将打开"打开"对话框，在对话框中选择需要打开的 Excel 文件，如图 9-60 所示。单击"打开"按钮即可将选择的文件打开。

图 9-60　在"打开"对话框中选择需要打开的文件

代码解析：

● 这段程序相对简单，在程序代码的第 02 行中 Application.Dialogs(xlDialogOpen)获取一个 Dialog 对象，该对象即为 Excel 内置的"打开"对话框。

● 程序调用 Show 方法使"打开"对话框显示出来。这里要注意，Excel 中有大量的内置对话框，并不是所有的内置对话框都可以调用 Show 方法来显示。

9.5.2　使用输入对话框

VBA 中有两种方法来获得输入对话框，一种是调用 VBA 内置的 InputBox 函数，另一种是调用 Application 对话框中的 InputBox 方法。这两种方法获得的输入对话框样式相同，参数的设置也基本相同。相对而言，Application 对话框的 InputBox 方法功能更为强大，因为它可以指定返回的数据类型。

Application 对象的 InputBox 方法的语法结构如下所示：

```
表达式.InputBox(Prompt, Title, Default, Left, Top, HelpFile, HelpContextID, Type)
```

Application 对象的 InputBox 方法的参数与 InputBox 函数的基本相同，只是它的 Type 参数可以指定返回值的类型。Type 参数允许使用的值及其意义如表 9-1 所示。

表 9-1　Type 参数允许使用的值及其意义

值	含义
0	公式
1	数字
2	文本（字符串）
4	逻辑值（True 或 False）
8	单元格引用，作为一个 Range 对象
16	错误值，如 "#N/A"
64	数值数组

【示例 9-26】向选定的单元格输入公式

（1）启动 Excel 并创建工作表，在工作表中选择需要输入公式的单元格，如图 9-61 所示。

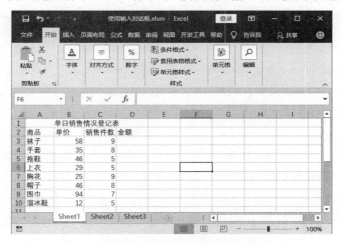

图 9-61　创建表格并选择单元格

（2）打开 Visual Basic 编辑器，插入一个模块，在模块的"代码"窗口中输入如下程序代码：

```
01    Sub 向选定的单元格输入公式()
02      Dim myPrompt As String, myTitle As String          '声明变量
03      myPrompt = "请输入计算公式！"                        '设置显示的文本
04      myTitle = "输入公式"                                '设置标题
05      Selection.Value = Application.InputBox(Prompt:= _
06       myPrompt, Title:=myTitle, Type:=0)  '将输入公式的计算结果置于选择单元格中
07    End Sub
```

（3）将插入点光标放置到程序代码中，按 F5 键运行程序。程序将打开输入对话框，在对话框中输入公式，如图 9-62 所示。单击"确定"按钮关闭对话框，在所选择的单元格中即可得到公式计算结果，如图 9-63 所示。

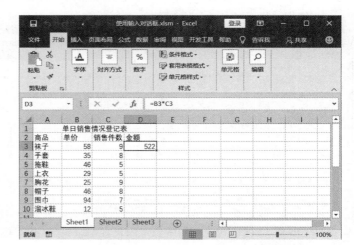

图 9-62　在对话框中输入公式　　　　　　图 9-63　在选择的单元格中得到计算结果

代码解析：

- 程序调用 Application 对象的 InputBox 方法来获得用户的输入。程序在调用该方法时，将 Type 参数设置为 0，即返回值的类型为公式。此时在指定单元格中将输入公式，并且能够直接得到该公式的计算结果。

- 将第 05 行和第 06 行的程序代码做如下更改，在输入对话框中输入与本例相同的公式，单元格中获得结果如图 9-64 所示。这里，选择单元格中获得计算结果与示例中的相同，但是单元格并未像示例那样是置入了输入的公式，而是直接置入输入公式的计算结果。产生变化的原因在于将 Type 参数设置为 1，并将 InputBox 方法的返回值类型设置为数字。在程序运行时，将直接返回输入公式的计算结果：

```
Selection.Value = Application.InputBox(Prompt:=myPrompt, Title:=myTitle, Type:=1)
```

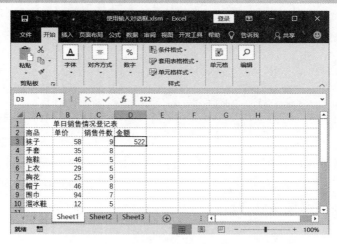

图 9-64　所选择的单元格中显示出计算结果

9.6 应用程序级的事件——Application 事件

Application 对象有事件，它的事件能够影响到所有打开的工作簿。Application 事件是应用程序级的事件，与其他对象的事件相比，由于 VBA 没有为其提供事件容器，因此它的使用方法略有不同。本节将介绍 Application 事件的一些典型应用。

9.6.1 如何使用 Application 事件

在 VBA 中，并没有一个预定的容器来存放 Application 事件，因此 Application 对象事件的使用比其他对象事件的使用更加复杂。在程序中，要使用 Application 对象事件，必须新建一个类模块并声明一个带有事件的 Application 对象，然后以这个对象为容器来创建事件响应代码。

下面以使用 Application 对象的 NewWorkBook 事件为例来介绍 Application 对象事件的使用方法。

【示例 9-27】以平铺的方式安排新建的工作簿

（1）启动 Excel 并创建工作表，切换到 Visual Basic 编辑器。在"工程资源管理器"中右击，在弹出的关联菜单中选择"插入"|"类"模块命令，插入一个类模块。在"属性"面板的"（名称）"栏中设置类模块的名称，如图 9-65 所示。

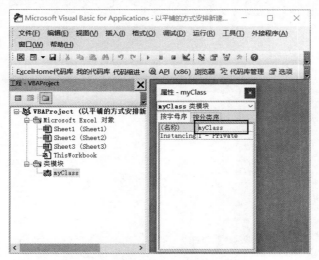

图 9-65 插入类模块

（2）在类模块的"代码"窗口中输入如下程序代码：

```
01  Public WithEvents AppEvent As Application
```

```
            '声明一个响应事件的 Application 变量
02    Private Sub AppEvent_NewWorkbook(ByVal Wb As Workbook)
03        Application.Windows.Arrange xlArrangeStyleTiled
          '使工作簿窗口平铺放置
04    End Sub
```

（3）在"工程资源管理器"中插入一个模块，在模块的"代码"窗口中输入如下的程序代码。

```
01    Dim myAppEvent As New myClass                          '声明类对象
02    Sub 程序初始化()
03        Set myAppEvent.AppEvent = Application               '实例化类对象
04        MsgBox "已运行事件。请新建一个工作簿，看看效果如何。"    '给出操作提示
05    End Sub
```

（4）将插入点光标放置到"程序初始化"过程代码中，按 F5 键运行程序。程序给出提示对话框，如图 9-66 所示。切换到 Excel，按 Ctrl+N 组合键创建一个新工作簿，工作簿窗口将在屏幕上平铺排列，如图 9-67 所示。

图 9-66　程序给出提示对话框

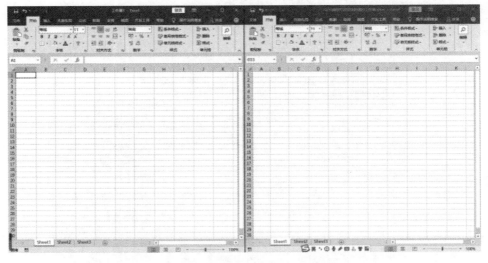

图 9-67　程序窗口在屏幕上平铺排列

代码解析：

● 在示例中，首先创建名为 myClass 的类模块。在类模块第 01 行声明名为 AppEvent 的 Application 对象。这里，当对 AppEvent 使用了 WithEvents 关键字后，运行对象将接受来自 Application 的

事件。实际上，在定义了这个 AppEvent 变量后，在"代码"窗口的对象类中就会出现这个对象，在事件列表中也会出现可用的事件，如图 9-68 所示。

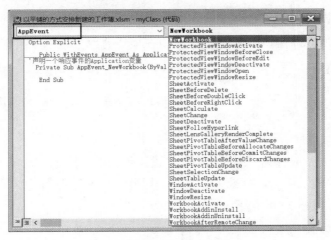

图 9-68　显示对象名和事件列表

- 类模块的第 02~04 行是事件响应程序，当 Application 对象的 NewWorkbook 事件发生时，过程体中的语句 Application.Windows.Arrange xlArrangeStyleTiled 将被执行。
- 在示例的模块代码中，第 01 行将 myAppEvent 声明为 myClass 类对象。声明了这个类对象后，只有在使用 Set 关键字将类对象实例化后才能占用内存。因此在"程序初始化"Sub 过程中，首先要使用 Set 语句将类对象实例化。

注　意
通过以上示例可以看出，使用 Application 事件的一般过程为：

- 创建类模块并为类模块命名。
- 编写类代码。类代码中首先声明 Application 对象，然后编写该对象的事件响应代码。
- 创建模块，在模块中声明类变量，在模块的 Sub 过程中将需要使用的类变量实例化。

9.6.2　激活工作表时触发的事件

当 Application 对象的子对象发生变化时会触发响应事件，例如，当激活工作表时将触发 SheetActive 事件，使用该事件能够在激活工作表时对工作表进行一些初始化操作。下面通过一个示例来介绍 SheetAcivate 事件的使用方法。

【示例 9-28】激活工作表时显示工作表信息

（1）启动 Excel 并创建工作表，切换到 Visual Basic 编辑器。在"工程资源管理器"中插入一个类模块，并将它命名为 myApp，在类模块的"代码"窗口中输入如下程序代码：

```
01  Public WithEvents AppEvent As Application
    '声明一个响应事件的 Application 变量
```

```
02    Private Sub AppEvent_SheetActivate(ByVal Sh As Object)
03        MsgBox "当前工作表名称为:: " & Sh.Name & vbCrLf & "位于工作簿"" &_
04        Sh.Parent.Name & ""中。"                    '显示工作表的有关信息
05    End Sub
```

（2）在"工程资源管理器"中插入一个模块，在模块的"代码"窗口中输入如下程序代码：

```
01    Dim myAppEvent As New myApp                        '声明类对象
02    Sub 程序初始化()
03        Set myAppEvent.AppEvent = Application          '实例化类对象
04        MsgBox "事件已经准备就绪！"                        '给出提示
05    End Sub
```

（3）将插入点光标放置到"程序初始化"过程代码中，按 F5 键运行程序。程序将进行对象的初始化并弹出提示信息，如图 9-69 所示。切换到 Excel，选择工作簿中的任意一个工作表，程序将弹出提示信息，如图 9-70 所示。

图 9-69　弹出提示信息

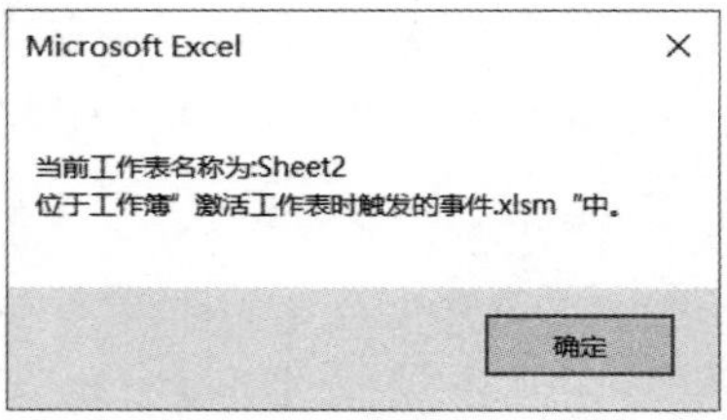

图 9-70　弹出工作表信息

代码解析：

- 在示例中，创建名为 myApp 的类模块。在类模块代码中声明名为 myAppEvent 的 Application 对象并创建 SheetActivate 事件响应程序。当工作簿中的工作表被激活时该事件被触发，事件响应程序被执行，并在提示对话框中显示有关信息。
- SheetActivate 事件参数 Sh 表示被激活的工作表。类模块的第 03~04 行使用 Name 属性获取工作表名称，使用 Parent 属性获取上一级对象，即包含工作表的工作簿。
- 在示例中，模块中的代码主要用于声明类对象并使类对象实例化。

9.6.3　激活工作簿时触发的事件

任意工作簿窗口被激活时，Application 对象的 WindowActivate 事件就会被触发。下面的示例为使激活的工作簿窗口自动最大化。

【示例 9-29】使激活的工作簿窗口自动最大化

（1）启动 Excel 并创建工作表，切换至 Visual Basic 编辑器。在"工程资源管理器"中插入一个类模块，并将其命名为 myApp，在类模块的"代码"窗口中输入如下程序代码：

```
01    Public WithEvents AppEvent As Application
      '声明一个响应事件的 Application 变量
02    Private Sub AppEvent_WindowActivate(ByVal Wb As Workbook,_
```

```
        ByVal Wn As Window)
03        Wb.Windows(Wn.Index).WindowState = xlMaximized        '使激活的程序窗口最大化
04    End Sub
```

（2）在"工程资源管理器"中插入一个模块，在模块的"代码"窗口中输入如下程序代码。

```
01    Dim myApp As New AppEvent                                '声明类对象
02    Sub 程序初始化()
03        Set myApp.AppEvent = Application                      '实例化类对象
04    MsgBox "事件已经准备就绪，激活另一个 Excel 程序窗口将其最大化！"  '给出提示
05    End Sub
```

（3）将插入点光标放置到"程序初始化"过程代码中，按 F5 键运行程序。程序将进行对象的初始化并弹出提示信息，如图 9-71 所示。此时，在 Excel 程序窗口间切换，激活的 Excel 程序窗口将最大化。

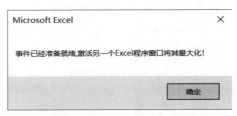

图 9-71　程序弹出提示信息

代码解析：

● 在示例中，创建名为 **myApp** 的类模块。在类模块代码中声明名为 AppEvent 的 Application 对象并创建 WindowActivate 事件响应程序。当工作簿被激活时该事件被触发，事件响应程序被执行。

● WindowActivate 事件包含两个参数，Wb 表示当前激活的工作簿，Wn 表示激活的窗口。类模块的第 03 行将当前活动工作簿窗口的 WindowState 属性设置为 xlMaximized 实现窗口最大化。

9.6.4　关闭工作簿时触发的事件

Excel 应用程序窗口在关闭时将触发 Application 对象的 WorkbookBeforeClose 事件，调用该过程能够使需要的程序代码在应用窗口关闭时执行。下面以在退出当前工作簿时弹出提示对话框为例来介绍该事件的使用方法。

【示例 9-30】关闭工作簿时显示提示信息

（1）启动 Excel 并创建工作表，切换至 Visual Basic 编辑器。在"工程资源管理器"中插入一个类模块，并将其命名为 toClose，在类模块的"代码"窗口中输入如下程序代码：

```
01    Public WithEvents toClose As Application      '声明一个响应事件的 Application 变量
02    Private Sub toClose_WorkbookBeforeClose(ByVal Wb As Workbook,_
      Cancel As Boolean)
03        If MsgBox("你是否真的要关闭工作簿？", vbYesNo) = vbYes Then
04            Wb.Close                      '如果单击"是"按钮，则关闭应用程序窗口
```

```
05        Else
06          Cancel = True            '如果单击"否"按钮，则使程序窗口不关闭
07        End If
08    End Sub
```

（2）在"工程资源管理器"中插入一个模块，在模块的"代码"窗口中输入如下的程序代码。

```
01    Dim myAppEvent As New toClose                         '声明类对象
02    Sub 程序初始化()
03      Set myAppEvent.toClose = Application                '实例化类对象
04      MsgBox "事件已经准备就绪，关闭 Excel 程序窗口时将给出提示！"   '给出提示
05    End Sub
```

（3）将插入点光标放置到"程序初始化"过程代码中，按 F5 键运行程序。程序将进行对象的初始化并弹出提示信息，如图 9-72 所示。关闭某个 Excel 应用程序窗口，Excel 弹出提示对话框询问是否关闭工作簿，如图 9-73 所示。单击对话框的"是"按钮，工作簿将被关闭。

图 9-72 程序弹出提示信息   图 9-73 询问是否关闭工作簿

代码解析：

- 在示例中，创建名为 toClose 的类模块。在类模块的第 01 行声明名为 toClose 的 Application 对象。在模块代码中创建 WorkbookBeforeClose 事件的响应程序，工作簿被关闭时该事件被触发，事件响应程序被执行。

- 在 toClose 模块的事件响应程序中，使用 If...Else 结构判断用户单击了提示对话框中的哪个按钮。如果单击"是"按钮，则调用 Close 方法关闭 Excel 应用程序；如果单击"否"按钮，则将 WorkbookBeforeClose 事件的 Cancel 参数被设置为 True，工作簿不会被关闭。

9.6.5 在更改窗口大小时触发的事件

在调整 Excel 程序窗口时将会触发 Application 对象的 WindowResize 事件，下面通过一个示例来介绍该事件的使用方法。

【示例 9-31】提示 Excel 应用程序窗口大小的改变

（1）启动 Excel 并创建工作表，切换至 Visual Basic 编辑器。在"工程资源管理器"中插入一个类模块，并将其命名为 toChange，在类模块的"代码"窗口中输入如下程序代码：

```
01    Public WithEvents toChange As Application
      '声明一个响应事件的 Application 变量
```

188

```
02    Private Sub toChange_WindowResize(ByVal Wb As Workbook, ByVal Wn As Window)
03        MsgBox "您刚才改变了应用程序 " & Wb.Name & " 的窗口大小。" _
          & Chr(13) & "窗口当前大小为:" & Wn.Height & "*" & Wn.Width '提示应用程序
窗口的大小
04    End Sub
```

（2）在"工程资源管理器"中插入一个模块，在模块的"代码"窗口中输入如下程序代码：

```
01    Dim myApp As New toChange                          '声明类对象
02    Sub 程序初始化()
03        Set myApp.toChange = Application               '实例化类对象
04        MsgBox "事件已经准备就绪,改变Excel应用程序窗口大小将显示改变后的大小值！"
      '给出提示
05    End Sub
```

（3）将插入点光标放置到"程序初始化"过程代码中，按 F5 键运行程序。程序将进行对象的初始化并弹出提示信息，如图 9-74 所示。拖动 Excel 应用程序窗口的边框调整窗口的大小，调整完成后，Excel 弹出提示信息显示 Excel 应用程序名和改变后的窗口大小，如图 9-75 所示。

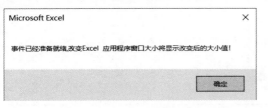

图 9-74　显示程序将要进行的操作信息

图 9-75　显示应用程序名和当前窗口大小

代码解析：

● 在示例中，创建名为 toChange 的类模块。在类模块的第 01 行声明名为 toChange 的 Application 对象。在模块代码中创建 WindowResize 事件的响应程序，事件在工作簿窗口大小发生改变时被触发，事件响应程序被执行。

● 在 toChange 模块的事件响应程序中，调用 MsgBox 函数显示应用程序名称和改变后的窗口大小。

第 10 章 使用 WorkBook 对象管理工作簿

WorkBook 对象位于 Application 对象的下一个层级，一个 WorkBook 对象代表一个 Excel 工作簿文件，其包括工作表对象 WorkSheet、单元格区域对象 Range 以及图标对象 Chart 等。使用 WorkBook 对象，用户可以实现工作表的创建、激活、关闭等多种操作。对 WorkBook 对象进行操作，是操作 Excel 工作表和单元格等对象的基础。

本章知识点：

- 什么是工作簿
- 操作工作簿
- 操作工作簿窗口
- 使用工作簿事件

10.1
认识工作簿

在使用 Excel 工作簿时，一般需要先获取工作簿的信息，如工作簿是否打开、是否已经保存、名称和保存路径是什么以及是否处于受保护状态等。利用工作簿对象属性，用户可以在 VBA 程序中很便捷地获取这些信息，为下一步程序的编写提供方便。

10.1.1 引用工作簿

在 VBA 中，WorkBook 对象是 WorkBooks 集合的成员。通俗地说，WorkBook 对象表示的是一个工作簿，而 WorkBooks 对象表示当前打开的所有工作簿。要对工作簿进行操作，首先需要引用工作簿，也就是告诉 VBA 要对哪个工作簿进行操作。

在 VBA 中有很多引用工作簿的方法，比如用户可以通过使用索引号来对工作簿进行引用。如下面的语句：

```
WorkBooks.Item(3)
```

该语句中的数字 3 即为引用工作簿的索引号，索引号从 1 开始，表示引用所有打开的工作簿中的第几个工作簿。这里，其中的数字 3 即表示第 3 个工作簿。实际上，上面的语句可以省略 Item，直接写成下面的形式：

```
WorkBooks (3)
```

使用索引号来引用工作簿也有不方便的地方，即很多时候无法确切地知道工作簿的索引号是什么。此时，可以使用工作簿的名称来引用工作簿，如下面的语句：

```
Workbooks("工作簿2")
```

该语句能够引用一个名为"工作簿2"的工作簿，但是这里要注意的是，这种方法只能针对新创建且还未保存的 Excel 文件。如果工作簿已经保存过，那么在引用时必须加上扩展名，如下面的语句：

```
Workbooks("工作簿2.xlsm")
```

> **注 意**
>
> 对于新建且还未保存的工作簿，在引用时则不能添加扩展名。对于已经保存的文件，如果系统设置为不显示扩展名，引用时既可以加扩展名，也可以不加扩展名。对于已经保存的文件，如果系统设置为显示扩展名，则引用时必须要加扩展名。因此，对于已经保存的 Excel 文档，在使用名称引用时，最好还是加上扩展名以避免出错。

在对工作簿进行引用时，如果需要引用当前的工作簿，可以使用 Application 对象的 ActiveWorkbook 属性，该属性将返回当前活动的 WorkBook 对象。如下面语句将能够获得当前活动工作簿的名称。

```
ActiveWorkbook.Name
```

> **注 意**
>
> 不要将 ActiveWorkbook 属性和 ThisWorkbook 属性相混淆，虽然很多时候它们获得的结果相同，其实 ThisWorkbook 属性与 ActiveWork 是不同的，后者返回的是运行当前过程代码的工作簿。

【示例 10-1】显示第一个和最后一个打开的工作簿名称

（1）启动 Excel 并创建一个空白工作簿，打开 Visual Basic 编辑器，插入一个模块，在模块的"代码"窗口中输入如下程序代码：

```
01    Sub 显示第一个和最后一个打开工作簿的名称()
02        a = Workbooks.Count                              '获取打开工作簿个数
03        b = Workbooks(1).Name                            '获取第一个工作簿名称
04        c = Workbooks(a).Name                            '获取最后一个工作簿名称
05        MsgBox "当前一共打开了 " &a& " 个工作簿。" & Chr(13) & "第一个打开的工
作簿是： " & b & Chr(13) & "最后一个打开的工作簿是： " & c '显示相关工作簿名
06    End Sub
```

（2）将插入点光标放置到程序代码中，按 F5 键运行程序。程序给出提示对话框，显示

当前打开工作簿的个数以及第一个和最后一个工作簿的名称，如图 10-1 所示。

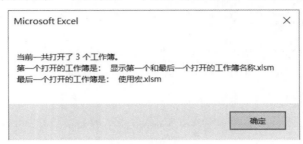

图 10-1　显示打开工作簿总数以及第一个和最后一个打开工作簿的名称

代码解析：

- 本示例演示使用索引号引用工作簿的方法。第 03 行和第 04 行使用索引号来引用工作簿对象，使用 Name 获取引用工作簿名称。
- 第 02 行使用 Count 属性获取 Workbooks 对象集合中对象的个数，该值即为打开工作簿的数量。

10.1.2　判断工作簿是否打开

在编写 VBA 应用程序时，有时需要判断某个工作簿是否打开。要解决这个问题，基本的思路是使用循环遍历 Workbooks 集合中的所有对象，依次判断工作簿是否在集合中。如果在，则说明工作簿已经打开。下面通过一个示例来介绍具体的操作方法。

【示例 10-2】查询工作簿是否打开

（1）启动 Excel 并创建一个空白工作簿，打开 Visual Basic 编辑器，插入一个模块，在模块的"代码"窗口中输入如下程序代码：

```
01    Sub 判断工作簿是否打开()
02        Dim wb As Workbook                          '声明对象变量
03        Dim wbName As String                        '声明变量
04        wbName = InputBox("请输入需要查询的工作簿名：", "查询")
          '获取用户输入的工作簿名
05        For Each wb In Workbooks                     '遍历所有打开的工作簿对象
06            If wb.Name = wbName Then                 '判断工作簿名是否与输入名称一致
07                MsgBox "查询的工作簿已经打开！"          '提示工作簿打开
08            Else
09                MsgBox "查询的工作簿还未打开！"          '否则提示工作簿未打开
10            End If
11        Next
12    End Sub
```

（2）将插入点光标放置到程序代码中，按 F5 键运行程序。程序给出输入对话框，在对话框中输入需要查询的工作簿名，如图 10-2 所示。如果输入的工作簿已经打开，Excel 提示该工作簿打开，如图 10-3 所示。如果工作簿未打开，Excel 提示该工作簿未打开，如图 10-4 所示。

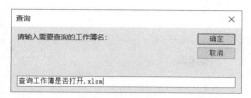

图 10-2 在输入对话框中输入工作簿名　　图 10-3 提示工作簿打开　图 10-4 提示工作簿未打开

代码解析：

- 本示例程序首先在第 02 行声明 Workbook 对象变量，第 04 行调用 Inputbox 函数获取用户输入的工作簿名。
- 程序使用 For Each In…Next 结构遍历 Workbooks 对象集合中的所有对象，使用 If 结构判断每个对象的名称是否与输入名称一致：如果是，则说明工作簿已经打开；否则，说明工作簿未打开。

10.1.3 判断工作簿是否已经保存

在对工作簿编程时，经常需要了解工作簿是否已经保存。在 VBA 中，要了解工作簿的保存状态，可以使用 WorkBook 对象的 Saved 属性。当指定工作簿从上次保存至今未发生更改，则 Saved 属性值为 False，否则它的属性值为 True。下面通过示例来介绍使用 Saved 属性判断工作簿在修改后是否保存。

【示例 10-3】判断工作簿修改后是否保存

（1）启动 Excel 并创建空白工作簿，打开 Visual Basic 编辑器，插入模块，在模块的"代码"窗口中输入如下程序代码：

```
01   Sub 判断工作簿修改后是否保存()
02       Dim wb As Workbook                           '声明 WorkBook 对象变量
03       Set wb = Workbooks("判断工作簿修改后是否保存.xlsm")   '指定工作簿
04       If Not wb.Saved Then
05          MsgBox "工作簿"" & wb.Name & ""的内容已发生改变, _
06             还未保存! ", vbInformation                    '如果未保存，给出提示
07       Else
08          MsgBox "工作簿"" & wb.Name & ""从上次保存到现在未发生任何更改! ", _
09             vbInformation                          '如果已保存，给出提示
10       End If
11   End Sub
```

（2）将插入点光标放置到程序代码中，按 F5 键运行程序。如果工作簿发生改变而未进行保存操作，程序将弹出提示工作簿未保存，如图 10-5 所示。如果工作簿未发生改变，程序弹出提示工作簿未发生改变，如图 10-6 所示。

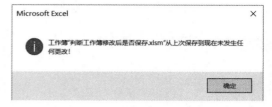

图 10-5 提示工作簿未保存 · 图 10-6 提示工作簿未发生改变

代码解析：

● 程序使用 If 结构来判断工作簿在发生更改后是否保存。如果工作簿在改变后未保存，Saved 属性值为 False，则程序中 Not wb.Saved 值为 True，程序弹出提示未保存。如果 Saved 属性值为 True，则程序弹出已保存的提示信息。

10.1.4 获取工作簿的属性信息

在 Excel 2019 中打开"文件"窗口，在左侧的列表中选择"信息"选项将能够查看文档属性信息，这些属性信息包括文档的大小、标题、修改时间和创建者等内容，如图 10-7 所示。这些属性信息也可以在编写 VBA 程序时通过编写程序代码来获取。

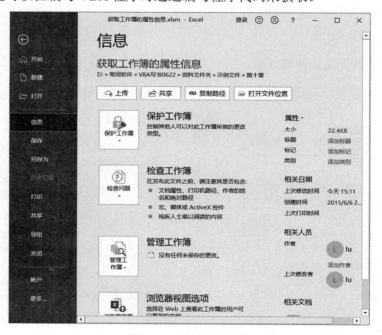

图 10-7 显示文档属性

在 VBA 中，WorkBook 对象的 BuiltinDocumentProperties 属性能够返回一个 DocumentProperties 集合，该集合代表了自定工作簿所有内置文档的属性。在程序中，可以通过索引号或属性的名称来获取需要的属性内容。如下面的语句将获取文档的作者信息：

```
BuiltinDocumentProperties(1)
```

或

```
BuiltinDocumentProperties("Author")
```

为帮助读者了解可用的内置文档属性名称，下面这个示例能在工作表中列出所有的属性名称及对应的值。

【示例 10-4】获取工作簿的属性信息

（1）启动 Excel 并创建一个空白工作簿，打开 Visual Basic 编辑器，插入一个模块，在模块的"代码"窗口中输入如下程序代码：

```
01   Sub 获取工作簿属性信息()
02      Dim wb As Workbook                              '声明对象变量
03      Dim thisProperties As DocumentProperty          '声明集合变量
04   Dim i As Integer
05   i = 2
06      Columns("A:B").Clear                            '将指定列清空
07      Set wb = ThisWorkbook                           '指定操作对象为当前工作簿
08      Range("A1:B1").Value = Array("属性名称", "对应的值")   '设置标题
09      For Each thisProperties In wb.BuiltinDocumentProperties
10        Cells(i, 1).Value = thisProperties.Name       '在第一列放置属性名称
11        On Error Resume Next
12        Cells(i, 2).Value = thisProperties.Value      '在第二列放置对应的值
13        i = i + 1
14      Next
15      Columns.AutoFit                                 '使列宽自动适应内容
16      Set wb = Nothing                                '清除对象变量
17   End Sub
```

（2）将插入点光标放置到程序代码中，按 F5 键运行程序，在工作表中将显示工作簿属性名以及对应的属性值，如图 10-8 所示。

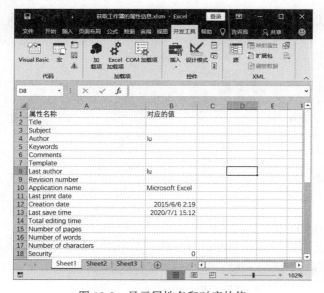

图 10-8 显示属性名和对应的值

代码解析：

- 程序代码的第 09 行的语句 wb.BuiltinDocumentProperties 通过 BuiltinDocumentProperties 属性获取 DocumentProperties 集合，使用 For Each In…Next 结构遍历 DocumentProperties 集合中的所有对象，使用 Name 属性获取每个对象的名称，使用 Value 属性获取对象的值。获取的属性名称和对应属性值放置于当前工作表的指定单元格中。

- 第 06 行调用 Clear 方法清空放置数据的单元格区域。第 15 行调用 AutoFit 方法使单元格能够自动根据其中的内容调整大小。

- 由于工作簿的文档可能没有属性信息，也就是可能没有设定值，因此为了避免程序出错，在第 11 行使用了错误处理语句。

10.1.5 获取工作簿的名称和完整路径

文档的保存路径和文档名是文档的重要信息，很多时候对文档进行操作时都需要使用这些信息。在 VBA 中，要获得文档的文件名，可以使用 WorkBook 对象的 Name 属性，该属性可以获得工作簿的名称，且该名称是带有扩展名的。

Name 属性也有其局限性，因为其不包含工作簿的保存路径。要获取带有完整保存路径的工作簿名称，可以使用 WorkBook 对象的 FullName 属性，使用该属性能够获得包含完整路径的工作簿名称。如果仅需要工作簿路径，可以使用 WorkBook 对象的 Path 属性。

【示例 10-5】获取工作簿名称

（1）启动 Excel 并创建一个空白工作簿，打开 Visual Basic 编辑器，插入一个模块，在模块的"代码"窗口中输入如下程序代码：

```
01    Sub 获取工作簿名称()
02      Dim i As Integer
03      Dim baseName As String, extentName As String, myName As String
04      MsgBox "当前工作簿为: " & Chr(13) & ThisWorkbook.FullName _
05        & Chr(13) & "下面将分别获取工作簿名和扩展名!"          '显示保存路径和文件名
06      myName = ThisWorkbook.Name                        '获取文件名
07      i = InStrRev(myName, ".")                         '获取"."在文件名中的位置
08      If i > 0 Then
09        baseName = Left(myName, i - 1)                  '获取基本文件名字符串
10        extentName = Right(myName, Len(myName) - i)        '获取扩展名字符串
11      End If
12      MsgBox "当前文档的基本文件名为: " & baseName & Chr(13) &_
13        "当前文档的扩展名为: " & extentName            '显示提取的基本文件名和扩展名
14    End Sub
```

（2）将插入点光标放置到程序代码中，按 F5 键运行程序。程序将首先弹出提示对话框显示包括完整路径的工作簿名称，如图 10-9 所示。单击"确定"按钮关闭提示对话框后，程序将在提示对话框中显示抽取出来的工作簿基本文件名和扩展名，如图 10-10 所示。

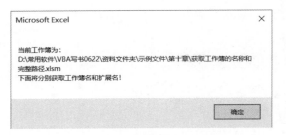
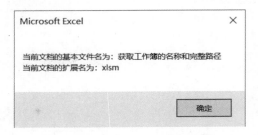

图 10-9 显示包含完整路径的工作簿名称　　　　图 10-10 显示基本文件名和扩展名

代码解析：

- 程序通过 FullName 属性获取当前工作簿的包含完整路径的文件名，使用 Name 属性获取当前工作簿的文件名。
- 在获取文件名后，调用字符函数对文件名字符进行处理，获取基本文件名和扩展名。第 07 行调用 InStrRev 函数获取字符"."在文件名字符串中出现的位置。第 09 行调用 Left 函数获取从文件名字符串左侧开始的指定数量的字符。
- 第 10 行调用 Right 函数获取从文件名字符串右侧开始的指定数量的字符。由于 Right 函数是从字符串右侧开始获取字符，这里需要调用 Len 函数首先获取文件名字符串的长度，然后减去字符"."的位置值，即可获得扩展名的字符个数。

10.2
操作工作簿

　　使用工作簿对象的属性和方法能够方便地对工作簿进行操作，这些操作包括工作簿的打开、保存、关闭和保护等。本节将介绍通过编写 VBA 程序操作工作簿的常用技巧。

10.2.1　打开工作簿

　　Excel VBA 中打开工作簿文件的方法有很多，除了上一章介绍的一些方法之外，还可以调用 Workbooks 对象的 Open 方法。调用该方法打开工作簿文件时，必须指明工作簿的保存路径，如下面的语句：

```
Workbooks.Open "D:\Excel Document\新工作簿1.xlsx"
```

　　在打开工作簿文件时，如果没有指明文件的路径，默认的打开文件路径为当前工作簿保存的文件夹。如果找不到需要打开的文件，程序将弹出错误提示，如图 10-11 所示。

图 10-11　找不到需要打开的文件时弹出错误提示

Open 方法可以带有参数，如下面的语句：

```
Workbooks.Open FileName:="D:\Excel Document\新工作簿1.xlsx",Password:="
123456",WriteResPassword:="abc"
```

这里，Password 参数的数据类型为 String，用于指定文件的打开密码。WriteRespassword
参数的数据类型也是 String，用于指定文件的写入密码。

【示例 10-6】打开指定的工作簿

（1）启动 Excel 并创建一个空白工作簿，打开 Visual Basic 编辑器，插入一个模块，在模
块的"代码"窗口中输入如下程序代码：

```
01    Sub 打开指定的工作簿()
02      Dim wb As Workbook                          '声明对象变量
03      Dim myFileName As String                    '声明字符串变量
04      myFileName = Application.GetOpenFilename
05       ("Excel工作簿(*.xlsm),*.xlsm")              '使用"打开"对话框打开工作簿
06      If myFileName = "False" Then                '如果单击了"取消"按钮
07          MsgBox "没有选择需要打开的工作簿！"      '给出提示
08          Exit Sub                                '退出过程
09      End If
10      On Error Resume Next                        '如果出错，则继续向下执行
11      Set wb = Workbooks(Dir(myFileName))         '获取工作簿名称
12      If wb Is Nothing Then                       '如果工作簿没有打开
13          Workbooks.Open Filename:=myFileName     '打开选择的工作簿
14      Else
15          If wb.FullName = myFileName Then        '如果该工作簿已经被打开
16              MsgBox "您所指定的工作簿已经被打开！" '提示工作簿已打开
17              wb.Activate                         '激活工作簿
18          End If
19      End If
20    End Sub
```

（2）将插入点光标放置到程序代码中，按 F5 键运行程序。程序将首先打开"打开"对
话框，用户可以选择需要打开的工作簿文件，如图 10-12 所示。单击"打开"按钮后，如果选
择的工作簿已经打开，程序弹出提示信息，如图 10-13 所示。关闭提示对话框后，工作簿处于
激活状态。如果选择的工作簿未被打开，则程序将打开选择的工作簿。如果单击"打开"对话
框中的"取消"按钮取消文档的打开操作，程序将提示没有选择需要打开的工作簿，如图 10-14
所示。

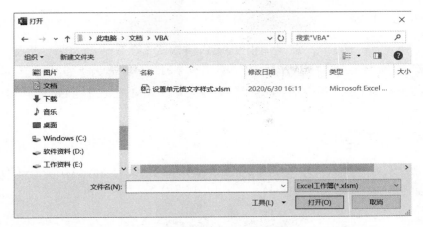

图 10-12　在"打开"对话框中选择需要打开的工作簿

图 10-13　提示工作簿已经打开　　　图 10-14　程序提示没有选择需要打开的工作簿

代码解析：

- 程序代码的第 04 行调用 Application 对象的 GetOpenFilename 方法来获得一个"打开"对话框，将该方法的 FileFilter 参数设置为"Excel 工作簿(*.xlsm), *.xlsm"，使对话框中只显示*.xlsm 文件，为含有完整路径的文件名，使用 Name 属性获取当前工作簿的文件名。在对话框中选择了文件后，单击"打开"按钮，该方法将返回包含路径的文件名，该文件名赋予变量 myFileName。
- 程序使用 If 结构来判断用户选择的操作，当用户在"打开"对话框中单击了"取消"按钮时，无论是否选择了文件，GetOpenFilename 方法都将返回字符串 False。根据这个特征，在第 06 行使用 If 语句来判断用户是否取消了打开操作。

10.2.2　保存工作簿

在 Excel VBA 中，保存文档可以调用 WorkBook 对象的 Save 方法，该方法保存指定的工作簿但不会关闭工作簿，它相当于 Excel 中的"保存"命令。如保存名为"我的工作簿.xlsx"的工作簿文件，可以使用下面的语句：

```
WorkBooks("我的工作簿.xlsx").Save
```

如果需要保存当前活动工作簿，使用下面的语句：

```
ActiveWorkbook.Save
```

如果要保存当前宏程序所做的工作簿，可以使用下面的语句：

```
ThisWorkbook.Save
```

保存工作簿还有一种方式，就是调用 SaveAs 方法。该方法比 Save 方法更加灵活，它能够指定工作簿保存的位置、为工作簿添加保护密码等。如将一个名为"myWorkBook.xlsx"的工作簿以"我的工作簿.xlsx"为文件名保存在文件夹"D：\MyExcelDocuments"中，可以使用下面的语句：

```
Workbooks("myWorkBook.xlsx").SaveAs "D:\MyExcelDocuments\我的工作簿.xlsx"
```

如果在保存工作簿时需要为工作簿设定密码，可以通过设置 SaveAs 方法的 Password 参数来为文档添加密码，如下面的语句：

```
Workbooks("myWorkBook.xlsx").SaveAs FileName:="D:\MyExcelDocuments\ 我 的 工 作
簿.xlsx",Password:="123456"
```

在保存工作簿时，如果希望创建工作簿的备份且不对该工作簿进行修改时，可以将工作簿保存为副本。在 Excel VBA 中，可以调用 SaveCopyAs 方法来保存指定工作簿的副本。如下面的语句可将名为"myWorkBook. xlsx"的工作簿以"我的工作簿.xlsx"为文件名保存在文件夹"D:\MyExcelDocuments"中：

```
Workbooks("myWorkBook.xlsx").SaveCopyAs "D:\MyExcelDocuments\我的工作簿.xlsx"
```

【示例 10-7】通过对话框保存工作簿

（1）启动 Excel 并创建一个空白工作簿，打开 Visual Basic 编辑器，插入一个模块，在模块的"代码"窗口中输入如下程序代码：

```
01    Sub 通过对话框保存工作簿()
02      Dim wb As Workbook                          '声明对象变量
03      Dim myFileName As String                    '声明字符串变量
04      Set wb = ThisWorkbook                       '指定工作簿对象
05      myFileName = Application.GetSaveAsFilename_
06       (,"Excel 工作簿(*.xlsm),*.xlsm")           '获取文件保存路径和文件名
07      If myFileName = "False" Then                '如果单击"取消"按钮
08         MsgBox "你取消了工作簿的保存，工作簿将不保存"  '提示工作簿不保存
09         Exit Sub                                 '退出过程
10      End If
11      wb.SaveAs Filename:=myFileName              '保存工作簿
12    End Sub
```

（2）将插入点光标放置到程序代码中，按 F5 键运行程序。程序将首先打开"另存为"对话框，使用对话框选择文档保存的文件夹，在"文件名"输入框中输入保存文件的名称，如图 10-15 所示。单击"保存"按钮，工作簿将以指定的文档名保存在指定的文件夹中。如果单击"另存为"对话框的"取消"按钮，程序会弹出提示对话框，如图 10-16 所示。关闭该对话框后程序将退出，工作簿不被保存。

图 10-15 "另存为"对话框 　　　　　　　图 10-16 提示取消工作簿保存

代码解析:

● 程序代码的第 05 行和第 06 行调用 Application 对象的 GetSaveAsFilename 方法来获得"另存为"对话框,使用该对话框能够方便地设置工作簿的保存路径和文件名。

● 程序使用 If 结构来判断用户的操作,当用户在"打开"对话框中单击了"取消"按钮时,无论是否选择了文件,GetSaveAsFilename 方法都将返回字符串 False。程序根据 GetSaveAsFilename 方法的返回值来判断用户单击的是哪个按钮。

● 第 11 行程序调用 SaveAs 方法来保存工作簿,将 FileName 参数设置为 GetSaveAsFilename 方法返回的工作簿要保存的路径和文件名。

● 对于本示例的程序,如果保存工作簿时遇到了同名的工作簿文件,系统会提示是否覆盖该文件,如图 10-17 所示。如果单击"是"按钮,将覆盖已存在的工作簿并完成保存;如果单击"否"按钮或"取消"按钮都会造成程序错误,程序会弹出错误提示,如图 10-18 所示。要解决这个问题,最简单的方法是在第 05 行之前增加如下的语句:

```
Application.DisplayAlerts = False
```

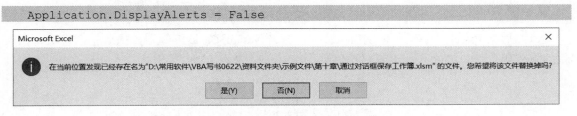

图 10-17 提示是否覆盖工作簿文件

该语句将取消 Excel 的警告提示信息的显示,工作簿在保存时将直接覆盖已有的同名文件。

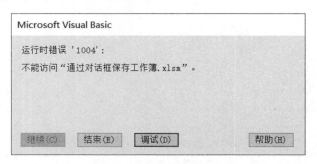

图 10-18　程序弹出出错提示

注　意

无论是调用 GetOpenFilename 方法打开的"打开"对话框，还是调用 GetSaveAsFilename 方法打开的"另存为"对话框，在没有选择文件或"文件名"输入框为空时，单击"打开"按钮或是"另存为"按钮都无法关闭对话框。因此在示例 10-5 和示例 10-6 的程序中，都只判断是否单击了"取消"按钮，而没有判断单击"打开"或"另存为"按钮时是否存在正确的文件名。

10.2.3　创建新的工作簿

在 VBA 中，创建一个新工作簿可以调用 WorkBooks 对象的 Add 方法来实现，该方法的语法结构如下所示：

```
对象.Add(Template)
```

这里，参数 Template 用于指定以哪个文件为模板来创建工作簿。如果该参数省略，将新建一个包含默认数量工作表的工作簿。

【示例 10-8】新建工作簿

（1）启动 Excel 并创建一个空白工作簿，打开 Visual Basic 编辑器，插入一个模块，在模块的"代码"窗口中输入如下程序代码：

```
01    Sub 新建工作簿()
02        Dim wb As Workbook                              '声明对象变量
03        n = InputBox("请输入新建工作簿的文件名！")         '获取新建工作簿的名称
04        Set wb = Workbooks.Add                          '新建一个工作簿
05        wb.SaveAs Filename:=n                            '按照设定的名称保存新建的工作簿
06    MsgBox "已新建一个工作簿，其文件名为：" & n & ".xlsx" '提示新建工作簿的名称
07    End Sub
```

（2）将插入点光标放置到程序代码中，按 F5 键运行程序。程序将首先打开输入对话框，用户输入工作簿名称，如图 10-19 所示。单击"确定"按钮，程序将创建新工作簿，新工作簿按照输入的文件名保存，同时弹出提示信息，如图 10-20 所示。

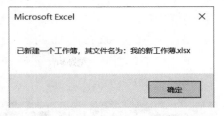

图 10-19　在输入对话框中输入工作簿的名称　　　　图 10-20　提示新建工作簿的名称

代码解析：

- 程序演示了创建指定工作簿并为其命名的方法。在 VBA 中创建新工作簿需要调用 Add 方法，由于 Add 方法无法指定新工作簿的名称，因此这里首先要调用 Add 方法创建一个新工作簿，然后调用 SaveAs 方法保存该工作簿，同时为新工作簿命名。
- 在程序中，为了方便对新创建的工作簿进行操作，可以调用 Set 方法将新创建的工作簿对象赋予一个对象变量。

注　意
在调用 Add 方法创建新工作簿后，新工作簿将自动成为活动工作簿。

10.2.4　关闭工作簿

关闭工作簿是 Excel 的常见操作，在编写 VBA 程序时，可以调用 Close 方法来关闭工作簿。Workbook 对象的 Close 方法的语法结构如下所示：

```
对象.Close(SaveChanges, Filename, RoutWorkbook)
```

下面介绍 Close 方法的三个参数：

- SaveChanges：该参数为可选参数，用于决定在关闭工作簿时是否保存。其值为 True 时表示保存，为 False 时表示不保存。
- Filename：该参数为可选参数，用于指定保存工作簿时的文件名。
- RoutWorkbook：该参数为可选参数，用于指定是否将工作簿传送给下一个收件人。

【示例 10-9】关闭工作簿并保存

（1）启动 Excel 并创建一个空白工作簿，打开 Visual Basic 编辑器，插入一个模块，在模块的"代码"窗口中输入如下程序代码：

```
01    Sub 关闭所有工作簿并保存()
02        Application.DisplayAlerts = False              '使警告信息不显示
03        ThisWorkbook.Close SaveChange:=True            '关闭工作簿并保存
04    End Sub
```

（2）将插入点光标放置到程序代码中，按 F5 键运行程序。程序将关闭工作簿并将其自动保存。

代码解析：

● 程序代码的第 02 行将 Application 对象的 DisplayAlerts 属性设置为 False，Excel 的警告信息对话框将不会显示。第 03 行调用 Close 方法关闭所有的工作簿，通过将 SaveChange 参数设置为 True 使工作簿被自动保存。

注　意

调用 Close 方法只会关闭打开的工作簿，并不会关闭 Excel 应用程序。如果需要在关闭工作簿的同时关闭 Excel 应用程序，则应该调用 Application 对象的 Quit 方法。

10.2.5　为工作簿添加打开密码

为了保护工作簿，可以为工作簿添加打开密码。这种工作簿的打开密码，既可以在 Excel 2019 中进行设置，也可以在 VBA 程序中进行设置。在 VBA 中，WorkBook 对象的 Password 属性能够获取工作簿的权限密码，同时通过设置该属性值也能设置权限密码。

【示例 10-10】设置工作簿的打开密码

（1）启动 Excel 并创建一个空白工作簿，打开 Visual Basic 编辑器，插入一个模块，在模块的"代码"窗口中输入如下程序代码：

```
01    Sub 设置工作簿的打开密码()
02        Dim p As String                                        '声明变量
03        p = Application.InputBox(Prompt:="请输入工作簿的打开密码")    '输入密码
04        If p <> "False" And p<>"" then                         '判断操作是否正确
05            ThisWorkbook.Password = p                          '设置打开密码
06            MsgBox "你已设置工作簿打开密码，下面将保存当前文档！"        '提示进行的操作
07            ThisWorkbook.Save                                  '保存工作簿
08        Else
09            MsgBox "密码设置不成功！"                             '如果单击"取消"按钮，则给出提示
10        End If
11    End Sub
```

（2）将插入点光标放置到程序代码中，按 F5 键运行程序。程序将弹出"输入"对话框，用户可在对话框中输入密码，如图 10-21 所示。单击"确定"按钮，程序弹出提示，如图 10-22 所示，此时工作簿将被保存。当再次打开该工作簿时，Excel 会要求用户输入密码，如图 10-23 所示。如果在图 10-21 所示的"输入"对话框中单击了"取消"按钮，程序将弹出密码设置不成功的提示，如图 10-24 所示。

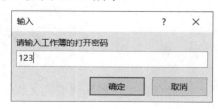

图 10-21　输入密码

图 10-22　程序弹出提示

图 10-23　Excel 的"密码"对话框　　　　图 10-24　提示密码设置不成功

代码解析：

● 程序代码的第 03 行调用 Application 对象的 InputBox 方法来获得一个"输入"对话框，并将用户输入的字符赋予变量 p。

● 如果用户在"输入"对话框中单击了"取消"按钮或是未输入密码，程序将无法创建密码。因此程序使用 If…Else 结构对用户的操作进行判断，只有在"输入"对话框中输入了密码后单击"确定"按钮才能实现密码的创建，否则程序会弹出"密码设置不成功"提示信息。

● 第 05 行将 Password 属性值设置为用户的输入内容，第 07 行调用 Save 方法保存工作簿。当再次打开该工作簿时，Excel 会打开"密码"对话框要求输入密码，此时如果密码输入错误将无法打开文档，Excel 会弹出密码错误提示，如图 10-25 所示。

图 10-25　密码输入错误时的 Excel 提示信息

注　意
要取消工作簿的打开密码，只需要在程序中将 Password 属性设置为空字符即可，如下面语句：
`ThisWorkbook.Password =""`

10.2.6　保护工作簿

保护工作簿，在这里指的是对工作簿表的结构进行锁定以禁止未授权的用户对工作簿进行结构上的修改。在 VBA 中，可以调用 WorkBook 对象的 Protect 方法来实现这种保护操作。Protect 方法的语法格式如下所示：

```
表达式.Protect [Password, Structure, Windows]
```

各个参数的作用如下。

● Password：该参数为一个字符串，用于设置工作簿的保护密码。

● Structure：该参数值为 True 时将保护工作簿结构，值为 False 时将不保护，默认值为 False。

● Windows：该参数值为 True 时将保护工作簿窗口，否则将不保护，默认值为 False。

【示例 10-11】保护工作簿

（1）启动 Excel 并创建一个空白工作簿，打开 Visual Basic 编辑器，插入一个模块，在模块的"代码"窗口中输入如下程序代码：

```
01   Sub 保护工作簿()
02       Dim p As String                                        '声明变量
03       p = Application.InputBox(Prompt:="请输入工作簿的保护密码")  '输入密码
04       If p <> "False" And p <> "" Then                       '判断操作是否正确
05           ThisWorkbook.Protect Password:=p, Structure:=True,_
06               Windows:=True                                  '设置密码和保护内容
07           MsgBox "你已为工作簿添加了保护密码,工作簿处于保护中！"   '提示设置成功
08           ThisWorkbook.Save                                  '保存工作簿
09       Else
10           MsgBox "密码设置不成功,没有对工作簿进行保护！"        '提示操作不成功
11       End If
12   End Sub
```

（2）将插入点光标放置到程序代码中，按 F5 键运行程序。程序将打开"输入"对话框，提示用户在对话框中输入密码，如图 10-26 所示。单击"确定"按钮，程序弹出提示，如图 10-27 所示。此时工作簿将处于保护状态，如在工作表标签上右击，关联菜单中原来可用的"插入""删除"和"重命名"等命令将不可用，如图 10-28 所示。

图 10-26　输入保护密码　　　　图 10-27　程序工作簿处于保护中

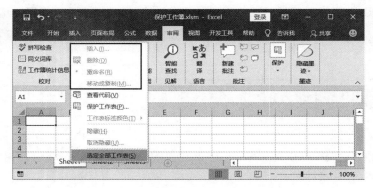

图 10-28　关联菜单中某些命令不可用

代码解析：

● 程序代码的第 03 行调用 Application 对象的 InputBox 方法来获得一个"输入"对话框，并将用户输入的字符赋予变量 p。程序使用 If…Else 结构判断用户是否输入了正确的密码，如果输入正确，则调用 Protect 方法对工作表进行保护，否则给出保护不成功的提示。

● 第 05~06 行在调用 Protect 方法保护工作簿时，使用 Password 参数设置保护密码，将 Structure

和 Windows 参数设置为 True 实现对工作簿结构和窗口的保护。

● 如果要取消工作簿保护密码，可以调用 UnProtect 方法，如下面语句所示。这里 Password 参数必须要设置为正确的保护密码，否则操作将无法进行。

```
ThisWorkbook.Unproctect Password="12345"
```

注　意

对工作簿进行保护后，Excel 的"审阅"选项卡的"更改"组中的"保护工作簿"按钮会处于按下状态。单击该按钮将打开"撤消工作簿保护"对话框，在对话框中输入密码后同样可以取消对工作簿的保护，如图 10-29 所示。

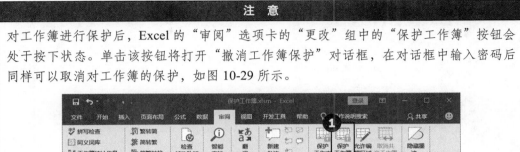

图 10-29　撤消工作簿保护

10.2.7　将工作簿发布为 PDF 文件

从 Excel 2007 开始，Excel 可以将工作簿直接发布为 PDF 或 XPS 格式的文件。在 Excel 2019 的"文件"窗口中选择左侧列表中的"导出"选项，在中间的"导出"栏中选择"创建 PDF/XPS 文档"选项，在右侧单击"创建 PDF/XPS"按钮，如图 10-30 所示。此时将打开"发布为 PDF 或 XPS"对话框，使用该对话框即可将文档保存为 PDF 文件或 XPS 文件。

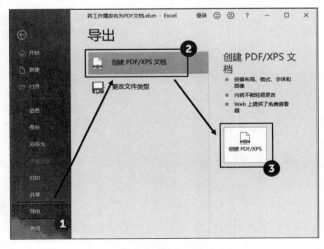

图 10-30　单击"创建 PDF/XPS"按钮

实际上，将文档发布为 PDF 文件还有一个更简单的方法，那就是直接打开"另存为"对话框，在"保存类型"列表中选择"PDF(*.pdf)"选项，如图 10-31 所示，此时也可将工作簿保存为 PDF 文件。

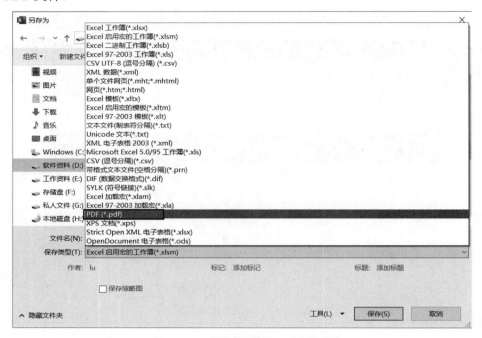

图 10-31　将文件保存为 PDF 格式

在编写程序时，可以调用 Workbook 对象的 ExportAsFixedFormat 方法来将工作簿发布为 PDF 或 XPS 格式的文件，该方法的语法格式如下所示：

```
表达式.ExportAsFixedFormat(Type,Filename,Quality,IncludeDocProperties,
IgnorePrintAreas,From,To,OpenAfterPublish,FixedFormatExtClassPtr)
```

下面对各个参数的意义进行简单介绍。

- Type：该参数为必选参数，它可以是常量 xlTypePDF，表示文档发布为 PDF 文件；也可以是常量 xlTypeXPS，表示文档发布为 XPS 文件。
- Filename：该参数为可选参数，用于指明需保存文件的名称字符串，字符串可以包括完整路径，否则 Excel 会将文件保存在当前文件夹中。
- Quality：该参数为可选参数，可以设置为 xlQualityStandard 或 xlQualityMinimum，用于指定文档的显示品质。
- IncludeDocProperties：该参数为可选参数，将它设置为 True 时，表示文档发布时要包含文档属性；如果设置为 False，则表示省略文档属性。
- IgnorePrintAreas：该参数为可选参数。如果设置为 True，则将忽略在发布时设置的任何打印区域；如果设置为 False，则将使用在发布时设置的打印区域。
- From：该参数为可选参数，用于指定发布的起始页码。如果省略此参数，则从起始位置开始发布。

- **To**：该参数为可选参数，用于指定发布的终止页码。如果省略此参数，则将发布至最后一页。

- **OpenAfterPublish**：该参数为可选参数。如果将它设置为 True，则发布文件后在查看软件中打开该文件；如果将它设置为 False，则发布文件，但查看软件中不打开文件。

- **FixedFormatExtClassPtr**：该参数为可选参数，为指向 FixedFormatExt 类的指针。

【示例 10-12】将工作簿发布为 PDF 文档

（1）启动 Excel 并创建一个工作簿，如图 10-32 所示。打开 Visual Basic 编辑器，插入一个模块，在模块的"代码"窗口中输入如下程序代码：

```
01   Sub 将工作簿发布为 PDF 文档()
02   ActiveWorkbook.ExportAsFixedFormat Type:=xlTypePDF, Filename:=_
     "Excel 文档发布为 PDF 文档示例.pdf", Quality:=xlQualityStandard, _
OpenAfterPublish:=True
03 End Sub
```

图 10-32　打开工作簿

（2）将插入点光标放置到程序代码中，按 **F5** 键运行程序。当前工作簿被发布成名为"Excel 文档发布为 PDF 文档示例.pdf"的 PDF 文档，同时将使用系统默认的 PDF 阅读器打开这个 PDF 文件，如图 10-33 所示。

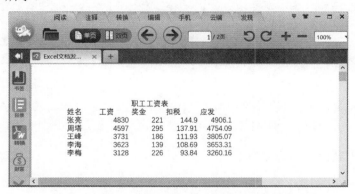

图 10-33　使用系统默认的 PDF 阅读器打开 PDF 文档

代码解析：

● 本示例演示调用 ExportAsFixedFormat 方法将工作簿发布为 PDF 文件的方法。在程序中，将 Type 参数设置为 xlTypePDF，即将文件发布为 PDF 文件。将 FileName 参数指定文件发布时的文件名，这里没有指明路径，因此 PDF 文件将发布在当前工作簿所在的文件夹中。将 OpenFileAfterPublish 参数设置为 True，在完成发布后将使用系统默认的 PDF 浏览器查看发布的 PDF 文档。

10.3
操作工作簿窗口

在使用 Excel 工作簿时，用户可以对工作簿窗口进行设置，如引用工作簿窗口、设备工作簿窗口的显示状态、拆分窗口等。这些操作能够使工作簿窗口更符合操作者的习惯，有利于提高工作的效率。

10.3.1 引用工作簿窗口

要实现对工作簿窗口的操作，首先需要引用工作簿窗口。在 VBA 中，Window 对象代表一个工作簿窗口，许多工作表的特征，如滚动条和网格线，都是窗口的属性。Window 是 Windows 集合中的成员，Application 对象的 Windows 集合表示所有的 Excel 应用程序窗口。

引用工作簿窗口的方式与引用工作簿的方式相同，也是采用的窗口索引号或窗口名。如下面语句是采用索引号来进行引用：

```
Windows(2)
```

如果需要引用活动窗口，可以使用下面的语句：

```
Windows(1)
```

注　意
活动窗口的索引号永远是 1。

用活动工作簿窗口，还可以使用 ActiveWindow 属性来获得。如下面语句将当前活动窗口赋予对象变量 wd：

```
Dim wd As Window
Set wd=ActiveWindow
```

【示例 10-13】获取工作簿窗口标题

（1）启动 Excel 并创建一个空白工作簿，打开 Visual Basic 编辑器，插入一个模块，在模块的"代码"窗口中输入如下程序代码：

```
01   Sub 获取窗口标题()
02     Dim wd As Window
03     Dim wb As Workbook
04     Set wb = Workbooks(1)                          '引用当前工作簿
05     Set wd = wb.Windows(1)                         '引用当前工作簿窗口
06     MsgBox "工作簿"" & wb.Name & ""的窗口的标题为: "_
07       & wd.Caption                                 '显示工作簿和工作簿窗口标题
08   End Sub
```

（2）将插入点光标放置到程序代码中，按 F5 键运行程序。程序在提示对话框中显示当前工作簿的窗口标题，如图 10-34 所示。

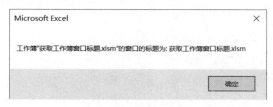

图 10-34　显示工作簿的窗口标题

代码解析：

- 程序演示获取 Excel 程序窗口标题的方法。第 04 行的 Set wb = Workbooks(1)获取工作簿对象，第 05 行的 Set wd = wb.Windows(1)获取工作簿窗口对象。

- 在第 06~07 行中，使用工作簿对象的 Name 属性获取工作簿名称，使用工作簿窗口对象的 Caption 对象获取窗口标题。

10.3.2　设置工作簿窗口的显示状态

在 Excel 的"Excel 选项"对话框左侧列表中选择"高级"选项，在右侧的"显示"设置栏、"此工作簿的显示选项"栏和"此工作表的显示选项"栏中，可以对窗口的显示状态进行设置，如图 10-35 所示。

图 10-35　在"Excel 选项"对话框中对工作簿窗口进行设置

在编写程序时，可以通过使用 Window 的属性来获得这些窗口元素的状态信息，也可以通过设置属性的值来改变窗口的显示状态。如下面的语句将能够使工作簿窗口不显示水平滚动条，不显示工作表标签。

```
Windows(1).DisplayHorizontalScrollBar=False
Windows(1).DisplayWorkbookTabs=False
```

【示例 10-14】设置窗口的显示状态

（1）启动 Excel 并创建一个空白工作簿，打开 Visual Basic 编辑器，插入一个模块，在模块的"代码"窗口中输入如下程序代码：

```
01   Sub 设置工作簿窗口的显示状态()
02       Dim wd As Window
03       Set wd = ActiveWindow                        '声明对象变量
04       With wd
05           .DisplayFormulas = False                 '不显示公式
06           .DisplayGridlines = False                '不显示网格
07           .DisplayHeadings = False                 '不显示列标行号
08           .DisplayOutline = False                  '不显示分级显示符号
09           .DisplayZeros = False                    '不显示零值
10           .DisplayHorizontalScrollBar = False      '不显示水平滚动条
11           .DisplayVerticalScrollBar = False        '不显示垂直滚动条
12           .DisplayWorkbookTabs = False             '不显示工作表标签
13       End With
14       If MsgBox("窗口选项已经被设置为不显示状态,是否将其恢复? ", vbYesNo) = vbYes Then
15           With wd
16               .DisplayFormulas = True              '显示公式
17               .DisplayGridlines = True             '显示网格
18               .DisplayHeadings = True              '显示列标行号
19               .DisplayOutline = True               '显示分级显示符号
20               .DisplayZeros = True                 '显示零值
21               .DisplayHorizontalScrollBar = True   '显示水平滚动条
22               .DisplayVerticalScrollBar = True     '显示垂直滚动条
23               .DisplayWorkbookTabs = True          '显示工作表标签
24           End With
25       End If
26   End Sub
```

（2）将插入点光标放置到程序代码中，按 F5 键运行程序。程序将对工作簿窗口的显示状态进行设置，完成设置后程序提示用户是否将窗口恢复为初始状态，如图 10-36 所示。单击"是"按钮能够将窗口显示状态恢复原状。

图 10-36　更改工作簿窗口显示状态并弹出提示

代码解析：

- 程序代码的第 04~13 行使用 With 结构将活动工作簿窗口的有关属性值均设置为 False 使对应的内容不显示。
- 程序使用提示对话框对操作进行提示，使用 If 结构判断用户是否单击提示对话框中的"是"按钮，如果单击的是该按钮，则将活动工作簿窗口的有关属性值设置为 True，使对应的内容重新显示。

10.3.3　设置工作簿窗口的显示比例

在 Excel 中，用户可以通过单击状态栏中的"缩放级别"按钮打开"显示比例"对话框，通过自定义窗口的缩放比例来设置窗口的显示比例，如图 10-37 所示。

图 10-37　调整显示比例

在编写 VBA 程序时，用户可以通过更改 Window 对象的 Zoom 属性值来设置工作簿窗口的显示比例。

【示例 10-15】设置窗口的显示比例

（1）启动 Excel 并创建一个空白工作簿，打开 Visual Basic 编辑器，插入一个模块，在模块的"代码"窗口中输入如下程序代码：

```
01   Sub 设置工作簿窗口的显示比例()
02      Dim wd As Window
03      Set wd = ActiveWindow
04      With wd
05         .Zoom = 230                                      '将显示比例设置为230%
06         MsgBox "已经将窗口的显示比例设置为230%！下面将恢复正常显示比例！"
07         .Zoom = 100                                      '将显示比例设置为100%
08      End With
09   End Sub
```

（2）将插入点光标放置到程序代码中，按 F5 键运行程序。程序将工作簿窗口的显示比例设置为 230% 并弹出提示，如图 10-38 所示。在关闭提示对话框后，工作簿窗口的显示比例恢复为 100%。

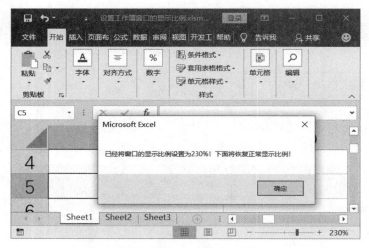

图 10-38　工作簿窗口的显示比例设置为 230%

代码解析：

- 程序使用 Workbook 对象的 Zoom 属性来调整工作簿窗口的显示比例，Zoom 属性的值是一个百分数，其值大于 100 为放大显示，小于 100 为缩小显示。

注　意
使用 Zoom 属性并不能改变工作簿窗口的大小，只是改变了窗口显示内容的大小。如果要改变工作簿窗口的大小，可以使用 Workbook 对象的 Width 属性和 Height 属性。

10.3.4 让单元格在工作簿窗口左上角显示

在对数据进行处理时经常会遇到某个单元格超出了工作簿窗口的显示范围,此时需要通过拖动程序窗口上的水平滚动条或垂直滚动条使其显示。在 VBA 程序中,可以通过设置 ScrollRow 属性和 ScrollColumn 属性使某个单元格显示在程序窗口的左上角。

【示例 10-16】让单元格在工作簿窗口左上角显示

(1)启动 Excel 并创建一个空白工作簿,打开 Visual Basic 编辑器,插入一个模块,在模块的"代码"窗口中输入如下程序代码:

```
01    Public Sub 技巧2_063()
02        Dim wd As Window                       '声明对象变量
03        Set wd = Workbooks(1).Windows(1)       '指定工作簿窗口
04        With wd
05            .ScrollRow = 15                     '指定行号
06            .ScrollColumn = 10                  '指定列号
07        End With
08    End Sub
```

(2)将插入点光标放置到程序代码中,按 F5 键运行程序。程序将使 J15 单元格在窗口左上角显示,如图 10-39 所示。

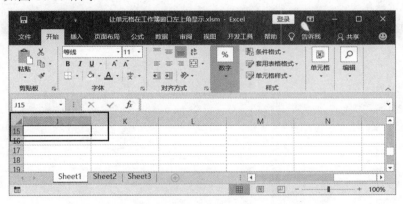

图 10-39 使 J15 单元格在窗口左上角显示

代码解析:

● 程序使用 Workbook 对象 ScrollRow 属性和 ScrollColumn 属性使 J15 单元格在窗口左上角显示。在 VBA 中,ScrollRow 属性能够返回或设置窗口最上面的行号,ScrollColumn 属性能够返回或设置窗口最上面左侧的列号。这两个属性值均为 Long 数据类型,因此应该使用数字来设置它们的值。

● 要使 J15 单元格在窗口的左上角显示,实际上就是使窗口中最上面的行号为 15,最左侧的列号为 10(因为 J 对应的是第 10 列)。这就是第 05 行将 ScrollRow 属性值设置为 15,第 06 行将 ScrollColumn 属性值设置为 10 的原因。

10.3.5　设置网格线的颜色

在设计工作表的样式时，有时需要对工作簿窗口中网格线的颜色进行设置。在 VBA 中，Workbook 对象的 GridlineColor 属性和 GridlineColorIndex 数据都可以对网格线的颜色进行设置。两个属性在设置颜色时的效果是一样的，区别在于 GridlineColor 属性值为 RGB 值，而 GridlineColorIndex 使用的是当前调色板颜色的索引值。对于不熟悉调色板颜色的读者来说，使用颜色的 RGB 值可能会更方便。

【示例 10-17】设置网格线的颜色

（1）启动 Excel 并创建一个空白工作簿，打开 Visual Basic 编辑器，插入一个模块，在模块的"代码"窗口中输入如下程序代码：

```
01    Sub 设置网格线颜色()
02        Dim wd As Window
03        Set wd = ActiveWindow
04        wd.GridlineColor = RGB(255, 0, 0)              '将网格线的颜色设置为红色
05    End Sub
```

（2）将插入点光标放置到程序代码中，按 F5 键运行程序。程序将工作簿中网格线的颜色设置为红色，如图 10-40 所示。

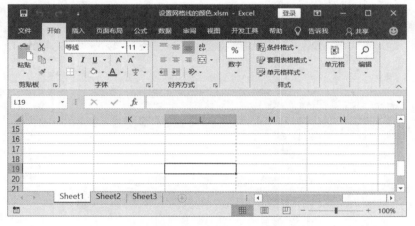

图 10-40　网格线的颜色被设置为红色

代码解析：

- 示例演示设置工作簿窗口中网格线颜色的方法。程序代码的第 04 行通过设置 GridlineColor 属性值来改变网格线颜色。这里在设置网格线颜色时调用了 RGB 函数，该函数能够返回一个整数颜色值，它包含 Red、Green 和 Blue 三个参数，分别对应颜色中红色值、绿色值和蓝色值，介于 0~255 之间。如在本例中，RGB（255，0，0）表示颜色红色值为 255，绿色值为 0，蓝色值为 0，则对应的颜色为红色。

- 本例还可以使用 GridlineColorIndex 属性来设置网格线的颜色，但设置颜色时应该使用调色板颜

色的索引号。红色的索引号为 3，因此第 04 行的程序语句也可以改为：

```
wd.GridlineColorIndex = 3
```

- 如果要把网格线的颜色设置为默认的颜色，可以将 GridlineColorIndex 属性设置为 ColorIndexAutomatic，如下面语句所示：

```
wd.GridlineColorIndex = xlColorIndexAutomatic
```

10.3.6　拆分窗口并冻结窗格

在 Excel 2019 工作表中选择一个单元格，在"视图"选项卡的"窗口"组中单击"拆分"按钮，Excel 将从选择单元格位置将窗口拆分为 4 个窗格。此时单击"冻结窗格"按钮，在打开的列表中选择"冻结拆分窗格"选项能够将拆分窗格冻结，如图 10-41 所示。

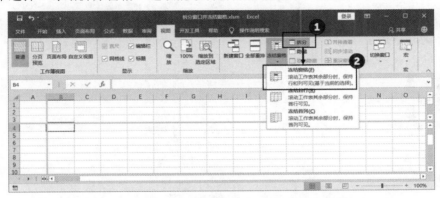

图 10-41　拆分窗格并冻结拆分窗格

实际上，上述操作是可以通过 VBA 编程来实现的。在程序中，将 Window 对象的 Split 属性设置为 True 即可实现对窗口的拆分。由于在拆分窗口时需要告诉 Excel 从什么地方开始拆分，因此在程序中还需要设置 SplitRow 和 SplitColumn 属性。

通过设置 Window 对象的 SplitRow 属性，可以指定窗口拆分成为窗格处的行号，即水平拆分线上的行号。设置 SplitColumn 属性可以指定窗口拆分成窗格处的列号，即垂直拆分线左侧的列数。

在完成窗口的拆分后，如果需要将拆分窗格冻结，则可以将 Window 对象的 FreezePanes 属性设置为 True。

【示例 10-18】拆分窗口并冻结窗格

（1）启动 Excel 并创建一个空白工作簿，打开 Visual Basic 编辑器，插入一个模块，在模块的"代码"窗口中输入如下程序代码：

```
01    Sub 拆分窗口并冻结窗格()
02        Dim wd As Window
03        Set wd = ActiveWindow
```

```
04      With wd
05          .Split = True              '拆分窗口
06          .SplitColumn = 2           '从第 2 列拆分
07          .SplitRow = 3              '从第 3 行拆分
08      End With
09    wd.FreezePanes = True            '冻结拆分窗格
10    End Sub
```

（2）将插入点光标放置到程序代码中，按 F5 键运行程序，程序将按照设置拆分工作簿窗口，同时冻结拆分窗格，如图 10-42 所示。

图 10-42　拆分工作簿窗口并冻结拆分窗格

代码解析：

- 示例演示了拆分工作簿窗口并冻结拆分窗格的编程方法。第 05 行将 Workbook 对象的 Split 属性设置为 True，工作簿窗口将被拆分。第 06 行和第 07 行通过设置 SplitColumn 属性和 SplitRow 属性值来设置窗口拆分的位置。第 09 行将 FreezePanes 属性设置为 True，拆分窗格将被冻结。
- 如果要取消对拆分窗格的冻结，取消工作簿的窗口的拆分，只需要将 FreezePanes 属性和 Split 属性设置为 False 即可。如要取消对本示例窗口的拆分和拆分窗格的冻结，可以使用下面的语句：

```
With wd
    .Split=False
    .FreezePanes=False
End With
```

10.4
使用工作簿事件

Workbook 对象事件可以影响工作簿内的工作表，使用 WorkBook 对象事件可以编写由事件驱动的应用程序，从而方便地实现对工作簿的管理和操作。

10.4.1 在打开工作簿时触发的事件

Open 事件是工作簿对象的默认事件，打开工作簿时该事件即被触发。通过编写 Open 事件响应程序，可以使程序在工作簿启动时自动运行。因为 Open 事件在工作簿打开后将不会再被触发，所以该事件响应的只能是只需要执行一次的程序。在编写 VBA 应用程序时，常常使用 Open 事件响应程序来实现程序的初始化操作，如初始化控件、设置窗口的初始大小和位置以及设置各个公有变量的初始值等。

【示例 10-19】打开工作簿时自动设置窗口的大小和位置

（1）启动 Excel 并打开一个工作簿，打开 Visual Basic 编辑器，在"工程资源管理器"中双击 ThisWorkbook 选项，打开"代码"窗口，在"对象"列表中选择 Workbook 选项。由于 WorkBook 对象的默认事件是 Open 事件，Visual Basic 编辑器将自动在"代码"窗口中添加 Open 事件响应结构，如图 10-43 所示。

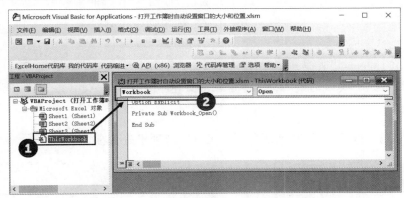

图 10-43　在"代码"窗口中创建 Open 事件响应结构

（2）在"代码"窗口中输入完整的事件响应程序，程序代码如下所示：

```
01    Private Sub Workbook_Open()
02       Dim wd As Window
03       Set wd = ActiveWindow
04       With wd
05          .WindowState = xlNormal          '将窗口设置为还原状态
06          .Width = 500                      '设置窗口的宽度
07          .Height = 400                     '设置窗口的高度
08          .Top = 80                         '设置窗口上端离屏幕顶端的距离
09          .Left = 100                       '设置窗口左边界离屏幕左侧的距离
10       End With
11    End Sub
```

（3）保存文档后关闭工作簿，然后再次打开该工作簿，工作簿窗口的宽度将设置为 500px，高度设置为 400px，窗口将被放置在离顶端 80px、距离左侧 100px 的位置。

代码解析：

- 示例演示了 WorkBook 对象的 Open 事件的使用方法。WorkBook 对象事件的载体是 ThisWorkbook，应该在 Thisworkbook 的"代码"窗口中编写事件响应程序。
- 本例通过设置 WorkBook 对象的 Width 属性和 Height 属性来设置工作簿窗口的大小，通过设置 Top 属性和 Left 属性来设置工作簿窗口的位置。由于程序代码放置在 Open 事件响应程序中，因此当工作簿被打开时，事件响应程序将自动运行。

注　意

如果不希望工作簿打开时执行 Open 事件响应程序，可在打开工作簿时按住 Shift 键。另外，如果工作簿禁止了宏的运行，Open 事件响应程序也不会被自动执行。

10.4.2　在激活工作簿时执行程序

WorkBook 对象的 Activate 事件会在工作簿成为活动工作簿时被触发。Activate 事件的触发有两种情况，一种情况是工作簿被打开，在 Open 事件发生后触发；另一种情况是从其他工作簿切换到本工作簿时触发。

WorkBook 的 Open 事件是可以被用户取消的，因此对于一些在工作簿打开时必须要执行的程序，如系统设置、变量初始化、打开登录窗口等，最好放在 Activate 事件响应程序中，以保证其一定会被执行。

【示例 10-20】激活工作簿时判断"开发工具"选项卡是否在功能区中

（1）启动 Excel 并打开一个工作簿，打开 Visual Basic 编辑器，在"工程资源管理器"中双击 ThisWorkbook 选项打开"代码"窗口，在"代码"窗口中添加 Activate 事件响应程序，程序代码如下所示：

```
01   Private Sub Workbook_Activate()
02      If Application.ShowDevTools = False Then   '判断"开发工具"选项卡是否
在功能区中
03         MsgBox ""开发工具"选项卡不在功能区中，程序将使其在功能区中显示！"
           '提示不在
04         Application.ShowDevTools = True   '使"开发工具"选项卡在功能区中显示
05      Else
06         MsgBox ""开发工具"选项卡在功能区中！"             '如果在，给出提示
07      End If
08   End Sub
```

（2）在从一个工作簿切换到当前工作簿时，如果功能区中没有"开发工具"选项卡，程序将弹出提示，如图 10-44 所示。关闭提示对话框后，"开发工具"选项卡将添加到功能区中。如果激活当前工作簿时，功能区中有"开发工具"选项卡，程序会弹出提示，如图 10-45 所示。

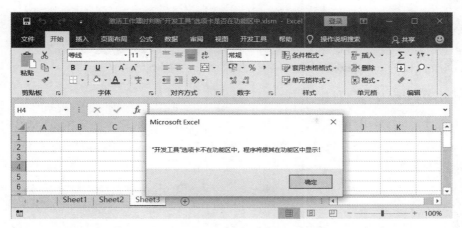

图 10-44　提示"开发工具"选项卡不在功能区中

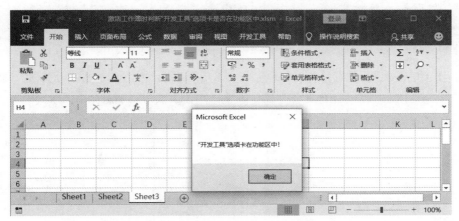

图 10-45　提示"开发工具"选项卡在功能区中

代码解析：

- 示例演示了 WorkBook 对象的 Activate 事件的使用方法，Activate 事件响应程序在工作簿被激活时将自动执行。

- Application 对象的 ShowDevTools 属性值为 True 时，功能区中将显示"开发工具"选项卡。如果该属性值为 False，则功能区中将不显示"开发工具"。程序使用 If…Else 结构判断 ShowDevTools 值是否为 False：如果为 False，则提示"开发工具"选项卡不在功能区中，并通过将它的值设置为 True 使其在功能区中显示；否则，提示"开发工具"选项卡在功能区中。

10.4.3　保存工作簿之前触发的事件

在保存工作簿时，工作簿在正式保存之前将触发 WorkBook 的 BeforeSave 事件。该事件处理代码格式如下所示：

```
Private Sub Workbook_BeforeSave(ByVal SaveAsUI As Boolean, Cancel As Boolean)
End Sub
```

事件过程中有两个参数，当保存工作簿时，如果出现了"另存为"对话框，则参数 SaveAsUI 值为 True，否则为 False。Cancel 参数在事件被触发时的值为 False，表示将进行保存操作。如果 Cancel 参数值设为 true，则工作簿将不会被保存。

【示例 10-21】对保存进行确认

（1）启动 Excel 并打开一个工作簿，打开 Visual Basic 编辑器，在"工程资源管理器"中双击 ThisWorkbook 选项打开"代码"窗口，在"代码"窗口中添加 BeforeSave 事件响应程序，程序代码如下所示：

```
01   Private Sub Workbook_BeforeSave(ByVal SaveAsUI As Boolean, Cancel_
     As Boolean)
02   m = MsgBox("是否真的要保存当前工作簿？", vbYesNo)      '提示是否保存
03     If m = vbNo Then                                   '如果选择了"否"
04        Cancel = True                                   '取消保存操作
05     End If
06   End Sub
```

（2）当对工作簿进行保存操作时，程序将打开提示对话框提示是否保存工作簿，如图 10-46 所示。单击"是"按钮则进行工作簿保存操作，单击"否"按钮则不保存工作簿。

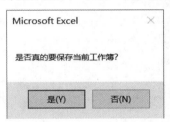

图 10-46　提示是否保存工作簿

代码解析：

● 示例演示了 WorkBook 对象的 BeforeSave 事件的使用方法。在保存工作簿时，该事件被触发，事件响应程序将调用 MsgBox 函数给出提示。如果用户单击提示对话框中的"否"按钮，MsgBox 函数返回 vbNo，程序将事件的 Cancel 参数设置为 False，保存操作即被取消。

10.4.4　关闭工作簿之前触发的事件

在关闭工作簿之前，将触发 BeforeClose 事件。如果工作簿内容发生了更改，事件将询问用户是否保存更改的内容。该事件的处理代码如下所示：

```
Private Sub Workbook_BeforeClose(Cancel As Boolean)
End Sub
```

当事件发生时，参数 Cancel 的默认值为 False，如果将该参数设置为 True，则将停止对工作簿的关闭操作，工作簿将仍然处于打开状态。

【示例 10-22】判断工作簿关闭前是否保存

（1）启动 Excel 并打开一个工作簿，打开 Visual Basic 编辑器，在"工程资源管理器"中双击 ThisWorkbook 选项打开"代码"窗口，在"代码"窗口中添加 BeforeClose 事件响应程序，程序代码如下所示：

```
01    Private Sub Workbook_BeforeClose(Cancel As Boolean)
02        If Me.Saved = False Then                         '判断文档是否保存
03            a = MsgBox("工作簿将要关闭，但尚未保存，是否保存?",_
04            vbOKCancel, "提示")                          '没有保存则给出提示
05            If a = vbOK Then                             '单击了"确定"按钮
06                Me.Save                                  '保存文档
07            Else
08                Cancel = True                            '单击了"取消"按钮，停止关闭操作
09            End If
10        End If
11    End Sub
```

（2）关闭工作簿，如果修改后的工作簿没有被保存，则程序弹出是否保存的提示，如图 10-47 所示。单击"确定"按钮，则工作簿被保存；单击"取消"按钮，则不保存工作簿，同时工作簿不关闭。

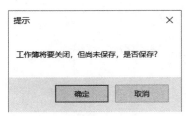

图 10-47　提示是否保存工作簿

代码解析：

- 示例演示了 WorkBook 对象的 BeforeClose 事件的使用方法。在关闭工作簿时，该事件被触发，事件响应程序将被执行。
- 第 02 行判断 Saved 属性值是否为 True：如果为 True，则说明工作簿已经被保存，工作簿将直接被关闭；如果该属性值为 False，则程序给出提示对话框，询问是否对工作簿进行保存。
- 第 05 行判断用户是否单击了提示对话框的"确定"按钮：如果是，则第 06 行的代码执行保存操作；如果没有，则将事件的 Cancel 参数设置为 True，停止关闭工作簿。

注　意
如果第 08 行不将 Cancel 参数设置为 True，则工作簿将被关闭。由于工作簿未被保存，在关闭工作簿时 Excel 会给出提示对话框，询问是否对当前工作簿进行保存。由此可见，BeforeClose 事件正如它的名称那样，是在 Excel 工作簿关闭动作开始之前触发的。

10.4.5　工作簿处于非活动状态时触发的事件

在工作簿由活动状态转为非活动状态时将触发 WorkBook 对象的 Deactivate 事件。实际上，能够触发 Deactivate 事件的操作范围非常广，如关闭当前工作簿、创建新的工作簿、最小化工作簿以及切换到其他工作簿时，都会触发该事件。

【示例 10-23】工作簿处于非活动状态时给出提示

（1）启动 Excel 并打开一个工作簿，打开 Visual Basic 编辑器，在"工程资源管理器"中双击 ThisWorkbook 选项打开"代码"窗口，在"代码"窗口中添加 Deactivate 事件响应程序，程序代码如下所示：

```
01    Private Sub Workbook_Deactivate()
02       '判断是否单击了"否"按钮
03       If MsgBox("真的要离开当前工作簿吗？", vbYesNo) = vbNo Then
04          Me.Activate                              '当前工作簿处于激活状态
05       End If
06    End Sub
```

（2）切换到其他工作簿，程序弹出提示，如图 10-48 所示。单击"确定"按钮可以快速切换到指定工作簿，单击"取消"按钮则不切换工作簿。

图 10-48　提示是否离开当前工作簿

代码解析：

- 示例演示了 WorkBook 对象的 Deactivate 事件的使用方法。在当前工作簿处于非活动工作簿时，该事件被触发，事件响应程序将被执行。
- 第 03 行判断当前用户进行的操作：如果单击对话框的"否"按钮，则第 04 行的程序语句使当前工作簿处于激活状态；如果单击对话框的"是"按钮，则 Deactivate 事件响应程序将结束，执行切换操作。

10.4.6　新建工作表时触发的事件

当用户在工作簿中插入一个新工作表时，将会触发 WorkBook 对象的 NewSheet 事件。下面的示例将演示在插入新工作表时自动设置工作表的名称、为工作表添加标题行，并记录工作表创建时间。

【示例 10-24】新建工作表时自动执行的操作

（1）启动 Excel 并打开一个工作簿，打开 Visual Basic 编辑器，在"工程资源管理器"中双击 ThisWorkbook 选项打开"代码"窗口，在"代码"窗口中添加 NewSheet 事件响应程序，程序代码如下所示：

```
01    Private Sub Workbook_NewSheet(ByVal Sh As Object)
02    If TypeName(Sh) = "Worksheet" Then        '判断是否新建工作表
03      With Sh
04        .Name = "成绩表"                       '设置工作表名
05        .Range("A1: H1") = Array("姓名", "班级", "语文", "数学", "英语",_
"物理", "化学", "总分")                '在工作表中创建标题
06        .Range("I20") = "工作表创建时间为: "
07        .Range("J21") = Now                   '在单元格中放置工作表创建时间
08      End With
09    End If
10    End Sub
```

（2）切换到 Excel，在工作表标签上右击，在弹出的关联菜单中选择"插入"命令，打开"插入"对话框，在"常用"选项卡中选择"工作表"选项，如图 10-49 所示。单击"确定"按钮关闭对话框，工作簿中将创建名为"成绩表"的新工作表，程序会自动向指定的单元格中写入标题文字和工作表创建的时间信息，如图 10-50 所示。

图 10-49　选择创建工作表

图 10-50　创建工作表并向单元格中写入数据

代码解析：

- 示例演示了 WorkBook 对象的 NewSheet 事件的使用方法。在工作簿中创建新的工作表时，该事件即被触发，事件响应程序被执行。第 03~09 行使用 With 结构设置新建工作表的名称并在指定单元格中写入有关数据。

- 在"插入"对话框中可以选择插入多种形式的表格，如可以选择插入图表。如果插入的是非工作表，执行第 03~09 行的程序代码时就会出错。因此程序中使用 If 结构判断插入的是否为工作表，只有确定是工作表才继续执行向单元格中写入内容等操作。

10.4.7 工作表被激活时触发的事件

在工作簿中，任何一个工作表被激活都将触发 WorkBook 对象的 SheetActivate 事件。下面通过一个示例来介绍 SheetActivate 事件的使用方法。

【示例 10-25】激活工作表时显示工作表的保护状态

（1）启动 Excel 并打开一个工作簿，打开 Visual Basic 编辑器，在"工程资源管理器"中双击 ThisWorkbook 选项打开"代码"窗口，在"代码"窗口中添加 SheetActivate 事件响应程序，程序代码如下所示：

```
01    Private Sub Workbook_SheetActivate(ByVal Sh As Object)
02        MsgBox "当前的工作表为：" & Sh.Name & vbCrLf & "工作表的保护状态为："
03    &Sh.ProtectContents                                     '给出提示
04    End Sub
```

（2）切换到 Excel，单击工作表标签激活工作表，程序弹出对话框来提示当前激活工作表的名称和该工作表的保护状态，如图 10-51 所示。

图 10-51　提示工作表名称和受保护状态

代码解析：

- 示例演示了 WorkBook 对象的 SheetActivate 事件的使用方法。在工作簿中激活某个工作表时，该事件即被触发，事件响应程序被执行。第 02 行使用 Sh.Name 语句获取激活工作表的名称，第 03 行使用 Sh.ProtectContents 语句获取激活工作表的受保护状态，ProtectContents 属性值为 True 时表示工作表内容处于受保护状态，属性值为 False 时表示工作表内容未受保护。

10.4.8　当工作表中单元格数据发生改变时触发的事件

当工作表中有单元格的数据发生改变时，将触发 WorkBook 对象的 SheetChange 事件，下面通过一个示例来介绍该事件的使用方法。

【示例 10-26】突出显示工作表中更改的数据

（1）启动 Excel 并打开一个工作簿，打开 Visual Basic 编辑器，在"工程资源管理器"中双击 ThisWorkbook 选项打开"代码"窗口，在"代码"窗口中添加 SheetChange 事件响应程序，程序代码如下所示：

```
01    Private Sub Workbook_SheetChange(ByVal Sh As Object, ByVal Target As Range)
02        With Target.Font                        '对更改单元格中文字样式进行设置
03            .Name = "黑体"                       '更改字体
04            .Bold = True                        '使文字加粗
05            .ColorIndex = 3                     '将文字颜色设置为红色
06        End With
07    End Sub
```

（2）切换到 Excel 工作表，对工作表中的数据进行修改，修改后数据的样式发生了改变，如图 10-52 所示。

图 10-52　突出显示工作表中被更改的数据

代码解析：

● 示例演示了 WorkBook 对象的 SheetChange 事件的使用方法。工作簿的任何一个工作表中的数据发生改变时，该事件即被触发，事件响应程序被执行。在事件发生时，Target 参数为发生改变的单元格区域。程序代码的第 02~06 行使用 With 结构设置发生更改的数据的字体和颜色，并使它加粗显示。

10.4.9　双击工作表时触发的事件

双击工作簿中任何一个工作表时 WorkBook 对象的 SheetBeforeDoubleClick 事件就会被触

发。下面对示例 10-26 稍作修改，利用 SheetBeforeDoubleClick 事件来实现用户在双击某个单元格时，单元格中的数据被突出显示。

【示例 10-27】双击单元格使其中的数据突出显示

（1）启动 Excel 并打开一个工作簿，打开 Visual Basic 编辑器，在"工程资源管理器"中双击 ThisWorkbook 选项，打开"代码"窗口，在"代码"窗口中添加 SheetBeforeDoubleClick 事件响应程序，程序代码如下所示。

```
01    Private Sub Workbook_SheetBeforeDoubleClick(ByVal Sh As Object,_
02    ByVal Target As Range, Cancel As Boolean)
03        '判断是否单击了"是"按钮
04    If MsgBox("是否要更改单元格中数据的样式？ ", vbYesNo) = vbYes Then
05        With Target.Font                    '对更改单元格中的文字样式进行设置
06            .Name = "黑体"                  '更改字体
07            .Bold = True                    '使文字加粗
08            .ColorIndex = 3                 '将文字颜色设置为红色
09        End With
10      Else
11    Cancel = True                           '单击"否"按钮不执行事件响应程序
12      End If
13  End Sub
```

（2）切换到 Excel 工作表，在工作表的某个数据单元格中双击，事件响应程序弹出提示对话框，如图 10-53 所示。此时如果单击"是"按钮，则在关闭提示对话框的同时单元格中数据的样式发生改变。如果单击了"否"按钮，双击单元格中数据的样式不做任何改变。

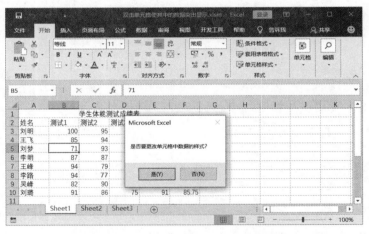

图 10-53　双击单元格时提示是否更改数据样式

代码解析：

- 示例演示了 WorkBook 对象的 SheetBeforeDoubleClick 事件的使用方法。在工作簿的任何一个工作表中双击即可触发该事件，事件响应程序被执行。
- 由于在工作表中双击单元格时将进入单元格的编辑状态，因此本例弹出提示对话框，由用户选择是否修改单元格中数据的样式。

- SheetBeforeDoubleClick 事件与上一节的 SheetChange 事件相比，增加了一个 Cancel 参数，该参数在事件发生时的值为 False。如果将该参数设置为 True，则不进行默认的双击操作。

10.4.10　右击工作表时触发的事件

右击工作簿的任意一个工作表时将触发 WorkBook 对象的 SheetBeforeRightClick 事件。下面的这个简单示例将演示取消右击关联菜单的方法。

【示例 10-28】右击工作表时取消关联菜单

（1）启动 Excel 并打开一个工作簿，打开 Visual Basic 编辑器，在"工程资源管理器"中双击 ThisWorkbook 选项，打开"代码"窗口，在"代码"窗口中添加 SheetBeforeRightClick 事件响应程序，程序代码如下所示：

```
01    Private Sub Workbook_SheetBeforeRightClick(ByVal Sh As Object, _
02    ByVal _Target As Range,Cancel As Boolean)
03       Cancel = True                              '取消关联菜单显示
04    End Sub
```

（2）切换到 Excel 工作表，在工作表中右击，关联菜单将不显示。

代码解析：

- 示例演示了 WorkBook 对象的 SheetBeforeRightClick 事件的使用方法。在工作簿的任何一个工作表中双击即可触发该事件，事件响应程序被执行。事件响应程序只有一行代码，那就是将事件的 Cancel 参数设置为 False，这样将不执行默认的右击操作，也就不会出现关联菜单了。

第11章 使用WorkSheet对象操作工作表

WorkSheet 对象代表 Excel 工作簿中的一个独立的工作表，其为 WorkSheets 对象集合中的一员，WorkSheets 对象包含了工作簿中的所有工作表。Excel 的数据操作主要在工作表中进行，使用 WorkSheet 对象能够实现工作表的各种操作，如工作表的创建、选取和命名等。

本章知识点：

- 引用工作表
- 认识 Sheets 对象
- 操作工作表
- 工作表事件

11.1
名称和索引号，引用的关键

在对工作表进行操作之前，首先需要确定应该对哪张工作表进行操作，也就是引用工作表。VBA 中引用工作表的方式很多，下面介绍几种常见的方法。

11.1.1 使用索引号引用工作表

与 WorkBook 对象类似，WorkSheet 对象同样可以使用索引号来引用。大家都知道，WorkSheets 对象集合集中了工作簿中的所有工作表，单张工作表是工作表集合中的一份子。使用索引号来引用工作表，实际上就是利用工作表在 WorkSheets 对象集合中的位置来对它进行引用。

工作表的索引号代表了工作表在工作簿中的位置，这个位置就是它在 Excel 标签栏上的位置。索引号从工作表标签栏最左侧的工作表开始由左向右依次计数，最左侧工作表的索引号为1，向右依次类推。在如图 11-1 所示的工作簿中，有 3 张工作表，下面的语句表示第 2 张工作表，即 Sheet2 工作表。

```
WorkSheets（2）
```

图 11-1　有 3 张工作表的工作簿

【示例 11-1】显示工作簿中所有工作表的名称

（1）启动 Excel 并创建一个空白工作簿，工作簿中包含三张工作表，如图 11-2 所示。打开 Visual Basic 编辑器，插入一个模块，在模块的"代码"窗口中输入如下程序代码：

```
01    Sub 显示所有工作表()
02       Dim i As Integer
03       For i = 1 To ThisWorkbook.Worksheets.Count        '遍历所有工作表
04          Set ws = ThisWorkbook.Worksheets(i)            '设置对象变量
05          MsgBox "第" & i & "个表名称为: " & ws.Name      '显示工作表名称
06       Next i
07    End Sub
```

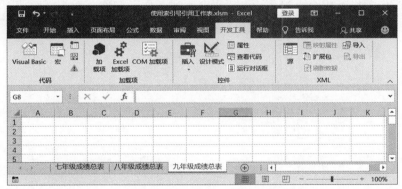

图 11-2　新建包含 3 张工作表的工作簿

（2）将插入点光标放置到程序代码中，按 F5 键运行程序。程序将依次在提示对话框中显示所有工作表的名称，如图 11-3 所示。

图 11-3　依次显示工作表名称

231

代码解析：

- 本示例演示了使用索引号引用工作表的方法。程序使用 WorkSheets 对象的 Count 属性获取工作簿中工作表的总数。
- 第 04 行使用 WorkBook(i)语句实现对工作表的引用，其中 i 即为工作表在工作簿中的索引号。
- 使用 For…Next 结构遍历工作簿中所有的工作表对象，使用 Name 属性获取工作表的名称，并调用 MsbBox 函数显示工作表名称。

11.1.2　使用名称引用工作簿

如果无法确定某个特定工作表在工作簿中的位置，即无法得知其索引值，此时就只能使用名称来引用该工作表了。

Excel 工作表的名称有两个，一个是工作表名称，另一个是工作表代码名称。工作表名称大家很熟悉，就是在示例 11-1 中使用 Name 属性获得的名称，这个名称是工作表标签上的名称。

在 VBA 代码中引用工作表时，使用的不是工作表名称而是工作表的代码名称。在 Visual Basic 编辑的"工程资源管理器"的"Microsoft Excel 对象"文件夹中会列出工作簿中的所有工作表，这些选项括号外的名称即为工作表的代码名称，而括号内的名称即为工作表名称。在选择某个工作表选项后，在"属性"对话框的"（名称）"栏中的内容即为工作表代码名称。当在 Excel 中对工作表进行重命名操作后，代码名称和工作表名称之间的区别就很清楚了，如图 11-4 所示，方框中的名称即为工作表代码名称。

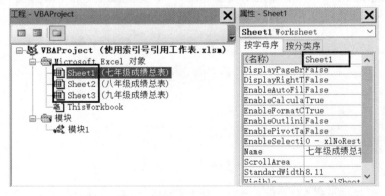

图 11-4　"资源管理器"面板和"属性"面板中显示的工作表代码名称

在 VBA 中，引用工作表时，要使用工作表的名称来引用。例如，引用图 11-4 中的"七年级成绩总表"工作表，可以使用下面的语句：

```
WorkBooks("七年级成绩总表")
```

但要，要注意的是不能使用工作表的代码名称，如上面的语句不能更改为如下的语句：

```
WorkBooks("Sheet1")
```

在程序中使用工作表的代码名称是直接代表工作表对象。例如要引用图 11-4 中的"七年级成绩总表"工作表的对象并获取该工作表名称,可以使用下面的语句:

```
Sheet1.Name
```

这里的 Sheet1 不是默认的工作表标签名称 Sheet1,而是工作表的代码名称 Sheet1。对于工作表使用默认名称时,读者应该特别注意其中的区别。

【示例 11-2】向指定工作表的单元格中写入当前时间

(1)打开 Visual Basic 编辑器,插入一个模块,在模块的"代码"窗口中输入如下程序代码:

```
01    Sub 向指定工作表的单元格中写入时间()
02        ThisWorkbook.Worksheets("装配表1").Range("A1") = Now '写入当前时间信息
03    End Sub
```

(2)将插入点光标放置到程序代码中,按 F5 键运行程序。程序将向名为"装配表 1"的工作表的 A1 单元格中写入当前时间,如图 11-5 所示。

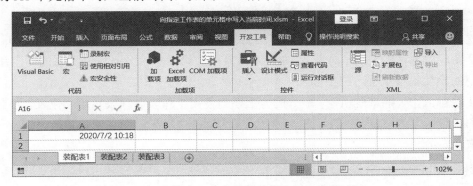

图 11-5　向指定工作表的单元格中写入当前时间

代码解析:

● 本示例演示了使用工作表名引用工作表的方法。第 02 行使用 Worksheets("装配表 1")语句引用名为"装配表 1"的工作表。

11.1.3　Sheets 对象

在很多情况下,使用 Sheets 对象和使用 WorkSheets 对象都能够达到相同的目的。这两个对象具有很多相同的属性和方法,设置属性和调用方法的操作也类似。这往往给人一种错觉,认为这两个对象是一回事。

Sheets 对象和 WorkSheets 对象是两个不同的集合。Excel 可以创建 4 种不同类型的工作表,Sheets 对象表示的是工作簿中所有类型工作表的集合,如图表工作表。而 WorkSheets 对象集合只是普通的工作表的集合。在进行工作表插入操作时打开"插入"对话框后可以很清晰地看出两者的区别,如图 11-6 所示,黑框中的表格类型都属于 Sheets 对象,而 WorkSheets 对象中只有图中被选中的普通工作表类型。

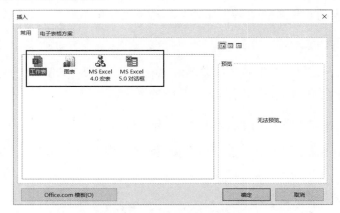

图 11-6 "插入"对话框

由于 Sheets 对象集合可以包括工作表对象，因此可以使用该对象集合来实现对工作表的操作。使用索引号来引用工作表，如下面的语句：

```
Sheets(3)
```

但这里要注意的是，使用索引号来引用工作表并不是最准确的方法，因为 Sheets 对象还可以包括图表对象（即 Chart 对象），如果工作簿中的第 3 个对象正好是图表的话，那么上面语句引用的显然就不是普通的工作表了。

要实现对工作表的准确引用，最好的方法还是使用工作表名称来引用工作表。如下面的语句引用的一定是名为 Sheet3 的工作表对象，因为默认情况下，图表对象是以"Chart+数字"的方式来命名的。

```
Sheets("Sheet3")
```

【示例 11-3】显示指定工作表的工作表名和代码名称

（1）启动 Excel 并创建空白工作簿，对工作簿中的三个工作表重命名，如图 11-7 所示。打开 Visual Basic 编辑器，插入一个模块，在模块的"代码"窗口中输入如下程序代码：

```
01   Sub 显示指定工作表的工作表名和代码名称()
02      Dim sh As Sheets                                '声明 Sheets 对象
03      Dim ws As Worksheet                             '声明 WorkSheet 对象
04      Dim n As Integer                                '声明计数变量
05      n = 0                                           '计数变量值初始值为 0
06      Set sh = Sheets(Array("七年级成绩总表", "九年级成绩总表")) '指定工作表对象
07      For Each ws In sh                               '遍历工作表对象中所有的对象
08         n = n + 1                                    '计数变量加 1
09         MsgBox "你指定第" & n & "个工作表的名称为: " & ws.Name & Chr(13) &_
10      "代码名称为: " & ws.CodeName                     '显示工作表名和代码名称
11      Next
12   End Sub
```

图 11-7　重命名工作表

（2）将插入点光标放置到程序代码中，按 F5 键运行程序。程序将弹出提示对话框依次给出指定工作表的工作表名和代码名称，如图 11-8 所示。

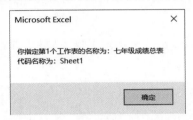 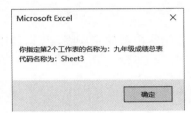

图 11-8　依次显示工作表名和代码名称

代码解析：

- 本示例演示了引用多个工作表的方法。第 06 行调用 Array 函数保存需要引用的多个工作表的工作表名，使用 Sheets(Array("七年级成绩总表", "九年级成绩总表")) 语句实现对指定工作表对象的引用。

- 程序使用 For Each In…Next 结构遍历 Sheets 对象集合中的对象，第 09 行和第 10 行使用 Name 属性获得每个对象的名称，使用 CodeName 属性获得对象的代码名称，并将获得的名称数据通过调用 MsgBox 函数依次显示出来。

11.2
操作工作表

工作表的操作包括新建工作表、删除工作表、复制和移动工作表等。调用 WorkSheet 对象的方法能够在 VBA 程序中很容易地实现这些基本操作。

11.2.1　新建工作表

Sheets 对象和 Worksheets 对象都有 Add 方法，调用该方法能够在工作簿中创建新的工作表。Add 方法的语法结构如下所示：

```
表达式.Add(Before, After, Count, Type)
```

参数的意义介绍如下。

- Before：该参数为一个工作表对象，新建的工作表将置于此工作表之前。
- After：该参数为一个工作表对象，新建的工作表将置于该工作表之后。
- Count：需要添加工作表的数量，其默认值为 1。
- Type：指定新建工作表的类型，可以是 xlSheetType 常量之一，即 xlWorkSheet、xlChart、xlDialogSheet、xlExcel4MacroSheet 和 xlExcel4IntlMacroSheet，分别表示工作表、图表、对话框工作表、Excel4 宏工作表和 Excel4 国际宏工作表。

在调用 Add 方法时，如果要新建一个空白的工作表，可以使用下面的语句：

```
WorkSheets.Add
```

如果要增加指定数量的工作表，可以使用 Count 参数来指定工作表数量。如增加 5 个工作表，可以使用下面的语句：

```
WorkSheets.Add Count:=5
```

使用 After 和 Before 参数可以指定新建工作表在工作簿中的位置。如在最后一个工作表后添加一个工作表，可以使用下面的语句：

```
WorkSheets.Add After:=Sheets(Sheets.Count)
```

【示例 11-4】新建三个工作表并命名

（1）启动 Excel 并创建空白工作簿，打开 Visual Basic 编辑器，插入一个模块，在模块的"代码"窗口中输入如下程序代码：

```
01    Sub 新建三张工作表并命名()
02        Dim myArray                                        '声明数组
03        myArray = Array("三月考勤表", "二月考勤表", "元月考勤表")    '为数组赋值
04        Worksheets.Add after:=Worksheets(Worksheets.Count), Count:=3
'添加三个工作表
05        For i = Worksheets.Count To Worksheets.Count - 2 Step -1
    '遍历最后三张工作表
06            Worksheets(i).Name = myArray(Worksheets.Count - i)    '更改工作表名
07        Next i
08    End Sub
```

（2）将插入点光标放置到程序代码中，按 F5 键运行程序。程序将在工作簿已有的工作表后创建三张工作表，并给这三张工作表命名，如图 11-9 所示。

图 11-9　创建工作表并命名

代码解析：

- 本示例演示了调用 Add 方法创建新工作表并命名的方法。第 03 行将新工作表的名称存储于数组中。
- 第 04 行调用 Add 方法来创建新工作表。这里，Worksheets.Count 语句获得工作簿中所有工作表的个数，以个数值作为索引号引用工作簿最后一个工作表。把该工作表作为 Add 方法的 After 参数，表示在最后一个工作表后创建工作表。将 Count 参数设置为 3，表示添加三个新工作表。
- 程序使用 For…Next 结构遍历新建的三个新工作表，将它们的名称存储于 myArray 数组中。这里，程序是由最后一个工作表（即 WorkSheets.Count）开始命名，直到倒数第三个工作表（即 Worksheets.Count-2）为止。由于数组的索引号是从 0 开始，因此使用语句 myArray(Worksheets.Count-i)来依次获取其中的 3 个元素。

11.2.2　删除工作表

在对工作表进行操作时，有时需要删除多余的工作表。在 VBA 中，可以调用 WorkSheet 对象的 Delete 方法来实现工作表的删除。调用该方法时，Excel 会弹出提示对话框，用于确认是否真的删除该工作表。如果用户单击了对话框的"取消"按钮，将会返回 False 值，删除操作被取消。如果单击了"删除"按钮，程序返回 True 值，工作表被删除。

【示例 11-5】删除指定的工作表

（1）启动 Excel 并打开工作簿，由于该工作簿中添加了工作表，工作簿中默认的名为 Sheet1、Sheet2 和 Sheet3 的工作表还存在，如图 11-10 所示。

图 11-10　工作簿中存在默认的工作表

（2）打开 Visual Basic 编辑器，插入一个模块，在模块的"代码"窗口中输入如下程序代码：

```
01  Sub 删除指定的工作表()
02      Dim ws As Worksheet, i As Integer         '声明变量
03      i = 1                                     '变量初始化
04      For Each ws In Sheets                     '遍历所有工作表
05        If ws.Name = "Sheet" & i Then           '如果工作表名符合要求
06          ws.Delete                             '删除工作表
07          i = i + 1                             '变量加1
08        End If
09      Next
10  End Sub
```

（3）将插入点光标放置到程序代码中，按 F5 键运行程序。程序将删除工作簿名为"Sheet+数字"形式的所有工作表。在删除过程中，每删除一个工作表，Excel 都会弹出提示对话框，如图 11-11 所示。依次单击"删除"按钮继续执行删除操作。操作完成后，符合删除条件的工作表均被删除，如图 11-12 所示。

图 11-11　Excel 提示对话框

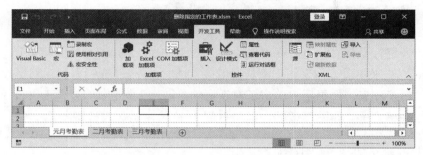

图 11-12　符合条件的工作表均被删除

代码解析：

- 本示例演示了调用 Delete 方法删除工作表的操作方法。程序使用 For Each In…Next 结构来遍历工作簿中所有工作表对象。第 05 行使用 If 语句来判断当前工作表名是否符合条件，如果符合条件，则调用 Delete 方法将该工作表对象删除。

- 在程序中，变量 i 用于计数，作为工作表名 Sheet 后的标号，使用 ""Sheet" &i"语句来拼合工作表名字符串。

- 在调用 Delete 方法删除工作表时，对于每次的删除操作 Excel 都会弹出提示对话框，提示用户是否删除。如果需要删除的工作表较多，不停地单击"删除"按钮十分麻烦，也不符合编写程序来简化操作的目的。如果不希望这个对话框出现，只需要在删除操作前将 DisplayAlerts 属性设置为 False 即可。如本例可以在代码的第 04 行之前添加如下代码：

```
Application.DisplayAlerts=False
```

11.2.3　选择工作表

在对工作表进行操作时，首先需要选择工作表。VBA 中可以调用 WorkSheet 对象的 Select 方法来实现对工作表的选择。如下面的语句选择名为 Sheet2 的工作表。

```
WorkSheet（"Sheet2"）.Select
```

WorkSheet 对象的 Select 方法不仅能够选择单个工作表，还可以同时选择多个工作表。当选择工作表后，Window 对象的 SelectedSheets 属性将返回一个 Sheets 集合，该集合包含了指定窗口中所有选定的工作表。

【示例 11-6】同时选择多个工作表并显示它们的名称

（1）启动 Excel 并创建空白工作簿，在工作簿中创建需要的工作表，如图 11-13 所示。打开 Visual Basic 编辑器，插入一个模块，在模块的"代码"窗口中输入如下程序代码：

```
01    Sub 同时在多个工作表中输入数据()
02        Dim s As String, ws As Worksheet              '声明变量
03        Sheets(Array(1, 3)).Select                    '选择工作表
04        For Each ws In Workbooks(1).Windows(1).SelectedSheets
'遍历所有选择的工作表
05            s = ws.Name & Chr(13) & s                 '连接工作表名
06        Next
07        MsgBox "当前选择的工作表为: " & Chr(13) & s     '显示选择的工作表名称
08    End Sub
```

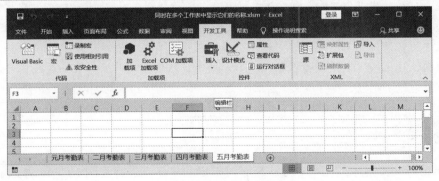

图 11-13　创建需要的工作表

（2）将插入点光标放置到程序代码中，按 F5 键运行程序。程序将选择程序指定的工作表，同时弹出提示对话框显示选择工作表的名称，如图 11-14 所示。

图 11-14　Excel 弹出提示对话框

代码解析：

- 本示例演示了调用 Select 方法同时选择多个工作表的方法。第 03 行调用 Select 方法同时选择工作簿的第一个和第三个工作表。这里，Array 函数中既可以使用索引号，也可以使用工作表名。
- 第 04 行使用 Workbooks(1).Windows(1).SelectedSheets 语句来获取当前选择的工作表集合。使用 For Each In…Next 结构遍历所有选择的工作表对象。
- 第 05 行将每一次循环获得的工作表名拼接为一个字符串，第 07 行调用 MsgBox 函数显示工作表名。
- SelectedSheets 属性将返回一个选择工作表的集合，可以使用索引号来实现对选择工作表对象的引用。如对于本例来说，下面语句能实现对选择的第二个工作表"十一月考勤表"的引用。

```
Workbooks(1).Windows(1).SelectedSheets (2)
```

> **注　意**
>
> 同时选择多个工作表有什么意义呢？在 Excel 中，同时选择多个工作表，这些被选择的工作表会自动生成一个工作表组，并在程序窗口的标题栏中出现"[工作组]"字样，如图 11-14 所示。此时，在工作簿中对任意一个工作表进行操作都会作用于组中其他的工作表，如在组中的任意工作表的单元格中输入数据，组中所有工作表对应单元格中都会输入相同的数据，这无疑可以提高数据输入效率。同时，我们在统一工作表外观时也可以利用工作表组的这个特点，通过设置一张工作表，完成一批工作表的外观统一设置。

11.2.4　复制工作表

调用 WorkSheet 对象的 Copy 方法能够对指定的工作表进行复制。Copy 方法的语法结构如下所示：

```
对象.Copy（Before, After）
```

在对工作表进行复制时，Copy 方法将"对象"指定的工作表复制到 Before 参数指定的工作表之前，或者将工作表复制到 After 参数指定的工作表之后。如需要将名为 Sheet1 的工作表复制到 Sheet3 工作表之前，可以使用下面的语句。

```
Worksheets("Sheet1").Copy Before:=Worksheets("Sheet3")
```

> **注　意**
>
> 在调用 Copy 方法时，Before 和 After 参数只能使用一个。如果这两个参数同时使用或者省略了这两个参数，则程序将会创建一个新工作簿，并将工作表复制到新工作簿中。

【示例 11-7】将工作表复制到最后

（1）启动 Excel 并创建空白工作簿，在工作簿中创建工作表，如图 11-15 所示。打开 Visual Basic 编辑器，插入一个模块，在模块的"代码"窗口中输入如下程序代码：

```
01 Sub 将工作表复制到最后()
02  '将指定工作表复制到最后
03  Worksheets("7月销售记录").Copy After:=Worksheets.Item(Worksheets.Count)
04 End Sub
```

图 11-15　创建工作表

（2）将插入点光标放置到程序代码中，按 F5 键运行程序。名为"7 月销售记录"的工作表即被复制到工作簿的最后，如图 11-16 所示。

图 11-16　工作表被复制到最后

代码解析：

- 本示例演示了调用 Copy 方法复制工作表的方法。第 03 行将名为"7 月销售记录"的工作表复制到工作簿的最后。这里，Worksheets.Count 语句用来获取工作表的总数，Worksheets.Item(Worksheets.Count)可返回工作簿中最后一个工作表，Copy 方法可将指定的工作表复制到该工作表之后。

- 在调用 Copy 方法复制工作表时，新工作表名是"源工作表名+（编号）"命名形式。如果要为复制的工作表命名，可以在完成复制后，使用 Name 属性设置工作表的名字。如本示例对工作表命名可在第 03 行之后增加如下的语句：

```
Worksheets.Item(Worksheets.Count).Name = "12 月销售纪录"
```

11.2.5　移动工作表

移动工作表实际上是工作表的复制加删除操作，即将工作表复制到指定的位置并删除源工作表。要在工作簿中移动工作表，可以调用 WorkSheet 对象的 Move 方法，该方法的语法结构如下所示：

```
对象.Move（Before, After）
```

Move 方法的参数与 Copy 方法完全相同，它的调用方法也与 Copy 方法相同。如将名为 Sheet1 的工作表移动到 Sheet3 工作表之前，可以使用下面的语句：

```
Worksheets("Sheet1").Move Before:=Worksheets("Sheet3")
```

【示例 11-8】将工作表移动到指定的位置

（1）启动 Excel 并创建空白工作簿，在工作簿中添加新的工作表，如图 11-17 所示。打开 Visual Basic 编辑器，插入一个模块，在模块的"代码"窗口中输入如下程序代码：

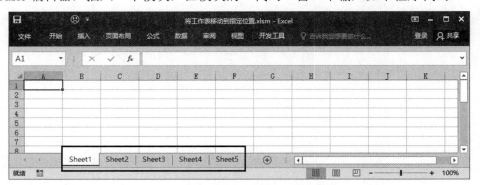

图 11-17　在工作簿中添加工作表

```
01    Sub 将工作表移动到指定位置()
02        Dim n As Integer
03        n = Application.InputBox(prompt:="请输入工作表移动的位置值",_
04         Type:=1)                          '获取用户输入的位置值
05        If n < Sheets.Count And n > 0 Then   '如果用户输入数值正确
```

```
06            Sheets("Sheet1").Move after:=Sheets(n)
'将 Sheet1 工作表移到指定工作表之后
07        Else
08            MsgBox "输入位置数字错误，无法实现移动操作！"  '如果数字输入错误给出提示
09        End If
10    End Sub
```

（2）将插入点光标放置到程序代码中，按 F5 键运行程序。程序首先给出输入对话框，要求用户输入移动工作表的目标位置，如这里输入数字 3，如图 11-18 所示。单击"确定"按钮关闭对话框，则 Sheet1 工作表被移动到工作表标签栏第三位的位置，如图 11-19 所示。如果输入数值错误，程序弹出错误提示，如图 11-20 所示。

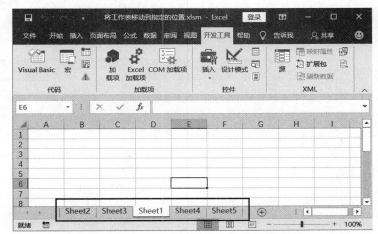

图 11-18　输入位置数字　　　　　　　　图 11-19　工作表移动到指定的位置

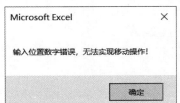

图 11-20　给出位置数字输入错误的提示

代码解析：

● 本示例演示了调用 Move 方法移动工作表。第 02~03 行调用 Application 对象的 InputBox 方法来获得对话框，由于引用工作表的索引号必须是数字，因此这里将 InputBox 方法的 Type 参数设置为 1。

● 为了避免程序错误，在以用户输入作为索引号引用工作表时，必须要保证用户输入的数值小于工作簿中工作表的总数且大于 0。程序使用 If...Else 结构对输入值进行判断，如果输入的是符合条件的数值，则执行工作表移动操作，否则弹出出错提示。

● 第 05 行调用 Move 方法对名为 Sheet1 的工作表进行移动。用户输入的位置值存储于变量 n 中，After 参数指定将 Sheet1 工作表移动到第 n 个工作表之后。

11.2.6 保护工作表

调用 WorkSheet 对象的 Protect 方法可以对工作表进行保护。与 WorkBook 对象的 Protect 方法相比，WorkSheet 对象的 Protect 方法要复杂得多，拥有很多的参数，该方法的功能也更为强大。

在 Excel 2019 的"审阅"选项卡的"更改"组中单击"保护工作表"按钮，此时将打开"保护工作表"对话框。对话框的"取消工作表保护时使用的密码"文本框用于设置取消保护时需要输入的密码，在"允许此工作表中所有用户进行"列表中选择相应的选项设置工作表被保护时用户可以进行的操作，如图 11-21 所示。WorkSheet 对象的 Protect 方法的功能与这个对话框的功能相同，这个对话框实际上是 Protect 方法的直观显示，对话框的各设置项都可以使用 Protect 方法的参数来进行设置。

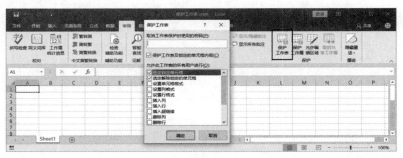

图 11-21 "保护工作表"对话框

在对工作表进行保护后，要取消保护有两种方法，一种方法是再运行 Protect 方法一次。如果工作表有保护密码，Excel 将弹出"撤消工作表保护"对话框，在对话框中输入保护密码后单击"确定"按钮即可，如图 11-22 所示。

图 11-22 "撤消工作表保护"对话框

调用 WorkSheet 的 Unprotect 方法也可以撤消工作表保护。如果工作表没有添加保护密码，直接调用该方法即可。如果工作表设置了密码，则在撤消工作表保护时同样会弹出图 11-22 所示的"撤消工作表保护"对话框，只有输入了正确的密码才能撤消保护。

下面通过一个示例来介绍该方法的使用技巧。

【示例 11-9】保护工作表

（1）启动 Excel 并创建空白工作簿，打开 Visual Basic 编辑器，插入一个模块，在模块的"代码"窗口中输入如下程序代码：

```
01    Sub 保护工作表()
02        Dim ws As Worksheet                          '声明变量
03        Set ws = Worksheets(1)                       '指定要保护的工作表
04        With ws
05            .Protect Password:="1234"                '密码保护
06            .Protect DrawingObjects:=True            '保护图形
07            .Protect Contents:=True                  '保护单元格内容
08            .Protect Scenarios:=True                 '保护方案
09            .Protect UserInterfaceonly:=True         '只保护界面
10        End With
11    End Sub
```

（2）将插入点光标放置到程序代码中，按 F5 键运行程序，工作表将按照程序的设置处于保护状态。如功能区中的操作命令不可用，如图 11-23 所示。当对单元格中的内容进行操作时，程序弹出提示禁止更改操作，如图 11-24 所示。

图 11-23　功能区中的命令不可用

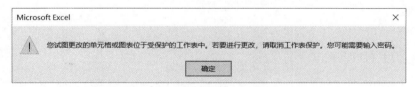

图 11-24　禁止更改单元格中的内容

代码解析：

- 本示例演示了调用 Protect 方法保护工作表的方法。第 05 行使用 Password 参数为工作表添加保护密码。该参数是一个字符串，应该区分字母大小写。如果省略此参数，不使用密码即可撤销对工作表的保护，否则必须正确输入设置的密码才可以撤销工作表保护。

- 第 06 行将 DrawingObjects 参数设置为 True，表示保护工作表中的图形。该参数的默认值为 False。

- 第 07 行将 Contents 参数设置为 True，表示保护工作表中内容。如果是图表工作表，则将保护整个图表；如果是普通工作表，则将锁定单元格。该参数的默认值为 True。

- 第 08 行将 Scenarios 参数设置为 True，表示保护方案。该参数只对工作表有效，其默认值为 True。

- 第 09 行将 UserInterfaceOnly 参数设置为 True，表示保护用户界面但不保护宏。如果该参数省略，则保护不但应用于宏，也应用于用户界面。

11.2.7　打印工作表

在 VBA 中，可以调用 PrintOut 来打印工作表，同时对打印页面进行设置。PrintOut 方法的语法格式如下所示：

```
expression.PrintOut(From, To, Copies, Preview, ActivePrinter, PrintToFile,
Collate, PrToFileName)
```

下面对参数的意义进行介绍。

- From：该参数为可选参数，用于设置打印的开始页号。如果省略该参数，将从第一页开始打印。
- To：该参数为可选参数，用于设置打印的终止页号。如果省略该参数，将打印至最后一页。
- Copies：该参数为可选参数，用于设置要打印的份数。如果省略该参数，将只打印一份。
- Preview：该参数为可选参数，如果该参数值为 True，则 Microsoft Excel 将在打印指定对象之前进行打印预览。如果该值为 False 或者省略此参数，则立即打印该对象。
- ActivePrinter：该参数为可选参数，用于设置活动打印机的名称。
- PrintToFile：该参数为可选参数。如果该参数值为 True，则打印输出到文件。如果没有指定该参数，则 Microsoft Excel 将提示用户输入要输出文件的文件名。
- Collate：该参数为可选参数，如果参数值为 True，将逐份打印每份副本。
- PrToFileName：该参数为可选参数，如果参数值为 True，则要打印到文件名指定的文件中。

在打印工作表时，往往需要设置打印的页面。页面设置应该使用 PageSetup 对象，该对象保护了对页面进行设置所需要的属性，如页面底部边距、纸张大小和页眉样式等。下面的语句将在打印工作表时每页右上角打印出工作表名。

```
WorkSheets("Sheet1").PageSetup.Rightheader="&F"
```

【示例 11-10】打印工作表

（1）启动 Excel 并创建空白工作簿，打开 Visual Basic 编辑器，插入一个模块，在模块的"代码"窗口中输入如下程序代码：

```
01   Sub 打印工作表()
02       With Worksheets(1).PageSetup
03       .LeftMargin = Application.InchesToPoints(1)      '设置左边距为1磅
04       .RightMargin = Application.InchesToPoints(1)     '设置右边距为1磅
05       .TopMargin = Application.InchesToPoints(1.7)     '设置顶端边距为1.7磅
06       .BottomMargin = Application.InchesToPoints(1)    '设置底端边距为1磅
07       .HeaderMargin = Application.InchesToPoints(0.7)  '设置上边距为0.7磅
08       .CenterHeader = " & 4月销售业绩表"    '设置页眉文字
09       .PrintArea = "$A$1:$F$13"            '设置打印区域
10       End With
11       Worksheets(1).PrintPreview               '打印预览
12       Worksheets(1).PrintOut Copies:=1         '打印一份
13   End Sub
```

（2）将插入点光标放置到程序代码中，按 F5 键运行程序，程序将对打印页面进行设置并在窗口中显示预览效果，如图 11-25 所示。关闭该窗口后，开始打印工作表。

图 11-25　预览打印效果

代码解析：

● 本示例演示了通过编程实现打印页面设置、页面预览和页面打印的方法。第 02~10 行使用 With 结构设置 PageSetup 对象的属性以实现打印页面的设置。第 03~06 行设置页面左、右、顶端和底端边距。第 07 行使用 HeaderMargin 属性设置页面顶端到页眉的距离。第 08 行使用 CenterHeader 属性设置页眉中心部分的内容，包括文字和文字字体。第 09 行使用 PrintArea 属性设置工作表中的打印区域。

● 第 11 行调用 PrintPreview 方法实现打印预览。调用 PrintOut 方法按照打印页面的设置打印输出指定的工作表，这里使用 Copies 参数将打印份数设置为一份。

注　意
在编写程序时，必须要保证 Windows 的 Spooler 服务已经开启，该服务用于管理所有本地或网络打印队列并对打印工作进行控制。如果该服务停用，则本地计算机上的打印将无法进行。因此，如果该服务没有开启，则本示例程序将无法正常运行，同时，Excel 的"页面布局"选项卡中的大部分命令都将无法使用。

11.2.8 隐藏工作表

在对数据进行操作时，有时为了保护某些工作表，可以将其隐藏，这样可以避免该工作表被看到，或工作表中的数据被随意篡改。在 Excel VBA 中，可以通过设置 WorkSheet 对象的 Visible 属性来设置工作表对象是否可见。

在程序中，如果将一个工作表的 Visible 属性设置为 True，则该工作表可见；如果 Visible 属性设置为 False，则工作表将隐藏。

另外，Visible 属性还可以使用 xlSheetVisible 类型的常量来进行设置，该类型常量包括 xlSheetVisible、xlSheetHidden 和 xlSheetVeryHidden。它们的意义如下所示。

- xlsheetVisible：显示工作表，它的对应数值为 0。
- xlSheetHidden：隐藏工作表，用户可以通过菜单来取消隐藏，它的对应数值为 2。
- xlSheetVeryHidden：隐藏工作表，用户无法使用菜单来取消隐藏，只能通过将 Visible 属性设置为 True 或 xlsheetVisible 来使工作表重新显示，该参数对应数值为-1。

在工作表标签上右击，在弹出的菜单中选择"隐藏"命令即能够使该工作表隐藏。当工作簿中存在隐藏工作表时，在工作表标签上右击，弹出的菜单中将会出现"取消隐藏"命令，选择该命令，如图 11-26 所示。此时将打开"取消隐藏"对话框，在对话框中选择隐藏的工作表后单击"确定"按钮即可取消该工作表的隐藏，如图 11-27 所示。如果将 WorkSheet 对象的 Visible 属性设置为 xlSheetVeryHidden，将无法通过上述操作来取消工作表的隐藏。

图 11-26　选择"取消隐藏"命令

图 11-27　"取消隐藏"对话框

【示例 11-11】隐藏指定的工作表

（1）启动 Excel 并创建空白工作簿，打开 Visual Basic 编辑器，插入一个模块，在模块的"代码"窗口中输入如下程序代码：

```
01    Sub 隐藏指定的工作表()
02    Dim n As Integer
03      n = Application.InputBox(Prompt:="请输入需要隐藏的
04      工作表编号", Type:=1)                        '获取用户输入的数字
```

```
05          If n < Sheets.Count And n > 0 Then              '判断用户输入的数字是否合法
06             If Sheets(n).Visible = -1 Then  '判断数字指定的工作表是否处于隐藏状态
07                Sheets(n).Visible = xlSheetHidden
   '如果没有处于隐藏状态则将其隐藏
08             Else
09                MsgBox "当前选择工作表正处于隐藏状态, _
10                无须对其进行隐藏操作！"                      '工作表处于隐藏状态给出提示
11             End If
12          Else
13             MsgBox "指定工作表不存在，无法对其进行操作！"   '数字输入错误，给出提示
14          End If
15    End Sub
```

（2）将插入点光标放置到程序代码中，按 F5 键运行程序。程序弹出"输入"对话框，要求用户输入需要隐藏的工作表编号。在对话框中输入工作表编号后单击"确定"按钮关闭对话框，如图 11-28 所示。如果输入编号的工作表存在且处于非隐藏状态，该工作表将被隐藏。如果该工作表已经处于隐藏状态，程序弹出提示正处于隐藏状态无须操作，如图 11-29 所示。如果输入编号指定的工作表不存在，程序弹出提示工作表不存在，如图 11-30 所示。

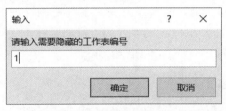

图 11-28　在对话框中输入工作表编号

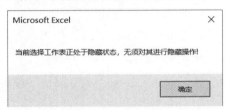

图 11-29　提示工作表已经隐藏

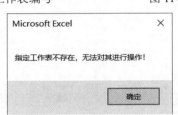

图 11-30　提示工作表不存在

代码解析：

● 本示例演示了通过编程隐藏工作表的方法。程序调用 Application 对象的 InputBox 方法通过弹出输入对话框获取用户输入的工作表编号。程序首先使用 If 结构判断用户输入的数字是否在允许的范围内，如果在允许范围内则对输入数字指定的工作表进行操作，否则弹出提示对话框，提示输入数字指定的工作表不存在。

● 当工作表处于隐藏状态时，其 Visible 属性值为-1；如果处于非隐藏状态，Visible 属性值为 0。为了避免对已经隐藏的工作表重复进行隐藏操作，程序使用 If 结构判断工作表是否处于隐藏状态。当指定的工作表未被隐藏，第 06 行将指定工作表的 Visible 属性设置为 xlSheetHidden，使工作表隐藏。如果指定工作表已经处于隐藏状态，程序弹出提示信息。

11.3 工作表的事件

当工作表被激活、工作表上单元格数据发生改变或数据透视表发生更改等操作发生时，都会触发相关的事件。工作表事件相对较少，只有 9 个。使用工作表事件可以方便地实现对工作表的管理和控制。

11.3.1 激活工作表时触发的事件

WorkSheet 对象的 Activate 事件在工作表成为活动工作表时触发，该事件的事件响应程序会在工作表激活时自动运行。下面通过一个示例来介绍该事件的使用方法。

【示例 11-12】工作表激活时隐藏行列标题

（1）启动 Excel 并创建空白工作簿，打开 Visual Basic 编辑器。在"工程资源管理器"中双击需要创建事件响应程序的工作表选项，此时将打开工作表的"代码"窗口。在"代码"窗口中输入事件响应程序，如图 11-31 所示。具体的程序代码如下所示：

```
01   Private Sub Worksheet_Activate()
02     If ActiveWindow.DisplayHeadings = True Then    '如果行列标题未隐藏
03         ActiveWindow.DisplayHeadings = False       '隐藏行列标题
04     End If
05   End Sub
```

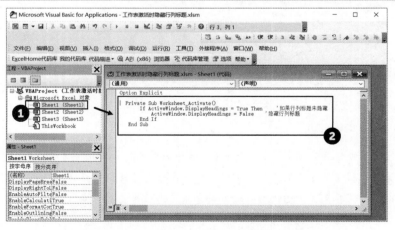

图 11-31　在"代码"窗口中输入事件响应程序

（2）切换到 Excel 程序窗口，激活 Sheet1 工作表，该工作表中的行列标题栏即被隐藏，如图 11-32 所示。

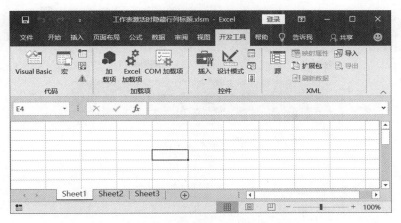

图 11-32　工作表中的行列标题栏被隐藏

代码解析：

- 本示例演示了 WorkSheet 对象的 Activate 事件的使用方法。WorkSheet 对象事件的载体是工作簿中的工作表，应该在工作表对象的"代码"窗口中编写事件响应程序。
- 本例使用 Window 对象的 DisplayHeadings 属性来设置行列标题栏是否显示，当 DisplayHeadings 属性值为 True 时，行列标题栏将显示，其值为 False 时行列标题栏将隐藏。

11.3.2　单元格数据发生变化时触发的事件

当工作表中的单元格数据发生改变时，将触发 WorkSheet 对象的 Change 事件。该事件的语法格式如下所示：

```
Private Sub Worksheet_Change(ByVal Target As Range)
End Sub
```

在 Change 事件被触发时，发生改变的单元格 Range 对象会传递参数 Target。在编写事件响应程序时，可以通过 Target 参数来获得内容发生改变的单元格或单元格区域。

【示例 11-13】判断输入是否为数字

（1）启动 Excel 并创建工作表，如图 11-33 所示。打开 Visual Basic 编辑器，打开 Sheet1工作表的"代码"窗口，输入事件响应程序，具体的程序代码如下所示：

```
01    Private Sub Worksheet_Change(ByVal Target As Range)
02       With Target
03          If .Column > 1 And .Column < 5 Then    '判断修改的是否是 B、C 和 D 列数据
04             If IsNumeric(.Value) = False Then         '判断输入的是否为数字
05                MsgBox "本单元格只能输入数字，请修改！"      '提示输入错误
06                .Font.Bold = True                        '使文字粗体显示
07                .Font.Size = 20                          '使文字字号变为 20
08             Else
09                .Font.Bold = False                       '取消文字粗体显示
10                .Font.Size = 11                          '使文字字号恢复到 11
```

```
11              End If
12            End If
13          End With
14      End Sub
```

图 11-33　创建工作表

（2）切换到 Excel 程序窗口，激活 Sheet1 工作表。当在 B 列、C 列或 D 列中输入非数字时，程序弹出输入错误提示，如图 11-34 所示。关闭提示对话框后，该单元格中数据将加粗加大显示，如图 11-35 所示。将出错单元格中的数据更改为数字，该单元格中数字即可恢复正常显示，如图 11-36 所示。

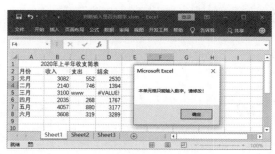

图 11-34　程序提示单元格输入错误

图 11-35　错误数据加粗增大显示

图 11-36　输入数字后恢复正常显示

代码解析：

● 本示例演示了 WorkSheet 对象的 Change 事件响应程序的创建方法，该事件当单元格中的数据发生改变时被触发。事件的 Target 参数将返回发生改变的单元格对象，程序使用 With 结构来对

Target 参数返回的单元格对象进行操作。

- 本例使用 If 结构的嵌套，外层的 If 结构用于判断发生改变的是否是指定单元格区域中的数据，内层 If 结构用于判断输入的是否为数字。
- 第 03 行使用 If 语句判断 Column 的返回值是否是 B 列、C 列和 D 列这三个数据列的列号。如果是，则进入内层判断结构，判断在这些单元格中输入的是否为数字。
- 第 04 行调用 IsNumeric 函数判断发生改变的单元格中数据是否为数字，如果不是数字，该函数将返回 False 值。内层 If 结构判断 IsNumeric 返回值是否为 False，如果是，则说明单元格中输入的不是数字，此时程序将弹出错误提示，并将该单元格中文字加粗加大，以突出显示。
- 由于本例允许用户在输入错误后将输入错误的数据更改为正确数字，因此第 09 行和第 10 行将单元格中文字恢复为初始状态。这样，在将错误数据修改正确后，单元格中的数字仍能恢复正常显示，而不再是加粗加大的出错显示状态。

11.3.3　选择区域发生变化时触发的事件

WorkSheet 对象的 SelectionChange 事件在选择单元格区域发生变化时触发，该事件的语法格式如下所示：

```
Private Sub Worksheet_SelectionChange(ByVal Target As Range)
End Sub
```

这里，Target 参数是引用被选择单元格或单元格区域。下面通过一个示例来演示 SelectionChange 事件的使用方法。

【示例 11-14】自动填充选择单元格所在的行列

（1）启动 Excel 并创建工作表，打开 Visual Basic 编辑器，在 Sheet1 工作表的"代码"窗口，输入事件响应程序，具体的程序代码如下所示：

```
01   Private Sub Worksheet_SelectionChange(ByVal Target As Range)
02       Cells.Interior.ColorIndex = xlNone          '取消单元格填充色
03       Rows(Target.Row).Interior.ColorIndex = 20    '填充选择单元格所在的行
04       Columns(Target.Column).Interior.ColorIndex = 20 '填充选择单元格所在的列
05   End Sub
```

（2）切换到 Excel 程序窗口，在 Sheet1 工作表中任选一个单元格，自动为单元格所在的行和列填充颜色，如图 11-37 所示。

图 11-37　自动填充选择单元格所在的行列

代码解析：

- 本示例演示了 WorkSheet 对象的 SelectionChange 事件的使用方法，该事件在工作表的单元格数据发生改变时触发。事件的 Target 参数将返回当前选择的单元格或单元格区域。
- 第 03 行和第 04 行中，Rows(Target.Row)和 Columns(Target.Column)返回选择单元格所在行和列的 Range 对象，并向它们的内部填充指定的颜色。
- 第 02 行将所有单元格的 ColorIndex 属性设置为 xlNone 以取消对单元格颜色的填充。如果没有这一行程序，则每次触发事件时程序都将对选择单元格所在的行和列填充一次颜色，前面填充的颜色和本次填充的颜色都将同时存在于工作表中。

11.3.4　重新计算时触发的事件

当对工作表进行重新计算时将触发 WorkSheet 对象的 Calculate 事件。下面通过一个示例来介绍 Calculate 事件的使用方法。

【示例 11-15】重新计算后自动调整单元格的大小

（1）启动 Excel 并创建工作表，如图 11-38 所示。打开 Visual Basic 编辑器，在 Sheet1 工作表的"代码"窗口，输入事件响应程序，具体的程序代码如下所示：

```
01   Private Sub Worksheet_Calculate()
02       Columns("D").AutoFit            '使 D 列单元格跟随单元格内容自动调整大小
03   End Sub
```

（2）切换到 Excel 程序窗口，在 Sheet1 工作表更改"单价"或"销售数量"列中的数据，在"销售额"列中获得计算结果后，该列单元格将自动调整宽度以适应数据，如图 11-39 所示。

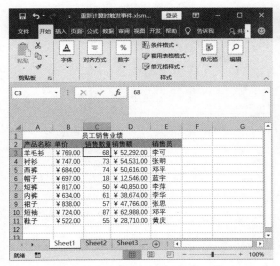

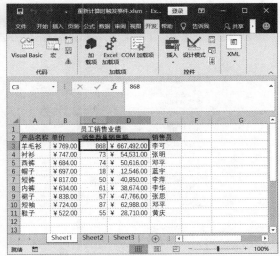

图 11-38 创建工作表   图 11-39 单元格自动调整宽度以适应数据

代码解析：

● 本示例演示了 WorkSheet 对象的 Calculate 事件的使用方法，该事件在工作表进行重新计算时触发。在本例中，当触发 Calculate 事件时，调用 AutoFit 方法使 D 列中单元格根据数据自动调整列宽。

11.3.5 双击工作表时触发的事件

当双击工作表时将触发 WorkSheet 对象的 BeforeDoubleClick 事件。下面通过一个示例来介绍该事件的使用方法。

【示例 11-16】双击任意一个工作表都只激活第一个工作表

（1）启动 Excel 并创建空白工作表，打开 Visual Basic 编辑器，在 Sheet1 工作表的"代码"窗口，输入事件响应程序，具体的程序代码如下所示：

```
01   Private Sub Worksheet_BeforeDoubleClick(ByVal Target As Range, Cancel As
Boolean)
02       Sheets(1).Activate                          '激活第一个工作表
03       Cancel = False                              '取消默认的双击操作
04   End Sub
```

（2）将上述工程代码复制到 Sheet2 和 Sheet3 工作表的"代码"窗口中，如图 11-40 所示。切换到 Excel 程序窗口，在工作簿的任意一个工作表中双击都将激活工作簿的第一个工作表。

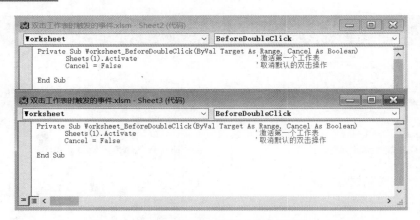

图 11-40　复制代码到工作表对象的代码窗口中

代码解析：

- 本示例演示了 WorkSheet 对象的 BeforeDoubleClick 事件的使用方法，该事件在双击工作表时触发。第 02 行调用 Activate 方法激活工作表。
- 由于在工作表中双击会使单元格处于可编辑状态，因此第 03 行将 Cancel 设置为 False，取消默认的双击操作。

注　意
在第 10 章介绍了 WorkBook 对象的 SheetBeforeDoubleClick 事件，该事件也是在双击工作表时触发。这两个事件虽然都是双击触发的，但它们有着本质的不同，因为它们是不同对象的事件。在具体的使用上，SheetBeforeDoubleClick 事件的载体是 Thisworkbook，无论工作簿中有多少个工作表，只需要在 ThisWorkbook 对象的"代码"窗口中编写一次事件响应程序，即可将其应用于工作簿中所有的工作表。而 BeforeDoubleClick 的事件响应程序只能应用于单个工作表，有几个工作表就需要编写几次事件响应程序。就像本例，需要将 Sheet1 工作表的 BeforeDoubleClick 复制到 Sheet2 工作表和 Sheet3 工作表中，否则双击 Sheet2 工作表和 Sheet3 工作表将无法实现需要的激活动作。

第 12 章　使用 Range 对象操作数据

Excel 的基本功能就是对数据进行分析处理，数据的放置场所就是工作表中的单元格。因此，从某种意义上说，处理数据实际上就是对单元格中的内容进行处理。在 VBA 中，WorkSheet 对象的下级对象是 Range 对象，Range 对象既可以代表工作表中的一个单元格，也可以是工作表中的一行或列，还可以是多个单元格组成的单元格区域。在 VBA 中，对单元格的操作是通过设置 Range 对象的属性值、调用 Range 对象的方法来实现的。

本章知识点：
- 认识 Range 对象
- 学习如何引用单元格
- 设置单元格外观
- 操作单元格

12.1　获取单元格对象

要操作单元格，首先要确定需要操作哪个单元格，即如何引用单元格。通过引用单元格获得所需的 Range 对象后，才能对单元格中的数据进行操作。针对不同的情况，单元格有不同的引用方法，本节将对这些方法进行介绍。

12.1.1　使用 Range 属性实现引用

在 Excel VBA 中，WorkSheet 和 Range 对象都拥有一个 Range 属性，该属性可以返回一个 Range 对象，该对象表示单个单元格或一个单元格区域。使用 Range 属性可以便捷地实现对单元格或单元格区域的引用。

如要引用当前活动工作表的 A1 单元格，可以使用下面的语句：

```
Range("A1")
```

如果需要引用连续的单元格区域，如 A1:D5 单元格区域，可以使用下面的语句：

```
Range("A1:D5")
```

或

```
Range("A1","D5")
```

要引用某个单元格区域，还可以使用区域名称的方式。在工作表中首先选择单元格区域，如这里选择 A1:E6 单元格区域，在名称框中输入区域名称 myRange，如图 12-1 所示。完成输入后按 Enter 键确认命名。完成操作后即可使用该区域名称来引用该单元格区域，引用语句如下所示。

```
Range("myRange")
```

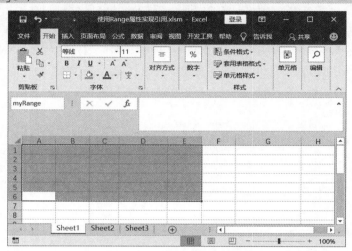

图 12-1　为单元格区域命名

使用 Range 属性能够便捷地实现多个不连续单元格区域的引用，这些单元格区域之间用逗号"，"连接。如引用 A1:B3、C5:D8 和 F9:E12 这三个单元格区域，可以使用下面的语句。

```
Range("A1:B3,C5:D8,F9:E12")
```

在程序中，还可以使用字符串的方式来引用单元格。如下面的语句将通过指定的字符串来引用指定的 A8 单元格。

```
Dim I As Integer
Dim myRange As Range
i=8
Set myRange=Range("A" & i)
```

下面的语句将使用字符串来引用一个单元格区域 A8:B10。

```
Dim i As Integer, j As Integer
Dim myRange As Range
i=8
j=10
Set myRange=Range("A" & i & ":B" & j)
```

使用 Range 属性还能实现对行或列的引用，如下面语句将引用当前工作表中的 C 列。

```
Range("C:C")
```

如果要引用多个连续的列，如对当前工作表的 A 列到 D 列进行引用，可以使用下面的语句。

```
Range("A:D")
```

如果要引用多个非连续的列，如对当前工作表的 A 列、C 列和 E 列进行引用，可以使用下面的语句：

```
Range("A:A,C:C,E:E")
```

与引用列相类似，如果要引用工作表的单行，如引用当前工作表的第一行，可以使用下面的语句：

```
Range("1:1")
```

引用连续的行，如第 1~5 行，可以使用下面的语句：

```
Range("1:5")
```

引用非连续的行，如第 1 行、第 4 行和第 8 行，可以使用下面的语句：

```
Range("1:1,4:4,8:8")
```

实际操作中，还有一种快捷的引用单元格或单元格区域的方式，使用方括号"[]"来引用单元格对象。下面的代码将分别展示针对不同的引用需要，使用的不同引用方式。

```
01    Dim myRange As Range
02    Set myRange = [A1]                        '单元格 A1
03    Set myRange = [A1:D8]                      '单元格区域 A1:D8
04    Set myRange = [A1:D8,A20:C25,F6:G10]       '单元格区域 A1:D8、A20:C25 和 F6:G10
05    Set myRange = [A:A]                        'A 列
06    Set myRange = [A:D]                        'A 列到 D 列的连续列
07    Set myRange = [A:A,C:C,H:H]                'A 列、C 列和 H 列这三个不连续列
08    Set myRange = [1:1]                        '第 1 行
09    Set myRange = [5:20]                       '第 5 行到第 20 行的连续行
10    Set myRange = [1:1,3:3,5:5]                '第 1 行、第 3 行和第 5 行这三个不连续行
11    Set myRange = [myRange]                    '工作表中的某个名称为 myRange 的单元格区域
```

【示例 12-1】使用名称引用多个不连续单元格区域

（1）启动 Excel 创建一个空白工作簿，在工作表中选择单元格区域，在名称框中为选择的单元格区域命名。这里分别为三个单元格区域命名，如图 12-2 所示。打开 Visual Basic 编辑器，插入一个模块，在模块的"代码"窗口中输入如下程序代码：

```
01    Sub 使用名称引用多个不连续单元格区域()
02        Dim myR As Range                                '声明对象变量
03        Set myR = Range("myRange1,myRange2,myRange3")   '引用单元格
04        myr.Select                                      '选择引用的单元格
05    End Sub
```

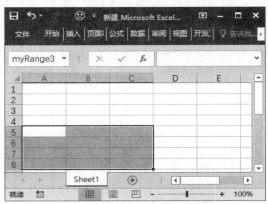

图 12-2　分别为选择单元格命名

（2）将插入点光标放置到程序代码中，按 F5 键运行程序，程序将选择指定的单元格区域，如图 12-3 所示。

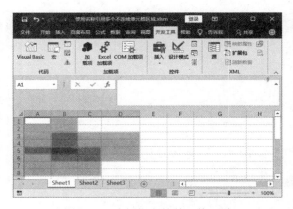

图 12-3　选择指定的单元格区域

代码解析：

● 本示例演示了使用单元格名称来引用多个单元格区域的方法。本例在演示时，首先为单元格区域命名，这里命名了三个单元格区域。第 03 行使用 Range 属性引用这三个单元格区域，并赋予对象变量 myR。第 04 行调用 Select 方法选择引用的单元格区域。

12.1.2　使用 Cells 属性

WorkSheet 和 Range 对象都拥有 Cells 属性，该属性能够返回工作表或单元格区域中指定行和列相交处的单元格。使用 Cells 属性引用单元格一般使用下面的方式。

```
Cells(i, j)
```

这里，i 表示行号，j 表示列号。参数 j 既可以是数字，也可以是字母，如选择工作表中的 E3 单元格，由于该单元格是第 3 行和第 5 列相交处的单元格，可以使用下面的语句进行引用。

```
ActiveSheet.Cells(3, 5)
```

这里，对 E3 单元格可以使用下面语句来引用，即列号使用字母。

```
ActiveSheet.Cells(3, "E")
```

如果使用 Cells 属性来引用单元格区域中的某个单元格，则该属性将返回这个单元格区域中指定的行和列相交处的单元格。如图 12-4 所示，下面的语句将在 E8 单元格中写入数字 30。

```
Range("B4:H10").Cells(5,4)=30
```

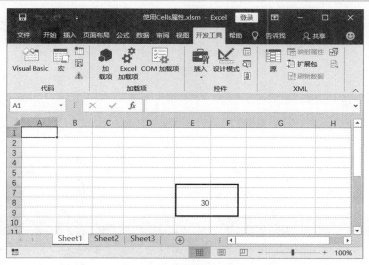

图 12-4　引用 E8 单元格

这里，Range("B4:H10")表示 B4:H10 单元格区域，需要引用的 E8 单元格是这个区域中第 5 行与第 4 列相交处单元格，Cells(5,4)将返回这个相交处的单元格。

Cells 也可以只使用一个参数，这个参数表示单元格区域中的第几个单元格。如下面的语句将选择工作表的 B6 单元格。

```
ActiveSheet.Cells(15).Select
```

但是，使用一个参数引用单元格的方法不是一个好办法。单元格是按照从左向右，自上而下的顺序来进行编号的。在 Excel 2019 中，工作表最终的列号为 XFD，最终行号为 1048576，也就是工作表一共有 16384 列，1048576 行，则工作表每一行最多有 16384 个单元格。如果要引用第一行之外的单元格，就得先计算该单元格的编号是多少。这对于前几行单元格的引用也许还算不上什么，但越往下这个编号越大，操作起来就越麻烦。如要引用 A16 单元格，也就是第 16 行的第一个单元格，就使用下面的语句：

```
ActiveSheet.Cells(245761)
```

因此，在编写程序时，使用一个参数来引用单元格，一般都是使用 Range 对象的 Cells 属性，也就是对指定的单元格区域中的单元格进行引用。如同样是引用 A16 单元格，并在该单元格中写入数字 10，使用下面的语句显然就要简单多了。

```
Range("A15:C17").Cells(4)=10
```

如图 12-5 所示，在 A15:C17 单元格区域中，按照从左向右、自上而下的顺序，该单元格区域中的第 4 个单元格正好是 A16 单元格。

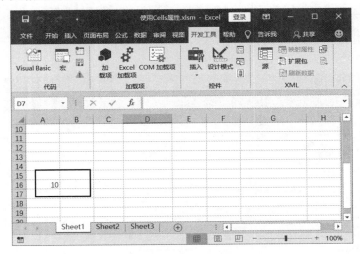

图 12-5　引用 A16 单元格

> **注　意**
>
> 在使用 Range 对象的 Cells 属性时，单元格的编号应该处于 1 到这个区域所有单元格总数之间。如果超出了这个范围，Excel 会保持列数不变，自动将单元格区域在行的方向上进行扩展，然后再进行引用。如下面的语句将引用图 12-5 中的 C19 单元格。
>
> ```
> Range("A15:C17").Cells(15)
> ```

如果不使用任何参数，Cells 属性将返回指定单元格区域中的所有单元格。如下面两个语句，一个返回当前工作表中所有的单元格，一个返回 A1:C10 单元格区域中所有的单元格。

```
ActiveSheet.Cells
Range("A1:C10").Cells
```

另外，Cells 属性可以作为 Range 属性的参数使用，如引用 A1:B3 单元格区域，可以使用下面的语句。

```
Range(Cells(1, 1), Cells(3, 2))
```

【示例 12-2】向连续单元格区域中填入数据之一

（1）启动 Excel 工作表，打开 Visual Basic 编辑器，插入一个模块，在模块的"代码"窗口中输入如下程序代码：

```
01    Sub 向连续单元格区域中填入数据之一()
02       Dim i As Integer                        '声明变量
03       For i = 3 To 7
04          Cells(2, i) = "得分" & (i - 2)        '向第 2 行的第 3~7 列的单元格填充文字
05       Next
06       For i = 3 To 15
07          Cells(i, 1) = i - 2                   '向第 1 列的第 3~15 行单元格填充数字
08       Next
09    End Sub
```

（2）将插入点光标放置到程序代码中，按 F5 键运行程序，程序向指定单元格中填入数据，如图 12-6 所示。

图 12-6　向指定单元格中填入数据

代码解析：

● 本示例演示了引用连续单元格区域的方法。第 03~05 行使用 For…Next 循环向工作表的第 3 列~7 列的单元格中填充数据，这里使用 Cells（2，i）语句引用这些单元格。同样的，第 06~08 行使用 For…Next 循环遍历工作表第 1 列中第 3~15 行单元格，并向单元格填入数据。

12.1.3 引用行列

Range 对象的 Row 属性能够返回指定单元格区域中第一个子区域第一行的行号。Range 对象的 Column 属性可以返回指定区域中第一列的列号。如下面语句的返回值为 3，即单元格区域 C1:M5 第一列的列号为 3。

```
Range("C1:M5").Column
```

Range 对象还提供了 Rows 和 Columns 属性，该属性可以返回指定单元格区域中的行和列的集合。这两个属性的使用方法与 Sheets 或 WorkSheets 相同，可以通过索引号来引用单元格区域中的行或列。

如下面语句将选择 A1:D5 单元格区域中的第 2 列，如图 12-7 所示。

```
Range("A1:D5").Columns(2).Select
```

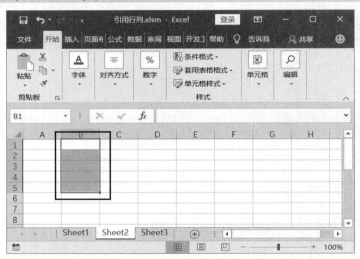

图 12-7　选择 A1:D5 单元格区域中的第 2 列

下面对示例 12-2 进行修改，使用 Row 属性和 Colum 属性来实现相同的操作效果。

【示例 12-3】向连续单元格区域中填入数据之二

（1）启动 Excel 工作表，打开 Visual Basic 编辑器，插入一个模块，在模块的"代码"窗口中输入如下程序代码：

```
01    Sub 向连续单元格区域中填入数据()
02        Dim i As Integer            '声明变量
03        For i = 3 To 7
04            Range("2:2").Columns(i) = "得分" & (i - 2)      '向第 2 行的第 3~7 列
      的单元格填充文字
05        Next
06        For i = 3 To 13
07            Range("A:A").Rows(i) = i - 2 '向第 1 列的第 3~13 行单元格填充数字
08        Next
09    End Sub
```

（2）将插入点光标放置到程序代码中，按 F5 键运行程序，程序在指定单元格填入数据，如图 12-8 所示。

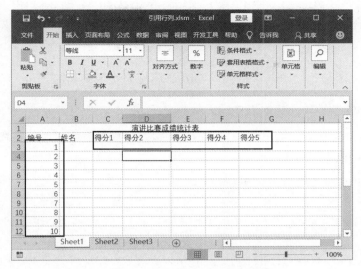

图 12-8　向指定单元格中填入数据

代码解析：

● 本示例演示了使用 Columns 属性和 Rows 属性来获取连续单元格区域的方法。第 04 行使用 Range("2:2")获取当前工作表的第 2 行单元格区域，使用 Columns(i)获取该单元格区域第 i 列，由于单元格区域只有一行，这样获取的列就只有一个单元格。第 07 行使用 Range("A:A")获取当前工作表的 A 列单元格，使用 Rows(i)引用这个单元格区域中的第 i 行，由于只有一列，因此可实现对单个单元格的引用。

12.1.4　用偏移量来实现引用

如果有人问，在工作表中，D5 单元格在哪里？我们可以回答，在工作表的第 5 行和 D 列的交叉点处。也可以回答，D3 单元格正下方间隔两个单元格即为 D5 单元格，或回答在 B5 单元格右侧间隔 2 个单元格即为 D5 单元格。第二种回答方式，就是一种使用偏移量来定位单元格的方式。

在 VBA 中，Range 对象提供了 Offset 属性，该属性能返回一个 Range 对象，该对象是与指定单元格区域有一定间隔的单元格。Offset 的语法结构如下所示：

```
对象.Offset(RowOffset, ColumnOffset)
```

下面对两个参数的意义进行介绍。

● RowOffset：该参数是可选参数，表示区域将偏移的行数。该参数的值为正值时表示向下偏移，为负值时表示向上偏移。参数的默认值为 0，表示区域本身，即不偏移。

● ColumnOffset：该参数是可选参数，表示区域将偏移的列数。该参数为正值时表示向右偏移，为负值时表示向左偏移。参数的默认值为 0，表示区域本身，即不偏移。

OffSet 属性常常和 ActiveCell 属性配合使用，ActiveCell 属性表示获得窗口中的活动单元格。如当前活动单元格为 B2 单元格，要引用 E4 单元格，可以使用下面的语句。

```
ActiveCell.Offset(2, 3)
```

下面对示例 12-3 进行修改，尝试使用 OffSet 属性来实现其功能。

【示例 12-4】向连续单元格区域中填入数据之三

（1）启动 Excel 工作表，打开 Visual Basic 编辑器，插入一个模块，在模块的"代码"窗口中输入如下程序代码：

```
01   Sub 向连续单元格区域中填入数据()
02       Dim i As Integer                                    '声明变量
03       For i = 2 To 6
04           Range("A2").Offset(0,i)="得分"&(i-1)'向第 2 行的第 3~7 列的单元格填充文字
05       Next
06       For i = 1 To 11
07           Range("A2").Offset(i, 0)=i '向第 1 列的第 3~13 行单元格填充数字
08       Next
09   End Sub
```

（2）将插入点光标放置到程序代码中，按 F5 键运行程序，指定单元格被填入了数据，如图 12-9 所示。

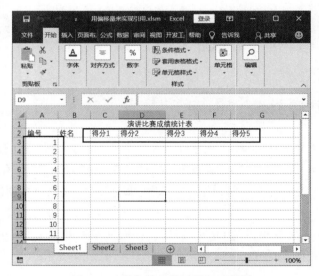

图 12-9　指定单元格被填入了数据

代码解析：

- 本例演示了使用 Offset 属性来实现单元格引用的方法。第 04 行中 Range（"A2"）用于指定单元格偏移的起始单元格，Offset(0, i)表示以起始单元格为基准向右偏移 i 个单位。同样的，第 07 行 Offset(i, 0)表示以起始单元格为基准向下偏移 i 个单元格。

● 程序使用 For…Next 循环对单元格依次进行向右和向下偏移，这里请读者注意循环变量 i 的起始值和终止值与前面示例的不同。

12.1.5　缩放单元格区域

Range 对象的 Resize 属性能够返回一个 Range 对象，它代表对指定单元格区域进行扩大或缩小后的新单元格区域。该属性的语法结构如下所示：

```
对象.Resize(RowSize, ColumnSize)
```

下面对该属性的两个参数进行介绍。

● RowSize：该参数是可选参数，表示新单元格区域中的行数。如果省略该参数，则新单元格区域中的行数与原单元格区域的行数相同。
● ColumnSize：该参数是可选参数，表示新单元格区域中的列数。如果省略该参数，则新单元格区域中的列数与原单元格区域的列数相同。

使用 Resize 属性能够对某个单元格区域进行扩大或缩小。如下面语句使用 Resize 获取的单元格区域比原单元格区域大，也就是将原单元格区域扩大到 5 行 6 列。

```
Range("A2").Resize(5,6)
```

对于下面的语句，Resize 语句获得的新单元格区域比原单元格区域要小，也就是将原单元格区域缩小到 2 行 2 列。

```
Range("A1:D8").Resize(2,2)
```

【示例 12-5】扩大指定单元格选择区域并显示其地址

（1）启动 Excel 工作表，打开 Visual Basic 编辑器，插入一个模块，在模块的"代码"窗口中输入如下程序代码：

```
01    Sub 扩大选区范围并显示地址()
02        Dim myRange As Range                              '声明对象变量
03        Set myRange = Range("A2:C4").Resize(4, 5)         '扩大选区
04        myRange.Select                                    '选择扩大后的选区
05        MsgBox "当前选择的单元格区域地址为： " & myRange.Address '显示新选区的地址
06    End Sub
```

（2）将插入点光标放置到程序代码中，按 F5 键运行程序，指定单元格区域被选择，同时程序提示当前选择单元格区域的地址，如图 12-10 所示。

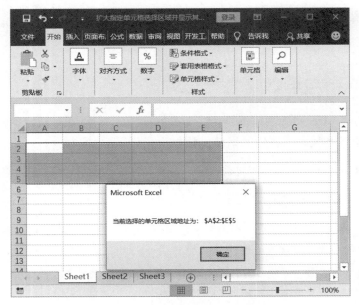

图 12-10   选择单元格区域并显示地址

代码解析：

- 程序代码的第 03 行，Range("A2:C4")表示原单元格区域，Resize(4, 5)语句表示将原单元格区域扩大为 4 行 5 列的新单元格区域。该单元格区域作为 Range 对象被赋予对象变量 myRange。
- 第 04 行调用 Select 方法选择扩大后的单元格区域。第 05 行使用 Address 属性获得 myRange 单元格区域的地址，调用 MsgBox 函数将其显示出来。

12.2
引用单元格区域

我们操作数据时常常需要对数据所在单元格区域进行操作，这些单元格区域既有可能是连续的区域，也有可能是多个不连续的区域。使用 VBA 提供的属性和方法，能够方便地实现对单元格区域的引用。

12.2.1   引用工作表的内容区域

使用 Range 对象的 CurrentRegion 属性将返回 Range 对象所在的单元格区域，这个区域是一个由空行和空列围成的区域。如下面的语句将选择当前单元格所在的文字区域，如图 12-11 所示。

```
Range("A2").CurrentRegion.Select
```

图 12-11　使用 CurrentRegion 属性获得已使用的单元格区域

从图 12-11 可以看出，CurrentRegion 获得的是 A2 单元格所在的有数据的单元格区域，这个文字单元格区域是以空行（第 9 行）和空列（F 列）作为边界的。

WorkSheet 对象的 UsedRange 属性能够返回工作表中已经使用的单元格围成的矩形区域。如在图 12-11 所示的工作表中使用下面的语句，将能够在工作表中选择包含所有数据的矩形单元格区域，如图 12-12 所示。

```
ActiveSheet.UsedRange.Select
```

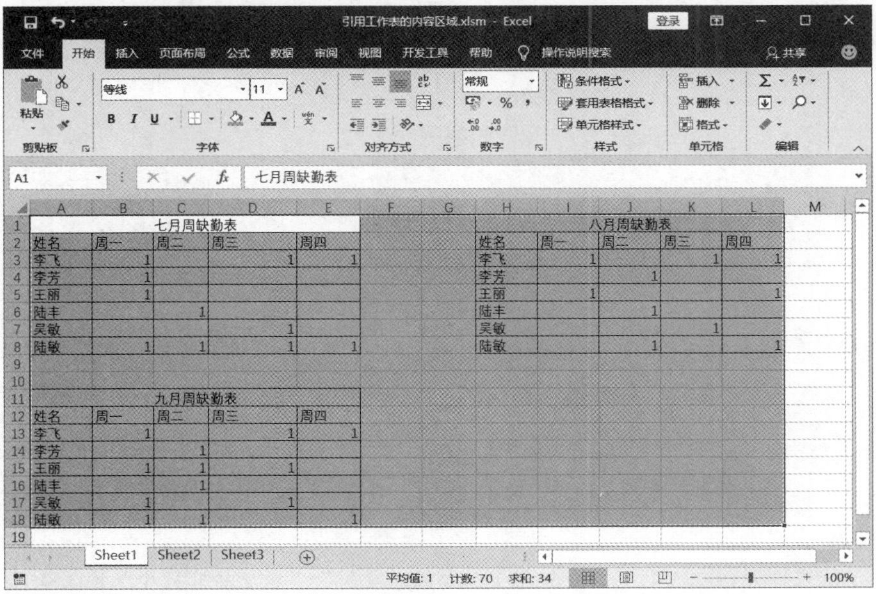

图 12-12　使用 UsedRange 属性获得的已使用的单元格区域

> **注 意**
>
> 使用 CurrentRegion 属性和 UsedRange 属性都可以获得已使用的单元格区域。两者的区别在于，CurrentRegion 获得的区域以空白行和空白列作为分界，不会包含夹在其中的空白行和空白列。UsedRange 属性则会包含夹在已使用单元格区域间的空白行和空白列。

【示例 12-6】选择不包含标题行的已用单元格区域

（1）启动 Excel 工作表，打开 Visual Basic 编辑器，插入一个模块，在模块的"代码"窗口中输入如下程序代码：

```
01   Sub 选择不含有标题栏的已用单元格区域()
02       Dim myRange1 As Range                    '声明对象变量
03       Dim myRow As Long                        '声明变量
04       myRow = ActiveSheet.UsedRange.Rows.Count  '获得所有已用单元格行数
05       Set myRange = ActiveSheet.UsedRange.Resize(myRow - 1).Offset(1, 0)
06       '获取单元格区域
07       myRange.Select                           '选择单元格区域
08       MsgBox "引用的单元格区域地址为： " & myRange.Address    '显示选择区域地址
09   End Sub
```

（2）将插入点光标放置到程序代码中，按 F5 键运行程序，工作表中除了第一行标题行外，已使用的单元格区域都被选择，同时程序提示选择单元格区域地址，如图 12-13 所示。

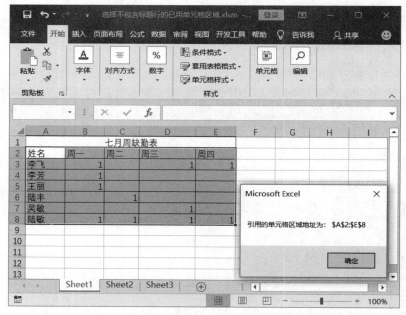

图 12-13　选择非标题行之外的所有已用单元格并提示选区地址

代码解析：

● 程序展示了如何获取工作表中已用单元格区域，并从这个单元格区域中去掉第一行。第 05 行获取当前活动工作表中已用单元格区域的行数。

● 由于要去掉已用单元格区域中的标题行，因此需要获得一个比已用单元格区域少一行的单元格区域。第 05 行使用 Resize 属性获得新的单元格区域，该区域比原区域少了一行。Offset 属性将返回一个单元格区域，该区域为行数减少一行后的单元格区域并向下偏移一个单元格所获得新单元格区域，这个单元格区域就是原单元格区域去掉第一行后的单元格区域。

12.2.2　获取内容区域的开头和结尾

在 Excel 工作表中选择一个数据单元格，按"Ctrl+方向键"能快速选择单元格所在行或列的第一个或最后一个数据单元格。如：按"Ctrl+→"键能够选择该单元格所在行的最后一个数据单元格，如图 12-14 所示。在 VBA 中，Range 对象的 End 属性能返回当前单元格区域结尾处的单元格。End 属性有 4 个参数，分别是 xlToLeft、xlToRight、xlUp 和 xlDown，用于指明移动的方向，作用与 Excel 中对应的"Ctrl+方向键"相同。

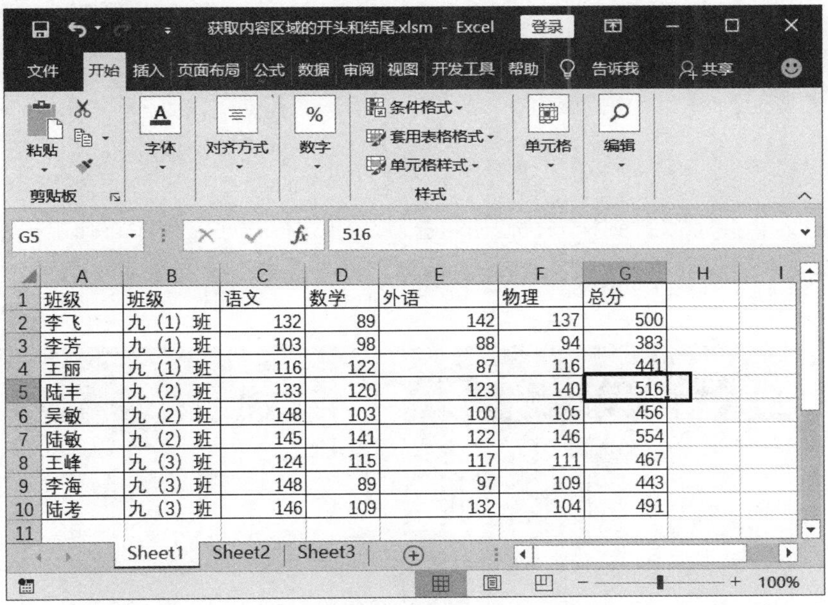

图 12-14　选择最后一个已用单元格

如在图 12-14 的工作表中，当前选择的单元格是 C5。如果要选择图中的 C5 单元格所在行的最后一个已用单元格（即 G5 单元格），可以使用下面的语句。

```
Range("C5").End(xlToRight).Select
```

【示例 12-7】获取数据区的行列数和最后一个姓名

（1）启动 Excel 工作表，如图 12-15 所示。打开 Visual Basic 编辑器，插入一个模块，在模块的"代码"窗口中输入如下程序代码：

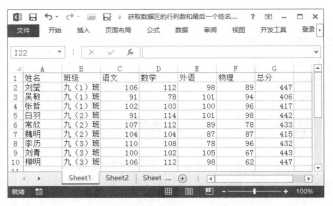

图 12-15　打开工作表

```
01    Sub 获取数据区的行列数和最后一个姓名()
02      Dim i As Long, j As Integer, s As String        '声明变量
03      i = Range("A1").End(xlDown).Row                 '获取数据区最后一行的行号
04      j = Range("A1").End(xlToRight).Column           '获取数据区最后一列的列号
05      s = Range("A1").End(xlDown).Value               '获取姓名列最后一个姓名
06      MsgBox "工作表中的数据区有：      " & i &
07        "行，" & j & "列" & Chr(13) & "最后一个姓名是：" & s      '显示相关信息
08    End Sub
```

（2）将插入点光标放置到程序代码中，按 F5 键运行程序。程序将弹出提示对话框，对话框中会显示数据区的行数和列数，同时显示工作表"姓名"列的最后一个姓名，如图 12-16 所示。

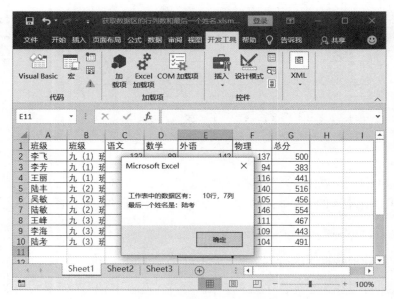

图 12-16　显示数据区中行列数和最后一个姓名

代码解析：

● 程序展示了如何获取工作表数据区的行数和列数，以及获取最后一个数据的方法。第 03 行使用

语句 Range("A1").End(xlDown)获取 A1 单元格所在列最后一个有数据的单元格，使用 Row 属性获取该单元格的行号。同样地，第 04 行使用语句 Range("A1").End(xlToRight)获得 A1 单元格所在行最右侧有数据的单元格区域，使用 Column 属性获取该单元格的列号。第 05 行获取 A1 列最后一个数据单元格中的数据。

● 在获得需要的数据后，第 06~07 行调用 MsgBox 函数将它们在对话框中显示出来。

注　意

要获取数据区域最后一行除了使用示例介绍的方法之外，还可以使用前面介绍的 UseRange 属性和 CurrentRegion 属性。如要获得数据区最后一行的行号，可以使用下面两个语句中的任意一个：

```
i=ActiveSheet.UseRange.Rows.Count+1
```

或：

```
i=Range("A1"),CurrentRegion.Rows.Count+1
```

12.2.3　引用多个非连续单元格区域

Application 对象的 Union 方法能够将多个非连续的单元格区域组合到一个 Range 对象中，这些单元格区域合并成一个区域后，用户可以对它们进行统一操作。Union 方法的语法结构如下所示：

```
表达式.Union（Arg1,Arg2,…,Arg30）
```

这里，参数为 Arg1,Arg2,…,Arg30 为需要合并的单元格区域，该方法至少需要两个单元格区域，最多能够合并 30 个单元格区域。

【示例 12-8】在多个单元格区域中输入字符

（1）启动 Excel 并创建空白工作表，打开 Visual Basic 编辑器，插入一个模块，在模块的"代码"窗口中输入如下程序代码：

```
01    Sub 在多个单元格区域中输入字符()
02      Dim rangeA, rangeB, rangeC, rangeD, rangeM As Range '声明对象变量
03      Set rangeA = Sheets("sheet1").Range("A3:C5")
04      Set rangeB = Sheets("sheet1").Range("D1:E3")        '指定三个单元格区域
05      Set rangeC = Sheets("sheet1").Range("F3:H5")
06      Set rangeD = Sheets("sheet1").Range("D6:E8")
07      Set rangeM = Union(rangeA, rangeB, rangeC, rangeD)
 '合并这 4 个单元格区域
08      rangeM = "¥"                                     '向单元格区域中输入符号"¥"
09    End Sub
```

（2）将插入点光标放置到程序代码中，按 F5 键运行程序，程序在指定的单元格区域中

输入符号"¥"，如图 12-17 所示。

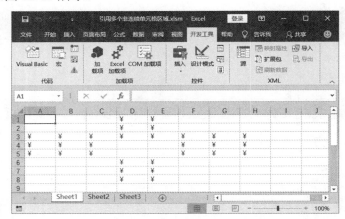

图 12-17　在指定的单元格区域中输入字符

代码解析：

- 程序演示了如何调用 Union 方法来合并单元格区域。第 03~06 行使用 Range 属性获取 4 个单元格区域并分别赋予对象变量。第 07 行调用 Union 方法合并 4 个单元格区域并将其赋予变量 rangeM。第 08 行将字符"¥"写入合并后的单元格区域。

12.2.4　引用单元格区域的交叉区域

Application 对象的 Intersect 方法可以返回多个单元格区域的交叉区域，该方法的语法格式如下所示：

```
表达式.Intersect(Arg1,Arg2,Arg3……Arg30)
```

这里，参数的意义与 Union 的参数相同，该方法同样至少需要两个单元格区域，最多能够对 30 个单元格区域进行交叉计算。

【示例 12-9】检测单元格区域是否交叉

（1）启动 Excel 并创建空白工作表，打开 Visual Basic 编辑器，插入一个模块，在模块的"代码"窗口中输入如下程序代码：

```
01    Sub 检测单元格区域是否交叉()
02      Dim rangeA, rangeB, rangeC As Range              '声明对象变量
03      Set rangeA = Range("A2:D4")                       '指定单元格区域
04      Set rangeB = Application.InputBox(Prompt:="请在此输入_
05      需要检测的单元格区域地址", Type:=8)                 '输入单元格地址
06      Set rangeC = Application.Intersect(rangeA, rangeB) '获取交叉区域
07      If rangeC Is Nothing Then                          '如果没有交叉
08          MsgBox "单元格区域与 A2:H4 单元格区域没有交叉！"  '给出提示
09      Else
10          MsgBox "单元格区域与 A2:H4 单元格区域发生了交叉！" & Chr(13) &_
```

```
11        "交叉区域为：" & rangeC.Address                              '显示交叉区域地址
12            End If
13    End Sub
```

（2）将插入点光标放置到程序代码中，按 F5 键运行程序。程序弹出"输入"对话框，用户在对话框中输入单元格地址，如图 12-18 所示。单击"确定"按钮关闭对话框，如果输入单元格区域与 A2:H4 单元格区域有交叉，程序弹出提示行，显示交叉部分的单元格地址，如图 12-19 所示。如果输入的单元格区域与 A2:H4 单元格区域没有交叉，程序弹出没有交叉的提示，如图 12-20 所示。

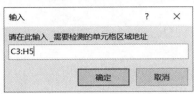

图 12-18　输入单元格地址

图 12-19　提示交叉区域

图 12-20　提示没有交叉

代码解析：

- 程序展示了使用 Intersect 获取交叉单元格区域的方法，第 03 行指定第一个单元格区域。第 04~05 行调用 Application 对象的 InputBox 函数来获取用户输入单元格地址。这里，将 InputBox 函数的 Type 参数设置为 8，使该函数返回 Range 对象。
- 第 06 行调用 Intersect 方法将指定单元格区域和用户输入的单元格区域进行交叉。此时，如果两个单元格区域有交叉，Intersect 方法将返回交叉区域。如果单元格区域没有交叉，则该方法返回空值。
- 程序使用 If…Else 结构对 Intersect 方法的返回值进行判断，如果返回了单元格交叉区域，给出提示并显示其地址。如果没有返回交叉区域，则提示两个单元格区域没有交叉。

12.2.5 引用单元格区域中的不连续区域

如果某个单元格区域是由多个不连续的单元格区域构成的，要引用这些不连续的单元格区域，可以使用 Range 对象的 Areas 属性。Areas 属性将返回一个 Areas 集合，该集合是 Range 对象的集合，是区域内的所有子区域的集合。

要获得单元格区域中的某个单元格子区域，可以使用下面的语句：

```
Areas(index)
```

这里，index 为区域索引号，该索引号对应区域中子区域的选定属性，第一选定的子区域的索引号为 1，第二个为 2，以此类推。

【示例 12-10】 向选择单元格区域中输入数字

（1）启动 Excel 并打开工作表。在工作表中按住 Ctrl 键并拖动鼠标依次选择 4 个单元格区域，如图 12-21 所示。

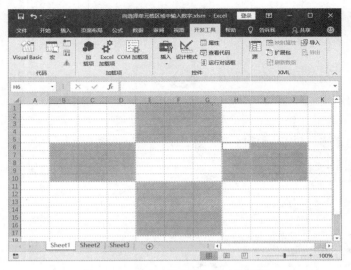

图 12-21　依次选择多个单元格区域

（2）打开 Visual Basic 编辑器，插入一个模块，在模块的"代码"窗口中输入如下程序代码：

```
01   Sub 向选择单元格区域中填入数字()
02       Dim myRange As Range                    '声明对象变量
03       Dim i As Integer                        '声明变量
04       i = 1                                   '变量初始化
05       For Each myRange In Selection.Areas     '变量选择区域中的子区域
06           myRange = i                         '向子区域填入数字
07           i = i + 1                           '变量累加
08       Next
09   End Sub
```

（3）将插入点光标放置到程序代码中，按 F5 键运行程序。程序将依次在选择的 4 个单元格区域中填入数字，如图 12-22 所示。

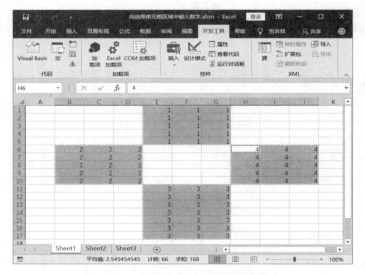

图 12-22　依次向单元格选区填充数字

代码解析：

- 程序展示了 Areas 属性的使用方法。本例首先在工作表中依次选择了 4 个单元格区域。Selection 属性可返回在工作表中选择的 Range 对象，本例使用 Selection 属性获得工作表中选择的单元格区域。同时，使用 Areas 属性获取选择单元格区域的集合，集合中包含 4 个 Range 对象，它们对应的是步骤 1 中依次选择的 4 个单元格区域。
- 程序使用 For Each In…Next 结构遍历 Areas 集合中的所有对象，并为每一个对象所对应的单元格区域赋予变量 i 的值。每循环一次，变量 i 增加 1。

12.3
设置单元格外观

要制作出美观大方的工作表，离不开对单元格进行外观设置。外观设置包括设置单元格的边框、内部填充样式和单元格中数据的样式等内容。本节将介绍单元格外观设置的方法和技巧。

12.3.1　设置单元格边框

在 Excel 程序窗口中，单击"开始"选项卡"字体"组中"边框"按钮上的下三角按钮，在打开的列表中选择相应的命令即能够对选择单元格的边框进行设置，如图 12-23 所示。如果选择该列表中的"其他边框"命令，将打开"设置单元格格式"对话框的"边框"选项卡，使用该选项卡可以对边框线的样式和颜色进行设置，如图 12-24 所示。

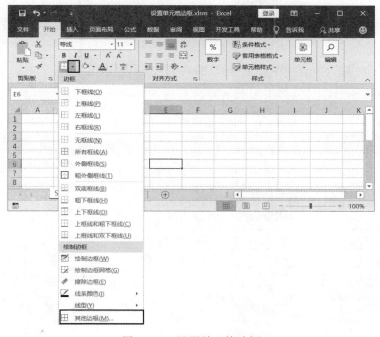

图 12-23　设置单元格边框

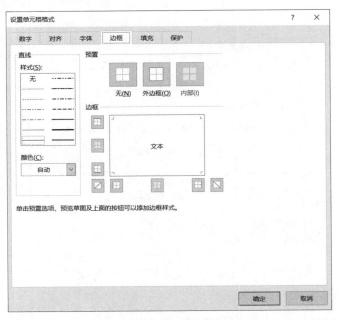

图 12-24　"设置单元格格式"对话框的"边框"选项卡

当然，这里所有的设置都可以通过 VBA 编程来实现。Range 对象可以将其边框作为单一实体来进行处理，如左边框或右边框等都是独立的对象，可以单独对其处理。VBA 中，Borders 集合包含了所有的 Border 对象，是 Border 对象的集合。

Range 对象的 Border 属性能够返回 Border 对象，Borders 属性能够返回集合中的单个 Border 对象。与所有集合对象的使用方法一样，要利用 Borders 属性获取集合中的对象，可以采用下面的方式：

```
Borders(Index)
```

其中，Index 参数为集合中 Border 对象的索引号，用于指定边框。Index 参数既可以使用数字，也可以使用常量，可以使用的常量如表 12-1 所示。

表 12-1　Index 参数可以使用的常量说明

序号	名称	值	说明
1	xlDiagonalDown	5	从区域中每个单元格的左上角至右下角的边框
2	xlDiagonalUp	6	从区域中每个单元格的左下角至右上角的边框
3	xlEdgeBottom	9	区域底部的边框
4	xlEdgeLeft	7	区域左边的边框
5	xlEdgeRight	10	区域右边的边框
6	xlEdgeTop	8	区域顶部的边框
7	xlInsideHorizontal	12	区域中所有单元格的水平边框（区域以外的边框除外）
8	xlInsideVertical	11	区域中所有单元格的垂直边框（区域以外的边框除外）

如下面语句会将 Sheet1 工作表的 A1:D5 单元格区域的底部边框颜色设置为红色，如图 12-25 所示。

```
WorkSheets("Sheet1").Range("A1:D5").Borders(xlEdgeBottom).Color=RGB(255,0,0)
```

单元格边框的设置，包含对边框颜色、宽度和线型的设置。要设置边框的颜色，可以使用 Border 或 Borders 对象的 Color 属性，该属性值是使用 RGB 函数来创建颜色值。如果要设置边框线条的粗细，可以使用 Weight 属性，该属性值为 xlBorderWeight 常量，包括 xlHairline、xlThin、xlMedium 和 xlThick。它们分别对应了特细、细、中等宽度和粗的线条宽度。使用 LineStyle 属性可以设置线条的样式，该属性值为 xlLineStyle 常量，包括 xlContinuous、xlDash、xlDashDot 和 xlDot 等，分别对应了实线、虚线、点画线和点式线。

如下面的语句可将 A1:D5 单元格区域底部边框线设置为黑色的虚线，如图 12-26 所示。

```
With Worksheets("Sheet1").Range("A1:D5").Borders(xlEdgeBottom)
    .Color = RGB(0, 0, 0)
    .Weight = xlMedium
    .LineStyle = xlDash
End With
```

图 12-25　设置单元格区域底部边框颜色

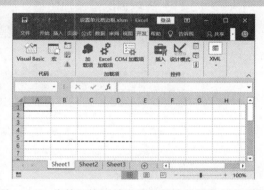
图 12-26　将单元格区域底部边框线设置为黑色虚线

如果需要对某个单元格区域外部的边框进行设置，调用 Range 对象的 BorderAround 方法是非常快捷的选择，，其语法结构如下所示：

```
对象.BorderAround(LineStyle, Weight, ColorIndex, Color)
```

这里，LineStyle 参数用于设置线条的样式，Weight 参数用于设置线条的粗细。ColorIndex 参数通过当前颜色调色板的索引号来设置颜色，Color 参数使用 RGB 颜色值来设置颜色，但这两个参数只能使用其中一个。

如下面语句将 B2:D5 单元格区域外围边框设置为黑色的虚线，如图 12-27 所示。

```
Worksheets("Sheet1").Range("B2:D5").BorderAround           LineStyle:=xlDash,
Weight:=xlMedium, ColorIndex:=0
```

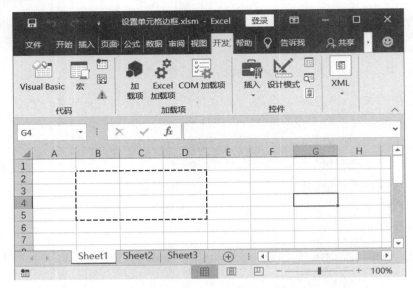

图 12-27　单元格区域添加黑色虚线边框线

【示例 12-11】为数据区域添加边框

（1）启动 Excel 并打开需要处理的工作表，如图 12-28 所示。打开 Visual Basic 编辑器，插入一个模块，在模块的"代码"窗口中输入如下程序代码：

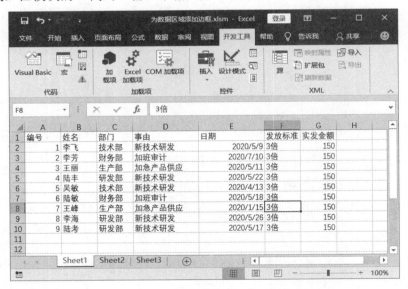

图 12-28　打开需要处理的工作表

```
01   Sub 为数据区域添加边框()
02       Dim myRange As Range                        '声明对象变量
03       Dim myBorders As Borders
04       Dim i As Long                               '声明变量
05       Set myRange = ActiveSheet.UsedRange         '指定单元格区域
06       Set myBorders = myRange.Borders             '为对象赋予对象变量
```

```
07        For i = xlEdgeBottom To xlInsideHorizontal      '遍历 Border 对象
08          With myBorders(i)                             '设置边框样式
09            .LineStyle = xlDouble                        '线型为双线
10            .Weight = xlThick                            '设置粗细
11            .ColorIndex = 0                              '颜色为黑色
12          End With
13        Next
14      End Sub
```

（2）将插入点光标放置到程序代码中，按 F5 键运行程序，工作表数据区域的单元格均被添加了边框线，如图 12-29 所示。

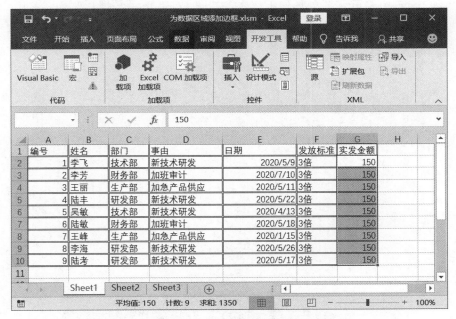

图 12-29　数据区域的单元格均被添加了边框线

代码解析：

- 程序演示了为工作表中单元格区域添加边框线的方法。第 05 行使用 UsedRange 属性获取工作表中的已用单元格区域。第 06 行将工作表中已用单元格的 Borders 集合对象赋予变量 myBorders，以便对其进行引用。

- 本例除了不使用表 12-1 中的两个对角边框线外，表中所有的边框线对象都要使用。引用这些对象，可以使用它们的索引号，程序中变量 i 的值即为这些对象的索引号。第 08 行使用 myBorders(i)语句来实现对集合中 Border 对象的引用。

- 程序使用 For…Next 结构来遍历 Borders 对象集合中需要引用的 Border 对象。第 07 行中变量 i 的值从 xlEdgeBottom 到 xlInsideHorizontal，它们代表需要设置的边框，对应的数值可以从表 12-1 中查到。在每一次循环中，通过设置获取的 Border 对象的 LineStyle 属性、Weight 属性和 ColorIndex 属性完成边框线的外观设置。

12.3.2 对单元格进行填充

Range 对象的 Interior 属性将返回 Interior 对象，该对象表示单元格内部区域。使用 Interior 属性就能对单元格的内部进行填充。如使用 Color 属性或 ColorIndex 属性可以设置单元格的填充颜色。设置单元格内部的填充图案，可以通过设置 Pattern 属性的值实现。设置填充图案的颜色可以通过设置 PatternColorIndex 属性或 PatternColor 属性来实现。

【示例 12-12】突出显示特殊数据单元格

（1）启动 Excel 并打开需要处理的工作表，如图 12-30 所示。打开 Visual Basic 编辑器，插入一个模块，在模块的"代码"窗口中输入如下程序代码：

```
01    Sub 突出显示特殊数据单元格()
02        Dim myRange As Range, myItr As Interior        '声明对象变量
03        Dim i As Integer, r As Integer                 '声明变量
04        r = Range("D1").End(xlDown).Row                '获取 D 列填充有数据的单元格行数
05        For i = 2 To r                                 '遍历 D 列所有分数单元格
06            If Cells(i, 4) < 72 Then                   '判断分数是否小于 72 分
07                Set myRange = Cells(i, 4)              '符号条件单元格对象赋予对象变量
08                Set myItr = myRange.Interior           '将 Interior 对象赋予对象变量
09                With myItr
10                    .ColorIndex = 3                    '单元格填充红色
11                    .Pattern = xlPatternCrissCross     '单元格背景图案为十字图案
12                    .PatternColorIndex = 6             '单元格背景颜色为黄色
13                End With
14            End If
15
16        Next
17    End Sub
```

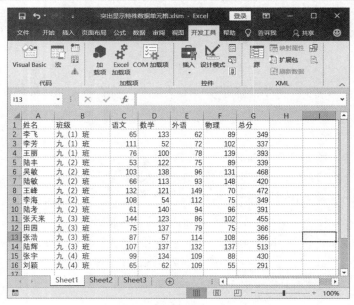

图 12-30　打开需要处理的工作表

（2）将插入点光标放置到程序代码中，按 F5 键运行程序，工作表中数学分数低于 72 分的单元格被填充图案和颜色以突出显示，如图 12-31 所示。

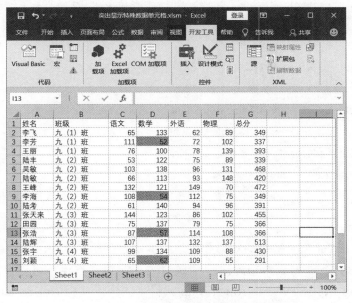

图 12-31　低于 72 分的单元格被填充颜色和图案

代码解析：

- 程序演示了向单元格填充颜色和图案的方法。第 04 行获取 D 列中有数据的最后一个单元格的行号，该行号是程序循环的终止值。
- 程序需要遍历 D 列中所有的数据，对每一个数据进行判断，判断其值是否小于 72。这里使用 For…Next 循环来实现循环，计数变量从 2 开始至 D 列最后一个数据的行号，这样能保证遍历除标题外的所有数据单元格。在 For…Next 循环中，使用 If 结构判断每一个单元格的值是否小于 72，如果小于 72，就对单元格进行填充。
- 第 07 行和第 08 行将符合条件的单元格的 Interior 对象赋予对象变量以便于引用，使用 With 结构对 Interior 对象的属性进行设置以实现对单元格的填充。
- 第 10~12 行通过设置 ColorIndex 属性、Pattern 属性和 PatternColorIndex 属性来设置单元格的填充颜色、背景图案和背景图案颜色。

12.3.3　设置单元格中文字格式

Range 对象的 Font 属性能够返回 Font 对象，Font 对象具有多种与文字样式设置有关的属性，使用它们能够对文字字体、大小、加粗和斜体等样式进行设置。如下面的语句可将 A1 单元格中文字的字体设置为"微软雅黑"、字号设置为 20、文字倾斜加粗显示且文字颜色为红色。

```
With Range("A1").Font
    .Name="微软雅黑"
    .Size=20
```

```
      .Bold=True
      .Italic=True
      .ColorIndex=3
End With
```

除了上面这些文字的常见属性之外，Font 对象还包括下面这些属性。

- Strikethrough：该属性值为 True 时，文字中会添加一条水平删除线。
- Underline：该属性用于设置文字的下画线样式，其值为 XlUnderlineStyle 常量，包括 xlUnderlineStyleNone、xlUnderlineStyleSingle、xlUnderlineStyleDouble、xlUnderlineStyleSingle Accounting 和 xlUnderlineStyleDoubleAccounting，分别表示取消下画线、单下画线、双下画线、会计用单下画线和会计用双下画线。
- Shadow：该属性值为 True 时，文字添加阴影效果。
- Subscript：该属性值为 True 时，文字被设置为下标。
- SuperScript：该属性值为 True 时，文字被设置为上标。

默认情况下，Excel 单元格中的数据如果是文本，会自动左对齐。如果单元格中输入的是数字，则会自动右对齐。如果希望通过程序设置数据的对齐方式，可以使用 Range 对象的 HorizontalAlignment 属性和 VerticalAlignmentg 属性来实现。使用 HorizontalAlignment 属性可以实现数据在水平方向上的对齐，使用 VerticalAlignmentg 属性能够实现数据在垂直方向上的对齐。这两个属性值使用 xlRight、xlLeft、xlCenter、xlDistributed 和 xlGeneral 这些常量，它们分别代表右对齐、左对齐、居中对齐、分散对齐和恢复默认状态。

如下面语句将使 A1 单元格中的数据在水平方向上居中对齐：

```
Range("A1").HorizontalAlignment=xlCenter
```

【示例 12-13】设置单元格中指定文字样式

（1）启动 Excel 并在工作表的 A1 单元格中输入文字，如图 12-32 所示。打开 Visual Basic 编辑器，插入一个模块，在模块的"代码"窗口中输入如下程序代码：

```
01   Sub 设置单元格中指定文字的样式()
02     Dim myChr As Characters                          '声明对象变量
03     With Range("A1")
04        Set myChr = .Characters(Start:=9, Length:=4)         '获取字符串
05        With myChr.Font
06           .Name = "微软雅黑"                          '设置文字字体
07           .Size = 20                                 '设置文字大小
08           .Bold = True                               '使文字加粗显示
09           .Italic = True                             '使文字倾斜显示
10           .ColorIndex = 4                            '将文字颜色设置为绿色
11           .Underline = xlUnderlineStyleDouble        '为文字添加下画线
12        End With
13     End With
14   End Sub
```

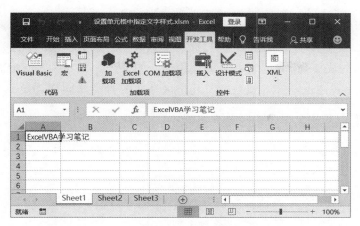

图 12-32　在 A1 单元格中输入文字

（2）将插入点光标放置到程序代码中，按 F5 键运行程序，A1 单元格中指定的文字改变了样式，如图 12-33 所示。

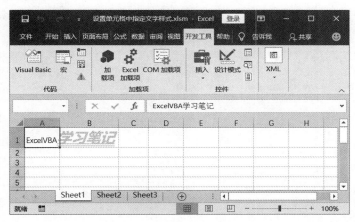

图 12-33　指定文字改变了样式

代码解析：

● 程序演示了对单元格中指定文字的样式进行设置的方法。程序使用 Range 对象的 Characters 属性获取 Character 对象，该对象代表对象文字的字符区域。在使用 Characters 属性时需要两个参数，Start 参数指定要返回的第一个字符，这里设置为 9，表示返回字符串从 A1 单元格字符串的第 9 个字符开始，即文字"学"。Length 参数用于指定需要返回的字符串的数目，这里设置为 4，表示从文字"学"开始的 4 个字符，即"学习笔记"。

● 第 05~12 行使用 With 结构对获取的字符串的文字样式进行设置，这里设置了文字的字体、大小、颜色、使文字加粗和倾斜显示，并为文字添加了双下画线。

12.3.4　设置单元格的大小

在 Excel 中，调整单元格大小实际上是对行高和列宽进行调整。使用 Range 对象的

RowHeight 属性和 ColumnHeight 属性可以对行高和列宽进行设置。这两个属性以磅为单位，可以获取选择单元格区域中所有行、列的行高和列宽。但这里要注意，只有单元格区域中所有列的列宽相等，ColumnWidth 属性才会返回宽度值。如果列宽不等，ColumnWidth 属性只能返回 null。RowHeight 属性也一样，要获取单元格区域中的行高，同样需要所有行的高度一致。

【示例 12-14】以厘米为单位设置单元格大小

（1）启动 Excel 并创建一个空白工作表。打开 Visual Basic 编辑器，插入一个模块，在模块的"代码"窗口中输入如下程序代码：

```
01    Sub 以厘米为单位设置单元格大小()
02      With Range("A1")
03        .RowHeight = Application.CentimetersToPoints(2.5)       '设置行高
04        .ColumnWidth = Application.CentimetersToPoints(2)       '设置列宽
05      End With
06    End Sub
```

（2）将插入点光标放置到程序代码中，按 F5 键运行程序，A1 单元格被设置为指定的大小，如图 12-34 所示。

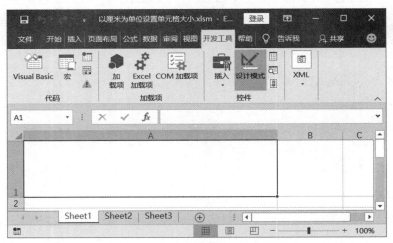

图 12-34　A1 单元格被设置为指定大小

代码解析：

- 本例演示了设置单元格大小的方法。使用 Range 对象的 RowHeight 属性和 ColumnWidth 属性来设置单元格的行高和列宽。这两个属性以磅为单位，如果需要以厘米为单位进行设置，可以调用 Application 对象的 CentimetersToPoints 方法来进行单位转换。如第 03 行的程序语句，只要输入以厘米为单位的高度值，调用 CentimetersToPoints 方法会自动将该值转换为以磅为单位的数值设置行高。

注　意
调用 Application 对象的 InchesToPoints 方法能够将度量单位从英寸转换为磅。

12.3.5　使用自动套用格式

Range 对象提供了一个 AutoFormat 方法，调用该方法能够对选择单元格区域应用自动套用格式。该方法的语法结构如下所示：

```
对象.AutoFormat(Format, Number, Font, Alignment, Border, Pattern, Width)
```

下面对参数进行简单介绍。

- Format：该参数指定使用的自动套用格式，它的值是 xlRangeAutoFormat 常量。
- Number：该参数为可选参数，如果其值为 True，则在自动套用格式中包括数字格式，默认值为 True。
- Font：该参数为可选参数，如果值为 True，则在自动套用格式中包括字体格式，默认值为 True。
- Alignment：该参数为可选参数。如果值为 True，则在自动套用格式中包括对齐方式，默认值为 True。
- Border：该参数为可选参数。如果值为 True，则在自动套用格式中包括边框格式，默认值为 True。
- Pattern：该参数为可选参数。如果值为 True，则在自动套用格式中包括图案格式，默认值为 True。
- Width：该参数为可选参数。如果值为 True，则在自动套用格式中包括列宽和行高，默认值为 True。

【示例 12-15】使用自动套用格式设置单元格样式

（1）启动 Excel 并打开工作表，如图 12-35 所示。打开 Visual Basic 编辑器，插入一个模块，在模块的"代码"窗口中输入如下程序代码：

```
01    Sub 使用自动套用格式设置单元格样式()
02        Dim myRange As Range                              '声明对象变量
03        Set myRange = Sheet1.Cells(1, 1).CurrentRegion    '指定单元格区域
04        myRange.ClearFormats                              '清除已有格式
05        myRange.AutoFormat xlRangeAutoFormatColor1        '应用自动套用格式
06    End Sub
```

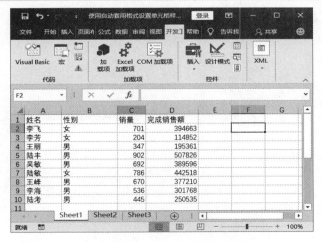

图 12-35　需要处理的工作表

（2）将插入点光标放置到程序代码中，按 F5 键运行程序，将单元格区域样式设置为指定的样式，如图 12-36 所示。

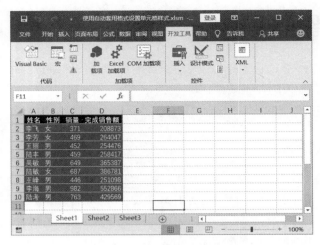

图 12-36　应用自动套用格式

代码解析：

- 程序演示了对单元格区域使用 Excel 自动套用格式的方法。第 03 行使用 CurrentRegion 属性获取工作表中的数据区域，第 04 行调用 ClearFormats 方法清除数据区中的格式设置，第 05 行调用 AutoFormat 方法对数据区域应用自动套用格式。

12.3.6　设置单元格数据格式

对单元格中的数据进行格式化处理，不仅能够美化工作表，还能统一工作表中数据的外观。同时，通过设置单元格数据的格式，既能方便特殊数据的录入，又便于进一步对数据进行分析处理。在 Excel 中，可以使用"设置单元格格式"对话框的"数字"选项卡对数据格式进行设置，如图 12-37 所示。

图 12-37　设置单元格数据格式

在 VBA 中，Range 对象提供了 NumberFormat 属性和 NumberFormatLocal 属性来设置单元格数据格式。这两个属性都可以返回表示单元格格式的格式化代码，通过使用格式化代码来设置单元格中的数据格式。

所谓的格式化代码，是一个字符串，表示单元格中数据的格式。程序中使用的格式化代码，实际上就是 Excel "设置单元格格式" 对话框中自定义单元格格式时使用的设置代码，格式化代码的设置规则与其完全一致，如图 12-37 中的 "类型" 列表。

【示例 12-16】设置单元格数据格式

（1）启动 Excel 并打开工作表，如图 12-38 所示。打开 Visual Basic 编辑器，插入一个模块，在模块的 "代码" 窗口中输入如下程序代码：

```
01    Sub 设置单元格数据格式()
02        Range("A:A").NumberFormat = """yyyy""年""m""月""      '设置 A 列数据格式
03        Range("E:E").NumberFormatLocal = "¥ #,##0.00"         '设置 E 列数据格式
04    End Sub
```

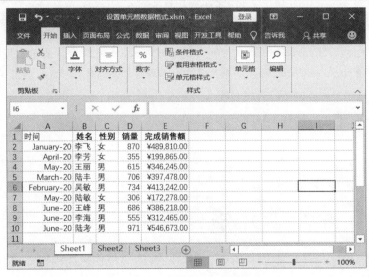

图 12-38　需要处理的工作表

（2）将插入点光标放置到程序代码中，按 F5 键运行程序，指定单元格中数据格式发生了改变，如图 12-39 所示。

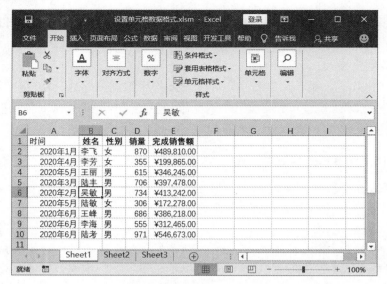

图 12-39　指定单元格中数据格式发生了改变

代码解析：

- 程序演示了使用 NumberFormat 属性和 NumberFormatLocal 属性设置单元格数据格式的方法。第 02 行使用 NumberFormat 属性设置 A 列单元格中的日期属性。第 03 行使用 NumberFormatLocal 属性设置 E 列单元格中的货币数据格式。

- 这里要注意，由于在格式化代码中使用了英文的双引号，因此在程序中应该在这个双引号的左右各再增加一个双引号。

12.4
操作单元格

操作单元格指的是单元格复制、添加、删除和合并等操作，这些操作是使用 VBA 应用程序来实现数据处理的基本操作，本节将对操作单元格的技巧进行介绍。

12.4.1　删除单元格

在 VBA 中，可以调用 Delete 方法来删除指定的单元格，该方法的语法结构如下所示：

```
对象.Delete(Shift)
```

这里，Shift 参数代表删除单元格时替补单元格的移位方式为 XlDeleteShiftDirection 常量。当该参数设置为 xlShiftToLeft 时表示右侧单元格向左移，设置为 xlShiftUp 时则表示下方的单元格向上移。如果省略该参数，则 Excel 将根据区域的形状来确定移位方式。

如下面语句删除工作表中的第 1~3 行。在行被删除后，下面的单元格向上移动。在该语句中，使用 Rows 属性来获取需要删除的行，设置 Delete 方法的 Shift 参数来指定行被删除后下面单元格的移动方向：

```
Rows("1:3").Delete Shift:=xlUp
```

【示例 12-17】删除数据区中的空行

（1）启动 Excel 并打开工作表，在工作表的数据区域存在空白行，如图 12-40 所示。打开 Visual Basic 编辑器，插入一个模块，在模块的"代码"窗口中输入如下程序代码：

```
01    Sub 删除数据区的空白行()
02        Dim n As Long                              '声明变量
03        For n = Cells(1048576, 1).End(xlUp).Row To 1 Step -1'遍历数据区中的行
04            If Cells(n, 1) = "" Then                '如果单元格为空
05                Cells(n, 1).EntireRow.Delete        '删除整行
06            End If
07        Next
08    End Sub
```

（2）将插入点光标放置到程序代码中，按 F5 键运行程序，工作表数据区中的空白行被删除，如图 12-41 所示。

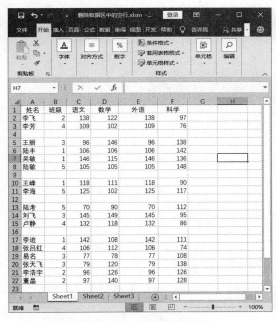

图 12-40　数据区域存在空白行

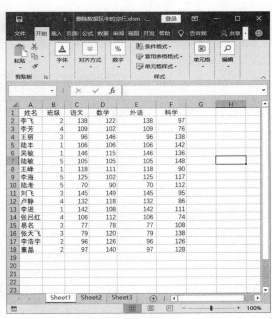

图 12-41　数据区中的空白行被删除

代码解析：

● 程序演示了调用 Delete 方法删除整行的方法。Excel 2019 工作表中最多有 1048756 行，第 03 行中 Cells(1048576, 1).End(xlUp)表示从第 1 列最后一个单元格向上的第一个非空单元格，使用 Row 属性获取这个单元格的行号，即为工作表中数据区域最后一个单元格的行号。以该行号作为 For…Next 循环计数变量的开始值，以 1 作为终止值，自下而上遍历数据区域中所有的行。

- 第 04~06 行的 If 语句判断每一行的第一个单元格是否为空，如果为空，则说明该行是空白行，就可使用 Delete 方法将其删除。
- 第 05 行调用 EntireRow 方法获取 Cell(i,1)单元格所在的整个行，调用 Delete 方法将其删除。

12.4.2　插入单元格

在对工作表中的数据进行处理时，既会需要删除单元格，也会需要插入新的单元格。Range 对象的 Insert 方法可用于向工作表中插入单元格或单元格区域，其语法结构如下所示：

```
对象.Insert(Shift, CopyOrigin)
```

Insert 方法需要两个参数，Shift 参数用于设置在插入单元格时原来单元格的移动方向，它的用法与 Delete 方法的 Shift 参数相同。CopyOrigin 参数用于设置复制的起点，此参数在插入单元格时不发挥作用。

【示例 12-18】在选择单元格上插入一行

（1）启动 Excel 并打开工作表，在工作表的数据区域中选择一个单元格，如图 12-42 所示。打开 Visual Basic 编辑器，插入模块，在模块的"代码"窗口中输入如下程序代码：

```
01    Sub 在选择单元格上插入一个空白行()
02        Selection.EntireRow.Insert shift:=xlShiftDown '在选择单元格上插入一行
03    End Sub
```

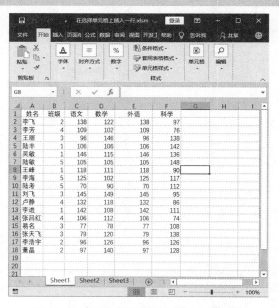

图 12-42　在数据区域中选择一个单元格

（2）将插入点光标放置到程序代码中，按 F5 键运行程序，选择单元格上将会添加一个空白行，如图 12-43 所示。

代码解析:

- 程序演示了调用 Insert 方法添加整行的方法。第 02 行 Selection.EntireRow 表示选择单元格所在的行，程序调用 Insert 方法的 Shift 参数将单元格的移动方向设置为向下，也就是在当前选择的单元格上方添加一行。

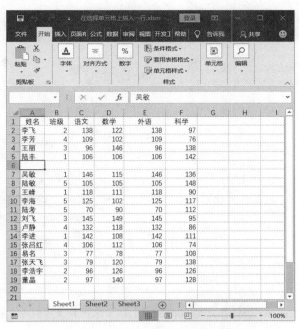

图 12-43　在当前选择的单元格上方添加一个空白行

12.4.3　复制和粘贴操作

对单元格数据进行复制和粘贴操作是 Excel 数据处理过程中最常用的操作。复制和粘贴操作一般分为两步，首先将数据复制或剪切到系统剪贴板中，然后再将数据粘贴到需要的单元格位置。

在对数据进行粘贴前首先需要获取数据。Excel 获取数据分为两种情况，一种是对数据进行复制，另一种是剪切。在 VBA 中，可以调用 Copy 方法和 Cut 方法来实现复制和剪切操作，Copy 方法的语法格式如下所示:

```
对象.Copy(Destination)
```

这里，Destination 参数为可选参数，省略该参数表示将内容复制到系统剪切板中。使用该参数，可以将指定的内容复制到该参数指定的目标位置。如下面语句可将 A1 单元格中的内容复制到 Sheet2 工作表的 A1 单元格中。

```
Sheet1.Range("A1").Copy Sheet2.Range("A1")
```

Cut 方法与 Copy 方法的使用完全相同，唯一的区别在于使用 Cut 方法将删除源内容，而使用 Copy 方法时源内容会被保留。

　　Excel 2019 的复制和粘贴功能是很强大的，在对单元格进行复制操作后，有多种粘贴方式供用户选择。如只粘贴数据、只粘贴公式或粘贴时保留数值和源格式等。在粘贴过程中，还可以对粘贴的数据进行简单的计算。在 Excel 2019 中，可以使用"开始"选项卡的"剪贴板"组中的"粘贴"列表中的选项来选择粘贴方式，如图 12-44 所示。选择该列表中的"选择性粘贴"选项将打开"选择性粘贴"对话框，该对话框中列出了 Excel 所有可用的粘贴方式，如图 12-45 所示。

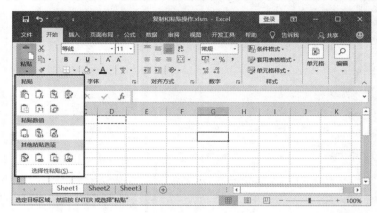

图 12-44　选择粘贴方式　　　　　　　　　图 12-45　"选择性粘贴"对话框

　　在将单元格区域的内容复制到剪贴板后，如果需要将该内容粘贴到指定的单元格区域，可以调用 Range 对象的 PasteSpecial 方法。PasteSpecial 方法可将剪贴板中的 Range 对象粘贴到指定的区域中，其语法结构如下所示：

```
对象.PasteSpecial(Paste, Operation, SkipBlanks, Transpose)
```

　　下面对该方法的参数进行介绍。

- Paste：该参数为可选参数，指定要粘贴的区域，它的值为 xlPasteType 常数。
- Operation：该参数用于指定需要执行的粘贴操作，它的值为 xlPasteSpecialOperation 常数。
- SkipBlanks：该参数为可选参数，当它的值为 True 时，程序不会将剪贴板上区域中的空白单元格粘贴到目标区域中，默认值为 False。
- Transpose：该参数为可选参数。若它的值为 True，在粘贴区域时能转置行和列，默认值为 False。

　　例如，如果要将 Sheet1 工作表中的 D 列数据和公式粘贴到 Sheet2 单元格的 D 列中，只需要在粘贴时将 PasteSpecial 方法的 Paste 参数设置为 xlPasteFormulas 即可。具体的语句如下所示：

```
Sheet1.Range("D:D").Copy
Sheet2.Range("D:D").PasteSpecial Paste:=xlPasteFormulas
```

　　例如，将 Sheet1 工作表的 D 列的数据粘贴到 Sheet2 工作表的 D 列，且使 Sheet2 工作表 D 列的数字是这两列数据相乘的积。要实现这种操作，只需要在调用 PasteSpecial 方法时，将 Operation 参数设置为 xlPasteSpecialOperationMultiply 即可。具体的语句如下所示：

```
Sheet1.Range("D:D").Copy
Sheet2.Range("D:D").PasteSpecial Operation:=xlPasteSpecialOperationMultiply
```

> **注　意**
>
> 在"代码"窗口中输入程序代码时，Visual Basic 编辑器会弹出代码提示。用户可以借助这些代码提示来了解 Paste 参数或 Operation 参数可以使用的常量，如图 12-46 所示。实际上这些常量与图 12-45"选择性粘贴"对话框中的设置项是相对应的，从常量的字面意思就能够理解它们的作用。如 xlPasteSpecialOperationMultiply 常量对应的就是"选择性粘贴"对话框中"运算"栏的"乘"选项。

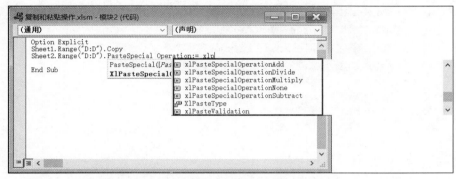

图 12-46　应用代码提示可使用的常量

【示例 12-19】复制单元格格式

（1）启动 Excel 并打开工作表，如图 12-47 所示。打开 Visual Basic 编辑器，插入一个模块，在模块的"代码"窗口中输入如下程序代码。

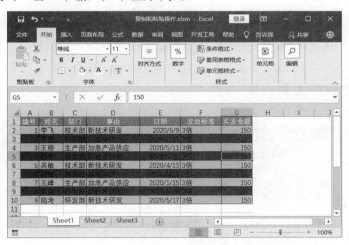

图 12-47　打开工作表

```
01    Sub 复制单元格格式()
02        Sheet1.Range("A1:G10").Copy                      '对指定单元格区域进行复制
03        Sheet2.Range("A1").PasteSpecial Paste:=xlPasteFormats  '粘贴格式
04    End Sub
```

295

（2）将插入点光标放置到程序代码中，按 F5 键运行程序，指定单元格的格式即被粘贴到 Sheet2 工作表中，如图 12-48 所示。

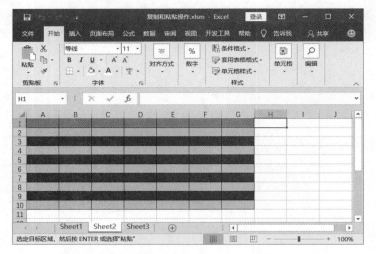

图 12-48　单元格格式被粘贴到 Sheet2 工作表中

代码解析：

● 程序演示了调用 Copy 方法和 PasteSpecial 方法复制单元格格式的方法。第 02 行调用 Copy 方法复制 Sheet1 工作表中 A1:G14 单元格区域。第 03 行调用 PasteSpecial 方法将剪贴板中的内容粘贴到 Sheet2 工作表中，这里将参数 Paste 设置为 xlPasteFormats，表示只粘贴单元格格式。

12.4.4　合并和拆分单元格

单元格合并和拆分是创建表格时常见的两种操作。在 Excel 2019 中，选择需要合并的单元格后，在"开始"选项卡的"对齐方式"组中单击"合并后居中"按钮上的下三角按钮，在弹出的下拉列表中选择相应的选项就可以实现不同的单元格合并方式。直接选择"合并单元格"命令可以将当前选择的单元格合并，如图 12-49 所示。如果要取消单元格的合并，只需要选择图 12-49 中的"取消单元格合并"选项即可。

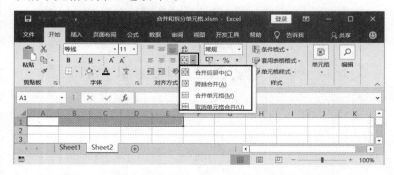

图 12-49　选择"合并单元格"选项合并选择单元格

在 VBA 中，要实现单元格的合并，可以调用 Range 对象的 Merge 方法，该方法的语法结

构如下所示:

```
对象.Merge(Across)
```

这里，Across 参数如果设置为 True，则可将指定单元格区域合并为一个单元格，其作用相当于图 12-49 中的"跨越合并"命令，该参数的默认值为 False。如将 A1:B2 单元格合并为一个单元格，可以使用下面的语句:

```
Range("A1:B2").Merge
```

要取消对单元格的合并，可以调用 unMerge 方法，该方法能够将独立的合并后单元格区域分解为独立的单元格。

如果某个单元格区域中包含合并单元格，则属性 MergeCells 的值为 True。MergeArea 属性将能够返回一个 Range 对象，该对象为包含指定单元格的合并单元格区域。实际上，如果将一个合并单元格区域的 MergeCells 属性设置为 False，可以将单元格拆分；如果将某个单元格区域的 MergeCells 属性设置为 True，可以将这个单元格区域合并。

【示例 12-20】合并单元格创建表标题

（1）启动 Excel 并打开工作表，如图 12-50 所示。打开 Visual Basic 编辑器，插入一个模块，在模块的"代码"窗口中输入如下程序代码。

```
01    Sub 合并单元格创建标题()
02       Dim ma As Range                              '声明对象变量
03       Set ma = Range("D1").MergeArea               '获取合并单元格区域
04       If ma.Address = "$D$1" Then                  '判断单元格区域是否合并
05    MsgBox "第一行没有合并单元格，下面将合并单元格并输入标题。" '没有合并，则给出提示
06          Range("A1:G1").Merge                      '合并单元格
07          With Range("A1")
08             .Value = "加班费发放表"                  '填充文字
09             .Font.Name = "微软雅黑"                  '设置文字字体
10             .Font.Size = 13 '设置文字大小
11             .HorizontalAlignment = xlCenter        '使文字居中放置
12          End With
13       Else
14          With Range("A1")              '如果合并单元格区域存在，则直接输入标题文字
15             .Value = "加班费发放表"
16             .Font.Name = "微软雅黑"
17             .Font.Size = 13
18             .HorizontalAlignment = xlCenter
19          End With
20       End If
21    End Sub
```

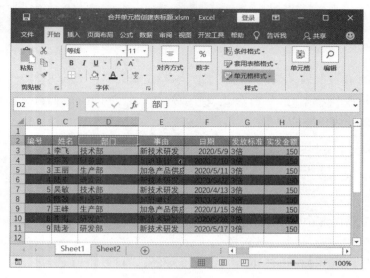

图 12-50　打开需要处理的工作表

（2）将插入点光标放置到程序代码中，按 F5 键运行程序。如果工作表的第一行没有合并单元格，程序将弹出提示，如图 12-51 所示。单击"确定"按钮关闭提示对话框后，程序将合并第一行单元格，并在合并后的单元格中输入标题文字并设置其样式，如图 12-52 所示。如果第一行单元格已经合并了，则程序将直接输入标题文字。

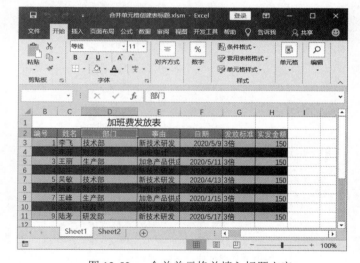

图 12-51　程序弹出提示　　　　　图 12-52　合并单元格并填入标题文字

代码解析：

● 程序演示了如何在程序中判断某个单元格是否在合并单元格中的方法，同时还介绍了调用 Merge 方法合并单元格的方法。

● 第 03 行的 Range("D1").MergeArea 语句用于获取包含 D1 单元格的合并单元格区域，并将这个区域赋予对象变量 ma。当 D1 单元格没有包含在合并单元格区域时，Range("D1").MergeArea

298

返回的对象将是 D1 单元格本身。因此，在第 04 行使用 If 语句来判断变量 ma 的地址是否就是 D1 单元格的地址，如果是，则说明 D1 单元格没有包含在合并单元格区域中。

- 在程序中，使用 If…Else 结构判断是否存在包含 D1 的合并单元格区域，如果不存在，程序则弹出提示，同时调用 Merge 方法将 A1:G1 单元格区域合并为一个单元格。完成单元格的合并后，第 07~11 行在合并单元格区域中输入文字并对文字样式进行设置。如果工作表的第一行已经存在合并单元格区域，则直接在该区域中输入文字并设置文字的样式。

当指定的单元格区域包含合并单元格时，MergeCells 的属性值为 True。因此，本例中判断第一行是否存在包含 D1 单元格的合并单元格区域，还可以使用 MergeCells 属性。修改方法是将第 04 行判断语句改为如下语句，其他语句都不变：

```
If ma.MergeCells Then
```

另外，在合并包含 D1 的单元格区域时，还可以使用 MergeCells 属性，也就是将第 06 行改为如下语句：

```
Range("A1:G1").MergeCells=True
```

12.4.5　保护单元格

为了对工作表中某些特定的数据进行保护，可以将这些数据所在的单元格锁定。锁定单元格后，将无法对单元格中的数据进行修改和删除，也无法进行单元格的插入和单元格格式的修改等操作。要锁定单元格，可以调用 Range 对象的 Locked 方法来实现。

当单元格处于锁定状态时，Locked 属性值为 True，否则其值为 False。将某个 Range 对象的 Locked 属性值设置为 True，即可实现对该单元格对象的锁定。如锁定 A1：B3 单元格区域，可以使用下面的语句。

```
Range("A1:B3").Locked=True
```

【示例 12-21】保护含有公式的单元格

（1）启动 Excel 并打开工作表，该工作表的"总分"列的单元格中含有公式，如图 12-53 所示。打开 Visual Basic 编辑器，插入一个模块，在模块的"代码"窗口中输入如下程序代码：

```
01    Sub 保护含有公式的单元格()
02        Dim rng As Range                          '声明对象变量
03        ActiveSheet.Unprotect                     '解除工作表保护
04        For Each rng In ActiveSheet.UsedRange     '遍历数据区中所有单元格
05            If Not rng.HasFormula Then            '判断单元格是否含有公式
06                rng.Locked = False                '不含公式则取消锁定
07            Else
08                rng.Locked = True                 '锁定含公式单元格
09            End If
10        Next
11        ActiveSheet.Protect                       '启用工作表保护
```

```
12  End Sub
```

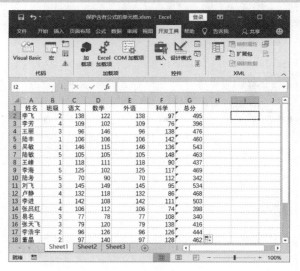

图 12-53　打开需要处理的工作表

（2）将插入点光标放置到程序代码中，按 F5 键运行程序。程序将锁定工作表中含有公式的单元格。此时对该单元格进行操作，Excel 将提示操作无法完成，如图 12-54 所示。其他不含有公式的单元格可进行正常操作。

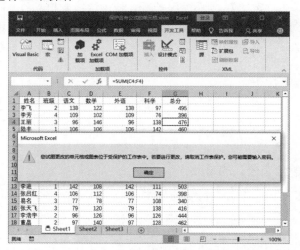

图 12-54　对含有公式单元格进行修改时获得的提示

代码解析：

● 程序演示了如何使用 Locked 属性来锁定单元格以实现对单元格的保护。在 Excel 中，只有在工作表被保护时，锁定单元格才有效。当工作表处于保护状态时，默认情况下单元格都是被锁定的，此时设置单元格的 Locked 属性，程序将出错。因此，要设置单元格对象的 Locked 属性，工作表需要处于未保护状态。因此第 03 行调用 Unprotect 方法解除工作表的保护。而要使锁定单元格设置生效，在程序的最后，也就是第 11 行要调用 Protect 方法使工作表处于保护状态。

● 程序使用 For Each In…Next 结构来遍历工作表中所有的数据单元格。在循环体中，使用 If…Else 结构判断遍历的每一个单元格是否含有公式。这里，使用了 HasFormula 属性，当单元格中含有公式时，该属性的值为 True，否则其值为 False。如果单元格中含有公式，则将单元格的 Locked 属性设置为 True 使其处于锁定状态。如果不含有公式，则将 Locked 属性值设置为 False，取消默认的锁定状态。这样就能够保证仅仅是含有公式的单元格处于锁定状态。

12.4.6　清除单元格内容

单元格中内容除了数据之外，还包括格式、批注和公式等。如果要清除所有的这些内容，可以调用 Range 对象的 Clear 方法，其语法格式如下所示：

```
对象.Clear
```

如果需要清除单元格的格式，可以调用 ClearFormats 方法。如果只需要清除单元格中的公式和值，保留对格式的设置和单元格的批注等，可以调用 ClearContents。如果只需要清除单元格中的批注，可以调用专门的 ClearComments 方法。另外，如果在单元格中使用了批注和语言批注，可以调用 ClearNotes 方法将它们删除。

【示例 12-22】清除数据区域中的格式

（1）启动 Excel 并打开工作表，该工作表数据区域的行底色和 D1 列中的某些单元格进行了格式设置，如设置了文字倾斜加粗显示，且这些单元格被添加了边框，如图 12-55 所示。打开 Visual Basic 编辑器，插入一个模块，在模块的"代码"窗口中输入如下程序代码：

```
01    Sub 清除单元格格式()
02        Dim rn As Range                          '声明对象变量
03        Set rn = Range("A1").CurrentRegion       '获取数据区域
04        rn.ClearFormats                          '清除数据区域中的格式
05    End Sub
```

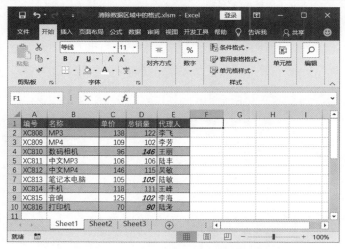

图 12-55　D 列某些单元格进行了格式设置

（2）将插入点光标放置到程序代码中，按 F5 键运行程序，行底色和 D 列单元格的格式被清除，如图 12-56 所示。

图 12-56　行底色和 D 列单元格格式被清除

代码解析：

● 程序演示了如何清除单元格中格式的方法。第 03 行调用 CurrentRegion 方法获取包含 A1 单元格的已用单元格区域。第 04 行调用 ClearFormats 方法清除指定单元格区域中的格式。

第 13 章　让数据不再枯燥——使用 Chart 对象和 Shape 对象

在 Excel 中对数据的查找、筛选和排序等操作是非常必要的，通过这些操作能够实现对数据的处理和分析。对数据的查找、筛选和排序等操作全都可以通过编写 VBA 程序来实现，本章将介绍通过编写代码对单元格中数据进行这些操作的方法和技巧。

本章知识点：

- 在单元格中进行查找
- 数据的排序
- 数据的筛选
- 条件格式
- 特殊内容的输入

13.1 找到需要的数据

当工作表中的数据很多时，要从这些浩如烟海的数据中找到需要的数据可不是一件简单的事。Excel 为数据的查找提供了实用且功能强大的工具，除此之外，用户还可以通过编写 VBA 程序来对某些具有特定条件的单元格进行查找。

13.1.1　查找特殊单元格

Range 对象有一个 SpecialCells 方法，该方法能够返回一个 Range 对象，该对象代表与指定类型及数字相匹配的所有单元格。该方法的语法结构如下所示：

```
对象.SpecialCells(Type, Value)
```

这里，Type 参数用于设置需查找的单元格类型，参数值可以是 xlCellType 常量。SpecialCells 方法将根据这些常量来对特定的单元格进行查找，xlCellType 常量如表 13-1 所示。

表 13-1　xlCellType 常量

常量	含义	值
xlCellTypeAllFormatConditions	任意格式单元格	−4172
xlCellTypeAllValidation	含有验证条件的单元格	−4174
xlCellTypeBlanks	空单元格	4
xlCellTypeComments	含有注释的单元格	−4144
xlCellTypeConstants	含有常量的单元格	2
xlCellTypeFormulas	含有公式的单元格	−4123
xlCellTypeLastCell	已用区域中的最后一个单元格	11
xlCellTypeSameFormatConditions	含有相同格式的单元格	−4173
xlCellTypeSameValidation	含有相同验证条件的单元格	−4175
xlCellTypeVisible	所有可见单元格	

如要选择 A1:D5 单元格区域的最后一个单元格，可以使用下面的语句：

```
Range("A1:D5").SpecialCells(xlCellTypeLastCell).Select
```

如果 Type 参数的值是常量 xlCellTypeConstents 或者是 xlCellTypeFormulas，使用 Value 参数就可以确定查找结果中应包含哪几类单元格，也就是说可以实现多条件查询。此时，Value 参数可以设置为 xlSpecialCellsValue 常量。VBA 中可用的 xlSpecialCellsValue 常量如表 13-2 所示。

表 13-2　xlSpecialCellsValue 常量

常量	值	含义
xlErrors	16	带有错误的单元格
xlLogical	4	带有逻辑值的单元格
xlNumbers	1	带有数字值的单元格
xlTextValues	2	纯文本单元格

如在 A1:E10 单元格区域中获取包含公式且带有错误的单元格，可以使用下面的语句：

```
Range("A1:E10").SepcialCells Type:=xlCellTypeFormulas,Value:=xlErrors
```

【示例 13-1】使包含公式的单元格变为数字单元格

（1）启动 Excel 并打开工作表，该工作表中"类别小计"列中的数据是利用公式计算出来的，如图 13-1 所示。打开 Visual Basic 编辑器，插入一个模块，在模块的"代码"窗口中输入如下程序代码：

```
01    Sub 查找带有公式的数字单元格()
02       Dim rRange As Range, rCell As Range      '声明对象变量
03       Set rRange = ActiveSheet.UsedRange.SpecialCells_
04       (xlCellTypeFormulas, xlNumbers)          '查找带有公式且为数字的单元格
```

```
05          For Each rCell In rRange            '遍历找到的单元格
06              rCell.Value = rCell.Value * 1    '将值乘以 1 后填入单元格中
07          Next
08      End Sub
```

图 13-1　需要处理的表格

（2）将插入点光标放置到程序代码中，按 F5 键运行程序。工作表中包含公式的数字单元格中的公式将被删除，单元格中只保留公式计算结果，如图 13-2 所示。

图 13-2　单元格中公式被删除只保留计算结果

代码解析：

- 本示例演示了删除单元格中的公式只保留公式计算结果的方法。第 03~04 行调用 SpecialCells 方法查找符合条件的单元格，Type 参数设置为 xlCellTypeFormulas 表示查找到带有公式的单元格，Value 参数设置为 xlNumbers 表示带有公式单元格中带有数值的单元格。

- 第 05~07 行使用 For Each In…Next 结构遍历符合条件的单元格，并在每一个单元格中用单元格中已有的数字来进行填充，这样单元格中的公式即被删除。

13.1.2 查找单个符合条件的数据

在 Excel 2019 中，在"开始"选项卡的"编辑"中单击"替换"按钮，打开"查找和选择"对话框，在打开的列表中选择"查找"选项，打开"查找和替换"对话框，如图 13-3 所示。使用该对话框用户可以指定查找范围、查找方式和查找内容等。

图 13-3   "查找和替换"对话框

在 Excel VBA 中，可以调用 Find 方法对工作表中特定的单元格进行查找。Find 方法在使用时将返回一个 Range 对象，该对象代表第一个符合条件的单元格。如果没有找到符合条件的单元格，则返回 Nothing。Find 方法可带有多个参数，其参数的意义与"查找和替换"对话框的各个设置项相类似，该方法的具体语法结构如下所示：

```
对象.Find(What, After, LookIn, LookAt, SearchOrder, SearchDirection, MatchCase, MatchByte, SerchFormat)
```

下面对参数的意义进行说明。

- What：该参数指定要搜索的数据，可以是字符串或任意 Microsoft Excel 数据类型。
- After：该参数为可选参数，表示将从某单元格后开始进行搜索，此单元格对应用户界面搜索时活动单元格的位置。
- LookIn：该参数为可选参数，用于设置信息类型，可以使用 xlValues、xlFormulas 和 xlComments 这三个常量，默认值为 xlFormulas。这三个常量相当于"查找和替换"对话框中"范围"下拉列表中的选项。
- LookAt：该参数为可选参数，其值可以是 xlWhole 或 xlPart，用来指定所查找的数据与单元格中内容是完全匹配还是部分匹配，它的默认值为 xlPart。当该参数设置为 xlWhole 时，相当于选择了"查找和替换"对话框中的"单元格匹配"复选框。
- SearchOrder：该参数为可选参数，它的值为 xlByRows 或 xlByColumns，用来设置是按行查找还是按列查找。这两个常量相当于"查找和替换"对话框中的"搜索"下拉列表中的选项。
- SearchDirection：该参数为可选参数，用于设置搜索方向，它的值可以是 xlNext 和 xlPrevious，分别表示向前搜索和向后搜索，xlNext 为该参数的默认值。
- MatchCase：该参数为可选参数，它的值为 True 时，将区分字母大小写进行查找。它的值如果为 False，则双字节字符可以与对等的单字节字符匹配。该参数的默认值为 False。当该参数设置为 True 时，相当于选择了"查找和替换"对话框中的"区分大小写"复选框。

● MatchByte：该参数为可选参数，仅在选择或安装了双字节语言支持时使用。当该参数设置为
True 时，双字节字符仅匹配双字节字符。若设置为 False，则双字节字符可匹配与它对等的单字
节字符。当该参数设置为 True 时，相当于选择了"查找和替换"对话框中的"区分全角/半角"
复选框。

● SearchFormat：该参数为可选参数，用于设置搜索格式，它的值为 True 表示可以搜索格式。

使用过"查找和替换"对话框的读者都知道，当使用过一次查找功能后，对话框中的某
些设置将保留到下一次查找操作时。实际上，在调用 Find 方法时，参数 LookIn、LookAt、
SearchOrder 和 matchByte 的设置也会被保存。在下一次调用 Find 方法时，将继续使用这些保
存的值，不需要再对这些参数进行设置。同时，在"查找和替换"对话框中进行的设置将会改
变程序内 Find 方法中的参数，此时如果运行程序可能会产生语句错误。为了避免这个问题，
在每次调用 Find 方法时最好重新设置参数。

【示例 13-2】查找符合条件的数据

（1）启动 Excel 并打开工作表，如图 13-4 所示。打开 Visual Basic 编辑器，插入一个模块，
在模块的"代码"窗口中输入如下程序代码：

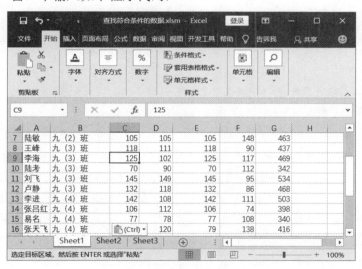

图 13-4　打开需要处理的工作表

```
01    Sub 查询符合条件的数据()
02       Dim myRange As Range                              '声明对象变量
03       Dim s As String                                   '声明变量
04       s = Application.InputBox(Prompt:="请输入学生姓名", _
05          Title:="查询", Type:=2)                        '获取输入的姓名
06       Set myRange = Cells.Find(What:=s, _
07          After:=ActiveCell, LookIn:=xlValues, _
08          LookAt:=xlPart, SearchOrder:=xlByRows, _
09          SearchDirection:=xlNext, MatchCase:=False)     '按条件查询
10       If myRange Is Nothing Then
```

```
11          MsgBox "没有找到符合条件的学生！"                    '如果没有找到，则给出提示
12      Else
13          MsgBox myRange.Value & "的成绩：" & Chr(13) &_
14          "语文：" & myRange.Offset(0, 2) & Chr(13) &_
15          "数学：" & myRange.Offset(0, 3) & Chr(13) &
16          "外语：" & myRange.Offset(0, 4) & Chr(13) &_
17          "物理：" & myRange.Offset(0, 5) & Chr(13) &_
18          "总分：" & myRange.Offset(0, 6)              '显示符合条件学生的成绩
19      End If
20  End Sub
```

（2）将插入点光标放置到程序代码中，按 F5 键运行程序。程序弹出输入对话框，在对话框中输入学生姓名，如图 13-5 所示。单击"确定"按钮关闭对话框后，如果在该工作表中找到了输入的学生，程序在提示对话框中给出学生成绩，如图 13-6 所示。如果没有找到输入的学生，程序提示没有找到符合条件的学生，如图 13-7 所示。

图 13-5　输入学生姓名　　　　图 13-6　显示对应成绩　　　　图 13-7　提示没有找到

代码解析：

- 本示例演示了在成绩表中如何根据学生姓名查询分数。第 04~05 行调用 Application 对象的 InputBox 函数来获取用户输入的学生姓名。
- 第 06~09 行调用 Find 函数在工作表中查询输入的学生姓名。这里，What 参数设置为变量 s 的值，即用户输入的学生姓名。After 参数设置为 ActiveCell，表示从当前活动单元格开始查找，这里该参数可以省略。LookIn 参数设置为 xlValues，表示查找数值，相当于在"查找和替换"对话框中的"查找范围"下拉列表中选择"值"选项。LookAt 参数设置为 xlPart，表示要查找的数据和单元格中的数据部分匹配，相当于不勾选"查找和替换"对话框中的"单元格匹配"复选框。SearchOrder 参数被设置为 xlByRows，表示按行查找，相当于在"查找和替换"对话框中的"搜索"下拉列表中选择"按行"选项。参数 SearchDirecton 设置为 xlNext，表示向后搜索。MatchCase 参数设置为 False，表示不区分字母大小写，相当于不勾选"查找和替换"对话框中的"区分大小写"复选框。
- 第 10 行对 Find 方法的返回值进行判断，如果找到了匹配的单元格，Find 方法将返回对应的 Range 对象，此时程序执行第 13~18 行的语句，显示姓名所对应的分数。这里，使用 Offset 属性获取姓名单元格右侧的各个分数单元格，调用 MsgBox 函数显示它们的值。
- 如果 Find 方法没有找到匹配的单元格，该方法将返回 Nothing。此时程序将执行第 11 行代码显示提示信息。

13.1.3　查找多个符合条件的数据

调用 Find 方法查找数据时，找到第一个满足条件的数据后，不管该区域中是否还有其他的数据，查找都将停止。如果需要在工作表中查找多个符合条件的数据，则应该调用 FindNext 方法和 FindPrevious 方法。

FindNext 方法能够继续由 Find 方法开始的搜索，查找与 Find 方法具有相同匹配条件的下一个单元格，并返回代表符合条件单元格的 Range 对象。FindNext 方法的语法结构如下所示：

```
对象.FindNext(After)
```

这里，After 参数用于指定一个单元格，查找操作将从该单元格之后开始。该参数如果省略，FindNext 方法将从区域的左上角的单元格之后开始查找。

FindPrevious 方法具有与 FindNext 方法相同的参数，两个的用法也一样，唯一的区别在于从哪一个单元格开始向前搜索。

【示例 13-3】标识指定的数据

（1）启动 Excel 并打开工作表，如图 13-8 所示。打开 Visual Basic 编辑器，插入一个模块，在模块的"代码"窗口中输入如下程序代码：

```
01    Sub 标识指定的数据()
02        Dim c As Range, n As Integer                    '声明变量
03        Set c = Cells.Find(What:="灯泡")                 '查找"灯泡"
04            c.Activate                                  '激活找到的单元格
05        With c.EntireRow.Font                           '设置文字样式
06           .ColorIndex = 45
07           .Bold = True
08           .Italic = True
09        End With
10        For n = m To Range("B1048576").End(xlUp).Row + 1  '遍历所在列单元格
11           Set c = Cells.FindNext(after:=ActiveCell)    '查找下一个目标
12                c.Activate                              '激活找到的单元格
13           With c.EntireRow.Font                        '设置文字样式
14              .ColorIndex = 45
15              .Bold = True
16              .Italic = True
17           End With
18        Next
19    End Sub
```

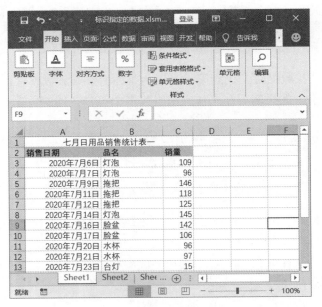

图 13-8　打开需要处理的工作表

（2）将插入点光标放置到程序代码中，按 F5 键运行程序。工作表中"品名"为"灯泡"的相关数据的文字样式发生了改变，如图 13-9 所示。

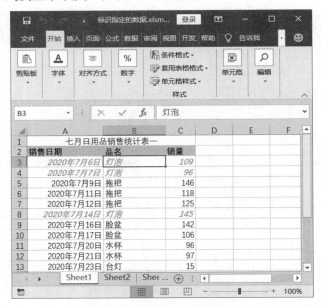

图 13-9　"品名"为"灯泡"的相关数据的文字样式发生了改变

代码解析：

- 本示例演示了在工作表中查找多个数据的方法。在程序中首先调用 Find 方法查找第一个符合条件的数据，并使用 With 结构对 Find 方法找到的单元格所在行的文字样式进行设置。

- 程序调用 FindNext 方法继续进行查找，这里将 After 参数设置为 ActiveCell，表示从当前活动单元格开始向下查找。根据设置 After 参数的需要，第 04 行将 Find 方法找到的单元格设置为活动单元格。

- 为实现对剩下的所有单元格进行查找，使用 For…Next 循环来遍历这些单元格。计数变量的起始值为第一个符合条件的"灯泡"单元格的行号，终止值为 Range("B1048576").End(xlUp).Row+1，该值为 B 列非空单元格的数量。
- 第 12 行调用 Activate 方法激活符合条件的单元格，由于 FindNext 方法是从激活的单元格开始向后查找，因此在每次找到符合条件的单元格后必须都激活它。

13.1.4　替换数据

在 Excel 的"查找和替换"对话框中打开"替换"选项卡，不仅可以实现查找功能，还能进行替换操作，如图 13-10 所示。

图 13-10　"查找和替换"对话框的"替换"选项卡

Range 对象提供了 Replace 方法，该方法能够实现"查找和替换"对话框的替换功能，在工作表中查找指定的内容并将找到的内容替换掉。该方法的语法结构如下所示：

```
对象.Replace(What, Replacement, LookAt, SearchOrder, MatchCase, MatchByte,
SearchFormat, ReplaceFormat)
```

Replace 方法的参数与 Find 方法的参数有部分是相同的，相同的参数表示的含义也是一样的。这里，简单介绍其与 Find 方法不同的参数。

- Replacement：该参数指定需要替换的字符串。
- SearchFormat：该参数为可选参数，用于指定需要搜索的格式，值为 True 时表示可以搜索格式。
- ReplaceFormat：该参数为可选参数，用于指定替换格式，值为 True 时表示可以替换格式。

【示例 13-4】替换指定的数据

（1）启动 Excel 并打开工作表，如图 13-11 所示。打开 Visual Basic 编辑器，插入一个模块，在模块的"代码"窗口中输入如下程序代码：

```
01   Sub 替换指定的数据()
02       If Worksheets("sheet1").Columns("A").Find(What:="db", _
03         MatchCase:=True) Is Nothing Then              '如果没有找到指定的字符
```

```
04              MsgBox "没有找到指定的字符！"                        '显示提示
05          Else
06              If MsgBox("找到指定的字符，是否替换？", vbYesNo) = vbYes Then
            '判断是否替换
07                  Range("A:A").Replace What:="db", Replacement:="DB",
08                      MatchCase:=True                              '替换字符
09              End If
10          End If
11      End Sub
```

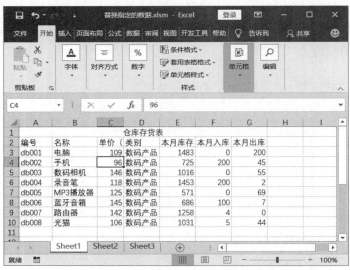

图 13-11　打开需要处理的工作表

（2）将插入点光标放置到程序代码中，按 F5 键运行程序。当工作表中有可替换的字符时，程序弹出提示，如图 13-12 所示。单击"是"按钮关闭提示对话框，工作表中字符即被替换，如图 13-13 所示。如果工作表中不存在需要替换的字符，程序弹出提示，如图 13-14 所示。

图 13-12　提示找到指定字符　　　　　　　　图 13-13　字符被替换

图 13-14　提示没有找到指定的字符

代码解析：

● 本示例演示了通过替换的方法将工作表中小写字母转换为大写字母的方法。程序首先调用 Find 方法对指定列进行查找，使用 If 结构判断 Find 是否找到相匹配的字符，如果找到，则给出提示并进行替换操作，否则提示未找到指定的字符。

● 在第 02~03 行方法查找需要替换的字符，将该方法的参数 MatchCase 设置为 True，让查找时匹配字母大小写，这样可以避免在字符 db 已经转换为大写后再被认为是可替换的字符。

● 第 07~08 行调用 Replace 方法查找字符 db 并将它替换为字符 DB，以实现小写字母向大写字母的转换。程序中将 Replace 方法的 MatchCase 参数设置为 True，使搜索时区分字母大小写。

13.1.5　查找具有特定格式的单元格

在对数据进行操作时，有时需要定位工作表中包含某些特殊格式的单元格。在编写 VBA 程序时，要实现对格式的查询可以使用 Application 对象的 FindFormat 属性。

无论是 Find 方法、FindNext 方法，还是 FindPrevious 方法都没有以单元格格式作为搜索条件的设置参数。如果需要搜索具有某种格式的单元格，可以使用 FindFormat 属性来返回单元格格式类型。该属性的作用，就是为上面提到的这些方法设置搜索或替换的条件。在设置条件后，将上述方法的 SearchFormat 参数设置为 True，就可以实现对特殊格式单元格的查找。

例如要选择工作表中被填充了红色的第一个单元格，可以使用下面的语句：

```
01    Application.FindFormat.Interior.ColorIndex = 3
02    Cells.Find(what:="", Searchformat:=True).Select
```

这里，第 01 行使用 FindForamt 属性指定格式类型，第 02 行将 Find 方法的 Searchforamt 属性设置为 True，表示以格式为条件进行搜索。需要搜索的格式即为第 01 行 FindFormat 属性返回的格式类型。

【示例 13-5】替换文字格式

（1）启动 Excel 并打开工作表，如图 13-15 所示。打开 Visual Basic 编辑器，插入一个模块，在模块的"代码"窗口中输入如下程序代码：

```
01    Sub 替换文字格式()
02       With Application.FindFormat.Font              '设置需查找的格式
03          .Name = "Arial"
```

313

```
04            .FontStyle = "Regular"
05            .Size = 10
06            MsgBox "您要查找的单元格格式为: " & .Name & "-" & _
07             .FontStyle & "-" & .Size              '显示提示信息
08         End With
09      With Cells.Find(what:="", SearchFormat:=True).Font'查找符合条件的字符并
替换其格式
10            .Name = "黑体"
11            .Size = 12
12            .Color = RGB(255, 0, 0)
13         End With
14   End Sub
```

图 13-15   打开需要处理的工作表

（2）将插入点光标放置到程序代码中，按 F5 键运行程序。程序弹出提示对话框提示查找的单元格格式，如图 13-16 所示。关闭提示对话框后，工作表中符合条件的单元格格式即发生改变，如图 13-17 所示。

代码解析：

- 本示例演示了查找并替换单元格格式的方法。程序的基本思路是调用 Find 方法来查找符合条件的格式单元格，然后对该单元格的格式进行修改。

- 第 02~08 行通过设置 FindFormat 属性来设置需要查找的格式，这里需要查找的是文字格式，使用 With 结构来指定格式。这里要注意的是，由于需要调用 MsgBox 函数来显示查找的格式属性，为了简化程序，MsgBox 函数同样放置在 With 结构中。

- 第 09~13 行使用 With 结构设置查找符合条件的单元格的文字格式。在第 09 行，将 Find 方法的 SearchFormat 参数设置为 True。由于查找条件只是单元格的文字格式，What 参数设置为空。

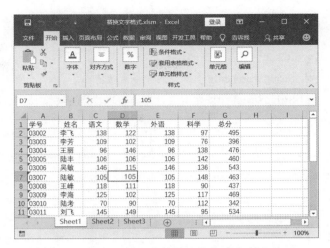

图 13-16　提示要查找的单元格格式　　　　图 13-17　符合条件单元格格式发生改变

技　巧

调用 Replace 方法需要指定查找格式和替换的格式。需要查找的格式可以使用 FindFormat 属性来设置，而替换格式可以使用 ReplaceFormat 属性来进行设置。在进行了查找和替换格式设置后，就可以调用 Replace 方法对格式进行替换。这里要注意的是，与 Find 方法相似，Replace 方法要将 SearchFormat 参数和 ReplaceFormat 参数均设置为 True。同时，What 和 Replacement 参数都必须设置为空。

示例 13-5 可以使用下面的 Sub 过程来完成替换操作，读者可以对比一下两者的区别：

```
01    Sub 替换单元格格式()
02       With Application.FindFormat.Font          '设置需查找格式
03          .Name = "Arial"
04          .FontStyle = "Regular"
05          .Size = 10
06          MsgBox "您要查找的单元格格式为：" & .Name & "-" &
07           .FontStyle & "-" & .Size                '显示提示信息
08       End With
09       With Application.ReplaceFormat.Font        '设置替换格式
10          .Name = "黑体"
11          .Size = 12
12          .Color = RGB(255, 0, 0)
13       End With
14       Cells.Replace What:="", Replacement:="", SearchFormat:=True,_
15       ReplaceFormat:=True                        '实现格式替换
16    End Sub
```

13.1.6　实现模糊查询

所谓的模糊查询指的是对两个字符串是否存在包含关系进行判断。在 VBA 中，一般使用 Like 运算符来比较两个字符串进行模糊查找，其语法格式如下：

```
Result = StringSearchedIn Like StringSearched
```

下面对各参数含义进行介绍。

- Result：表示运算的结果。
- StringSearchedIn：被查询字符的字符串。
- StringSearched：查询字符串，该字符串可建立模式匹配。

如果 StringSearchedIn 与 StringSearched 匹配，则 Result 值为 True；如果不匹配，则 Result 为 False。但是如果 StringSearchedIn 与 StringSearched 中有一个为 Null，则 Result 为 Null。StringSearched 中的字符可使用以下匹配模式。

- ?：可为任何单一字符。
- *：零个或多个字符。
- #：任何一个数字（0~9）。
- [charlist]：charlist 中的任何单一字符。
- [!charlist]：不在 charlist 中的任何单一字符。

在中括号中，可以用由一个或多个字符组成的一个字符组来与 string 中的任一个字符进行匹配。下面列出了 Like 运算符的几个示例，从中可以加深对 Like 函数的理解。

```
Result = "李非" Like "李"          '返回 True
Result = "X"  Like " [A-Z] "       '返回 True
Result = "X" Like " [!A-Z] "       '返回 False
Result = "x8x" Like "x#x"          '返回 True
```

【示例 13-6】模糊查询

（1）启动 Excel 并打开工作表，如图 13-18 所示。打开 Visual Basic 编辑器，插入一个模块，在模块的"代码"窗口中输入如下程序代码：

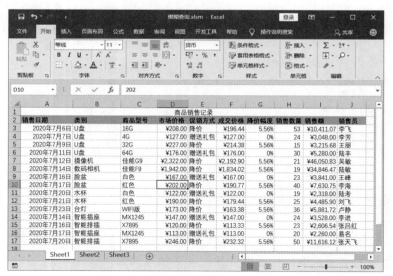

图 13-18　打开工作表

```
01    Sub 对指定单元格着色()
02      result = Application.InputBox(prompt:="请输入要查找的值：",_
03       Title:="模糊查找", Type:=2)                '获取输入字符
04      If result = "False" Or result = "" Then     '判断是否正确输入
05        Exit Sub                                  '如果输入不合理，退出过程
06      End If
07      Application.ScreenUpdating = False          '屏蔽屏幕显示
08      Application.DisplayAlerts = False           '屏蔽 Excel 的警告和消息
09      Set Rng = ActiveSheet.Range("A1").CurrentRegion    '指定查询区域
10      str1 = "*" & result & "*"                   '设置查询条件字符串
11      For Each c In Rng.Cells                      '遍历所有单元格
12        If c.Value Like str1 Then                  '是否匹配
13          c.BorderAround LineStyle:=xlContinuous,_
14            Weight:=xlThick, ColorIndex:=3         '设置边框样式
15        End If
16      Next
17      Application.ScreenUpdating = True           '恢复屏幕显示
18      Application.DisplayAlerts = True            '恢复显示 Excel 的警告和消息
19    End Sub
```

（2）将插入点光标放置到程序代码中，按 F5 键运行程序。程序弹出输入对话框，在对话框中输入需要查询的关键字，如图 13-19 所示。单击"确定"按钮关闭对话框，文字与输入关键字相匹配的单元格即被添加红色边框，如图 13-20 所示。

图 13-19　输入关键字

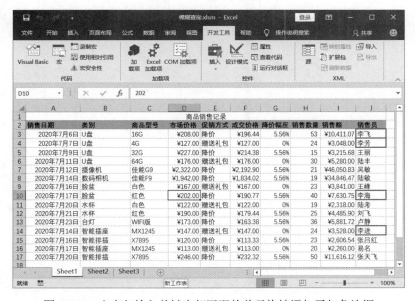

图 13-20　文字与输入关键字相匹配的单元格被添加了红色边框

代码解析：

- 本示例演示了使用 Like 运算符实现模糊查询的方法。第 02~03 行调用 InputBox 函数获取用户输入字符，第 04 行对用户输入进行判断，如果未输入或单击了"取消"按钮则退出过程。
- 第 09 行使用 CurrentRegion 属性获取包含 A1 单元格的已用单元格区域，该区域将作为查询区域。第 10 行设置查询字符串，这里使用了通配符"*"。
- 程序使用 For Each In…Next 结构遍历数据区中所有的单元格，使用 If 结构判断每个单元格中的数据是否存在输入的查找字符。如果有，则为单元格添加边框。代码的第 12 行在判断是否存在字符时，使用 Like 运算符来对单元格中字符和字符进行比较。

13.1.7 调用内置函数

Excel 提供了大量的内置函数以帮助用户完成各种专业或非专业的计算，这些函数中也包括能够进行数据查询的函数。如 Match 函数能够返回在指定方式下与指定数值相匹配的数字在数组中的位置；DGet 函数能够从列表或数据库的列中提取符合指定条件的值；VLookup 函数可以搜索某个单元格区域的第一列并返回该区域相同行上任何单元格中的数值。借助于 WorksheetFunction 属性，用户可以在编写 VBA 程序时应用这些函数来实现数据查询。

【示例 13-7】调用内置函数查询

（1）启动 Excel 并打开需要操作的工作表，如图 13-21 所示。打开 Visual Basic 编辑器，插入一个模块，在模块的"代码"窗口中输入如下程序代码：

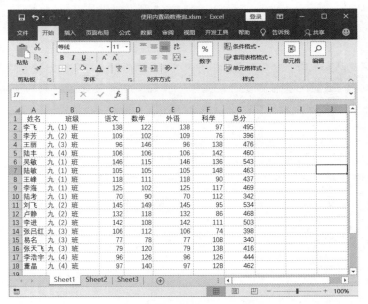

图 13-21 打开需要操作的工作表

```
01    Sub 按姓名查询总分()
02        Dim myRange1 As Range                          '声明对象变量
03        Dim myRange2 As Range
```

```
04      Dim myScore  As Long
05      Dim myKey  As String
06      Set myRange1 = Columns("A:G")                       '设置查询范围
07      Set myRange2 = Range("J1:J2")                       '设置查询条件区域
08      myKey = "李飞"                                       '指定查询条件
09      myRange2.Cells(1, 1) = myRange1.Range("A1")         '将"姓名"置于条件区域
10      myRange2.Cells(2, 1) = myKey                        '将"李飞"置于条件区域
11      myScore = WorksheetFunction.DCountA(myRange1, _
12      1, myRange2)                                        '查询满足条件单元格个数
13       If myScore = 1 Then                                '如果只有一个
14      myScore = WorksheetFunction.DGet(myRange1, 7, myRange2)'获取单个值
15      MsgBox myKey & "的总成绩为: " & myScore               '显示获取的值
16        Else
17           MsgBox "没有找到符合条件的单元格"                  '提示没有找到
18        End If
19        myRange2.Clear                                    '清除条件区域内容
20    End Sub
```

（2）将插入点光标放置到程序代码中，按 F5 键运行程序。程序在指定的单元格中输入查询条件，当工作表中存在着"姓名"为"李飞"的记录时，在提示对话框中给出该学生的总分，如图 13-22 所示。关闭提示对话框后，J1:J2 单元格中的查询条件被删除。

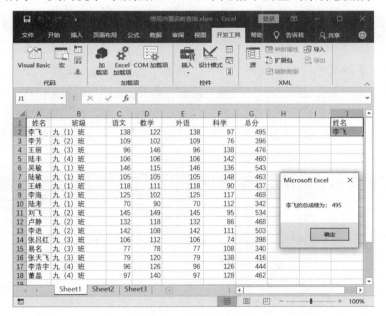

图 13-22　显示总成绩

代码解析：

● 本示例演示了调用内置函数 DCountA 和 DGet 按照学生姓名进行查询的方法。在 Excel 中 DCountA 函数用于计算列表中符合指定条件的非空单元格的个数，DGet 函数用于从列的单元格中提取符合条件的值。这两个函数都需要三个参数，它们分别是需要查询数据所在单元格区域、列标题和作为条件的单元格区域。

- 第 06 行指定需要查询 A 列到 G 列的数据，第 07 行指定作为查询条件的单元格区域，该区域为 J1:J2 单元格。第 09 行向条件区域填入第一个查询条件，即 A1 单元格中的文字"姓名"。第 10 行将文字"李飞"置于条件单元格区域的第二个单元格中。

- 第 11~12 行语句 WorksheetFunction.DCountA(myRange1,1 myRange2)用于获取符合指定条件的非空单元格的个数。如果值为 1，说明找到了需要查询的姓名，如果值为 0，说明没有找到姓名为"李飞"的记录。

- 第 14 行语句 WorksheetFunction.DGet(myRange1, 7, myRange2)用于提取符合指定条件的值，该值通过调用 MsgBox 函数显示出来。

13.2
数据的排序

对数据进行排序是使用 Excel 对数据进行分析处理时的一个常用操作，Excel 本身的数据排序能力已经很强大了，但有时候还是需要借助于 VBA 来完成。VBA 中用于排序的只有一个 Sort 方法，本节将主要介绍该方法的一些典型应用。

13.2.1 对数据进行排序

在 Excel 中，选择某个数据单元格后，在"开始"选项卡的"编辑"组中单击"排序和筛选"按钮，在打开的列表中选择"升序"或"降序"命令，可以使数据按照升序或降序进行排序，如图 13-23 所示。如果选择"自定义排序"命令将打开"排序"对话框，使用该对话框能够自定义排序条件，如图 13-24 所示。单击"选项"按钮，打开"排序选项"对话框，如图 13-25 所示，使用该对话框可以设置文本排序的方式。

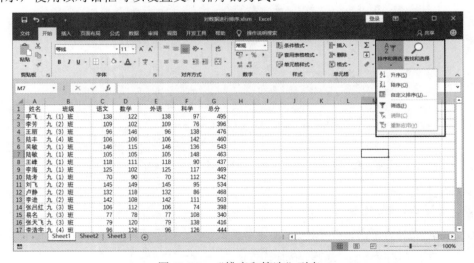

图 13-23　"排序和筛选"列表

图 13-24　"排序"对话框　　　　　　图 13-25　"排序选项"对话框

上述介绍的自动排序和自定义条件排序的操作都可以通过编写 VBA 代码来实现。Range 集合有一个 Sort 方法，调用该方法能够对单元格区域进行排序操作。Sort 方法的语法结构如下所示：

```
对象.Sort(Key1, Order1, Key2, Type, Order2, Key3, Order3, Header, OrderCustom,
MatchCase, Orientation, SortMethod, DataOption1, DataOption2, DataOption3)
```

下面对该方法的参数进行介绍。

- Key1：该参数为可选参数，定义第一个排序字段，可为文本或 Range 对象。
- Order1：该参数为可选参数，定义 Key1 指定的字段或单元格区域的排序顺序，其使用 xlSortOrder 常量，该常量为 xlDescending 和 xlAsecending，分别表示降序和升序。
- Key2：该参数为可选参数，定义第二个排序字段，可为文本或 Range 对象。如果省略了该参数，则没有第二个排序字段。
- Type：该参数为可选参数，用于指定要排序的元素。
- Order2：该参数为可选参数，用于设置 Key2 参数中指定的字段或单元格区域的排序顺序。
- Key3：该参数为可选参数，用于指定第 3 个排序字段。
- Order3：该参数为可选参数，用于设置在 Key3 中指定的字段或区域的排序顺序。
- Header：该参数为可选参数，用于指定第一行是否包含标题。该参数使用 xlYesNoGuess 常量，包括 xlGuess、xlContinuous 和 xlYes，分别表示由 Excel 确定是否有标题、对整个区域排序和不对整个区域排序，其中 xlContinuous 为默认值。该参数的作用相当于"排序"对话框中的"数据包含标题"复选框。
- OrderCustom：该参数为可选参数。参数是从 1 开始的整数，指定了在自定义排序顺序列表中的索引号。如果省略 OrderCustom 参数，则使用常规排序。
- MatchCase：该参数为可选参数。如果值为 True，则进行区分字母大小写的排序。如果为 False，则排序时不区分字母大小写。该参数的作用相当于"排序选项"对话框中的"区分大小写"复选框。
- Orientation：该参数为可选参数，用于定义排序的方法。该参数为 xlSortOrientation 常量，包括 xlSortRows 和 xlSortColumns，分别代表按行排序和按列排序，其中默认值为 xlSortRows。该参数的作用相当于"排序选项"对话框内"方向"栏中的两个设置项。
- SortMethod：该参数为可选参数，用于设置排序类型。该参数为 xlSortMethod 常量，当参数设置为 xlStroke 时，表示按每个字符的笔画数量排序。若设置为 xlPinYin，表示按字符的汉语拼音顺序排序。该参数的作用相当于"排序选项"对话框内"方法"栏中的两个设置项。

- DataOption1：该参数为可选参数，指定如何对 key 1 中的文本进行排序。该参数为 xlSortDataOption 常量，它的值为 xlSortNormal 时表示分别对数字和文本数据进行排序，它的值为 xlSortTextAsNumbers 时表示将文本作为数字型数据排序。
- DataOption2 和 DataOption3：这两个参数为可选参数，用于设置如何对 key 2 和 key 3 中的文本进行排序，其用法和 DataOption1 相同。

如对图 13-23 工作表中的数据区域进行排序，对"姓名"列中姓名以降序排序，可以使用下面的语句：

```
Set myRange = ws.UsedRange
myRange.Sort Key1:="姓名", Order1:=xlDescending, Header:=xlYes, _
SortMethod:=xlPinYin
```

这里，Key1 参数指定排序字段为"姓名"，Order1 参数指定按照降序排序，Header 参数设置为 xlYes 表示包含标题，SortMethod 参数设置为 xlPinYin 表示按照字符的汉语拼音顺序排序。

一般情况下，Sort 方法排序使用的关键字为三个，但有时排序关键字的个数可能会超过三个，此时可以按照下面范例介绍的方法进行操作。

【示例 13-8】使用多个关键字排序

（1）启动 Excel 并打开需要操作的成绩表，如图 13-26 所示。打开 Visual Basic 编辑器，插入一个模块，在模块的"代码"窗口中输入如下程序代码：

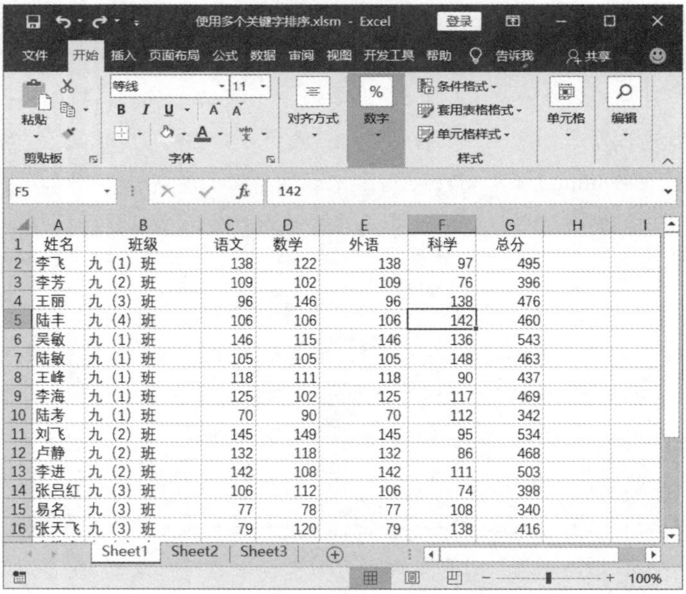

图 13-26　打开成绩表

```
01    Sub 使用多个关键字排序()
02    Dim ws As Worksheet, myRange As Range            '声明对象变量
03    Dim myArray As Variant                           '声明数组变量
04    Dim i As Integer                                 '声明计数变量
05    Set ws = Worksheets(1)                           '指定工作表
06    Set myRange = ws.Range("A1").CurrentRegion       '指定数据区域
07    myArray = Array("语文","数学","外语","科学","总分")'指定关键字的优先顺序
08    With myRange
09      For i = 0 To UBound(myArray)
10        .Sort Key1:=myArray(i), Order1:=xlDescending, Header:=xlYes
      '对数据进行排序
11      Next i
12    End With
13    End Sub
```

（2）将插入点光标放置到程序代码中，按 F5 键运行程序。程序将对数据区中的数据进行排序，排序结果如图 13-27 所示。

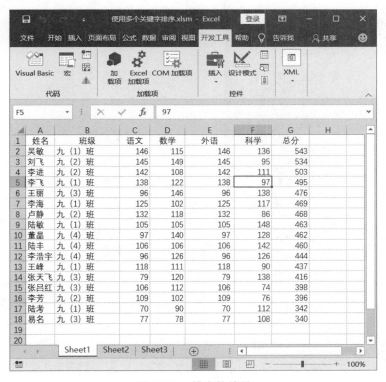

图 13-27　排序的结果

代码解析：

● 本示例演示了调用 Sort 方法对多个关键字进行排序的方法。本例需要分别以学生的"总分""科学""外语""数学"和"语文"进行降序排列。在排序时先按照总分进行排序，如果总分相同，则按照科学成绩进行排序，如果科学成绩也相同则按照外语成绩进行排序，最后如果外语成绩也相同再按照数学、语文成绩进行排序。

- 第 07 行将排序关键字放置在数组中，这里要注意数组中关键字的放置顺序，应该将最低级的关键字放置在最前面。在调用 Sort 方法进行排序时，要先对最低级的关键字进行排序，也就是本例将先对关键字"语文"进行排序。
- 第 09~11 行使用 For…Next 循环依次以数组中的关键字对数据进行排序。第 10 行将 Key1 参数设置为数组的第 i 个数据，Order1 参数设置为 xlDescending 表示以降序方式进行排序，Header 参数设置为 xlYes 表示排序区域包括标题。

13.2.2 按照自定义序列排序

在 Excel 中，数据排序有其默认的排序规则，如在进行降序排序时，数字按照由小到大的顺序排列，字母按照由 Z 到 A 的顺序排列。这种排序规则即是所谓的排序序列，当 Excel 内置的默认排序序列无法实现需要的排序操作时，就需要用户自定义这个排序序列。在 Excel 中自定义序列可以使用"自定义序列"对话框，如图 13-28 所示。

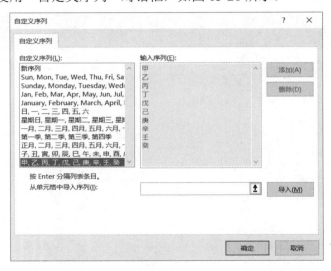

图 13-28　"自定义序列"对话框

在调用 Sort 方法对数据进行排序时，设置 CustomOrder 参数可以指定需要使用的排序序列。如下面语句将 OrderCustom 参数设置为 11，则在排序时将按照图 13-28 中"自定义序列"对话框的"自定义序列"列表中的第 12 个序列来进行排序，也就是按照"甲、乙、丙……"的顺序来排序。在"自定义序列"列表中，"新序列"选项的序列号为 0，向下每一个选项的序列号增加 1。

```
Range("a1").CurrentRegion.Sort
Key1:=Range("a1"), Order1:=xlAscending, Header:=xlYes, Ordercustom:=12
```

【示例 13-9】按照自定义序列排序

（1）启动 Excel 并打开需要操作的成绩表，如图 13-29 所示。打开 Excel 2019 的"文件"窗口，在左侧列表中选择"选项"选项，如图 13-30 所示。在打开的"Excel 选项"对话框左侧列表中选择"高级"选项，在右侧单击"编辑自定义列表"按钮，如图 13-31 所示。此时将打开"自定义序列"对话框，在"输入序列"文本框中输入自定义序列，单击对话框中的"添加"按钮，如图 13-32 所示。此时自定义序列将添加到"自定义序列"列表中，如图 13-33 所示。依次单击"确定"按钮，关闭"自定义序列"对话框和"Excel 选项"对话框完成序列的自定义。

图 13-29　打开工作表

图 13-30　选择"选项"选项

图 13-31　"Excel 选项"对话框

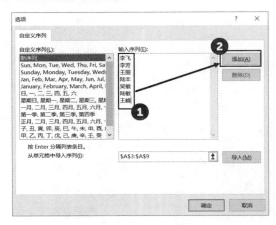

图 13-32　输入自定义序列　　　　　　　　图 13-33　自定义序列添加到列表中

（2）打开 Visual Basic 编辑器，插入一个模块，在模块的"代码"窗口中输入如下程序代码：

```
01    Sub 使用自定义序列实现多个关键字排序()
02        Dim myRange As Range                           '声明对象变量
03        Set myRange = Worksheets(1).Range("A2:F8")    '指定需要排序的单元格区域
04        myRange.Sort Key1:=Range("A2"), Order1:=xlAscending, Header:=xlYes,_
05         OrderCustom:=12                               '按自定义序列排序
06    End Sub
```

（3）将插入点光标放置到程序代码中，按 F5 键运行程序。程序将按照自定义序列来对数据区中的数据进行排序，如图 13-34 所示。

图 13-34　按自定义序列排序

代码解析：

● 本示例演示了自定义序列并按照自定义序列对数据进行排序。本例在制作时，首先在"自定义序列"对话框中创建自定义序列。第 04~05 行调用 Sort 方法对指定单元格区域中的数据进行排序，Key1 参数指定以"姓名"列作为排序字段。Order1 参数设置为 xlAscending，表示按照升序排列。OrderCustom 参数设置为 12，表示排序的数据序列为"自定义序列"对话框内的"自定义序列"列表的第 12 个序列，也就是步骤 1 创建的自定义序列。

13.2.3　按照颜色排序

当单元格中被填充了不同颜色或者单元格中文字被设置了不同的颜色，则可以指定颜色顺序，并按照这个顺序来对单元格进行排序。在编写 VBA 程序时，实现按照颜色对数据排序的一般思路是，首先获取颜色 ColorIndex 值，然后将这些颜色值放置到该颜色对应的单元格中，再根据颜色编号对工作表中的数据进行排序，这样就可以实现工作表中数据按照颜色来排序。下面通过示例来介绍具体的操作方法。

【示例 13-10】按颜色排序

（1）启动 Excel 并打开需要操作的工作表，如图 13-35 所示。打开 Visual Basic 编辑器，插入一个模块，在模块的"代码"窗口中输入如下程序代码：

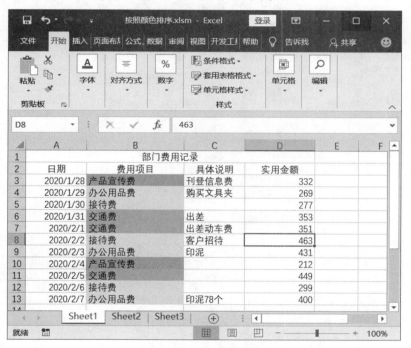

图 13-35　需要处理的工作表

```
01    Sub 按颜色排序()
02        Dim ws As Worksheet, myRange As Range        '声明对象变量
03        Dim myRow As Long, myColumn As Long          '声明变量
04        Dim i As Long
05        Set ws = Worksheets(1)    '指定工作表
06        myColumn = ws.Range("A2").End(xlToRight).Column'获取数据区最后一列的列号
07        myRow = ws.Range("A2").End(xlDown).Row    '获取数据区最后一行的行号
```

```
08        ws.Cells(2, myColumn + 1).Value = "颜色值"
'在数据区的最后一列的第二行输入标题文字
09      For i = 3 To myRow                        '遍历数据区中有颜色填充列的所有单元格
10        ws.Cells(i, myColumn + 1).Value =ws.Cells(i, 2).Interior.
ColorIndex                    '将各个单元格的填充颜色值置于数据区右侧的单元格中
11      Next i
12      Set myRange = ws.Range(Cells(2, 1), Cells(myRow, myColumn + 1))
                                '获取包括新插入列在内的数据区域
13      myRange.Sort Key1:=ws.Cells(2, myColumn + 1), Order1:=xlAscending,
Header:=xlYes                            '按颜色值排序
14      ws.Columns(myColumn + 1).Clear        '清除颜色值
15   End Sub
```

（2）将插入点光标放置到程序代码中，按 F5 键运行程序。程序将按照"费用项目"列中填充的颜色来对数据区中的数据进行排序，如图 13-36 所示。

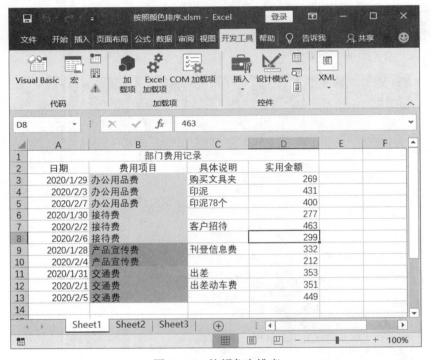

图 13-36　按颜色来排序

代码解析：

● 本示例演示了按照单元格中填充的颜色值来对数据进行排序。Sort 方法不能以颜色作为排序条件来进行排序，因此在本例中是按照填充颜色的颜色值来对数据进行排序的。程序主要分为三步，首先获取填充于单元格中填充颜色的颜色值并将该颜色值放置到指定单元格中，然后对这列颜色值进行排序以实现对整个工作表数据的排序，最后清除颜色值数据。

● 第 05~11 行是获取并放置颜色值的过程。第 06 行获取数据区域最后一列的列号，第 07 行获取数据区域最后一行的行号。第 08 行根据列号在最后一列右侧列的第 2 行放置标题文字"颜色值"，然后使用 For...Next 循环在其下的单元格中放置对应单元格的颜色值,颜色值使用 ColorIndex 属性获得。

- 第 12~13 行实现按照颜色值对数据进行排序。第 12 行重新设置数据区域,该数据区域要包含"颜色值"列。第 13 行调用 Sort 方法按照颜色值升序的方式来对数据进行排序。
- 在完成排序后,第 14 行调用 Clear 方法将"颜色值"列中的数据及其标题文字全部清除。

13.2.4 按照单元格中字符的长度排序

如果遇到某一列的各个单元格中字符串长度不一,为了方便分析数据,可以使它们按照字符串的长短来进行排序。按照字符长度排序的方法与上一节按颜色排序的方法相同,即先获取各个单元格中字符串的长度,并将长度放入一个辅助列后,再按长度值进行排序即可。下面通过一个例子来介绍具体的操作方法。

【示例 13-11】按照字符的长度排序

(1)启动 Excel 并打开需要操作的工作表,如图 13-37 所示。打开 Visual Basic 编辑器,插入一个模块,在模块的"代码"窗口中输入如下程序代码:

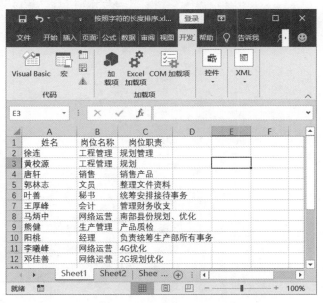

图 13-37　打开工作表

```
01    Sub 按照单元格中字符的长度排序()
02        Dim ws As Worksheet, myRange As Range      '声明对象变量
03        Dim myRow As Long, myColumn As Long        '声明变量
04        Dim i As Long
05        Set ws = Worksheets(1)                     '指定工作表
06        With ws
07            With .Range("A1").CurrentRegion
08                myColumn = .Columns.Count          '获取数据区域列数
```

```
09              myRow = .Rows.Count                    '获取数据区域行数
10          End With
11          .Columns(myColumn + 1).Insert              '在数据区域最右边插入1列
12          For i = 2 To myRow
13              .Cells(i, myColumn + 1).Value = Len(Cells(i, 3).Value)
14          '将字符串长度输入到新插入的列
15          Next i
16          Set myRange = .Range("A1").CurrentRegion   '获取包括新插入列在内
的数据区域
17          With myRange
18              .Sort Key1:=.Cells(1, myColumn + 1), _
19           Order1:=xlAscending, Header:=xlYes         '数据排序
20          End With
21          .Columns(myColumn + 1).Delete              '删除插入的列
22      End With
23  End Sub
```

（2）将插入点光标放置到程序代码中，按 F5 键运行程序。程序将按照"岗位职责"列中字符的长度对数据区中的数据进行排序，如图 13-38 所示。

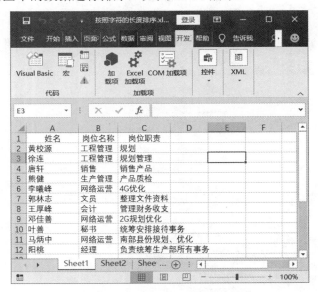

图 13-38　按字符长度来排序

代码解析：

● 本示例演示了按照单元格中字符串长度来对数据排序的方法。在编写程序时，编程思路与上一节中介绍的按颜色排序的编程思路一致，即获取字符串的字数值，并将这些字数值放置到对应的单元格中，最后对字数值进行排序从而实现按字符串长度排序。

● 第 07~10 行使用 With 结构获取数据区域的列数和行数值，第 11 行调用 Insert 方法在数据区域右侧插入一行。第 12~15 行使用 For…Next 结构向插入新列的单元格中填入字符串的字符数，字符串为"岗位职责"列中各个对应单元格中的字符。这里，使用 Len() 方法来获取单元格中字符串包含的字符数。

- 第 16 行重新获得数据区域，此时的数据区域应该包含插入的新行。第 17~20 行使用 With 结构指定需要排序的数据单元格区域，对该区域调用 Sort 方法，按照字符数的大小进行升序排序。
- 第 21 行在最后将插入的字符数列删除，这样即可实现按照字符串长短来进行排序的目标。

13.2.5　对同时包含数字和字母的单元格进行排序

在数据区中，有些单元格中的数据可能既包含数字又包含字母，如一些产品的编号。在实际工作中有时需要对这类编号文本进行排序操作。要实现这种排序，编程的思路是分别提取编号中的字母和数字，将它们放置到两列对应的单元格中，就像前面示例那样。然后在调用 Sort 方法时分别将字母和数字设置为两个关键字进行排序即可。下面通过一个示例来介绍具体的实现方法。

【示例 13-12】对包含数字和字母的单元格进行排序

（1）启动 Excel 并打开需要操作的工作表，如图 13-39 所示。打开 Visual Basic 编辑器，插入一个模块，在模块的"代码"窗口中输入如下程序代码：

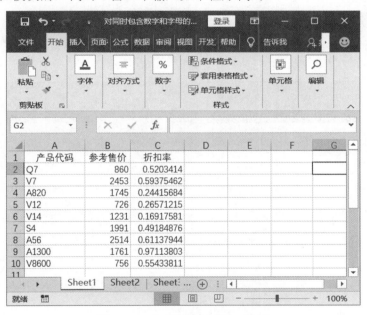

图 13-39　打开需要处理的工作表

```
01    Sub 对同时包含数字和文本的单元格进行排序()
02       Dim myRange As Range                              '声明对象变量
03       Dim myRow As Long, myColumn As Long              '声明变量
04       Dim i As Long
05       With Worksheets(1).Range("A1").CurrentRegion    '获取数据区域的列数和行数
06          myColumn = .Columns.Count
07          myRow = .Rows.Count
08          .Columns(myColumn + 1).Insert                 '在数据区域最右边插入 2 列
09       End With
```

```
10          For i = 2 To myRow
11              Worksheets(1).Cells(i, myColumn + 1).Value = _
12                  getNumber(Worksheets(1).Cells(i, 1).Text)
'获取数字输入到新列对应单元格中
13          Next i
14          Set myRange = Worksheets(1).Range("A1").CurrentRegion
'获取新的数据区域
15          myRange.Sort Key1:=Worksheets(1).Cells(1, myColumn + 1), _
16      Order1:=xlAscending, Key2:=Worksheets(1).Cells(1, 1), _
17      Order2:=xlAscending, Header:=xlYes              '对截取的数字进行排序
18          Worksheets(1).Columns(myColumn + 1).Delete  '删除插入的列
19      End Sub
20      Public Function getNumber(myString As String)
21          Dim i As Integer, myNum As String           '声明变量
22          For i = 1 To Len(myString)                   '遍历提取的所有字符
23              If IsNumeric(Mid(myString, i, 1)) Then   '如果提取的是数字
24                  myNum = myNum & Mid(myString, i, 1)   '获取该数字
25              End If
26          Next i
27          getNumber = myNum                            '获取所有数字
28      End Function
```

（2）将插入点光标放置到程序代码中，按 F5 键运行程序，程序依据"产品代码"列中的字母和字母后的数字进行排序。排序结果如图 13-40 所示。

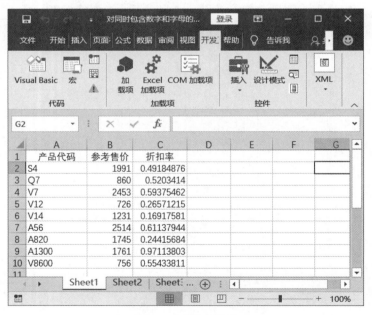

图 13-40　排序结果

代码解析：

● 本示例演示了按照同时包含数字和字母的单元格进行排序的方法。程序设计的思路是，获取单元格中的数字，将数字放置到辅助列对应的单元格中。调用 Sort 方法排序时将 Key1 参数和 Key2

参数指定为单元格中的字母和辅助列的数字。

- 第 20~28 行创建自定义函数 getNumber，该函数用于从单元格中获取字母后的数字。myString 为该函数的参数，用于从 Sub 过程向该函数传递单元格中的字符串。第 22~26 行使用 For...Next 结构遍历字符串中的每个字符。在循环体中，使用 If 结构判断当前获取的字符是否为数字，如果是数字，则调用 Mid 函数将其提取出来放置于变量 myNum 中。将字符串中的数字都提取完成后，这些数字都置于变量 myNum 中，在第 25 行作为函数的返回值返回给 Sub 过程。

- 第 05~09 行获取数据区域的列数和行数，并且在数据区域最右侧插入一行。第 10~13 行使用 For...Next 结构遍历"产品代码"列中所有的单元格，然后使用自定义函数 getNumber 获取这些单元格数据中的数字并将数字置于新增列对应的单元格中。

- 第 14 行重新获得数据区域，这个数据区域将包含新插入的列。第 15~17 行调用 Sort 方法来实现排序。这里指定了 Key1 参数和 Key2 参数，Key1 参数指定的排序字段为"产品代码"，该列数据虽然混合了字母和数据，但它们都是以字母开头的，对其进行排序实际上就是按照字母来进行排序。Key2 参数指定排序字段为从"产品代码"列中获取的数字。因此，这里实际上是利用 Sort 方法对数据先按照字母排序，字母相同的时候再按照数字排序。

- 在完成排序后，第 18 行删除辅助列。

13.3
数据的筛选

数据的筛选是对数据重新选择利用的过程，也就是从工作表堆积如山的数据中选择自己需要的数据。Excel 数据筛选的功能是强大的，在"数据"选项卡的"排序和筛选"组中提供了用于数据筛选的工具。VBA 同样提供了对数据进行筛选的方法，本节将介绍通过编程实现数据筛选的技巧。

13.3.1　实现自动筛选

在 VBA 中，要对工作表中数据进行自动筛选，可以使用 Range 集合的 AutoFilter 方法，该方法的语法结构如下所示：

```
对象.AutoFilter(Field, Criteria1, Operator, Criteria2, VisibleDropDown)
```

下面介绍参数的含义。

- Field：该参数为可选参数，用于指定相对于作为筛选基准字段的偏移量。这个基准字段从列表左侧开始，最左侧的字段为第一个字段。

- Criteria1：该参数为可选参数，用于指定筛选条件，其是一个字符串。如果使用"="可搜索到空字段，使用"<>"可搜索到非空字段。如果省略该参数，则搜索条件为 All。如果将参数 Operator 设为 xlTop10Items，则 Criteria1 指定数据项个数。

- Operator：该参数为可选参数，用于设置操作方式，它的值为 xlAutoFilterOperator 常量。
- Criteria2：该参数为可选参数，用于设置第二个筛选条件，它的值为一个字符串。该参数与 Criteria1 参数和 Operator 参数一起使用可以组合成复合筛选条件。
- VisibleDropDown：该参数为可选参数，如果值为 True，则显示筛选字段自动筛选的下拉箭头。如果值为 False，则隐藏筛选字段自动筛选的下拉箭头。参数的默认值为 True。

例如在成绩表的 Sheet1 工作表中的 A 单元格中筛选出一个列表，该列表显示表中"语文"成绩为 100 分的学生成绩，字段上出现下箭头按钮，如图 13-41 所示。要实现这种筛选效果，可以使用下面的语句。

```
Worksheets("Sheet1").Range("A1").AutoFilter   Field:=3,   Criteria1:="100",
VisibleDropDown:=True
```

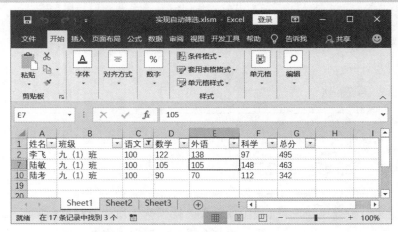

图 13-41　显示的筛选结果

【示例 13-13】实现自动筛选

（1）启动 Excel 并打开需要操作的工作表，如图 13-42 所示。打开 Visual Basic 编辑器，插入一个模块，在模块的"代码"窗口中输入如下程序代码：

```
01   Sub 实现自动筛选()
02      Dim myRange As Range                      '声明对象变量
03      Set myRange = Range("A1").CurrentRegion   '指定数据区域
04      With myRange
05         .AutoFilter Field:=2, Criteria1:="=九（1）班"    '按班级筛选
06         .AutoFilter Field:=3, Criteria1:=">=90"  '按语文成绩大于等于 90 分筛选
07         .AutoFilter Field:=4, Criteria1:=">=90"  '按数学成绩大于等于 90 分筛选
08      End With
09   End Sub
```

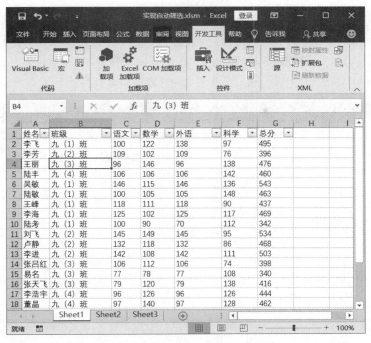

图 13-42　打开需要操作的工作表

（2）将插入点光标放置到程序代码中，按 F5 键运行程序，工作表中将列出数据筛选的结果，如图 13-43 所示。

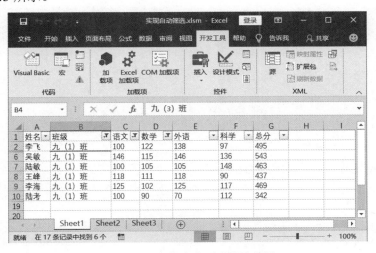

图 13-43　工作表中列出筛选结果

代码解析：

● 本示例演示了多条件自动筛选的实现方法。程序需要对成绩表中的数据进行自动筛选，筛选的条件是"班级"为"九（1）班"且"语文"和"数学"成绩均大于等于 90 分。由于 AutoFilter 方法一次只能指定一个 Field 参数，即只能设置一个筛选的基准字段。而本例这样需要三个基准字段，即需要三个筛选条件时，就需要多次调用 AutoFilter 方法。

● 第 03 行首先指定需要进行筛选的数据区域，第 04~07 行使用 With 结构三次调用 AutoFilter 方法分别按照三个条件来进行自动筛选。这里，Field 参数指定筛选的基准字段，列表是从 A1 单元格开始，"班级"字段在第 2 个单元格，因此第 05 行中 Field 参数设置为 2。Criterial 参数为筛选的条件，必须为字符串，因此这里所有筛选条件均需放在引号中。

注　意

当工作表中包含了已筛选的序列且该序列中包含了隐藏的行时，WorkSheet 对象的 FilterMode 属性值为 True，否则其值为 False。使用该属性可以判断当前工作表是否处于筛选状态。

13.3.2　实现高级筛选

在 Excel 2019 中，打开"数据"选项卡，在"排序和筛选"组中单击"高级"按钮，打开"高级筛选"对话框。在对话框中可以指定筛选条件所在的单元格区域，以及是否将筛选结果复制到其他单元格中，如图 13-44 所示。

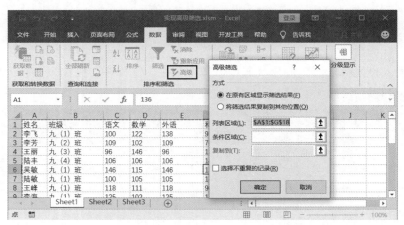

图 13-44　打开"高级筛选"对话框

在编写 VBA 程序时，要实现上面介绍的这种高级筛选功能，可以调用 AdvancedFilter 方法。AdvancedFilter 方法能基于给定的条件区域从数据表中筛选或复制出数据，其具体的语法结构如下所示：

```
对象.AdvancedFilter(Action, CriteriaRange, CopyToRange, Unique)
```

下面介绍各个参数的含义。

● Action：该参数用于指定对筛选结果的操作，参数数值为 xlFilterAction 常量，包括 xlFilterCopy 和 xlFilterInPlace。这两个参数的作用相当于"高级筛选"对话框内"方式"栏中的两个选项。
● CriteriaRange：该参数为可选参数，用于指定筛选条件所在的单元格区域。如果省略该参数，则表示筛选没有条件限制。该参数的作用相当于"高级筛选"对话框中的"条件区域"输入框。

- CopyToRange：该参数为可选参数。如果 Action 为 xlFilterCopy（即将筛选结果复制到其他位置），则本参数指定被复制行的目标区域，否则忽略本参数。该参数的作用相当于"高级筛选"对话框中的"复制到"输入框。

- Unique：该参数为可选参数。如果其值为 True，则重复出现的记录仅保留一条。如果该参数值为 False，则筛选出所有符合条件的记录。参数默认值为 False。该参数的作用相当于"高级筛选"对话框中的"选择不重复的记录"复选框。

下面通过一个示例来介绍 AdvancedFilter 方法的调用。

【示例 13-14】调用 AdvancedFilter 方法实现多条件筛选

（1）启动 Excel 并打开需要操作的工作表，如图 13-45 所示。打开 Visual Basic 编辑器，插入一个模块，在模块的"代码"窗口中输入如下程序代码：

```
01   Sub 使用AdvancedFilter方法实现多条件选择()
02     Dim myRange1 As Range, myRange2 As Range, myCell As Range '声明对象变量
03     Set myRange1 = Range("A1").CurrentRegion          '指定数据区域
04     Set myRange2 = Range("H1:M3")                     '指定条件区域
05     myRange2.Cells(1, 1) = "总分"                     '第一个条件名称
06     myRange2.Cells(1, 2) = "班级"                     '第二个条件名称
07     myRange2.Cells(1, 3) = "数学"                     '第三个条件名称
08     myRange2.Cells(2, 1) = ">=400"                   '第一个条件值
09     myRange2.Cells(2, 2) = "九（3）班"                '第二个条件值
10     myRange2.Cells(3, 2) = "九（4）班"                '第二个条件值
11     myRange2.Cells(2, 3) = ">=90"                    '第三个条件值
12     MsgBox "条件区域设置完成，请检查条件无误后进行下一步操作。"
13 myRange1.AdvancedFilter Action:=xlFilterInPlace, CriteriaRange:=myRange2
     '筛选数据
14     For Each myCell In myRange2.Cells                '遍历条件区域所有单元格
15        myCell.Clear                                  '清除筛选条件
16     Next
17   End Sub
```

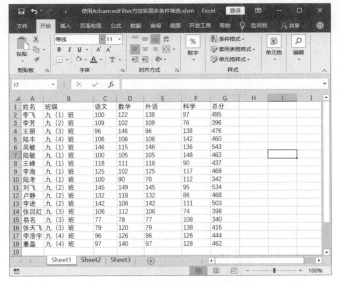

图 13-45　打开需要操作的工作表

（2）将插入点光标放置到程序代码中，按 F5 键运行程序。程序首先在工作表指定单元格中填入筛选条件并给出提示，如图 13-46 所示。单击"确定"按钮关闭提示对话框后，工作表中显示筛选结果，筛选条件被清除，如图 13-47 所示。

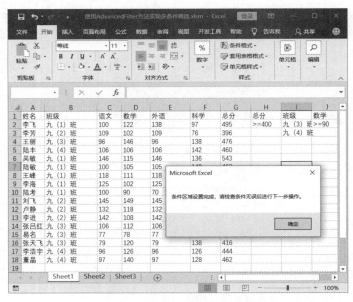

图 13-46　单元格中填入筛选条件并给出提示

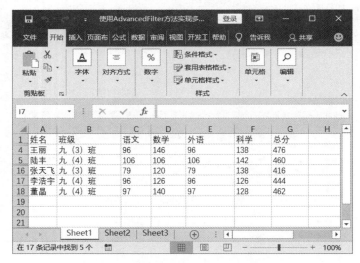

图 13-47　显示筛选结果并清除筛选条件

代码解析：

- 本示例演示了调用 AdvancedFilter 方法实现多条件筛选的过程。在对数据进行多条件筛选时，当条件之间是"与"关系时，这些条件应该放置在同一行中。如果有两行或多行，则行与行条件间是"或"关系。本例需要查找"总分"大于等于 400、"班级"为"九（3）班"且"数学"成绩大于 90 分的记录，这 3 个是条件 1。第 2 行的"班级"为"九（4）班"，这是条件 2。条件 1 和条件 2 之间是"或"关系，筛选条件放置于工作表中，放置方式如图 13-46 所示的黑框。读者可以看到图中有行的总分是 364，虽然不符合条件 1，但符合条件 2。

- 第 03 行指定需要进行筛选的数据区域，第 04 行指定条件区域的范围，第 05~11 行向条件区域的指定单元格中填入字段名和条件。

- 第 13 行调用 AdvancedFilter 方法实现针对多个条件的高级筛选。这里，Action 参数设置为 xlFilterInPlace，表示用筛选结果替代源数据。参数 CriteriaRange 设置为 myRange2，该工作表区域为条件区域。

- 第 14~16 行使用 For…Next 循环遍历条件区域中所有的单元格，调用 Clear 方法清除这些单元格中的内容。

注　意
如果要取消对数据的筛选，可以在"数据"选项卡的"排序和筛选"组中单击"筛选"按钮即可。在 VBA 程序中，可以调用 ShowAll 方法来撤销筛选。如下面的语句将撤销对活动工作表的筛选。

```
ThisWorkbook.ActiveSheet.ShowAll
```

13.4
格式因条件而定

条件格式是 Excel 一项特色功能，使用该功能能够方便直观地突出工作表中的各种特殊数据，达到一目了然的效果。

13.4.1　新建条件格式

条件格式指的是当单元格中的数据满足某个条件后，就改变这个单元格的格式。在 Excel 2019 中，打开"开始"选项卡，在"样式"组中单击"条件格式"按钮，在打开的列中选择"突出显示单元格规则"选项，下级列表将列出常见的规则，如图 13-48 所示。选择相应的选项可以打开对应的设置对话框，对条件格式进行设置。如果需要对条件格式进行具体设置，可以选择列表中的"其他规则"选项，打开"新建格式规则"对话框，使用该对话框可以对条件格式进行更为细致地设置，如图 13-49 所示。

图 13-48　设置条件格式

图 13-49　"新建格式规则"对话框

在 Excel VBA 中，FormatCondition 对象表示单元格的条件格式，FormatConditions 表示多个条件格式对象构成的条件格式集合。使用 Range 对象的 FormatConditions 属性能够实现对 FormatConditions 集合对象的引用。

如果需要向工作表的某个单元格添加条件格式，可以调用 FormatConditions 对象集合的 Add 方法，该方法的语法结构如下所示：

```
对象.Add(Type,Operator,Formula1,Formula2)
```

该方法各个参数的含义如下所示：

- Type：指定条件格式是基于单元格的值还是基于表达式。它的值为 xlCellValue 时是基于单元格值的条件格式，值为 xlExpression 时是基于表达式的条件格式。

- Operator：条件格式运算符，其为 xlFormatConditionOperator 常量，包括 xlBetween、xlEqual、xlGreater、xlGreaterEqual、xlLess、xlLessEqual、xlNotBetween 或 xlNotEqual。如果 Type 设置为 xlExpression，则可忽略本参数。
- Formula1：该参数为可选参数，值为与条件格式相关的表达式或数值，可为常量、字符串、单元格引用或公式。
- Formula2：该参数为可选参数，当参数 Operator 值为 xlBetween 或 xlNotBetween 时，参数表示与条件格式第二部分相关的表达式或数值，否则可忽略本参数。该参数与 Formula1 参数一样，可为常量、字符串、单元格引用或公式。

【示例 13-15】向工作表添加条件格式

（1）启动 Excel 并打开需要操作的工作表，如图 13-50 所示。打开 Visual Basic 编辑器，插入一个模块，在模块的"代码"窗口中输入如下程序代码：

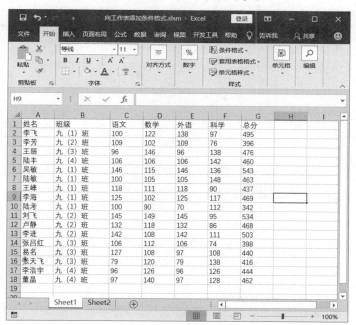

图 13-50　打开需要操作的工作表

```
01    Sub 向工作表添加条件格式()
02      With Worksheets(1).Range("G2:G50").FormatConditions _
03        .Add(xlCellValue, xlGreater, "=$G$15")           '添加条件格式
04        With .Borders
05          .LineStyle = xlContinuous                      '设置边框线型
06          .Weight = xlThin                               '设置边框线为细线
07          .ColorIndex = 3                                '设置边框颜色
08        End With
09        With .Font
10          .Bold = True                                   '文字设置为斜体
```

```
11              .ColorIndex = 3                              '设置文字颜色
12         End With
13     End With
14 End Sub
```

（2）将插入点光标放置到程序代码中，按 F5 键运行程序。程序运行后，"总分"列中比 G15 单元格数据值大的单元格格式发生了改变，如图 13-51 所示。

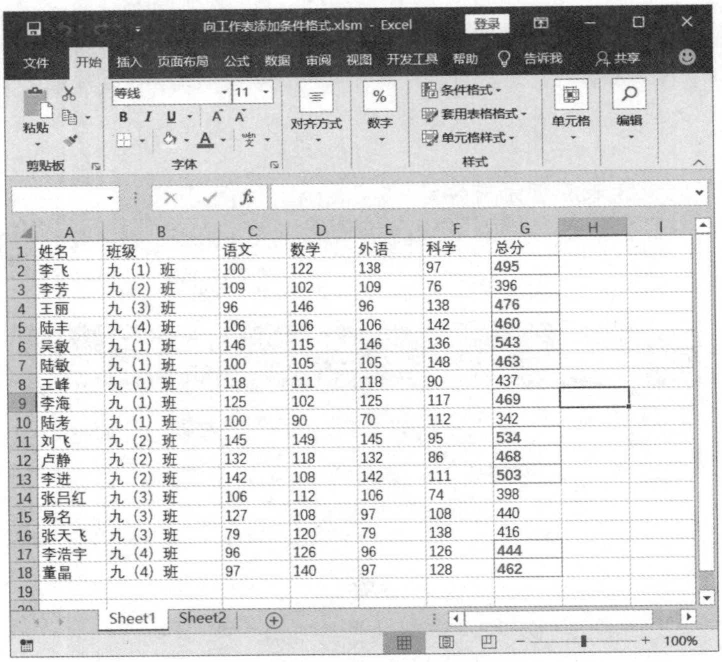

图 13-51　符合条件的单元格格式发生了改变

代码解析：

- 本示例演示了为单元格添加条件格式的方法。本例需要使总分列中数值大于 G15 单元格中数值的所有单元格突出显示。在第 02~03 行调用 FormatConditions 对象集合的 Add 方法来添加条件格式，其中语句 Worksheets(1).Range("G2:G50")指定需要添加条件格式的单元格。在调用 Add 方法时，将 Type 参数设置为 xlCellValue，表示是基于单元格值的条件格式。将 Operator 参数设置为 xlGreater，表示是大于关系，将 Formula1 参数设置为"$G$15"，表示以 G15 单元格值为基准，即条件是大于 G15 单元格中的值。
- 第 04~08 行使用 With 结构设置满足条件单元格边框样式，第 09~12 行使用 With 结构设置满足条件单元格的文字样式。

13.4.2　标示最大和最小的 N 个值

在 Excel 2019 中，打开"开始"选项卡，在"样式"组中单击"条件格式"按钮，在打开的列表中选择"项目选取规则"选项。选择下级菜单中的选项后，可以以该选项为条件来设置条件格式，如图 13-52 所示。如果需要使用条件格式标示最大的 N 个值，可以选择"前 10 项"这个选项。打开"前 10 项"设置对话框后，对话框"设置为"左侧的微调框中输入数字设置几位数字，在"设置为"右侧的下拉列表中可以选择满足条件的单元格格式，如图 13-53 所示。标示最小 N 个值以及占数据总数前百分之几或后百分之几的数据都可以使用类似的操作方法。

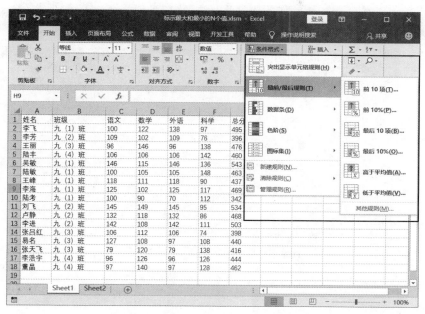

图 13-52　"项目选取规则"选项列表

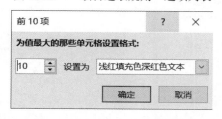

图 13-53　"前 10 项"对话框

在 Excel VBA 中，FormatConditions 对象集合提供 AddTop10 方法，调用该方法可以创建一个代表指定区域条件格式规则的 Top10 对象，该对象代表了条件规则的前 10 项。该方法的语法结构如下所示：

```
对象.AddTop10
```

前 10 项数据应该分为两种情况，一种是最大的前 10 项，另一种是最小的前 10 项。要决定是哪种情况，可以使用 Top10 对象的 TopBotom 属性，该属性值为 xlTop10Bottom 时表示后 10 个值。如果该属性值为 xlTop10Top 则表示前 10 个值。

在使用 Top10 对象时，可以通过设置该对象的 Rank 属性来设置排序数据的个数。如需要为排名前 5 的数据添加格式，则应该将 Rank 属性设置为 5。该属性的作用类似于"前 10 项"

对话框中"设置为"左侧的微调框。

如果排位是按照百分比来进行，则应该设置 Top10 对象的 Percent 属性值。当该属性值为 True 时，表示按照数据总量的百分比来排位，需要百分之多少个数据，由设置的 Rank 值决定。

【示例 13-16】标示最大的 5 个值和占总数 20%的最小值

（1）启动 Excel 并打开需要操作的工作表，如图 13-54 所示。打开 Visual Basic 编辑器，插入一个模块，在模块的"代码"窗口中输入如下程序代码：

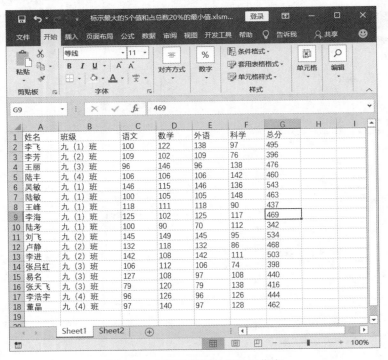

图 13-54　打开需要操作的工作表

```
01    Sub 标示最大值和最小值()
02        Dim myRange As Range                              '声明对象变量
03        Set myRange = ActiveSheet.Range("G2:G31")         '指定单元格区域
04        With myRange
05            .ClearFormats                                 '清除原有的条件格式
06            .FormatConditions.AddTop10                    '添加第一个 Top10 对象
07            .FormatConditions.AddTop10                    '添加第二个 Top10 对象
08            With .FormatConditions(1)                     '设置第一个 Top10 对象属性
09                .TopBottom = xlTop10Top                    '仅标识最大的几个数据
10                .Rank = 5                                 '标示前 5 个最大的数据
11            End With
12            With .FormatConditions(1).Font                '设置第一个 Top10 对象的个数
13                .Bold = True                              '单元格字体加粗
14                .Color = vbRed                            '单元格字体为红色
15            End With
16            With .FormatConditions(2)                     '设置第二个 Top10 对象属性
```

```
17              .TopBottom = xlTop10Bottom           '仅标识最小的数据
18              .Percent = True
19              .Rank = 20                           '标识占总数 20%的最小数据
20          End With
21          With .FormatConditions(2).Font           '设置第二个 Top10 对象的条件格式
22              .Bold = True                         '单元格字体加粗
23              .Color = vbGreen                     '单元格字体为绿色
24          End With
25      End With
26  End Sub
```

（2）将插入点光标放置到程序代码中，按 F5 键运行程序。程序运行后，"总分"列中前
5 名的分数将用红色加粗显示，排名靠后的 20%的分数将用绿色加粗显示，如图 13-55 所示。

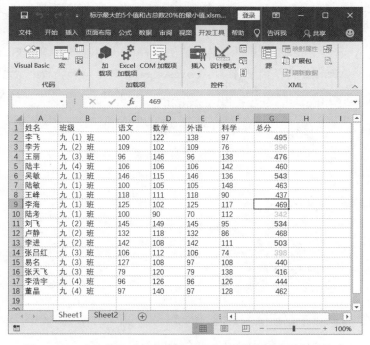

图 13-55　"总分"列前 5 名和后 20%的分数被应用条件格式

代码解析：

- 本示例演示了标识一组数据前 5 个最大数据和后 20%的最小数据的方法。解决这种问题的一般
  步骤是：首先调用 ClearFormats 方法清除原有的条件格式，使用 Range 对象 FormatConditions
  属性返回 FormatConditions 对象集合，调用 AddTop 方法创建 Top10 对象，设置 Top10 对象的
  属性和条件格式。

- 本例需要用到两个 Top10 对象，第一个 Top10 对象用于标示前 5 个最大数据，第二个 Top10 对
  象用于标示后 20%的最小数据。在使用 Top10 对象时，有几个条件格式就需要使用几个 Top10
  对象。因此第 06 行和第 07 行两次调用 AddTop10 方法创建了两个 Top10 对象。

- 第 08 行 FormatConditions(1)语句通过索引号来指定 FormatConditions 对象集合中的第一个对象，

即创建的第一个 Top10 对象。第 09 行将 TopBottom 参数设置为 xlTop10Top，表示标示最大的数字。第 10 行将 Rank 参数设置为 5，表示最大的 5 个数字。

- 第 08~15 行使用 With 结构设置第一个 Top10 对象的属性和对应的条件格式。第 16~24 行使用 With 结构设置第二个 Top10 对象的属性和条件格式。第 17 行将 TopBottom 参数设置为 xlTop10Botto，表示标示最小的数字。第 18 行将该对象的 Percent 属性设置为 True，表示以百分数作为数据排位的范围。第 19 行将 Rank 参数设置为 20 表示占总数 20％的数据。

13.4.3　标示大于平均值或小于平均值的数字

在图 13-52 的"项目选项规则"列表中有"高于平均值"和"低于平均值"两个选项，使用这两个选项可以为一组数据中大于平均值或小于平均值的数据添加条件格式。在 VBA 中，要添加以平均值为筛选条件的条件格式就需要用到 AboveAverage 对象。

在 VBA 中，AboveAverage 代表高于平均值的条件格式规则，而调用 FormatConditions 集合对象的 AddAboveAverage 方法能够添加 AboveAverage 对象，该方法的语法格式如下所示：

```
对象.AddAboveAverage
```

AboveAverage 对象的 AboveBelow 属性能够指定是在高于还是低于单元格区域中数据的平均值时添加条件格式，包括下面这些常量。

- xlAboveAverage：高于平均值。
- xlAboveStdDev：高于标准偏差。
- xlBelowAverage：低于平均值。
- xlBelowStdDev：低于标准偏差。
- xlEqualAboveAverage：等于或高于平均值。
- xlEqualBelowAverage：等于或低于平均值。

【示例 13-17】标示小于平均值的数据

（1）启动 Excel 并打开需要操作的工作表，如图 13-56 所示。打开 Visual Basic 编辑器，插入一个模块，在模块的"代码"窗口中输入如下程序代码：

```
01    Sub 标示小于平均值的数据()
02        Dim myRange As Range                              '声明对象变量
03        Set myRange = ActiveSheet.Range("C2:C31")         '指定单元格区域
04        With myRange
05            .ClearFormats                                 '清除原有的条件格式
06            .FormatConditions.AddAboveAverage             '添加 AddAboveAverage 对象
07            .FormatConditions(1).AboveBelow = xlBelowAverage  '仅标识小于平均
值的数据
08            With .FormatConditions(1).Font
09                .Bold = True                              '单元格文字加粗
10                .Color = vbRed                            '单元格字体为红色
11            End With
```

```
        End With
    End Sub
```

	A	B	C	D	E	F	G
1	姓名	班级	语文	数学	外语	科学	总分
2	李飞	九（1）班	100	122	138	97	495
3	李芳	九（2）班	109	102	109	76	396
4	王丽	九（3）班	96	146	96	138	476
5	陆丰	九（4）班	106	106	106	142	460
6	吴敏	九（1）班	146	115	146	136	543
7	陆敏	九（1）班	100	105	105	148	463
8	王峰	九（1）班	118	111	118	90	437
9	李海	九（1）班	125	102	125	117	469
10	陆考	九（1）班	100	90	70	112	342
11	刘飞	九（2）班	145	149	145	95	534
12	卢静	九（2）班	132	118	132	86	468
13	李进	九（2）班	142	108	142	111	503
14	张吕红	九（3）班	106	112	106	74	398
15	易名	九（3）班	127	108	97	108	440
16	张天飞	九（3）班	79	120	79	138	416
17	李浩宇	九（4）班	96	126	96	126	444
18	董晶	九（4）班	97	140	97	128	462

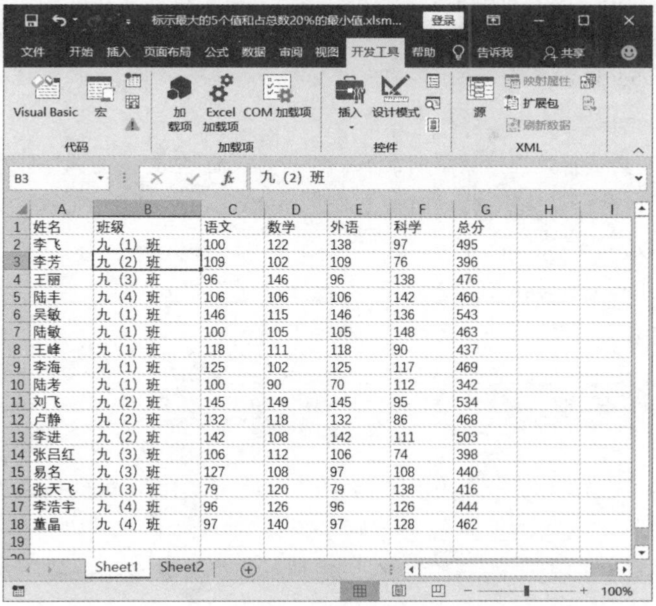

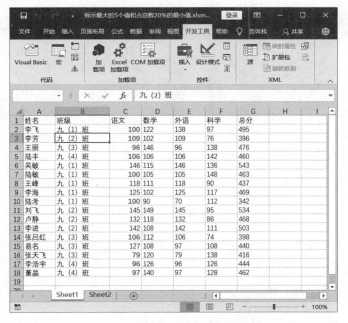

图 13-56　需要处理的工作表

（2）将插入点光标放置到程序代码中，按 F5 键运行程序。程序运行后，“语文”列中分数小于平均分的分数显示为加粗的红色，如图 13-57 所示。

	A	B	C	D	E	F	G
1	姓名	班级	语文	数学	外语	科学	总分
2	李飞	九（1）班	100	122	138	97	495
3	李芳	九（2）班	109	102	109	76	396
4	王丽	九（3）班	96	146	96	138	476
5	陆丰	九（4）班	106	106	106	142	460
6	吴敏	九（1）班	146	115	146	136	543
7	陆敏	九（1）班	100	105	105	148	463
8	王峰	九（1）班	118	111	118	90	437
9	李海	九（1）班	125	102	125	117	469
10	陆考	九（1）班	100	90	70	112	342
11	刘飞	九（2）班	145	149	145	95	534
12	卢静	九（2）班	132	118	132	86	468
13	李进	九（2）班	142	108	142	111	503
14	张吕红	九（3）班	106	112	106	74	398
15	易名	九（3）班	127	108	97	108	440
16	张天飞	九（3）班	79	120	79	138	416
17	李浩宇	九（4）班	96	126	96	126	444
18	董晶	九（4）班	97	140	97	128	462

图 13-57　“语文”列小于平均分的分数用红色加粗显示

代码解析：

- 本示例演示了标示一组数据中小于平均值数据的方法。解决这种问题的基本思路与上一示例类似，首先调用 ClearFormats 方法清除原有的条件格式，使用 Range 对象 FormatConditions 属性返回 FormatConditions 对象集合，再调用 AddAboveAverage 方法创建 AboveAverage 对象，最后设置 AboveAverage 对象的属性和条件格式。
- 第 03 行指定需要进行处理的数据所在列，即成绩表的"语文"列。第 05 行调用 ClearFormats 方法清除可能存在的条件格式，第 06 行调用 AddAboveAverage 方法添加 AboveAverage 对象。
- 第 07 行使用 FormatConditions(1)语句获取添加的 AboveAverage 对象，将对象的 AboveBelow 属性设置为 xlBelowAverage，即标示小于平均值的数据。第 08~11 行使用 With 结构设置符合条件单元格的文字格式。

13.4.4　使用数据条

Excel 2019 提供了数据条功能，在单元格中可以使用颜色渐变且长短不一的数据条来标示数据的大小。在选择需要添加数据条的数据区域后，在"开始"选项卡的"样式"组中单击"条件格式"按钮，选择打开列表中的"数据条"选项。在下级列表中选择数据条样式即可在选择的单元格区域中添加数据条，如图 13-58 所示。

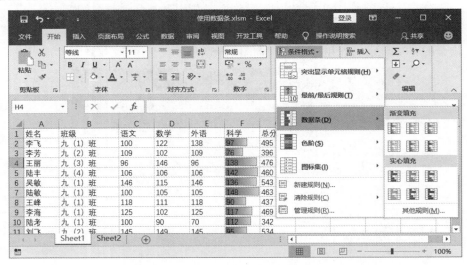

图 13-58　使用数据条

在 VBA 中，DataBar 对象代表数据条，要使用数据条首先需要添加 DataBar 对象。FormatConditions 的 AddDatabar 方法能够添加一个 DataBar 对象，该方法的语法结构如下所示：

```
对象.AddDatabar
```

使用 DataBar 对象的属性可以设置数据条的外观。当 DataBar 对象的 ShowValue 属性值为 True 时，单元格中将在显示数据条的同时显示数值。如果将该参数设置为 False，单元格中将只显示数据条而不显示数值。

如果要更改数据条的外观，可以使用 DataBar 对象的 BarBorder 属性来设置数据条的边框。该属性会返回一个 DataBarBorder 对象，使用该对象的属性和方法可设置数据条边框。使用 DataBar 对象的 BarColor 属性会返回一个 FormatColor 对象，使用该对象的属性可设置数据条的颜色。

在默认情况下，最小数据对应最短的数据条，最大数据对应最长的数据条，但数据条对应的值是可以改变的。FormatCondition 对象 MinPoint 属性可以返回一个最短数据条的 ConditionValue 对象，调用该对象的 Modify 方法能够设置这个最短数据条代表的最小值。Modify 方法的结构如下所示：

```
对象.Modify(newtype, newvalue)
```

这里，newtype 参数用于设置最短数据条的计算方法，该参数使用 xlConditionValueTypes 常量，具体的常量可以查阅 VBA 帮助文件。newvalue 参数为可选参数，用于给最短数据条分配对应的值。

提　示

如果要设置最大数据条对应的数值，可使用 FormatCondition 对象的 MaxPoint 属性获得最长数据条的 ConditionValue 对象，再调用 Modify 方法来设置最长数据条所对应的值。编程方法与上面介绍的基本相同。

【示例 13-18】使用数据条标示数据大小

（1）启动 Excel 并打开需要操作的工作表，如图 13-59 所示。打开 Visual Basic 编辑器，插入一个模块，在模块的"代码"窗口中输入如下程序代码：

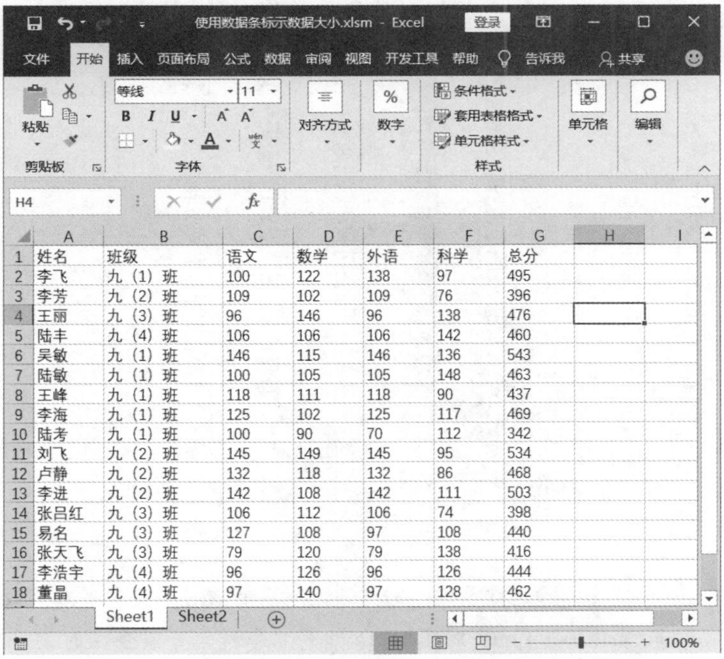

图 13-59　需要处理的工作表

```
01    Sub 使用数据条标示数据大小()
02        Dim myRange As Range                                    '声明对象变量
03        Set myRange = ActiveSheet.Range("D2:D31")               '指定单元格区域
04        With myRange
05           .FormatConditions.Delete                             '清除原有的条件格式
06           .FormatConditions.AddDatabar                         '添加数据条的条件格式
07           With .FormatConditions(1)
08              .ShowValue = True                                 '显示数据
09              '最短数据条代表 50
10              .MinPoint.Modify newtype:=xlConditionValueNumber, newvalue:=50
11              '最长数据条代表 150
12              .MaxPoint.Modify newtype:=xlConditionValueNumber, newvalue:=150
13           End With
14           .FormatConditions(1).BarColor.Color = vbRed          '数据条颜色为红色
15        End With
16    End Sub
```

（2）将插入点光标放置到程序代码中，按 F5 键运行程序。程序运行后，"数学"列中将根据分数的大小添加长短不一的红色数据条，如图 13-60 所示。

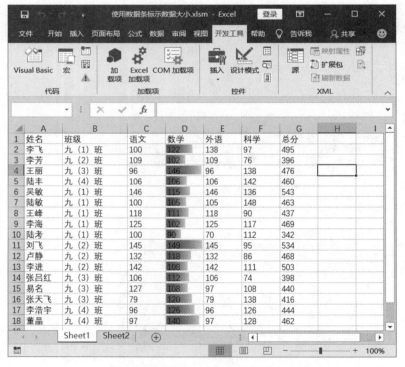

图 13-60 "数学"列中根据分数大小添加数据条

代码解析：

● 本示例演示了利用数据条标示数据大小的方法。第 03 行首先指定需要添加数据条的单元格区域。第 05 行调用 FormatConditions 对象的 Delete 方法删除可能存在的数据条，第 06 行调用 AddDatabar 方法添加一个数据条对象。

- 第 07~13 行使用 With 结构对添加的数据条进行设置。第 08 行将 ShowValue 属性设置为 True 使数据条中显示数据。第 10 行使用 MinPoint 属性返回最短数据条的 ConditionValue 对象，调用该对象的 Modify 方法更改最短数据条的最小值。这里，将 Modify 方法的参数 newtype 设置为 xlConditionValueNumber，就是使用数字值。将参数 newvalue 设置为 50，该值即为数据条最短时对应的最小值。第 12 行设置数据条最大值时对应的数字，其方法与设置最短数据条对应的数值相同。

- 第 14 行使用 BarColor 属性返回可对数据条颜色进行修改的 FormatColor 对象，可通过该对象的 Color 属性来设置数据条的颜色。

13.4.5　使用色阶标示数据

Excel 2019 提供了色阶功能，能根据数据的大小，以不同颜色来填充单元格，直观表现数据的分布情况。在"条件格式"列表中选择"色阶"选项，在其下级列表中可以选择应用于选择单元格区域的色阶样式，如图 13-61 所示。

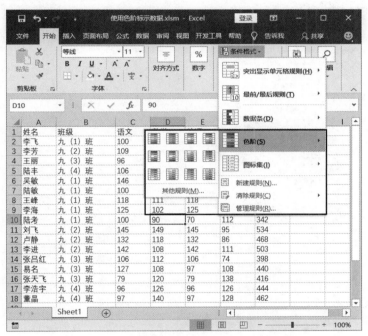

图 13-61　应用"色阶"样式

在 VBA 中，ColorScale 对象代表色阶条件规则，调用 FormatConditions 对象集合的 AddColorScale 方法能够添加一个色阶对象。该方法的语法结构如下所示：

```
对象.AddColorScale(ColorScaleType)
```

AddColorScale 方法可以添加一个代表条件规则的 ColorScale 对象，该条件规则是使用单元格颜色渐变来标示区域中单元格值的相对差异。该方法的参数 ColorScaleType 用于设置色阶的类型。

　　设置色阶颜色可以使用 ColorScaleCriteria 对象集合，该集合代表色阶条件格式的所有条件对象的集合。这里，集合中每个条件都定义了色阶颜色的最大值、中点值和最大阈值。在程序中，可以使用 ColorScaleCriteria 属性通过索引号获得代表单独条件的 ColorScaleCriteria 对象，具体的语句结构如下所示：

```
对象.ColorScaleCriteria(Index)
```

　　在获得 ColorScaleCriteria 对象后，可以使用该对象的 Type 属性来设置色阶条使用的条件值的类型。使用 Value 属性设置最小、中间或最大阈值。使用 FormatColor 属性获得 FormatColor 对象，使用该对象来设置分配给色阶条件阈值的颜色。

【示例 13-19】使用色阶标示数据

　　（1）启动 Excel 并打开需要操作的工作表，如图 13-62 所示。打开 Visual Basic 编辑器，插入一个模块，在模块的"代码"窗口中输入如下程序代码：

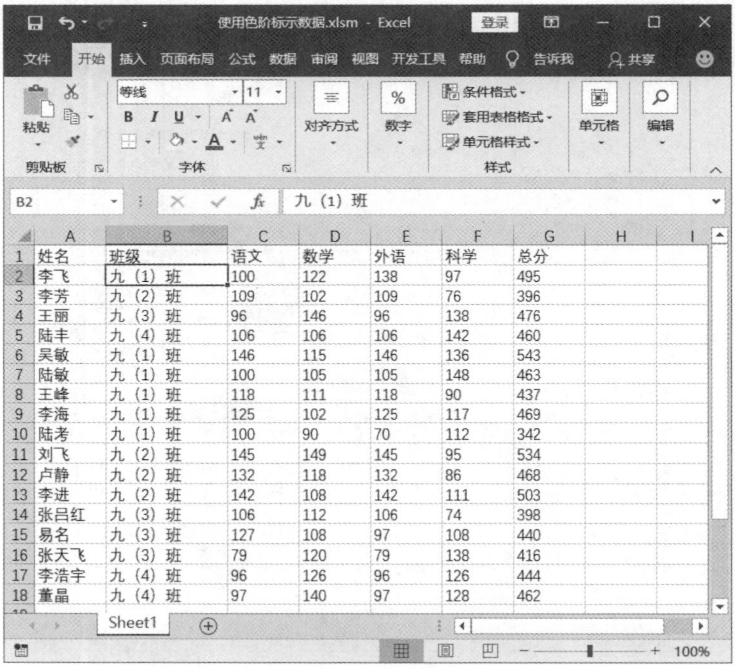

图 13-62　打开需要处理的工作表

```
01    Sub 用三色色阶标示数据()
02      Dim myRange As Range                            '声明对象变量
03      Set myRange = ActiveSheet.Range("E2:E31")       '指定单元格区域
04      With myRange
05        .FormatConditions.Delete                      '清除原有的条件格式
06        .FormatConditions.AddColorScale ColorScaleType:=3 '创建三色色阶
07    With .FormatConditions(1)
08            '设置色阶条件格式类型的第一个条件:最小值
```

```
09              .ColorScaleCriteria(1).Type = xlConditionValueLowestValue
10              '设置三色刻度色阶的第一个颜色
11              .ColorScaleCriteria(1).FormatColor.Color = vbGreen
12              '设置色阶条件格式类型的第二个条件中间值
13              .ColorScaleCriteria(2).Type = xlConditionValuePercentile
14              .ColorScaleCriteria(2).Value = 72           '中间值为 72
15              '设置三色刻度色阶的第二个颜色
16              .ColorScaleCriteria(2).FormatColor.Color = vbYellow
17              '设置色阶条件格式类型的第三个条件:最大值
18              .ColorScaleCriteria(3).Type = xlConditionValueHighestValue
19              '设置三色刻度色阶的第三个颜色
20              .ColorScaleCriteria(3).FormatColor.Color = vbRed
21          End With
22      End With
23  End Sub
```

（2）将插入点光标放置到程序代码中，按 F5 键运行程序。程序运行后，"外语"列中将根据分数的大小添加色阶条，如图 13-63 所示。

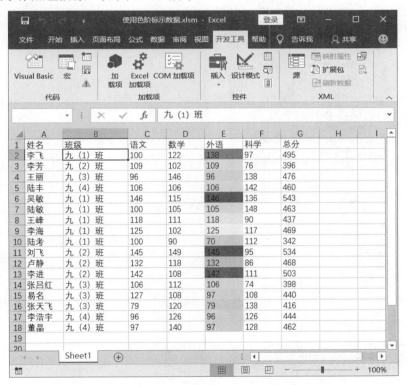

图 13-63　"外语"列中根据分数大小添加色阶条

代码解析：

● 本示例演示了使用三色色阶来标示数据的方法。程序根据指定列中数据的大小，用三色刻度的绿色、黄色和红色来标示数据大小。

● 第 03 行指定需要用色阶标示数据的单元格区域，第 06 行调用 AddColorScale 方法添加代表条件规则的 ColorScale 对象，其中 ColorScaleType 值设置为 3，标示三色色阶。

● 第 07~21 行分别对三色色阶中的三种颜色进行设置，下面通过一个直观的方法来介绍程序中各个参数的作用。在图 13-61 中，选择"色阶"列表中的"其他规则"选项，打开"新建格式规则"对话框。在"编辑规则说明"栏中的"格式样式"列表中选择格式样式，这里选择列表中的"三色刻度"选项，该设置项相当于第 06 行将 ColorScaleType 设置为 3。此时有三个颜色需要设置，它们对应最小值、中间值和最大值。第 09 行中的 Type 参数设置为 xlConditionValueLowestValue，相当于在"最小值"的"类型"下拉列表中选择"最小值"选项。第 11 行使用 FormatColor 对象的 Color 属性来设置最大值的颜色，相当于在对话框的"最大值"列的"颜色"下拉列表中选择颜色，如图 13-64 所示。

图 13-64 "新建格式规则"对话框

● 第 13 行将 Type 参数设置为 xlConditionValuePercentile，相当于在"中间值"的"类型"下拉列表中选择"百分点值"选项。第 14 行将 Value 属性设置为 72，相当于在"中间值"的"值"文本框中输入的数值。

● 第 18~19 行对最大值进行设置，第 18 行将 Type 参数设置为 xlConditionValueHighestValue，相当于在对话框"最大值"列的"类型"下拉列表中选择"最高值"选项。

13.4.6　使用图标集标示数据

Excel 2019 中有内置的图标集，使用其中图标可以直观标示单元格区域中数据的大小。通过这些图标，用户可以方便地了解哪些数据在正常范围，哪些数据低于正常范围，哪些数据高于正常范围。在 Excel 2019 中，打开"条件格式"列表，选择其中的"图标集"选项，下级列表中列出了 Excel 内置图标集样式，如图 13-65 所示。

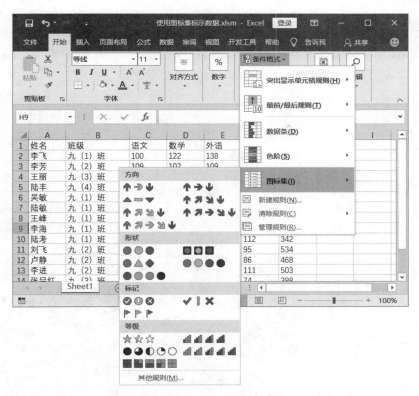

图 13-65 Excel 的图标集

在 VBA 中，IconSetCondition 对象代表图标集条件格式规则，调用 FormatConditions 对象集合的 AddIconSetCondition 方法能够创建新的 IconSetCondition 对象，其语法规则如下所示：

```
表达式 .AddIconSetCondition
```

要对图标集进行设置，可以使用 IconSetCondition 对象的属性。如 IconSetCondition 对象的 Type 属性可以指定条件格式的类型，将 ReverseOrder 属性设置为 True 可以反转图标顺序，将 ShowIconOnly 属性设置为 True 可以仅显示图标集而不显示数据。

对图标集的设置包括两方面的内容，一方面是设置图标的样式，另一方面是设置图标对应的数值。单一图标集在 VBA 中对应的是 IconSet 对象，它是 IconSets 对象集合的子对象。IconSets 对象集合代表了图标集条件格式规则的图标集的集合。在编写程序时，可以通过以 Workbook 对象的 IconSets 属性来对某个图标集的样式进行设置。如下面语句可将图标集样式设置为三向箭头。

```
Set myIconSet = Selection.FormatConditions.AddIconSetCondition
myIconSet.IconSet = ActiveWorkbook.IconSets(xl3Arrows)
```

VBA 中 IconCriterial 对象代表图标集条件格式规则中每个图标的值和阈值类型，该对象可以使用 IconSetConditon 对象的 IconCriteria 属性来获取，以索引号来指定设置的目标。

【示例 13-20】使用图标集标示数据

（1）启动 Excel 并打开需要操作的工作表，如图 13-66 所示。打开 Visual Basic 编辑器，插入一个模块，在模块的"代码"窗口中输入如下程序代码：

```
01   Sub 使用图标集标示数据()
02       Dim myRange As Range                                  '声明对象变量
03       Set myRange = ActiveSheet.Range("F2:F31")             '指定单元格区域
04       With myRange
05           .FormatConditions.Delete                          '清除原有的条件格式
06           .FormatConditions.AddIconSetCondition             '添加一个图标集对象
07           With .FormatConditions(1)                         '设置第一个条件
08               .ReverseOrder = False                         '不反转图标集次序
09               .ShowIconOnly = False                         '同时显示图标集和数据
10   .IconSet = ActiveWorkbook.IconSets(xl3Flags)'使用三色旗图标集
11               With .IconCriteria(2)                         '设置第二个图标
12                   .Type = xlConditionValuePercent           '按值显示图标
13                   .Value = 33                               '值为 33
14                   .Operator = xlGreaterEqual                '条件是大于等于
15               End With
16               With .IconCriteria(3)                         '设置第三个图标
17                   .Type = xlConditionValuePercent           '按百分比
18                   .Value = 70                               '值为 70%
19                   .Operator = xlGreaterEqual                '条件是大于等于
20               End With
21           End With
22       End With
23   End Sub
```

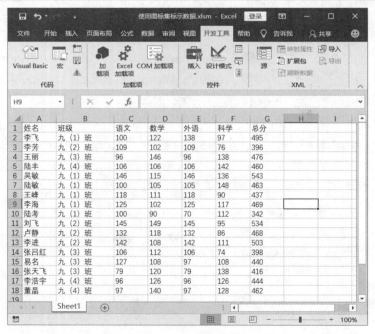

图 13-66　打开需要处理的工作表

（2）将插入点光标放置到程序代码中，按 F5 键运行程序。程序运行后，"理化"列中将根据分数的大小添加三色旗图标，如图 13-67 所示。

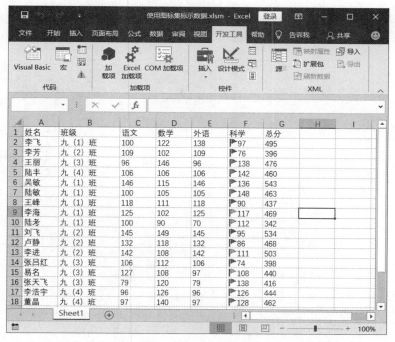

图 13-67　"理化"列中根据分数大小添加三色旗图标

代码解析：

● 本示例演示了使用图标集来标示数据的方法。第 03 行指定需要添加图标的单元格区域，第 05 行调用 Delete 方法删除可能存在的图标集。第 06 行调用 AddIconSetCondition 方法添加图标集对象。

● 在图 13-65 的"图标集"列表中选择"其他规则"选项，打开"新建格式规则"对话框对格式规则进行设置，如图 13-68 所示。如果需要反转图标，可以在对话框中单击"反转图标次序"按钮，第 08 行将 ReverseOrder 属性设置为 False 表示不反转图标。第 09 行将 ShowIconOnly 设置为 False，相当于在"新建格式规则"中取消对"仅显示图标"复选框的勾选。第 10 行使用 IconSets 属性设置图标样式，这里将该属性值设置为常量 xl3Flags，相当于在"图标样式"下拉列表中选择三色旗图标。

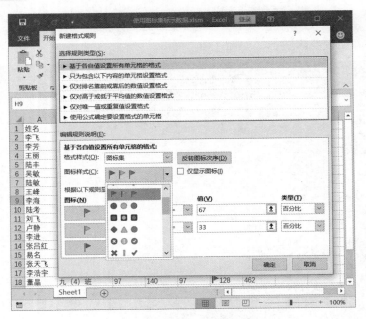

图 13-68　设置图标样式

● 第 11~21 行设置图标集的规则，根据不同的值显示不同的图标，其作用相当于"新建格式规则"对话框中"根据以下规则显示各个图标"栏的各个设置项，如图 13-69 所示。

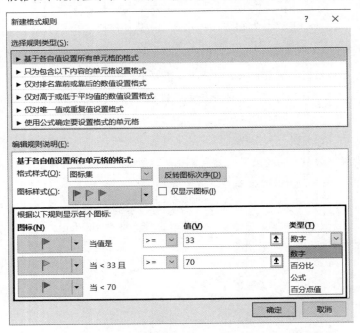

图 13-69　"根据以下规则显示各个图标"栏的各个设置项

13.5
单元格特殊内容的输入

在创建工作表时，单元格中的数据不仅仅只是数字或文本，还可能包括其他形式的内容，如公式、批注或超链接等。这些内容都可以通过编写 VBA 程序来插入，本节将介绍使用 VBA 程序对特殊内容进行处理的方法和技巧。

13.5.1　使用公式

在 VBA 中，向单元格中输入公式实际上就是输入公式字符串的过程，使用 Range 对象的 Value 属性和 Formula 属性均可实现公式的输入。如在 F2 单元格中输入公式 SUM(B2:E2)，使用下面两条语句中的任一条都可以：

```
Range("F2").Value="=SUM(B2:E2)"
Range("F2").Formula="=SUM(B2:E2)"
```

在 Excel 中，引用单元格有两种方式，一种被称为 A1 方式，这种方式是大家比较熟悉的方式，上面两个语句中对单元格的引用采用的就是这种方式。另外还有一种引用方式被称为 R1C1 样式的方法。这种方法用 R 表示行号，用 C 表示列号，在 R 和 C 后带上方括号，括号中带有数字，数字表示相对于当前单元格位置的偏移量。对于 R 来说，负值表示向上偏移，正数表示向下偏移。对于 C 来说，负数表示向左偏移，正数表示向右偏移。如果 R 和 C 为空值，则表示当前单元格。如下面一些示例，假设当前单元格为 D5。

- R[-1]C：表示对当前单元格所在列中的上一行单元格的相对引用，即 D4 单元格。
- R[5]C[2]：对当前单元格下面第 5 行、右面第 2 列的单元格的相对引用，即 F10 单元格。
- R5C2：对当前工作表的第 5 行、第 2 列的单元格的绝对引用，相当于 $B$5。
- R[-1]：对当前单元格上面一行区域的相对引用，相当于 4:4。
- R：对当前行的相对引用，相当于 5:5。

在 VBA 中，也可以使用 R1C1 引用方式向单元格中输入公式，这种方式是宏代码在录制宏时采用的方式。要向单元格中输入 R1C1 引用方式的公式，除了同样可以使用 Value 属性之外，还可以使用 FormulaR1C1 属性。如同样在 F2 单元格中输入公式 SUM(B2:E2)，使用 R1C1 引用方式可以使用下面的语句：

```
Range("F2").FormulaR1C1="=SUM(R[-4]C:R[-1]C)"
```

在 Excel 中，可以向单元格或单元格区域中输入数组公式。在 VBA 中要实现数组公式的输入，可以使用 FormulaArray 属性。如在 C1:C5 单元格区域中输入数组公式"=A1:A5*B1:B5"可以使用下面的语句：

```
Range("C1:C5")=FormulaArray="=A1:A5*B1:B5"
```

【示例 13-21】向单元格中输入公式

（1）启动 Excel 并打开需要操作的工作表，如图 13-70 所示。打开 Visual Basic 编辑器，插入一个模块，在模块的"代码"窗口中输入如下程序代码：

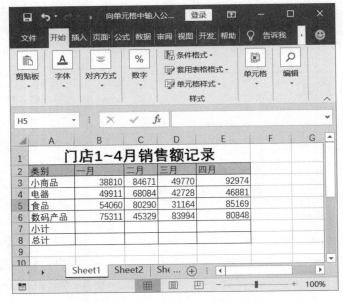

图 13-70　需要进行处理的工作表

```
01    Sub 向单元格中输入公式()
02      Dim ws As Worksheet                              '声明 Worksheet 对象变量
03      Dim Rng As Range, RngCell As Range               '定义 Range 对象变量
04      Set ws = Worksheets("Sheet1")                    '指定工作表
05      ws.Activate                                      '激活工作表
06      Set Rng = Range("B7:E7")                         '指定单元格区域
07      For Each RngCell In Rng                          '遍历每一个单元格
08        RngCell.FormulaR1C1 = "=SUM(R[-4]C:R[-1]C)"    '填入计算小计的公式
09      Next
10      Set Rng = Range("E8")                            '指定求和单元格
11      Rng.FormulaR1C1 = "=SUM(R[-1]C[-3]:R[-1]C)"      '填入计算总计的公式
12    End Sub
```

（2）将插入点光标放置到程序代码中，按 F5 键运行程序。程序运行后，在工作表的"小计"行的各个单元格中统计出每月销售额的和，在 E8 单元格中统计出各月销售额的总和，如图 13-71 所示。

图 13-71　获得计算结果

代码解析：

- 本示例演示了向单元格中添加公式的编程方法，公式中对单元格的引用使用 R1C1 格式。第 06 行定义求"小计"值的单元格区域，第 07~09 行使用 For Each In…Next 结构遍历单元格区域，使用 FormulaR1C1 属性向每个单元格中输入公式。由于这里填充公式所引用的单元格都不同，最简单的方法就是使用 R1C1 格式对单元格进行相对引用。

- 第 10 行指定计算"总计"值的单元格，第 11 行使用 RormulaR1C1 属性向该单元格中填充求和公式以获取计算结果。

13.5.2　向单元格中插入超链接

在 Excel 中，超链接指的是一种对象，单击它时能够实现打开工作表、打开文件或某个网络页面等操作，超链接是在 Excel 中实现简单交互的一种方法。在 Excel 中，选择单元格后打开"插入"选项卡，在"链接"组中单击"超链接"按钮将打开"插入超链接"对话框，使用该对话框可以对超链接的目标进行选择，如图 13-72 所示。

图 13-72　打开"插入超链接"对话框

在 VBA 中，Hyperlink 对象代表超链接，Hyperlinks 集合对象代表了工作表或单元格区域中的所有超链接的集合，其中每一个超链接就是一个 Hyperlink 对象。在编写程序时，可以使用 Hyperlink 属性获取一个超链接对象。要想从 Hyperlink 集合中获取某个 Hyperlink 对象，可以使用常见的索引号方式来引用。如 A1:B2 单元格区域中的第二个超链接可以使用下面的语句引用：

```
Range("A1:B2").Hyperlinks(2)
```

如果需要通过 VBA 程序向工作表或某个单元格区域中添加超链接，可以调用 Hyperlinks 对象的 Add 方法。该方法的语法结构如下所示：

```
对象.Add(Anchor, Address, SubAddress, ScreenTip, TextToDisplay)
```

下面对各个参数的意义进行介绍。

- Anchor：该参数是必需的，用于指定超链接的位置，它可以是 Range 对象，也可以是 Shape 对象。

- Address：该参数是必需的，用于指定超链接的地址。

- SubAddress：该参数为可选参数，用于指定超链接的子地址。

- ScreenTip：该参数为可选参数，用于设置当鼠标指针停留在超链接上时所显示的屏幕提示。在"插入超链接"对话框中单击"屏幕提示"按钮，打开的"设置超链接屏幕提示"对话框，如图 13-73 所示。该参数的作用与该对话框中"设置屏幕提示文字"文本框的作用相同。

图 13-73　"设置超链接屏幕提示"对话框

- TextToDisplay：该参数为可选参数，用于设置要显示的超链接文本。该参数的作用与"插入超链接"对话框中的"要显示的文字"输入框效果相同。

【示例 13-22】在单元格中插入超链接

（1）启动 Excel 并打开需要操作的工作表，如图 13-74 所示。打开 Visual Basic 编辑器，插入一个模块，在模块的"代码"窗口中输入如下程序代码：

```
01    Sub 在单元格中插入超链接()
02        Dim myRange As Range, myHyps As Hyperlinks          '声明对象变量
03        Set myRange = Range("B2")                           '指定单元格
04        Range("A2") = "百度"                                '输入网站名称
05        Set myHyps = myRange.Hyperlinks                     '对象赋予变量
06        With myHyps
07           .Add Anchor:=myRange, Address:="http://www.baidu.com/", _
08            ScreenTip:="单击将打开百度网页", _
09            TextToDisplay:="http://www.baidu.com/"          '插入超链接
10        End With
11    End Sub
```

（2）将插入点光标放置到程序代码中，按 F5 键运行程序。程序运行后，在工作表的 A2 单元格中输入网站名称，在 B2 单元格中添加对应的网站地址并将其设置为超链接。鼠标指针放置到超链接上时，将会给出提示信息，如图 13-75 所示。单击该超链接将打开指定的网页。

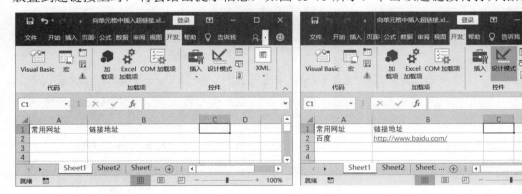

图 13-74　打开工作表　　　　　　　　　　　　图 13-75　获得计算结果

代码解析：

- 本示例演示了向单元格中添加超链接的编程方法。第 03 行指定需要插入超链接的单元格，第 04 行向 A2 单元格中写入网站名称，第 05 行将 Hyperlinks 对象集合赋予变量。

● 第 06~10 行使用 With 结构在指定单元格中创建超链接。这里，调用 Add 方法向单元格中插入超链接，设置 Address 参数将链接的目标地址设置为 http://www.baidu.com/，设置 ScreenTip 参数指定当鼠标放置到链接文字上时显示的提示文字为"单击将打开百度网页"。将 TextToDisplay 参数设置为 http://www.baidu.com/，使单元格中显示该网址文字。

注　意

如果要删除单元格中的超链接，应该调用 Delete 方法。例如要删除本例中的超链接可以使用下面的语句：

```
myHyps.Delete
```

13.5.3　向单元格添加批注

用户在浏览某个数据表时，可以为单元格或单元格区域添加批注以表达自己的意见和看法。在 Excel 2019 中，选择需要添加批注的单元格后，打开"审阅"选项卡，单击"批注"组中的"新建批注"按钮，如图 13-76 所示。此时在选择的单元格旁将会插入批注框，在其中输入文字即可创建批注。

图 13-76　单击"新建批注"按钮

在 VBA 中，一个 Comment 对象就代表一个单元格批注，同理 Comments 集合对象代表了所有的批注。使用 Range 对象的 Comment 属性可以获取一个批注对象，使用 Comments 属性可以获取 Comments 对象集合。

如果要在工作表中添加批注，可以调用 AddComment 方法，该方法的语法结构如下所示：

```
对象.AddComment(Text)
```

这里，Text 参数为可选参数，用于批注添加文字。如下面语句将在第一张工作表中为 A2 单元格添加批注，批注文字为"你好，Excel!"。

```
Worksheets(1).Range("A2").AddComment "你好，Excel!"
```

如果要删除批注，可以调用 Comment 对象的 Delete 方法。如用下面语句将删除 A2 单元格的批注：

```
Range("A2").Comment.Delete
```

Comment 对象有一个 Text 方法，使用该方法可以设置批注文字，其语法结构如下所示：

```
对象.Text(Text, Start, Overwrite)
```

下面对 Text 方法的三个参数的意义进行介绍。

- Text：该参数为可选参数，指定要添加的文字。
- Start：该参数为可选参数，用于设置添加文字的起始位置。如果省略该参数，则删除批注中的所有现有文字。
- Overwrite：该参数为类型参数，如果它的值为 True，则覆盖现有的文字。参数的默认值为 False，表示将新文字插入到现有文字中。这个功能类似于 Word 中的改写和插入功能。

如果工作表中有多个批注，在"审阅"选项卡中单击"批注"组中的"上一条"或"下一条"按钮可以依次选择批注。在 VBA 中，调用 Comment 对象的 Previous 方法和 Next 方法同样能够获取当前批注的上一条批注和下一条批注。

【示例 13-23】修改单元格的批注

（1）启动 Excel 并打开工作表，这个工作表的 B2 单元格已经添加了批注，如图 13-77 所示。打开 Visual Basic 编辑器，插入一个模块，在模块的"代码"窗口中输入如下程序代码：

```
01    Sub 修改单元格批注()
02        Range("B2").Comment.Text Text:="链接地址输入错误",Start:=1'修改标注内容
03    End Sub
```

图 13-77 单元格已添加了批注

（2）将插入点光标放置到程序代码中，按 F5 键运行程序。程序运行后，单元格中标注的文字发生改变，如图 13-78 所示。

图 13-78　单元格中的标注文字发生了改变

代码解析：

- 本示例演示了通过 VBA 程序修改批注内容的方法。第 02 行 Range("B2").Comment 语句指定修改对象是工作表 B2 单元格的批注，调用 Text 方法对批注内容进行修改。这里，使用参数 Text 设置批注文字内容，Start 参数设置为 1 表示从批注第 1 个字符开始修改。

13.5.4　限制数据的输入

在向工作表中输入数据时，有时需要对单元格中输入的数据进行限制，如必须输入整数、输入值必须在某个范围内或只能输入某种类型的数据等。Excel 2019 提供了数据验证功能，能够方便实现用户对输入数据的控制。在 Excel 2019 中，打开"数据"工具选项，在"数据工具"组中单击"数据验证"按钮，打开"数据验证"对话框。在该对话框的"设置"选项卡中可以设置输入的条件，如图 13-79 所示。在"输入信息"选项卡中可以对选择单元格时的提示信息进行设置，如图 13-80 所示。在"出错警告"选项卡中可以对输入错误时的出错信息进行设置，如图 13-81 所示。

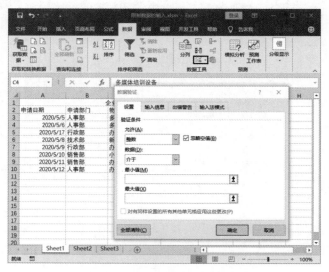

图 13-79　打开"数据验证"对话框

图 13-80　"输入信息"选项卡　　　　　图 13-81　"出错警告"选项卡

在 VBA 中，Validation 对象代表单元格或单元格区域中的数据的有效性规则，使用 Validation 属性可以返回 Validation 对象。要向指定的单元格区域内添加数据有效性规则，可以调用 Validation 对象的 Add 方法，该方法的语法结构如下所示：

```
对象.Add(Type, AlertStyle, Operator, Formula1, Formula2)
```

下面对该方法中各个参数的意义进行介绍。

- Type：该参数为必需的参数，用于设置数据有效性的类型。参数为 8 个 xlDVType 类型的常量，包括 xlValidateCustom、xlValidateDate 和 xlValidateTime 等，分别代表图 13-79 中"允许"下拉列表中的 8 个选项。
- AlertStyle：该参数为可选参数，用于设置有效性检验警告样式。参数值为 xlDVAlertStyle 常量，包括 xlValidAlertInformation、xlValidAlertStop 或 xlValidAlertWarning，表示"信息"提示框样式、"停止"提示框样式和"警告"提示框样式。这三个设置项可以在图 13-81 的"样式"列表中找到。
- Operator：该参数为可选参数，用于设置数据有效性运算符。参数为 xlFormatConditionOperator 常量，包括 xlBetween、xlEqual 和 xlGreater 等，分别代表图 13-79 中"数据"下拉列表中的选项。
- Formula1：该参数为可选，用于设置数据有效性公式的第一部分。
- Formula2：该参数为可选参数，当 Operator 参数为 xlBetween 或 xlNotBetween 时，代表数据有效性公式的第二部分，在其他情况下，此参数被忽略。

如果需要对已经添加的数据有效性规则进行重新设置，可以使用 Validation 对象的 Modify 方法，其使用方法与 Add 方法相同。该方法的语法结构如下所示：

```
对象.Modify(Type, AlertStyle, Operator, Formula1, Formula2)
```

下面通过一个示例来介绍使用 VBA 程序创建数据有效性规则的方法。

【示例 13-24】限制数据的输入

（1）启动 Excel 并打开工作表，这个工作表需要对 D3~D10 单元格中数据的输入进行限制，如图 13-82 所示。打开 Visual Basic 编辑器，插入一个模块，在模块的"代码"窗口中输入如下程序代码：

```
01    Sub 限制数据输入()
02        Dim rn As Range                       '声明对象变量
03        For Each rn In Range("D3:D10")        '遍历 D3:D10 单元格区域中的所有单元格
04          With rn.Validation
05            .Delete                           '删除可能存在的 Validation 对象
06            .Add Type:=xlValidateWholeNumber,
AlertStyle:=xlValidAlertInformation, Operator:=xlBetween,
Formula1:=1000, Formula2:=1000000    '新建 Validiton 对象
07            .InputTitle = "输入提示"                        '设置提示标题
08            .ErrorTitle = "输入错误"  '设置出错提示框标题
09            .InputMessage = "请输入 1000~1000000 之间的数字"  '设置输入提示文字
10            .ErrorMessage = "输入数字不在允许范围内，请重新输入！"  '设置出错提示内容
11          End With
12        Next
13    End Sub
```

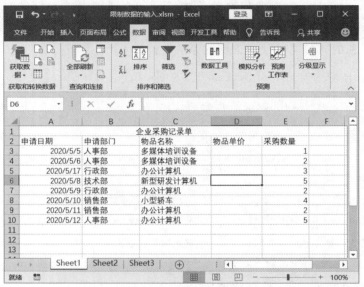

图 13-82　需要进行操作的工作表

（2）将插入点光标放置到程序代码中，按 F5 键运行程序。程序运行后，选择 D3~D10 单元格时会弹出提示信息，如图 13-83 所示。当在单元格中输入的数据不符合输入限制条件时，程序弹出提示，如图 13-84 所示。单击"取消"按钮将删除输入的数据。

图 13-83　显示输入提示　　　　　　图 13-84　输入错误时弹出提示对话框

代码解析：

● 本示例演示了通过 VBA 程序来设置单元格区域输入数字的有效性。设置单元格的数据的有效性规则，需要调用 Validation 对象的 Add 方法。该方法只能对单个单元格添加数据有效性规则，因此程序使用 For Each In…Next 结构来遍历 D3:D10 中的单元格，依次为每一个单元格添加数据有效性规则。

● 第 06~07 行调用 Add 方法为单元格添加数据有效性规则。这里将 Type 参数设置为 xlValidateWholeNumber 表示允许输入整数，将 Operator 参数设置为 xlBetween，表示允许输入介于两个数字之间的数据。参数 Formula1 和参数 Formula2 分别设置为 1000 和 1000000 表示允许输入介于这两个数之间的数，这里要注意在输入这两个数字时不能带有双引号。以上这些参数的设置相当于在数据验证对话框中的设置选项卡中进行设置，如图 13-85 所示。将 AlertStyle 参数设置为 xlValidAlertInformation，表示在输入错误时弹出对话框的类型为信息对话框。

● 第 07 行设置 Validation 对象的 InputTitle 属性值，该属性的值为选择单元格时显示的提示信息的标题文字。第 09 行设置 Validation 对象的 InputMessage 属性的值，该属性值为选择单元格时显示的提示信息的内容文字。这两个属性的作用相当于"数据验证"对话框的"输入信息"选项卡中"标题"和"输入信息"输入框，如图 13-86 所示。

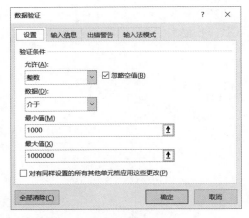

图 13-85　"设置"选项卡　　　　　　图 13-86　"输入信息"选项卡

● 第08行设置 Validation 对象的 ErrorTitle 属性值，该属性值为图13-84中提示对话框的标题文字。第10行设置 Validation 对象的 ErrorMessage 属性值，该属性值为图13-84中提示对话框显示的提示文字。这两个属性的作用相当于"数据验证"对话框的"出错警告"选项卡中"标题"和"错误信息"输入框，如图13-87所示。这里要注意的是，对话框的样式由 Add 方法的 AlertStyle 参数决定，其可用的各个 xlDVAlertStyle 常量与"样式"下拉列表中选项的作用一致。

图 13-87　"出错警告"选项卡

除了本例中使用的属性外，Validation 对象还包括下面这些常用属性。

● Formula1 和 Formula2 属性：这两个属性与 Add 方法中 Formula1 参数和 Formula2 参数的含义相同，用于返回条件格式或有效数据相关联的表达式和数值。
● IgnoreBlank 属性：如果指定区域内的数据有效性检验允许空值，则该属性值为 True，否则该属性值为 False。该属性的作用相当于图13-85中"设置"选项卡中的"忽略空值"复选框。
● InCellDropdown：如果在调用 Add 方法时，Type 参数设置为 xlValidateList，单元格会出现一个下拉列表，此属性值为 True，否则值为 False。
● Type 属性：该属性值与 Add 方法的 Type 一样，表示数据有效性类型。使用该属性既可以获得当前单元格的数据有效性类型，也可以通过更改该属性值改变单元格数据有效性类型。

第 14 章　工作表也可以是一张画布

在 Excel 中，自选图形、任意多边形、OLE 对象或图片等都属于图形，它们是工作表中表情达意、美化图表的重要手段。图表是 Excel 提供的对数据进行形象化和直观化处理的分析工具，使用图表可以方便地将枯燥繁杂的数据直观化，便于进行数据的分析。Excel 本身提供了大量对图形和图表进行处理的工具，但使用 VBA 也可以实现这些操作。本章将介绍 VBA 图形和图表操作的技巧。

本章知识点：

- 如何在工作表中使用图形
- 如何创建并引用图表
- 对图表进行设置
- 导出图表

14.1
在工作表中使用图形

在 VBA 中代表图形的对象共有三个，它们是 Shapes 集合对象、ShapeRange 集合对象和 Shape 对象，它们分别代表文档中所有的图形、文档中图形指定的子集和文档中单个的图形。对工作表中图形进行操作的过程，实际上就是使用这些对象的属性和方法的过程。

14.1.1　图形类型

在 VBA 中，Shape 对象代表了单个的图形，它是 Shapes 对象集合中的成员。要从多个图形中获取某个图形，可以使用图形名称或索引号。如工作表中的第一个图形名为 Rectangle1，使用下面两个语句均能获取对该图形的引用：

```
Worksheets(1).Shapes(1)
Worksheets.Shapes("Rectangle1")
```

要判断某个 Shape 对象的类型应该使用 Type 属性，该属性的值为 msoShapeType 类型的常量，该类型的常量指定了形状的类型。表 14-1 为一些常见的 msoShapeType 常量值及其代表的对象。

表 14-1　常见 msoShapeType 常量值及其代表的对象

常量	值	代表的对象
msoAutoShape	1	自选图形
msoCallout	2	标注
msoCanvas	20	画布
msoChart	3	图
msoComment	4	批注
msoDiagram	21	图表
msoEmbeddedOLEObject	7	嵌入的 OLE 对象
msoFormControl	8	窗体控件
msoFreeform	5	任意多边形
msoGroup	6	组合
msoIgxGraphic	24	SmartArt 图形
msoInk	22	墨迹
msoInkComment	23	墨迹批注
msoLine	9	线条
msoLinkedOLEObject	10	链接 OLE 对象
msoLinkedPicture	11	链接图片
msoMedia	16	媒体
msoOLEControlObject	12	OLE 控件对象
msoPicture	13	图片
msoPlaceHolder	14	占位符
msoScriptAnchor	18	脚本定位标记
msoShapeTypeMixed	−2	混合形状类型
msoTable	19	表
msoTextBox	17	文本框
msoTextEffect	15	文本效果

使用 Shape 对象的 Name 属性可以获取该对象的名称，通过设置该属性值可以为创建的 Shape 指定新的名称。

【示例 14-1】显示工作表中图形类型和名称

（1）启动 Excel 并打开已经绘制了图形的工作表，如图 14-1 所示。打开 Visual Basic 编辑器，插入一个模块，在模块的"代码"窗口中输入如下程序代码：

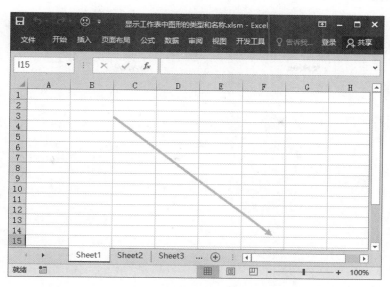

图 14-1　打开绘制了图形的工作表

```
01    Sub 显示工作表中图形的类型和名称()
02        Dim myShape As Shape                              '声明对象变量
03        Dim myType As String, myName As String            '变量声明
04        Set myShape = Worksheets(1).Shapes(1)             '指定 Shape 对象
05        With myShape
06            Select Case .Type '判断对象类型
07                Case msoShapeTypeMixed
08                    myType = "混合型图形"
09                Case msoAutoShape
10                    myType = "自选图形"
11                Case msoCallout
12                    myType = "没有边框线的标注"
13                Case msoChart
14                    myType = "图表"
15                Case msoComment
16                    myType = "批注"
17                Case msoFreeform
18                    myType = "任意多边形"
19                Case msoGroup
20                    myType = "图形组合"
21                Case msoFormControl
22                    myType = "窗体控件"
23                Case msoLine
24                    myType = "线条"
25                Case msoLinkedOLEObject
26                    myType = "链接式或内嵌 OLE 对象"
27                Case msoLinkedPicture
28                    myType = "剪贴画或图片"
29                Case msoOLEControlObject
30                    myType = "ActiveX 控件"
31                Case msoPicture
```

373

```
32              myType = "图片"
33          Case msoTextEffect
34              myType = "艺术字"
35          Case msoTextBox
36              myType = "文本框"
37          Case msoDiagram
38              myType = "组织结构图或其他图示"
39          Case Else
40              myType = "其他类型的图形"
41      End Select
42      myName = .Name                           '获得对象名称
43   End With
44   MsgBox "该 Shape 对象的类型为：" & myType & Chr(13) &_
"该 Shape 对象的名称为：" &myName                '显示对象类型和名称
45   End Sub
```

（2）将插入点光标放置到程序代码中，按 F5 键运行程序。程序将给出工作表中 Shape 对象的类型和名称，如图 14-2 所示。

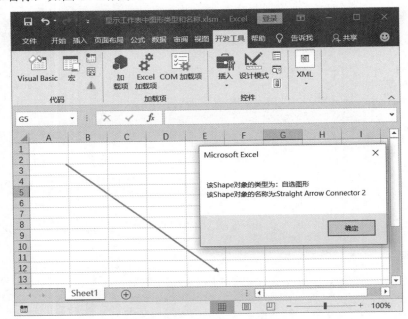

图 14-2　显示对象类型和名称

代码解析：

● 本示例演示了在程序中使用 Type 属性和 Name 属性获取 Shape 对象的类型和名称的方法。

● 第 04 行 Worksheets(1).Shapes(1)获取 Sheet1 工作表中的第一个 Shape 对象，也就是工作表中的那个箭头。

● 第 06~41 行使用 Select Case 结构判断 Type 类型，并根据不同类型将其转换为对应的中文类型名称。

● 第 42 行获得 Shape 对象的 Name 属性值，该值为对象的名称。

- 第 44 行调用 MsgBox 函数显示 Shape 对象的中文类型名和对象名。

14.1.2　如何添加图形对象

Shapes 集合对象提供了多种方法来绘制图形，如 AddLine 方法用于绘制线条、addCurve 方法用于绘制贝塞尔曲线以及 AddShape 方法用于绘制自选图形等。

如果要在工作表中绘制直线，可以调用 Shapes 对象的 AddLine 方法。AddLine 方法将返回一个代表新线条的 Shape 对象，该方法的语法结构如下所示：

```
对象.AddLine(BeginX, Beginy, EndX, EndY)
```

这里，参数 BeginX 和 BeginY 表示直线起点位置，EndX 和 EndY 表示直线终点的位置。这些位置的值都相对于文档左上角的位置，以磅为单位。如要绘制一条从（10,10）位置开始到（200,200）位置结束的直线，可以使用下面的语句。绘制完成的直线，如图 14-3 所示。

```
Dim myShape As Shape
Set myShape = Worksheets(1).Shapes.AddLine(10, 10, 200, 200)
```

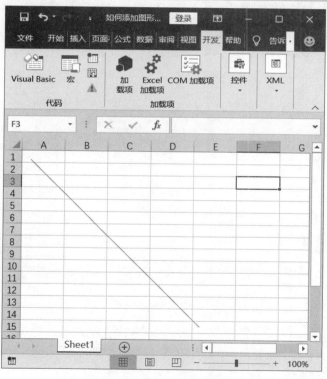

图 14-3　绘制完成的直线

如果要绘制一条曲线，可以调用 Shapes 对象的 AddCurve 方法，该方法能够返回一个 Shape 对象，该对象代表一条贝塞尔曲线。AddCurve 方法的语法结构如下所示：

```
对象.AddCurve(SafeArrayOfPoints)
```

这里，SafeArrayOfPoints 参数必须存在，用于指定曲线上的顶点和控制点的坐标。该参数是一个二维数组，用于表示点的坐标。第一个点指定的是曲线的起点，其余两个点用于标明贝塞尔曲线上的控制点，最后一个点是曲线终点。因此，在绘制多条贝塞尔曲线时，点的个数应该是 3n+1 个，n 为线条的个数。如下面的语句将在工作表中绘制一条曲线，如图 14-4 所示。

```
Dim myShape As Shape
Dim pts(1 To 4, 1 To 2) As Single
pts(1, 1) = 0
pts(1, 2) = 0
pts(2, 1) = 180
pts(2, 2) = 10
pts(3, 1) = 100
pts(3, 2) = 300
pts(4, 1) = 200
pts(4, 2) = 40
Set myShape = Worksheets(1).Shapes.AddCurve(pts)
```

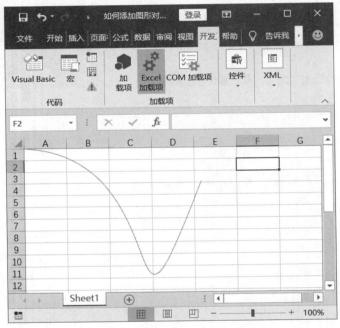

图 14-4　在工作表中绘制曲线

这里，在绘制这条曲线时需要 4 个控制点，这 4 个控制点的坐标由名为 pts 的二维数组来指定。语句 pts(1, 1) = 0 和 pts(1, 2) = 0 指定了第一个点的两个坐标值，分别为该点的横坐标和纵坐标。

如果要绘制封闭的图形，可以通过绘制多条首尾相连的折线来实现。Shapes 对象提供了 AddPolyline 方法，该方法将返回一个 Shape 对象，可以用来创建由多段折线组成的开放或闭合的多边形。这个多边形是否开放，关键看组成折线的最后一条线段的末端是否与第一条线段的起点重合。AddPolyline 方法的语法结构如下所示：

对象.AddPolyline(SafeArrayOfPoints)

　　这里，SafeArrayOfPoints 参数的作用与 AddCurve 方法相同，也是表示多条折线起点和终点坐标的二维数组。如果要在工作表中绘制一个三角形，可以使用下面的语句。绘制完成的三角形如图 14-5 所示。

```
Dim myShape As Shape
Dim triArray(1 To 4, 1 To 2) As Single
triArray(1, 1) = 25
triArray(1, 2) = 100
triArray(2, 1) = 100
triArray(2, 2) = 150
triArray(3, 1) = 150
triArray(3, 2) = 50
triArray(4, 1) = 25
triArray(4, 2) = 100
Set myShapemy = Worksheets(1).Shapes.AddPolyline(triArray)
```

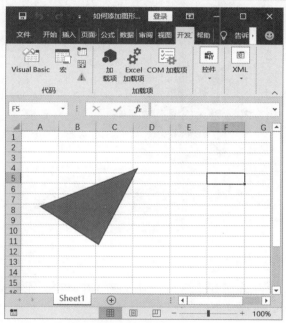

图 14-5　绘制三角形

　　向工作表中插入图形，可以调用 Shapes 对象的 AddShape 方法，该方法可以在指定的位置插入指定的图形，它的语法结构如下所示：

对象.AddShape(Type, Left, Top, Width, Height)

下面介绍各个参数的含义。

- Type：用于指定创建的自选图形的类型，它的值为 msoAutoShapeType 类型常量，该类型常量指定创建的自选图形的类型。

- Left 和 Top：这两个参数用于指定图形的位置，它的值为相对于文档的左上角位置值，以磅为单位。

- Width 和 Height：这两个参数以磅为单位设置图形边框的宽度和高度，也就是指定图形的大小。

如果要在工作表中绘制一个"太阳形"自选图形，可以在调用 AddShape 方法时将 Type 参数设置为 msoShapeSun，同时设置其位置和大小参数即可，具体的程序如下所示。绘制完成后的图形如图 14-6 所示。

```
Dim myShape As Shape
Set myShape = Worksheets(1).Shapes.AddShape(msoShapeSun, 10, 10, 200, 200)
```

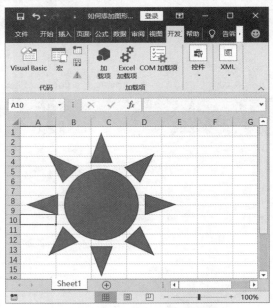

图 14-6　绘制"太阳形"自选图形

【示例 14-2】绘制小人

（1）启动 Excel 并创建一个空白工作簿，打开 Visual Basic 编辑器，插入一个模块，在模块的"代码"窗口中输入如下程序代码：

```
01    Sub 绘制小人()
02        Dim myShape As Shape                                '声明对象变量
03        Dim lineA As Shape, lineB As Shape, lineC As Shape, _
lineD As Shape, lineE As Shape
04        With ActiveSheet.Shapes
05            Set myShape = .AddShape(msoShapeSmileyFace, 264, 81, 26, 26)
'绘制笑脸
06            Set lineA=.AddLine(270,110,230,140)'下面绘制五条线段组成身体和四肢
07            Set lineB = .AddLine(282, 110, 322, 140)
08            Set lineC = .AddLine(276, 110, 276, 170)
09            Set lineD = .AddLine(270, 155, 230, 200)
10            Set lineE = .AddLine(282, 155, 322, 200)
```

```
11        End With
12    End Sub
```

（2）将插入点光标放置到程序代码中，按 F5 键运行程序。程序将以笑脸形和线段绘制一个小人，如图 14-7 所示。

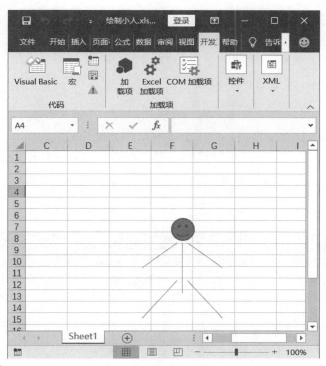

图 14-7　绘制小人

代码解析：

● 本示例演示了在工作表中绘制图形的方法。第 05 行调用 AddShape 方法绘制自选图形，参数 msoShapeSmileyFace 表示绘制笑脸形，参数 264 和 81 表示笑脸在工作表中的位置，26 和 26 表示笑脸的宽度和高度。

● 第 06~10 行调用 AddLine 方法在工作表中绘制 5 条线段，前两个参数表示线段起点位置坐标，后两个参数表示线段终点位置坐标。

注　意

采用上面介绍的方法绘制的图形都有一个共性，即都将返回一个 Shape 对象。如果只是为了绘制图形而不需要对它们进行操作时，必须要将返回的 Shape 对象赋予一个对象变量，否则程序会出错。

14.1.3　如何使用艺术字

在 VBA 中，调用 Shapes 对象的 AddTextbox 方法可以返回一个 Shape 对象，该对象代表新建的文本框。调用该方法的语法结构如下所示：

```
对象.AddTextbox(Orientation, Left, Top, Width, Height)
```

下面介绍 AddText 方法各个参数的含义。

- Orientation： msoTextOrientation 类型常量，用于指明文本框的方向。
- Left：用于设置文本框相对于文档左上角距离，以磅为单位。
- Top：用于设置文本框相对于文档顶部的距离，以磅为单位。
- Width：以磅为单位设置文本框的宽度。
- Height：以磅为单位设置文本框的高度。

如下面语句将在工作表中创建一个位于（100,100）处，宽度为 200，高度为 50 的水平文本框，如图 14-8 所示。

```
Dim myShape As Shape
Set    myShape=Worksheets(1).Shapes.AddTextbox(msoTextOrientationHorizontal,
100,100,200, 50)
```

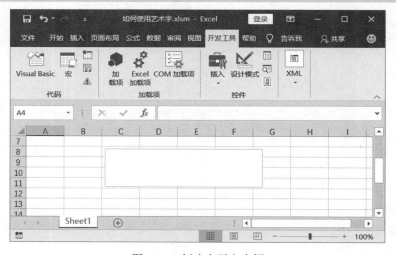

图 14-8　创建水平文本框

如果要在工作表中创建艺术字，可以调用 Shapes 对象的 AddTextEffect 方法。该方法将返回一个 Shape 对象，该对象代表新创建的艺术字。AddTextEffect 方法的语法格式如下所示：

```
对 象 .AddTextEffect(PresetTextEffect, Text, FontName, FontSize, FontBold,
FontItalic, Left, Top)
```

下面介绍 AddTextEffect 方法各个参数的含义。

- PresetTextEffect：该参数为 msoPresetTextEffect 类型常量，用于指定预置文本效果。
- Text：该参数指定艺术字对象中的文字。
- FontName：该参数指定艺术字对象中所用的字体名称。

- FontSize：该参数以磅为单位给出艺术字对象中所用的字体大小。
- FontBold：该参数为 msoTriState 类型常量，用于使艺术字文字加粗。
- FontItalic：该参数为 msoTriState 类型常量，用于使艺术字倾斜显示。
- Left：该参数指定艺术字文本框相对于文档的左上角的距离，以磅为单位。
- Top：该参数指定艺术字文本框相对于文档的顶部的距离，以磅为单位。

如要在工作表中添加艺术字"我的艺术字"，艺术字的字体为"微软雅黑"，字号为 36，位置在（200,150）处，可以使用下面的语句。工作表中添加的艺术字如图 14-9 所示。

```
Dim myShape As Shape
Set myShape = Worksheets(1).Shapes.AddTextEffect(msoTextEffect1, "我的艺术字",
"微软雅黑", 36, msoFalse, msoFalse, 200, 150)
```

图 14-9　在工作表中添加艺术字

读到这里，读者可能会有疑问，调用 AddText 方法只是创建了一个文本框，那么文本框中文字和文字样式该如何设置呢？熟悉 Excel 的朋友都知道，在工作表中绘制的图形对象中是可以添加文字的，那么在 VBA 中又该如何添加文字呢？下面就来回答这些问题。

Shape 对象的 TextFrame 属性可返回一个 TextFrame 对象，该对象表示 Shape 对象的文本框，其不仅包含了文本框中的文字，还包含了用于控制文本框对齐方式以及位置的属性和方法。使用 Characters 属性可以获取 TextFrame 中的文本，对文本在内容、字体和字号等进行设置。

Excel 2019 提供了一个 TextFrame2 对象，该对象包含了文本框中的文本，使用 TextFrame2 属性能够获取文本内容。这个被冠以 2 的 TextFrame 对象提供了一个名为 WordArtformat 的属性，该属性值 mosPresetTextEffect 为常量，利用这些常量就可以对文本框或图形中的文本应用 Excel 内置的艺术字效果，就像调用 AddTextEffect 方法设置 PresetTextEffect 参数那样。

【示例 14-3】为图形对象添加文字并设置艺术字效果

（1）启动 Excel 并创建一个空白工作簿，打开 Visual Basic 编辑器，插入一个模块，在模块的"代码"窗口中输入如下程序代码：

```
01    Sub 为图形添加艺术字()
```

```
02      Dim myShapeA As Shape                              '声明对象变量
03      Set myShape = Worksheets(1).Shapes.AddShape
04       (msoShapeCloud, 264, 81, 200, 150)                '创建一个云朵自选图形
05      With myShape.TextFrame
06         .Characters.Text = "飞扬的云朵"                  '将文字置于图形中
07         With .Characters.Font
08             .Name = "微软雅黑"                           '设置文字字体
09             .Size = 20                                   '设置文字大小
10         End With
11      End With
12      myShape.TextFrame2.WordArtformat = msoTextEffect15
 '为文字添加艺术字效果
13   End Sub
```

（2）将插入点光标放置到程序代码中，按 F5 键运行程序。程序将在工作表中添加一个云朵，在云朵中添加文字"飞扬的云朵"，并对该文字应用 Excel 2019 内置艺术字效果，如图 14-10 所示。

图 14-10　程序运行效果

代码解析：

- 本示例演示了在自选图形中添加文字并对文字进行设置的编程方法。第 03~04 行调用 AddShape 方法在工作表中绘制自选图形，它的 Type 参数设置为 msoShapeCloud 表示绘制一个云朵图形。
- 第 05~11 行使用 With 结构的嵌套实现图形中文本的输入和文本格式的设置。第 05 行的语句 myShape.TextFrame 获取图形中的 TextFrame 对象，第 06 行使用 Characters 属性获取该对象中的文字对象，使用 Text 属性设置文字内容。
- 第 07~10 行对文本的格式进行设置，使用 Characters 属性获取对象中的文本对象，使用 Font 对象的 Name 属性和 Size 属性设置文字的字体和大小。
- 第 12 行使用 TextFrame2 属性获取 TextFrame2 对象，使用该对象的 WordArtformat 属性来设置应用与文字的艺术字类型，这里将该属性值设置为 msoTextEffect15 艺术字样式。

14.1.4　如何设置图形的样式

在调用 AddShape 方法绘制自选图形时，可以通过设置 Type 属性来设置图形的形状。但是构成图形的要素除了图形行状，还包括图形的边框样式和图形的填充模式。在 Excel 2019 中，边框和填充的设置可以在 Excel 2019 的"设置形状格式"窗格中进行，如图 14-11 所示。但边框和填充的设置如何在 VBA 中进行设置呢？

图 14-11　"设置形状格式"窗格

在 VBA 中，要对图形样式进行设置，需要使用相关的对象。如设置图形的填充样式需要使用 FillFormat 对象，而设置图形边框需要 LineFormat 对象。要使用这些对象的属性和方法来设置图形，首先需要获取这些对象。

在 VBA 中，可以使用 Fill 属性来获取 FillFormat 对象，然后使用该对象的属性来对图形进行设置。如下面的语句将工作表中索引号为 1 的图形的前景色设置为红色。该语句就是使用 Fill 属性获取 FillFormat 对象，然后使用该对象的 ForeColor 属性设置了图形的前景色，实现了图形的填充。

```
Worksheets(1).Shapes(1).Fill.ForeColor.RGB = RGB(255, 0, 0)
```

在 VBA 中，ShapeRange 集合对象代表了图形区域，该图形区域是工作表中的一组图形，它既可以只包含一个图形，也可以包含多个图形。在使用 ShapeRange 集合来对工作表中的图形进行操作时，首先要创建 ShapeRange 集合对象。常见的方法是先选择图形，然后使用 ShapeRange 属性返回选定对象的 ShapeRange 对象，之后再对图形进行设置。下面的语句就是按照这个流程来进行操作的。

```
Worksheets(1).Shapes.Select
Selection.ShapeRange.Fill.ForeColor=RGB(0,0,255)
```

如果要同时获取多个图形对话框，可以使用 Shapes.Range(index)语句返回 ShapeRange 集合。这里，index 参数既可以是图形名称，也可以是索引号，还可以是表示多个图形的数组。

下面的语句将对第一个和第三个图形填充图案，使用数组指定多个图形。

```
    WorkSheets(1).Shapes.Range(Array(1, 3)).Fill.Patterned
msoPatternHorizontalBrick
```

　　与处理图形的样式相同，对线条样式的设置也有两种方法，一种方法是使用 Line 属性返回一个 LineFormat 对象，使用该对象的属性能够对图形线条格式进行设置。如下面的语句将在工作表中绘制一条线段，同时设置线段的线型、颜色以及前端箭头和后端箭头样式。这些设置项的作用，与设置形状格式窗格中的线条设置栏中对应的设置项的作用相同，如图 14-12 所示。

```
    Set myDocument = Worksheets(1)
    With myDocument.Shapes.AddLine(100, 100, 200, 300).Line
        .DashStyle = msoLineDashDotDot
        .ForeColor.RGB = RGB(50, 0, 128)
        .BeginArrowheadLength = msoArrowheadShort
        .BeginArrowheadStyle = msoArrowheadOval
        .BeginArrowheadWidth = msoArrowheadNarrow
        .EndArrowheadLength = msoArrowheadLong
        .EndArrowheadStyle = msoArrowheadTriangle
        .EndArrowheadWidth = msoArrowheadWide
    End With
```

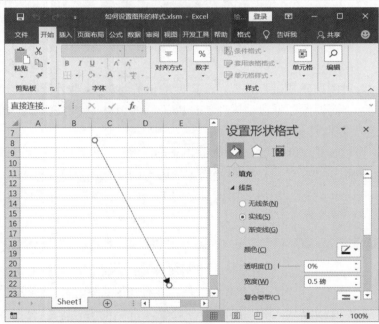

图 14-12　　"设置形状格式"窗格的"线条"设置栏

　　另一种方法是使用 ShapeRange 集合对象来进行操作，如上面的操作可以使用下面的语句来进行：

```
    Set myLine As Shape
    Set myLine = Worksheets(1).Shapes.AddLine(100, 100, 200, 300)
    myLine.Select
```

```
With Selection.ShapeRange.Line
    .DashStyle = msoLineDashDotDot
    .ForeColor.RGB = RGB(50, 0, 128)
    .BeginArrowheadLength = msoArrowheadShort
    .BeginArrowheadStyle = msoArrowheadOval
    .BeginArrowheadWidth = msoArrowheadNarrow
    .EndArrowheadLength = msoArrowheadLong
    .EndArrowheadStyle = msoArrowheadTriangle
    .EndArrowheadWidth = msoArrowheadWide
End With
```

在这段代码中，首先绘制一条线段，调用 Select 方法选择绘制的直线，使用 ShapeRange 属性获取 ShapeRange 对象后利用 Line 属性返回 LineFormat 对象，利用 LineFormat 对象的属性来设置线段。

【示例 14-4】绘制一个按钮

（1）启动 Excel 并创建一个空白工作簿，打开 Visual Basic 编辑器，插入一个模块，在模块的"代码"窗口中输入如下程序代码：

```
01  Sub 绘制一个按钮()
02      Dim myShape As Shape                                    '声明对象变量
03      Set myShape = Worksheets(1).Shapes.AddShape(Type:=msoShapeRectangle,_
04          Left:=150, Top:=150, Width:=180, Height:=40) '绘制一个矩形
05      With myShape
06          With .TextFrame
07              .Characters.Text = "打开工资表"              '插入文字
08              .HorizontalAlignment = xlHAlignCenter        '设置文字水平居中对齐
09              .VerticalAlignment = xlCenter                '设置文字垂直居中对齐
10          End With
11          With .TextFrame.Characters.Font
12              .Name = "华文行楷"                           '设置文字字体
13              .Size = 20                                   '设置文字大小
14              .ColorIndex = 3                              '设置文字颜色为红色
15          End With
16          myShape.Select                                   '选择对象
17          With Selection.ShapeRange.Fill                   '设置填充颜色格式
18              .Transparency = 0                            '对象不透明
19              .ForeColor.SchemeColor = 41                  '使用主题颜色
20              .OneColorGradient msoGradientHorizontal, 3, 0.23     '应用渐变填充
21          End With
22          With Selection.ShapeRange.Line                   '设置边框格式
23              .Weight = 4                                  '设置线条宽度
24              .DashStyle = msoLineSolid                    '线条为实线
25              .Style = msoLineSingle                       '单线样式
26              .Transparency = 0                            '线条不透明
27              .ForeColor.SchemeColor = 52                  '设置前景色
28          End With
29      End With
30  End Sub
```

（2）将插入点光标放置到程序代码中，按 F5 键运行程序。程序将在工作表中绘制一个矩形，为矩形填充文字并设置该矩形的填充样式和边框线条样式，如图 14-13 所示。

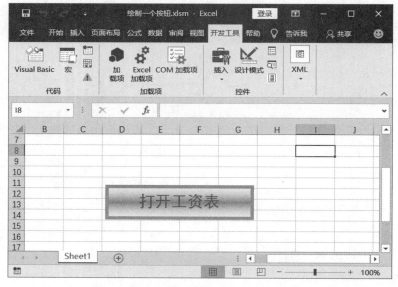

图 14-13 程序运行后的效果

代码解析：

- 本示例演示了绘制自选图形并设置图形的填充颜色和线条样式的方法。第 03 行调用 AddShape 方法绘制一个矩形。第 05~10 行使用 With 结构在图形中添加文字，同时对文字的对齐方式进行设置。第 11~15 行使用 With 结构设置文字的字体、大小和颜色。

- 第 16 行调用 Select 方法选择绘制的图形对象，在第 17 行使用 Selection 对象的 ShapeRange 属性返回选择区域中的所有图形。第 17~21 行使用 With 对图形的填充颜色进行设置。第 18 行将 Transparency 属性值设置为 0，使填充颜色不透明。第 19 行使用 ForeColor 属性设置图形的前景色，通过设置 SchemeColor 属性值使用 Excel 颜色方案中的颜色。

- 第 20 行调用 OneColorGradient 方法将图形的填充方式设置为单色过渡，该方法需要三个参数。第一个参数设置过渡类型，使用的是 msoGradientStyle 类常量，这里将其设置为 msoGradientHorizontal 表示水平渐变。

- 第 22~28 行使用 With 结构设置图形框线条样式。第 23 行使用 Weight 属性设置图形框线条宽度。第 24 行使用 DashSytle 属性设置线条的虚线样式，这里将它设置为 msoLineSolid 表示是实线。第 26 行将 Transparency 属性设置为 0 表示线条不透明，第 27 行使用 ForeColor 属性设置线条颜色。

14.1.5 大小、位置和角度

Shape 对象的 Left 属性和 Top 属性值为对象最上端距工作表左侧和顶端的距离，通过设置这两个属性值可以改变图形在文档上的位置。Shape 对象的 Width 属性和 Height 属性的值为图形的宽度和高度，设置这两个属性值能够改变图形的大小。Shape 对象的 Rotation 属性值为图形的旋转角度，以度为单位，设置 Rotation 属性可以改变图形的放置角度。

　　Shape 对象有三个以单词 Increment 开头的方法，它们分别是 IncrementTop 方法、IncrementLeft 方法和 IncrementRotation 方法。其中，IncrementTop 方法和 IncrementLeft 方法能以指定的增量垂直或水平移动图形，IncrementRotation 方法能以指定的增量旋转图形。这三个方法的用法相同。下面以 IncrementTop 方法为例来介绍它们的语法结构。

```
对象.IncrementTop(Increment)
```

　　这里，Increment 参数用于指定图形垂直移动的距离，以磅为单位。当该参数值为正数时，图形向下移动，为负值时，图形向上移动。

　　调整图形的大小，还可以使用 ScaleHeight 方法和 ScaleWidth 方法，这两个方法可按照指定的比例调整图形的高度和宽度。它们的用法差不多，下面以 ScaleHeight 为例来介绍它们的用法，ScaleHeight 方法的语法结构如下所示：

```
对象.ScaleHeight(Factor, RelativeToOriginalSize, Scale)
```

　　下面介绍各个参数的含义。

- Factor：该参数表示图形调整后的高度与其当前高度或初始高度之间的比例。如果要使矩形增大 50%，可以将本参数指定为 1.5。
- RelativeToOriginalSize：该参数值为 msoTrue 时，相对于图形的原有尺寸来调整宽度。如果该值为 msoFalse，则相对于图形的当前尺寸来调整宽度。但是只有当指定的图形是图片或 OLE 对象时，才能将本参数指定为 msoTrue。
- Scale 参数：该参数为可选参数，其值为 msoScaleFrom 类型常量。在调整图形的大小时，用于指定图形哪一部分的位置保持不变。

【示例 14-5】图形小动画

（1）启动 Excel 并创建一个空白工作簿，打开 Visual Basic 编辑器，插入一个模块，在模块的"代码"窗口中输入如下程序代码：

```
01   Sub 图形小动画()
02       Dim myShape As Shape                                    '声明对象变量
03       Dim i As Long, j As Long                                '声明变量
04       Set myShape = Worksheets(1).Shapes.AddShape(Type:=msoShape8pointStar, _
05       Left:=120, Top:=80, Width:=80, Height:=80)              '绘制图形
06           With myShape
07               For i = 1 To 3000 Step 5
08                   .Top = Sin(i * (Application.Pi / 180)) * 100 + 120
'使图形做圆周运动
09                   .Left = Cos(i * (Application.Pi / 180)) * 100 + 100
10                   .Fill.ForeColor.RGB = Rnd * 100            '使颜色随机改变
11                   For j = 1 To 10
12                       .IncrementRotation -2                  '逆时针旋转
```

```
13                    DoEvents
14            Next j
15        Next i
16      End With
17  End Sub
```

（2）将插入点光标放置到程序代码中，按 F5 键运行程序。程序将在工作表中添加一个正八边形，且八边形会绕着某个定点做圆周运动，同时它自身的颜色随机发生改变，如图 14-14 所示。

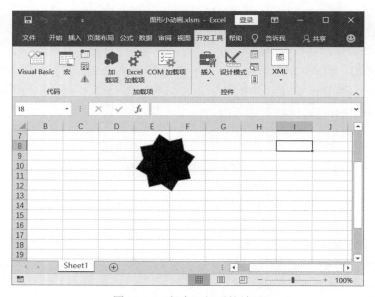

图 14-14　程序运行后的效果

代码解析：

- 本示例演示了通过改变图形的位置和旋转角度来实现图形运动效果的方法。第 04~05 行调用 AddShape 方法绘制一个八角星形。这里，将 Type 参数设置为 msoShape8pointStar 表示绘制八角星形，将参数 Width 和 Height 设置为相同数值，这样图形成为一个正八边形。

- 第 06~16 行使用 With 结构来设置图形的位置和放置角度。程序使用 For…Next 结构来实现循环，在每一次循环过程中都以一定的增量改变图形的位置和角度，循环反方向执行就可以获得动画效果。

- 第 08 行和第 09 行通过设置 Top 属性和 Left 属性来设置图形的位置。图形在这里围绕某个固定点做圆周运动，该固定点为（120,100），运动轨迹的半径为 100。

- 第 11~14 行使用 For…Next 结构使图形旋转，循环体中使用 IncrementRotation - 2 语句使图形在每次循环时角度减小 2°，从而实现其逆时针旋转。这个循环放在让图形做圆周运动的循环里面，使图形在做圆周运动的同时自身也做逆时针旋转。

- 第 13 行的 DoEvents 语句可以让系统转让控制权以处理其他事件。该语句很重要，能够保证图形每一个运动状态都能显示出来。如果没有该语句，则图形将无法运动起来。

14.2
使用图表

图表是 Excel 中对数据进行形象化和直观化处理的重要手段，通过图表可以方便地对数据进行直观的分析和理解。Excel 可以根据需要创建多种图表类型，同时也提供了丰富的图表工具来帮助用户进行图表的创建、图表外观的设置和数据处理。本节将介绍使用 VBA 对图表对象进行操作的实用方法和技巧。

14.2.1　如何引用图表

Excel 的图表分为两类，一类是嵌入式图表，另一类是图表工作表。在 Excel 中，嵌入式图表是一种比较常见的图表，这种图表可以直接在插入选项卡的图表组中单击相应的命令按钮来创建，此时图表置于当前的工作表中，如图 14-15 所示。

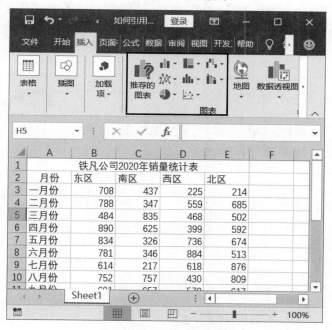

图 14-15　创建嵌入式工作表

图表工作表则有所不同，在 Excel 程序窗口下的工作表标签上右击，在弹出的关联菜单中选择"插入"命令，打开"插入"对话框，在对话框中选择"图表"选项，如图 14-16 所示。单击"确定"按钮关闭对话框即可创建一个图表工作表，如图 14-17 所示。

图 14-16 "插入"对话框

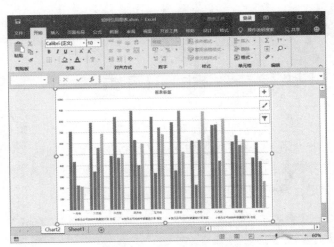

图 14-17 创建图表工作表

在 VBA 中，Chart 对象代表工作簿中的图表，该图表既可以是嵌入式图表，也可以是工作表图表。Charts 集合对象代表了工作簿中多个图表工作表，不包括嵌入工作表。ChartObject 对象代表了工作表中嵌入的图表，ChartObjects 对象集合包含了单张工作表中所有的嵌入图表。

要实现对集合中某个图表对象的引用，可以通过 Charts 属性或 ChartObjects 属性来实现。引用的方式就是大家比较熟悉的使用索引号或对象名称，如要引用工作簿中的某个图表，可以使用下面的语句：

```
Charts(index)
```

其中，index 可以是图表的索引号，也可以是图表的名称。由于 Chart 对象是 Sheets 对象集合中的程序，此集合也包括工作簿中的图表工作表，因此引用图表工作表也可以从 Sheets 对象集合中引用，如下面的语句：

```
Sheets(3)
```

要引用 ChartObjects 对象集合中的某个图表，可以使用下面的语句：

```
ChartObjects(index)
```

其中，index 参数既可以使用索引号，也可以是图表名称。

14.2.2 如何创建图表

Excel 中图表分为两种情况，一种是嵌入工作表中的嵌入式图表，另一种是与工作表具有同样地位的图表工作表。工作表的不同，则使用程序创建工作表的方法也不同。下面分别对这两种工作表的创建方法进行介绍。

在工作表中添加嵌入工作表，可以调用 ChartObjects 集合对象的 Add 方法，该方法的语法结构如下所示：

```
对象.Add(Left, Top, Width, Height)
```

这里，参数 Left 和 Top 用于设置图表在工作表中的位置，其以磅为单位，坐标是相对于工作表 A1 单元格左上角的坐标。Width 和 Height 参数用于设置图表的大小，同样以磅为单位。

图表工作表调用 Charts 集合对象的 Add 方法来创建，该方法的语法结构如下所示：

```
对象.Add(Before, After, Count)
```

这里，参数 Before 和参数 After 用于设置图表工作表创建的位置，即新建的图表工作表应该在哪个工作表之前或之后。这两个参数为可选参数，如果都省略了，图表工作表将插入到当前活动工作表之前。Count 参数设置新建的图表工作表的数目，它的默认值为 1。如在工作簿中创建一个图表工作表，省略所有的参数，可以简单地用下面语句实现：

```
Set myChart=Charts.Add
```

如在工作表中创建一个嵌入图表时，使用下面的语句：

```
Set myChart = Worksheets(1).ChartObjects.Add(190, 200, 400, 400)
```

在运行了这个语句后，读者会发现一个问题，那就是获得的仅仅是一个空白的图表，图表中什么都没有，即使在运行该语句前选择了数据区中的单元格也不行。因此，在创建嵌入式图表时，添加图表后还需要指定图表的样式和数据区域。

在调用 Add 方法添加图表后，可以调用 ChartWizard 方法对图表的属性进行设置，包括指定图表数据源、设置类型和图表外观等。ChartWizard 方法的语法结构如下所示：

```
对象.ChartWizard(Source, Gallery, Format, PlotBy, CategoryLabels, SeriesLabels,
HasLegend, Title, CategoryTitle, ValueTitle, ExtraTitle)
```

下面介绍 ChartWizard 方法需要使用的参数。

- Source：该参数为可选参数，用于指定新图表源数据的区域。
- Gallery：该参数为可选参数，用于设置图表类型，它使用 xlChartType 类型。
- Format：该参数为可选参数，用于设置内置自动套用格式的编号。参数值可为 1~10 的数字，其取值依赖于图库类型。如果省略本参数，Excel 将依据图库类型和数据源选择默认值。
- PlotBy：该参数为可选参数，用于指定系列中的数据是来自行还是来自列。可为以下 XlRowCol 常量之一——xlRows 或 xlColumns。
- CategoryLabels：该参数为可选参数，表示包含分类标签的源区域内行或列数的整数。参数有效取值为从 0 至小于相应的分类或系列中最大值的某一数字。
- SeriesLabels：该参数为可选参数，表示包含系列标志的源区域内行或列数的整数。有效取值为从 0 至小于相应的分类或系列中最大值的某一数字。
- HasLegend：该参数为可选参数，当其值为 True 时，图表将具有图例。
- Title：该参数为可选参数，用于设置图表标题文字。
- CategoryTitle：该参数为可选参数，用于设置分类轴标题文字。

- ValueTitle：该参数为可选参数，用于设置数值轴标题文字。
- ExtraTitle：该参数为可选参数，既可以设置三维图表的系列轴标题，也可以设置二维图表的第二数值轴标题。

如下面的语句将在工作表中插入一个图表，图表样式为簇壮柱形图，数据区域为工作表中的 A2:E14 单元格区域，如图 14-18 所示。

```
Dim myChart As ChartObject
Set myChart = Worksheets(1).ChartObjects.Add(190, 200, 400, 400)
myChart.Chart.ChartWizard Source:=Worksheets(1).Range("A2:E14"), _
Gallery:= xlColumnClustered
```

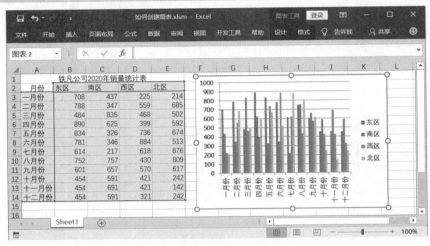

图 14-18　插入图表

在 VBA 中要对图表进行设置，可以调用 Chart 对象提供的属性和方法。如要获得图 14-18 所示的图表，也可以使用下面的语句。这段程序的思路是：创建了工作表后，使用 ChartType 属性来设置图表的类型，最后使用 SetSourceData 方法来指定图表使用的数据。

```
Dim myChart As ChartObject
Set myChart = Worksheets(1).ChartObjects.Add(190, 200, 400, 400)
With myChart.Chart
    .ChartType = xlColumnClustered
    .SetSourceData Source:=Range("A1:E14")
End With
```

如果需要为图表工作表指定源数据区域，可以调用 Chart 对象的 SetSourceData 方法，该方法的语法结构如下所示：

```
对象.SetSourceData(Source, PlotBy)
```

这里，Source 参数为 Range 类型，用于指定包含数据的区域。PlotBy 参数用于指定绘图的方式，如果它的值为 xlColumns，则表示按列数据绘制图形；如果它的值为 xlRows，则表示按行数据绘制图形。

如下面的语句将为图表设置数据源区域。该语句用于对第一个图表进行设置，数据源区域指定为 A1:A10 单元格区域，将按照列数据来绘制图形数据。

```
Charts(1).SetSourceData Source:=Sheets(1).Range("A1:A10"),PlotBy:=xlColumns
```

注　意
在创建图表工作表时，如果选择数据区中的单元格或是选择了整个数据区域，使用 Charts 对象的 Add 方法将默认以选择单元格所在区域或选择的数据区域作为创建图表的数据源区域。

【示例 14-6】同时创建多个图表

（1）启动 Excel 并打开工作表，如图 14-19 所示。打开 Visual Basic 编辑器，插入一个模块，在模块的"代码"窗口中输入如下程序代码：

```
01    Sub 同时创建多个图表()
02        Dim myChart As Chart                                  '声明对象变量
03        Dim i As Integer, myArray                             '声明计数变量
04        myArray = Array("B2:B14", "C2:C14", "D2:D14", "E2:E14")
          '将单元格区域置于数组
05        For i = 0 To 3
06            Set myChart = Charts.Add                          '创建图表工作表
07            With myChart
08                .ChartType = xlColumnClustered                '图表样式为簇状柱形图
09                .SetSourceData Source:=Worksheets(1)._
10                    Range(myArray(i)), PlotBy:=xlRows         '设置源数据区域
11            End With
12        Next i
13    End Sub
```

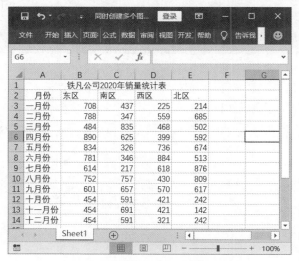

图 14-19　打开工作表

（2）将插入点光标放置到程序代码中，按 F5 键运行程序。程序创建 4 个图表工作表，每

个图表对应图 14-19 工作表中一个区的数据，如图 14-20 所示。

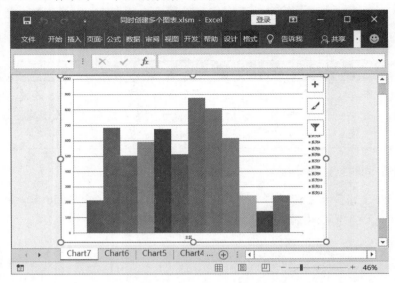

图 14-20　创建 4 个图表工作表

代码解析：

- 本示例演示了在工作簿中同时创建多个图表工作表的编程方法。第 04 行将 4 个图表所需要的源数据的单元格地址置于数组中。第 05~12 行使用 For…Next 结构进行 4 次循环创建了 4 个图表。
- 第 06 行调用 Charts 对象的 Add 方法创建图表工作表，循环 4 次，创建 4 个图表工作表。
- 第 07~11 行使用 With 结构依次为创建的图表指定图表类型和源数据区域。这里，第 08 行将 ChartType 属性设置为 xlColumnClustered，图表被指定为簇状柱形图。第 09~10 行调用 Chart 对象的 SetSourceData 方法为图表工作表指定源数据区域。其中，Source 参数指定为 Worksheets(1).Range(myArray(i))，单元格区域为数组 myArray 中的第 i 个元素。

提　示

本例是在工作簿中创建图表工作表，如果需要在工作表中创建嵌入图表，可以将上面的程序更改为下面的程序，程序运行效果如图 14-21 所示。由于创建图表不同，使用的图表对象也不同。这里调用的是 ChartObjects 对象的 Add 方法来创建图表，调用 Chart 对象的 ChartWizard 方法来设置图表的源数据区域和类型。另外，读者可以注意一下这里是如何使这 4 个图表横向排列的。

```
01    Sub 同时创建多个嵌入图表()
02      Dim myChart As ChartObject                          '声明对象变量
03      Dim i As Integer, myArray                           '声明计数变量
04      myArray = Array("B2:B14", "C2:C14", "D2:D14", "E2:E14")
          '将单元格区域置于数组
05      For i = 0 To 3
06        Set myChart = Worksheets(1).ChartObjects.Add_
07        (20 + 200 * i, 200, 200, 200)                     '创建嵌入图表
08        myChart.Chart.ChartWizard Source:=Worksheets(1).Range(myArray(i)), _
```

```
09          Gallery:=xlColumnClustered, PlotBy:=xlColumns '设置图表数据区和类型
10      Next i
11  End Sub
```

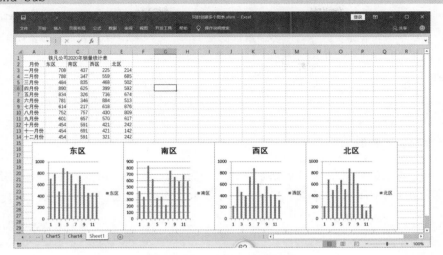

图 14-21　创建 4 个嵌入图表

14.2.3　对数据系列进行操作

数据是图表的重要元素，在 VBA 中 Series 对象代表图表中的数据系列。Series 对象是 SeriesCollection 集合的成员，如果需要获得图表中的一个数据系列，可以使用 SeriesCollection 属性来获取 Series 对象，具体的语句如下所示：

```
对象.SeriesCollection(index)
```

这里，参数 index 为集合中对象的索引号，它既可以是数组也可以是数据系列的名称。如下面语句将工作表 Sheet1 中第一个图表中的第一个数据系列内部的颜色设置为红色。

```
Worksheets("sheet1").ChartObjects(1).Chart.SeriesCollection(1).Interior.Color = RGB(255, 0, 0)
```

如果需要在图表中添加一个或多个新的数据系列，可以调用 SeriesCollection 对象的 Add 方法，具体的语法结构如下所示：

```
对象.Add(Source, Rowcol, SeriesLabels, CategoryLabels, Replace)
```

下面介绍 Add 方法的各个参数的含义。

- Source：该参数用于指定需要添加的新数据，它可以是 Range 对象或数据点数组。
- Rowcol：该参数为可选参数，用于指定新数据点的值是位于指定区域的行中还是列中。当其值为 xlColumns 时表示位于列中，该值为默认值。如果参数值为 xlRows，表示位于行中。
- SeriesLabels：该参数为可选参数，如果 Source 参数为数组，则忽略本参数。如果区域中第一行或第一列包含数据系列的名称，则该值为 True。如果第一行或第一列包含数据系列的第一个数

据点，则该值为 False。如果省略本参数，Excel 将试图从第一行或第一列中的内容判断系列名称的位置。

- CategoryLabels：该参数为可选参数，如果 Source 参数为数组，则忽略本参数。如果区域中第一行或第一列包含分类标签的名称，则该值为 True。如果第一行或第一列包含数据系列的第一个数据点，则该值为 False。如果省略本参数，Excel 试图从第一行或第一列中的内容判断分类标签的位置。

- Replace：该参数为可选参数，如果 CategoryLabels 参数为 True 且 Replace 参数也为 True，那么指定的分类将取代当前系列中存在的分类。如果 Replace 为 False，现存的分类将被保留。该参数的默认值为 False。

使用 Series 对象的属性能够对数据系列进行设置，如设置 XValues 属性能够指定数据系列 x 值的数据区域。如下面的语句将图表中 x 值设置为工作表 Sheet1 上的 A1:A5 单元格区域。

```
Charts("Chart1").SeriesCollection(1).XValues = Worksheets("Sheet1") _
.Range("A1:A5")
```

与 XValues 属性对应的是 Values 属性，该属性为数据系列中所有数值的集合，通过设置该属性可以对数据系列进行设置。如下面语句将图表中数据系列值设置为 Sheet1 工作表上的 B1：B5 单元格区域中的数值。

```
Charts("Chart1").SeriesCollection(1).Values = Worksheets("Sheet1") _
.Range("B1:B5")
```

如果需要对数据系列的数据标志进行设置，可以使用 MarkerSize 属性和 MarkerStyle 属性。其中，MarkerSize 属性用于设置数据标志的大小，MarkerStyle 用于设置数据标志的样式。MarkerStyle 属性值为 xlMarkerStyle 常量，代表数据标志的样式，如 xlMarkerStyleCircle 表示圆形标记，xlMarkerStyleDash 表示长条形标记，xlMarkerStyleDiamond 表示菱形标志，xlMarkerStyleStar 表示带星号的标记。使用 MarkerBackgroundColor 属性和 MarkerForegroundColor 属性可以设置数据系列标志的背景色和前景色。

【示例 14-7】设置数据系列

（1）启动 Excel 并打开工作表，如图 14-22 所示。打开 Visual Basic 编辑器，插入一个模块，在模块的"代码"窗口中输入如下程序代码：

```
01   Sub 设置数据系列()
02      Dim myChart As ChartObject                          '声明对象变量
03      Dim n As Integer                                    '声明变量
04      Set myChart = Worksheets(1).ChartObjects.Add(320, 10, 300, 300)
    '创建嵌入图表
05      myChart.Chart.ChartWizard Source:=Worksheets(1).
06   Range("A2:E14"), Gallery:=xlLine, PlotBy:=xlColumns
          '设置数据区域和图表类型
07      For n = 1 To Worksheets(1).ChartObjects(1).Chart.
08      SeriesCollection.Count                              '遍历所有数据系列
09         With    Worksheets(1).ChartObjects(1).Chart.SeriesCollection(n)
    '选择数据系列
```

```
10                  With .Border                              '设置数据线条样式
11                     .ColorIndex = 3                        '设置线条颜色
12                     .Weight = xlThin                       '设置线条宽度
13                     .LineStyle = xlDot                     '设置边线型
14                  End With
15                .MarkerStyle = xlMarkerStyleDiamond         '标志样式为菱形
16                .Smooth = True                              '线条平滑
17                .MarkerSize = 5                             '设置标志大小
18                .HasDataLabels = True                       '显示数据标签
19                .ApplyDataLabels Type:=xlValue              '只显示数值
20              End With
21          Next
22      End Sub
```

（2）将插入点光标放置到程序代码中，按 F5 键运行程序。程序创建图表并对图表中的数据系列的样式进行设置，同时每个数据系列上都显示数据标签，如图 14-23 所示。

图 14-22　打开工作表

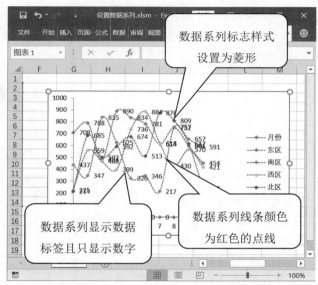

图 14-23　设置图表系列

代码解析：

- 本示例演示了对嵌入式图表的数据系列进行设置的编程方法。第 04 行调用 Add 方法创建嵌入式图表，第 05~06 行调用 ChartWizard 方法设置图表的数据区域和图表类型，将 Gallery 参数设置为 xlLine 表示图表是折线图。

- 第 07~21 行使用 For…Next 循环遍历图表中的所有数据系列，对工作表中每一个数据系列进行设置。第 07~08 行语句 Worksheets(1).ChartObjects(1).Chart.SeriesCollection.Count 中使用 SeriesCollection 对象的 Count 属性获取图表中的数据系列的个数，这里数据系列一共有 4 个。第 09 行语句 Worksheets(1).ChartObjects(1).Chart.SeriesCollection(n)中使用 SeriesCollection(n)语句获取第 n 个数据系列。

- 第 10~14 行使用 With 结构设置当前数据系列边框的样式，由于本例图表是折线图，这里使用 Border 对象的属性对数据系列折线的样式进行设置。

397

- 第 15 行将当前 SeriesCollection 对象的 MarkerStyle 属性设置为 xlMarkerStyleDiamond，使数据系列的标志显示为菱形。第 16 行将 Smooth 属性设置为 True，使数据系列线条平滑，第 17 行通过设置 MarkerSize 属性设置数据系列标志的大小。
- 第 18 行将 Series 对象的 HasDataLabels 属性设置为 True，表示在数据系列中显示数据标签。第 19 行调用 Series 对象的 ApplyDataLabels 方法来将数据标签应用于指定的数据系列，这里将该方法的 Type 参数设置为 xlValue，表示只显示数值。

> **注　意**
>
> 只有折线图、散点图和雷达图中才会有数据标志，MarkerStyle 属性和 MarkerSize 属性也只有在这些图表中才可以使用，在其他图表中使用程序运行时会报错。另外，读者可以思考一下，当第二次运行这个过程时，为什么获取的图表中数据系列的样式没有发生改变？

14.2.4　设置图表文字格式

这里所说的图表文字指的是图表的标题和图例文字。在编写程序时，可以使用 Chart 对象的 ChartTitle 属性来返回 ChartTitle 对象，该对象代表图表的标题。使用 ChartTitle 对象的属性可以对图表标题文字进行设置。

如使用 ChartTitle 对象的 Text 属性可以设置图表标题文字。使用 ChartTitle 对象的 Border 属性能够获取 Border 对象，利用该对象的属性能够对标题边框的样式进行设置。同样地，使用 ChartTitle 对象的 Font 对象能够获取 Font 对象，使用该对象的属性能够对标题文字的字体、字号和大小等进行设置。使用 Fill 属性将获取 FillFormat 对象，使用该对象的属性可以对标题框的填充效果进行设置。

同样地，设置图表中的图例文字，可以使用 Legend 属性获取一个 Legend 对象，该对象代表了图表中的图例。使用 Legend 对象的属性获取需要的对象，可以对图例的样式进行设置。如使用 Legend 对象的 Font 属性获取 Font 对象，对图例文字的样式进行设置。使用 Legend 对象的 Border 属性获取 Border 对象，对图例的边框进行设置。

【示例 14-8】设置标题和图例

（1）启动 Excel 并打开工作表，在工作表中创建图表，如图 14-24 所示。打开 Visual Basic 编辑器，插入一个模块，在模块的"代码"窗口中输入如下程序代码：

```
01    Sub 设置数据系列()
02       Dim myChart As ChartObject                        '声明对象变量
03       Set myChart = Worksheets(1).ChartObjects(1)       '获取图表对象
04       With myChart                                      '对图表对象进行设置
05          With .Chart.ChartTitle                         '对标题进行设置
06             .Text = Range("A1")                         '设置标题文字
07             .Top = 10                                   '设置文字位置
08             .Left = 15
09             With .Font                                  '设置标题文字样式
10                .Name = "微软雅黑"                        '设置字体
```

```
11              .Size = 20                         '设置大小
12              .ColorIndex = 4                    '设置颜色
13          End With
14      End With
15      With .Chart.Legend                         '对图例进行设置
16          With .Font                             '设置文字样式
17              .Name = "黑体"                      '设置字体
18              .Size = 8                          '设置文字大小
19              .ColorIndex = 5                    '设置文字颜色
20          End With
21          .Position = xlCorner                   '设置图例在图表中位置
22      End With
23    End With
24  End Sub
```

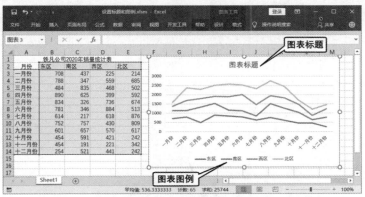

图 14-24　在工作表中创建图表

（2）将插入点光标放置到程序代码中，按 F5 键运行程序。程序运行后，图表标题文字被指定为工作表标题文字，文字的字体、大小和颜色都发生了改变。程序同时设置图例文字的字体、大小和颜色，并将图例放置到图表的右侧，如图 14-25 所示。

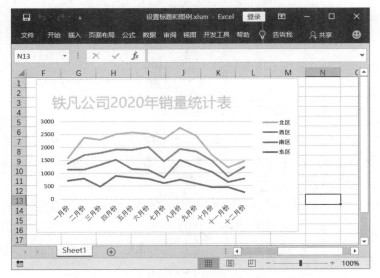

图 14-25　标题和图例发生变化

代码解析：

- 本示例演示了对图表的标题和图例进行设置的方法。程序使用 With 结构的嵌套来对图表中的对象进行操作。第 04~23 行使用 With 结构对 ChartObjects 对象进行操作。第 05~14 行使用 With 结构对图表的 ChartTitle 对象进行操作，第 15~22 行使用 With 结构对图表中图表的 Legend 对象进行操作。

- 在对图表标题进行设置时，第 06~08 行分别设置了图表标题显示的文字、离图表顶端的距离和离图表左侧的距离。第 06 行使用 Text 属性将图表标题设置为工作表 A1 单元格的内容。第 09~13 行使用 With 结构通过设置 Font 对象的属性来设置文字的字体、大小和颜色。由于 Text 属性、Top 属性和 Left 属性为 ChartTitle 对象的属性，设置这三个属性的语句不能放置到 With.Font 结构中。

- 在对图表的图例进行设置时，第 16~20 行使用 With 结构对 Font 对象的 Name 属性、Size 属性和 ColorIndex 属性进行设置。第 21 行将 Legend 对象的 Position 属性设置为 xlCorner，表示将图例放置在图表的右上方，该属性可以设置为 5 个 xlLegendPosition 常量之一。选择图例后打开"设置图例格式"窗格，窗格的"图例选项"设置栏中有 5 个单选按钮用于设置图例的位置，xlLegendPositin 常量的作用与这 5 个选项的作用相同，如图 14-26 所示。

图 14-26　设置图例位置

14.2.5　对图表区进行操作

在图表中，图表区是图表各个元素的容器，图表区中包含了坐标轴、图例、数据系列和图表标题等元素，对图表区的操作主要是对其样式进行设置。在 VBA 中，ChartArea 对象代表图表的图表区，可以使用 ChartArea 属性获取 ChartArea 对象。

在编写程序时，设置 ChartArea 对象的 Left 和 Top 属性可以设置图表区在图表中的位置，使用 Width 属性和 Height 属性可以设置图表区的大小。使用 Fill 属性获取 FillFormat 对象，对图表区的填充效果进行设置；使用 Border 属性获取 Border 对象，对图表区边框进行设置。

【示例 14-9】设置图表区

（1）启动 Excel 并打开工作表，在工作表中已经创建了图表，如图 14-27 所示。打开 Visual Basic 编辑器，插入一个模块，在模块的"代码"窗口中输入如下程序代码：

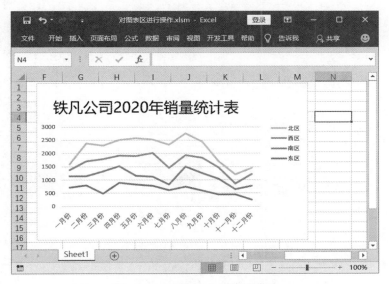

图 14-27　工作表中创建的图表

```
01    Sub 设置图表区()
02        Dim myChart  As ChartObject              '声明对象变量
03        Set myChart = Worksheets(1).ChartObjects(1)    '指定图表
04        With myChart.Chart.ChartArea             '设置图表区
05            With .Font                           '对文字进行设置
06                .Size = 15                       '设置文字大小
07                .Name = "黑体"                    '设置文字字体
08                .ColorIndex = 3                  '设置文字颜色
09            End With
10            With .Border                         '设置图表区边框
11                .LineStyle = xlDash              '设置线条样式
12                .Weight = xlMedium               '设置线宽
13                .ColorIndex = 3                  '设置颜色
14            End With
15            .Interior.ColorIndex = 19            '设置图表区背景色
16        End With
17    End Sub
```

（2）将插入点光标放置到程序代码中，按 F5 键运行程序。图表区中文字字体、大小和颜色都发生了改变，图表区被添加红色虚线框，同时背景色也发生了改变，如图 14-28 所示。

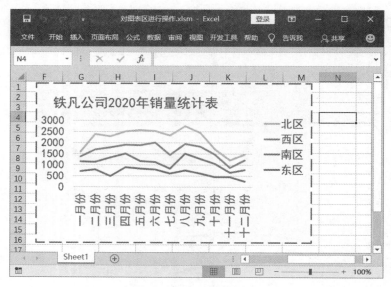

图 14-28　图表区样式发生改变

代码解析：

- 本示例演示了对图表的图表区进行设置的编程方法，这里对图表区中文字、边框和填充色进行了设置。第 03 行将工作表中的图表对象赋予变量 myChart，第 04~16 行使用 With 结构对该对象的图表区进行设置。
- 第 05~09 行设置图表区中文字的样式，使用 Font 对象的 Name 属性、Size 属性和 ColorIndex 属性来设置文字的字体、字号和颜色。
- 第 10~14 行使用 With 结构设置图表区边框样式，使用 Border 对象的 LineStyle 属性、Weight 属性和 ColorIndex 属性来设置边框的线型、宽度和颜色。
- 第 15 行使用 Interior 对象的 ColorIndex 属性设置图表区内部的填充颜色。

14.2.6　设置绘图区

绘图区是图表中绘制图形的区域，对于二维图表来说，该区域包括数据标志、网格线和数据标签等。对于三维图表来说，绘图区除了包括上述项目外还包括背景墙和基底等元素。在 VBA 中，使用 PlotArea 属性将返回一个 PlotArea 对象，该对象代表图表中的绘图区。

在获取 PlotArea 对象后，就可以使用其属性对绘图区进行设置。PlotArea 对象的属性和 ChartArea 对象属性差不多，如 Top 属性和 Left 属性用于决定绘图区的位置，Width 属性和 Height 属性用于决定绘图区的大小，使用 Border 属性获取 Border 对象对绘图区边框进行设置。

由于绘图区位于图表区这个容器中，因此可以设置绘图区在图表区中的位置。PlotArea 对象的 InsideTop 属性能够返回图表区上边界至绘图区上边界之间的距离，InsideLeft 属性能够返回图表区左边界至绘图区左边界之间的距离，设置这两个属性的值可以调整绘图区在图表区内的位置。

【示例 14-10】设置绘图区

（1）启动 Excel 并打开工作表，该工作表中已经创建了图表，如图 14-29 所示。打开 Visual Basic 编辑器，插入一个模块，在模块的"代码"窗口中输入如下程序代码：

```
01    Sub 设置绘图区()
02        Dim myChart  As ChartObject                    '声明对象变量
03        Set myChart = Worksheets(1).ChartObjects(1)     '指定图表
04        With myChart.Chart.PlotArea                      '对绘图区进行设置
05            With .Border                                 '设置边框
06                .LineStyle = xlDashDotDot                '设置线型
07                .Weight = xlMedium                       '设置宽度
08                .ColorIndex = 3                          '设置颜色
09            End With
10            .Height = 180                                '设置绘图区高度
11            .Width = 280                                 '设置绘图区
12            .InsideLeft = 50                             '设置绘图区位置
13            .InsideTop = 100
14            .Interior.ColorIndex = 17                    '设置绘图区填充色
15        End With
16    End Sub
```

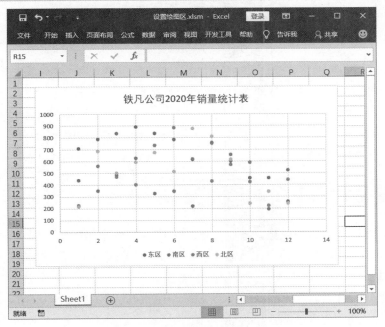

图 14-29　打开创建了图表的工作表

（2）将插入点光标放置到程序代码中，按 F5 键运行程序。绘图区添加红色的双点划线边框，同时被填充颜色，如图 14-30 所示。

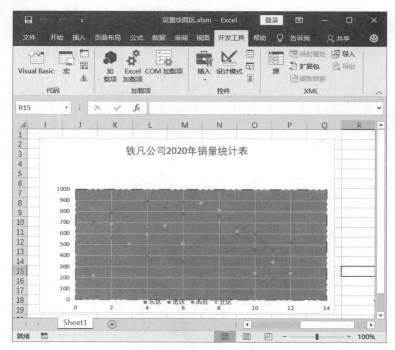

图 14-30　绘图区样式发生改变

代码解析：

- 本示例演示了对绘图区进行设置的编程方法。第 03 行将工作表中的图表变量赋予对象变量 myChart，第 04~15 行使用 With 结构对该对象的绘图区进行设置。
- 第 05~09 行使用 With 结构对绘图区边框样式进行设置，第 10~14 行使用 PlotArea 对象的 Height 属性和 Width 属性来设置绘图区的大小，使用 PlotArea 对象的 InsideTop 属性和 InsideLeft 属性设置绘图区在图表区中的位置。

14.2.7　设置坐标轴

与传统的平面直角坐标系一样，一个二维图表中存在两个坐标轴，即 X 轴和 Y 轴，在图表中它们被称为分类轴和数值轴。在 VBA 中，Axis 对象代表了图表中的单个坐标轴，Axes 集合为 Axis 对象的集合，它代表了图表中的所有坐标轴。

在编写程序时，可以调用 Chart 对象的 Axes 方法获取图表上的坐标轴或坐标轴集合中的单个 Axis 对象，该方法的语法结构如下所示：

```
对象.Axes(Type, AxisGroup)
```

下面介绍该方法两个参数的含义。

- Type：该参数为可选参数，用于指定要返回的坐标轴。参数可为以下三个 xlAxisType 常量之一，它们是 xlValue、xlCategory 和 xlSeriesAxis。其中，xlSeriesAxis 常量仅对三维图表有效。
- AxisGroup：该参数为可选参数，用于指定坐标轴组。它的值为 xlAxisGroup 常量类型，当它的值为 xlPrimary 时，表示主坐标轴组。当它的值为 xlSecondary 时，表示次坐标轴。

　　使用 Axis 对象的 MaximumScale 属性和 MinimumScale 属性可以设置坐标轴的最大和最小刻度值。当 Axis 对象的 HasTitle 属性设置为 True 时，坐标轴将显示标题。使用 Axis 对象的 AxisTitle 属性可以获取 AxisTilte 对象，该对象代表坐标轴的标题，使用该对象属性可以对坐标轴标题进行设置。

【示例 14-11】设置坐标轴

（1）启动 Excel 并打开工作表，在工作表中已经创建了图表，如图 14-31 所示。打开 Visual Basic 编辑器，插入一个模块，在模块的"代码"窗口中输入如下程序代码：

```
01    Sub 设置坐标轴()
02        Dim myChart  As ChartObject                        '声明对象变量
03        Set myChart = Worksheets(1).ChartObjects(1)         '指定图表
04        With myChart.Chart.Axes(xlCategory)                 '设置横轴
05            .MinimumScale = 1                               '设置横轴最小刻度
06            .MaximumScale = 12                              '设置横轴最大刻度
07            With .TickLabels.Font                           '设置横轴刻度文字
08                .Name = "华文琥珀"                          '设置字体
09                .Size = 10                                  '设置大小
10            End With
11            .HasTitle = True                                '显示标题
12            .AxisTitle.Text = "月份"                        '标题文字
13            .AxisTitle.Font.Name = "华文琥珀"               '设置标题字体
14            .AxisTitle.Font.Size = 15                       '设置标题文字大小
15            .AxisTitle.Font.ColorIndex = 3                  '设置标题文字颜色
16        End With
17        With myChart.Chart.Axes(xlValue)                    '设置纵轴格式
18            .MinimumScale = 150                             '设置纵轴最大值
19            .MaximumScale = 950                             '设置纵轴最小值
20            .HasTitle = True                                '显示纵轴标题
21            .AxisTitle.Text = "销售额"                      '设置标题文字
22            .AxisTitle.Font.Name = "华文琥珀"               '设置标题字体
23            .AxisTitle.Font.Size = 15                       '设置标题文字大小
24            .AxisTitle.Font.ColorIndex = 3                  '设置标题颜色
25            With .TickLabels.Font                           '设置纵轴刻度文字
26                .Name = "华文琥珀"                          '设置字体
27                .Size = 10                                  '设置大小
28            End With
29        End With
30    End Sub
```

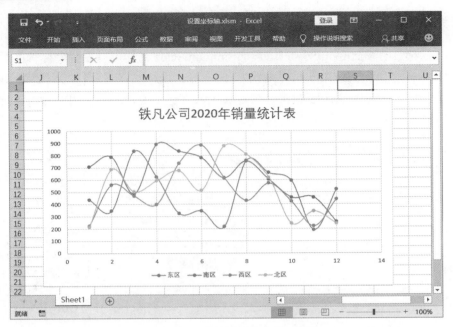

图 14-31　打开创建了图表的工作表

（2）将插入点光标放置到程序代码中，按 F5 键运行程序。图表中两轴刻度的最大值和最小值发生了改变，刻度文字字体和大小发生了改变，两轴的标签也显示了出来，如图 14-32 所示。

代码解析：

● 本示例演示了对图表坐标轴进行设置的编程方法。程序使用 With 结构分别对图表的横轴和纵轴进行设置，第 04 行中语句 Axes(xlCategory)指定进行操作的坐标轴为分类轴，即横轴。第 17 行中语句 Axes(xlValue)指定进行操作的坐标轴为竖值轴，即纵轴。

● 第 05 行和第 06 行使用 MinimumScale 属性和 MaximumScale 属性设置横轴的最大值和最小值，第 07~10 行使用 With 结构设置横轴刻度值的样式。第 07 行使用 TickLabels 属性获得 TickLabels 对象，该对象代表图表坐标轴上刻度线标志，使用该对象的 Font 属性获取 Font 对象对刻度文字的样式进行设置。

● 第 11~15 行对横轴标题文字进行设置。首先将 HasTitle 属性设置为 True，这样可以显示标签。使用 AxisTitle 属性获取 AxisTitle 对象，利用该对象的 Text 属性设置标签文字。使用 AxisTitle 对象的 Font 属性获取 Font 对象，使用该对象的属性对标签文字进行设置。

● 第 17~28 行对纵轴标题文字进行设置，设置方法与横轴标题文字的设置方法相同，这里不再赘述。

技 巧

TickLabels 对象代表了坐标轴上刻度线标志，使用该对象的属性可以对刻度线进行设置。如使用 NumberFormat 属性可以设置刻度线下刻度值的数字格式。具体的语句如下所示：

```
Worksheets("sheet1").ChartObjects(1).Chart.Axes(xlValue).TickLa
bels.NumberFormat = "0.00"
```

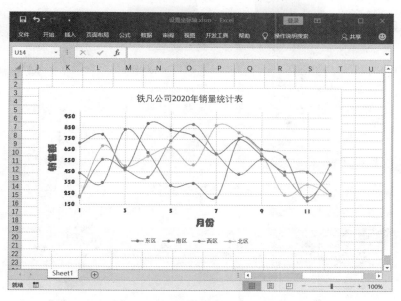

图 14-32　绘图区样式发生了改变

14.2.8　为图表添加趋势线

在图表中，趋势线不仅能以图形的形式来显示数据变化的趋势，还能够在图表中预测数据的未来值，Excel 2019 提供了 6 种不同的趋势线来预测数据系列的未来值。在 VBA 中，Trendline 对象集合代表指定数据系列中的 Trendlines 集合，集合中的每一个 Trendline 对象均代表图表中的一条趋势线。

在图表中创建趋势线，可以使用 Trendlines 集合对象的 Add 方法，该方法的语法结构如下所示：

```
对象.Add(Type, Order, Period, Forward, Backward, Intercept, DisplayEquation,
DisplayRSquared, Name)
```

下面介绍该方法的各个参数的含义。

- Type：该参数为可选参数，用于指定趋势线的类型。该参数值为 xlTrendlineType 类常量，其 6 个常量表示 6 种趋势线。

- Order：该参数为可选参数，用于设置趋势线的顺序，其值为 2~6 的正整数。当 Type 参数设置为 xlPolynomial 时，该参数为必需参数。

- Period：该参数为可选参数，用于设置趋势线周期，其值必须大于 1，且小于添加趋势线的数据系列中数据点个数的整数。当 Type 参数设置为 xlMovingAvg 时，该参数为必需参数。

- Forward：该参数为可选参数，用于设置趋势线向前延伸的周期数目（或散点图中的单位个数）。

- Backward：该参数为可选参数，用于设置趋势线向后延伸的周期数目（或散点图中的单位个数）。

- Intercept：该参数为可选参数，用于设置趋势线的截距。如果省略该参数，则回归分析将自动设置截距。

- DisplayEquation：该参数为可选参数，如果设置为 True，则在图表中显示趋势线的公式，且公式与 R 平方值显示在同一数据标签中。参数默认值为 False。
- DisplayRSquared：该参数为可选参数，如果设置为 True，则在图表中显示趋势线的 R 平方值公式，且显示在同一数据标签中。参数默认值为 False。
- Name：该参数为可选参数，用于设置文本的趋势线的名称。如果省略该参数，则由 Excel 自动生成名称。

【示例 14-12】在图表中添加趋势线

（1）启动 Excel 并打开工作表，在工作表中已经创建了图表，如图 14-33 所示。打开 Visual Basic 编辑器，插入一个模块，在模块的"代码"窗口中输入如下程序代码：

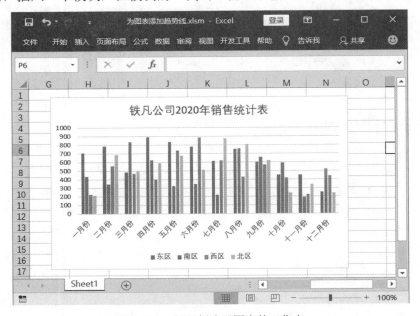

图 14-33　打开创建了图表的工作表

```
01    Sub 在图表中添加趋势线()
02        Dim myChart  As Chart                                        '声明对象变量
03        Set myChart = Worksheets(1).ChartObjects(1).Chart    '指定图表
04        myChart.SeriesCollection(1).Trendlines.Add Type:=xlLinear, Forward:=0,
Backward:=0, DisplayEquation:=True, DisplayRSquared:=True    '添加线性趋势线
05        With myChart.SeriesCollection(1).Trendlines(1).DataLabel
              '设置公式的位置
06            .Left = myChart.ChartArea.Width
07            .Top = 1
08        End With
09        With myChart.SeriesCollection(1).Trendlines(1).Border
          '设置趋势线线型
10            .LineStyle = xlDashDotDot                               '设置线型
11            .Weight = xlMedium                                     '设置宽度
12            .ColorIndex = 5                                        '设置颜色
13        End With
14    End Sub
```

（2）将插入点光标放置到程序代码中，按 F5 键运行程序。程序将在图表中为指定的数据系列添加趋势线，如图 14-34 所示。

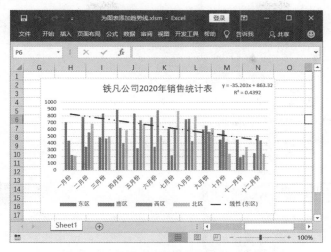

图 14-34　为指定的数据系列添加趋势线

代码解析：

● 本示例演示了为图表中的某个数据系列添加趋势线的编程方法。程序首先为数据系列添加趋势线，然后使用 With 结构设置趋势线的样式。

● 第 03 行获取需要进行操作的图表，第 04 行调用 Add 方法为指定的数据系列添加趋势线。在第 04 行中，myChart.SeriesCollection(1)语句指明需要添加趋势线的是图表中的第一个数据系列。

● Add 方法的 Type 参数设置为 xlLinear，表示创建线性趋势线。该参数可设置为 6 个 xlTrendlineType 常量，这 6 个常量的作用与"设置趋势线格式"窗格"趋势线选项"栏中设置趋势线类型的 6 个选项的作用相同，如图 14-35 所示。

● 程序在调用 Add 方法创建趋势线时，将该方法的 Forward 和 Backward 参数设置为 0，表示趋势线向前和向后不延伸。这两个参数的作用与"设置趋势线格式"窗格"趋势线预测"栏中"向前"和"向后"设置项的作用相同，如图 14-36 所示。

图 14-35　"趋势选项"设置栏中的设置项

图 14-36　"设置趋势线格式"窗格

- 程序将 Add 方法的 DisplayEquation 参数和 DisplayRSquared 参数设置为 True，表示在图表中显示趋势线公式和趋势线的 R 平方值，它们默认显示在图表的右上角。如图 14-36 所示，这两个参数的作用与"设置趋势线格式"窗格中"显示公式"和"显示 R 平方值"复选框的功能相同。

- 程序代码的第 05~08 行使用 With 结构设置公式和 R 平方值的显示位置。Trendlines(1).DataLabel 语句使用 DateLabel 属性获取 DateLabel 对象，该对象代表与趋势线有关的数据标签。使用该对象的 Left 属性和 Top 属性设置了其在图表中的位置。

- 第 09~13 行使用 With 结构对趋势线的样式进行设置。在第 09 行语句 myChart.SeriesCollection(1).Trendlines(1)指定图表中的第一个数据系列的第一个趋势线，使用 Trendlines 集合对象的 Border 属性获取 Border 对象，使用该对象的属性来对趋势线的样式进行设置。

提　示

Add 方法的 Name 参数相当于图 14-36 中"趋势线名称"设置栏中的"自定义"选项，其用于自定义趋势线的名称。Intercept 参数作用相当于图 14-36 中的"设置截距"设置项。

14.2.9　导出图表

Excel 允许将工作表中的图表以图片的形式导出，并以 JPG 或 GIF 等文件格式保存。将工作表中的图表以图片方式保存在磁盘上既可以保留图表的备份又方便图表的共享。

将图表导出为图片同样可以通过编写简单的 VBA 程序来实现，这种导出操作需要调用 Chart 对象 Export 方法来实现，该方法的语法结构如下所示：

```
对象.Export(FileName, FilterName, Interactive)
```

下面介绍 Export 方法的各个参数。

- FileName：该参数设置被导出的文件名。

- FilterName：该参数为可选参数，用于设置图形筛选的名称。

- Interactive：该参数为可选参数。如果其值为 True，则显示包含区分筛选选项的对话框；如果其值为 False，则 Excel 使用筛选的默认值。该参数的默认值为 False。

【示例 14-13】将图表导出为图片

（1）启动 Excel 并打开工作表，在工作表中已经创建了图表，如图 14-37 所示。打开 Visual Basic 编辑器，插入一个模块，在模块的"代码"窗口中输入如下程序代码：

```
01   Sub 将图表导出为图片()
02       Dim myChart As Chart                              '声明对象变量
03       Dim myFileName As String                          '声明字符串变量
04       Set myChart = Worksheets(1).ChartObjects(1).Chart '指定图表
05       myFileName = "myFirstChart.jpg"                   '设置文件名
06       myChart.Export FileName:=ThisWorkbook.Path & "\" _
07        & myFileName, FilterName:="JPG"                  '保存图表
```

```
08        MsgBox "图表保存成功, 图表保存为: " & Chr(13) & ThisWorkbook.Path &_
09        "\" & myFileName                                         '提示保存成功
10    End Sub
```

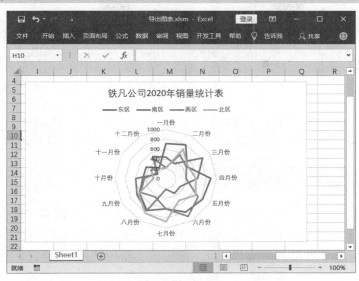

图 14-37　打开包含图表的工作表

（2）将插入点光标放置到程序代码中，按 F5 键运行程序。程序将图表导出并保存到当前文件夹中，同时给出提示，如图 14-38 所示。

图 14-38　程序提示导出图表成功

代码解析：

● 本示例演示了将图表导出保存为图片文件的编程方法。第 04 行获取需要进行操作的图表，第 05 行将保存为图片时使用的文件名赋予变量 myFileName。

● 第 06~07 行使用 Chart 对象的 Export 方法进行图表的导出操作。这里，语句 ThisWorkbook.Path

& "\" & myFileName 指定图表保存的文件夹和文件名，将该文件夹地址赋予参数 FileName。语句中的 ThisWorkbook.Path 表示保存当前工作簿的文件夹。FilterName 参数设置为 JPG，表示图片文件的类型。

- 第 08~09 行调用 MsgBox 函数提示保存成功，并显示文件的保存文件夹和文件名。

注　意
为了避免在图表导出过程中出错，可以在程序中添加错误捕获语句，如在第 06 行前添加如下错误处理语句： `On Error GoTo 0`

14.2.10　转换图表类型

Excel 中有两种类型的图表，即图表工作表和嵌入式图表。有时候需要在这两种图表类型中进行切换，即将图表工作表转换为嵌入式工作表或将嵌入式工作表转换为图表工作表。

在 Excel 中，这种类型转换的过程实际上是图表移动的过程。在工作表中选择图表，打开"设计"选项卡，在"位置"组中单击"移动图表"按钮，打开"移动图表"对话框。如果需要将嵌入式图表转换为图表工作表，只需要选择"新工作表"单选按钮，在其后的文本框中输入图表名称，如图 14-39 所示。单击"确定"按钮关闭对话框，嵌入图表即可转换为图表工作表。

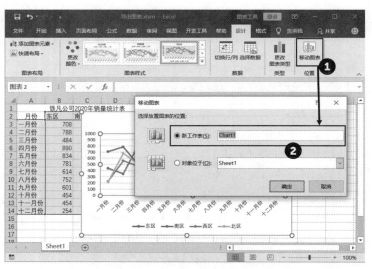

图 14-39　打开"移动图表"对话框

在 VBA 中，可以调用 Chart 对象的 Location 方法来实现上面描述的这种移动图表操作。Location 方法能够改变图表的存放位置，其语法结构如下所示：

```
对象.Location(Where, Name)
```

下面介绍 Location 方法的两个参数的含义。

- Where：该参数用于设置图表移动的目标位置，其为 xlChartLocation 常量之一，包括 xlLocationAsNewSheet、xlLocationAsObject 和 xlLocationAutomatic。前两个常数的作用相当于"移动图表"对话框中的"新工作表"单选按钮和"对象位于"单选按钮。
- Name：该参数为可选参数，如果 Where 参数为 xlLocationAutomatic，则本参数为必需；如果 Where 参数为 xlLocationAsObject，则本参数指定嵌入该图表的工作表的名称；如果 Where 参数为 xlLocationAsNewSheet，则本参数指定新工作表的名称。

【示例 14-14】将嵌入图表转换为图表工作表

（1）启动 Excel 并打开已经创建了图表的工作表，如图 14-40 所示。打开 Visual Basic 编辑器，插入一个模块，在模块的"代码"窗口中输入如下程序代码：

```
01  Sub 将嵌入图表转换为图表工作表()
02      Dim myChart As ChartObject                       '声明对象变量
03      On Error GoTo cuo                                '如果出错执行错误处理程序
04      Set myChart = Sheets("Sheet1").ChartObjects(1)     '获取图表
05      myChart.Chart.Location xlLocationAsNewSheet, "销售统计表"
        '转换为图表工作表
06      MsgBox "图表已经转换为图表工作表！"                '提示转换完成
07      Exit Sub                                         '退出过程
08  cuo:                                                 '下面是错误处理程序
09      MsgBox "在工作表中没有找到图表！"                 '给出提示
10      Exit Sub                                         '退出过程
11  End Sub
```

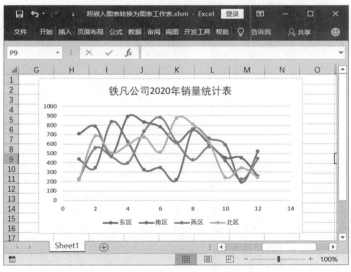

图 14-40　打开包含图表的工作表

（2）将插入点光标放置到程序代码中，按 F5 键运行程序。如果 Sheet1 工作表中有嵌入图表，程序将该图表转换为工作表图表并弹出提示，如图 14-41 所示。如果工作表中没有嵌入图表，则程序提示没有图表，如图 14-42 所示。关闭提示对话框后程序退出。

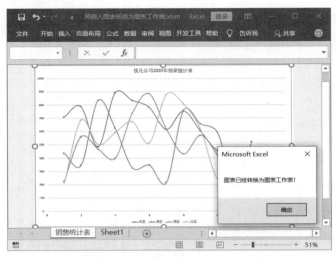

图 14-41　完成图表转换并弹出提示

图 14-42　提示没有图表

代码解析：

- 本示例演示了将嵌入式图表转换为图表工作表的方法。第 04 行获取工作表中的图表对象，第 05 行调用 Location 方法将获取的嵌入式图表转换为图表工作表。这里，将 Location 方法的 Where 参数设置为 xlLocationAsNewSheet 表示将图表转化为图表工作表，将 Name 参数设置为"销售统计表"为新图表工作表命名。

- 如果工作表中没有图表，运行 Set myChart = Sheets("Sheet1").ChartObjects(1)语句时程序将报错。因此，要在该语句前放置错误捕获语句，当程序出错时，程序跳转到 cuo 行向后执行错误处理程序。这里调用 MsgBox 函数显示没有图表的提示信息。

提　示
如果要将图表工作表转换为嵌入工作表，可以仿效本例的程序编写如下的 Sub 过程。代码的编写思路和示例差不多，这里只强调两点。第一，第 05 行使用 Location 时，Name 参数设置的不是图表的名称，而是放置嵌入图表的工作表的名称。第二，在这里第 09 行语句可以不要，但行标号 cuo 必须存在，示例中也是如此。

```
01    Sub 将图表工作表转换为嵌入式图表()
02        Dim myChart As Chart                          '声明对象变量
03        On Error GoTo cuo                             '如果出错执行错误处理程序
04        Set myChart = Charts("销售统计表")            '获取图表工作表
05        myChart.Location xlLocationAsObject, "sheet1"
          '将图表工作表移入 Sheet1 工作表中
06    cuo:                                              '错误处理程序
07        Exit Sub                                      '退出过程
08    End Sub
```

第 15 章 综合案例——员工信息管理系统

对企业员工的人事资料进行管理是 Excel 工作表的一个重要应用。使用 Excel 工作表，借助于 VBA 程序能够制作功能强大的员工信息管理系统。本章将介绍基于 Excel 工作表和 VBA 窗体来制作员工信息管理系统的方法。

本章知识点：

- 员工信息管理系统的功能
- 员工信息管理系统各模块的实现步骤
- 员工信息管理系统的测试

15.1 制作思路

本章综合案例是一个企业员工管理系统架构，该系统具有员工信息查询、修改和添加功能，同时具有用户登录验证功能。本案例功能的主要通过对用户窗体控件和 Excel 工作表进行操作来实现。

15.1.1 功能简介

本案例介绍企业员工信息管理系统的制作过程，该系统能够对员工人事记录信息进行操作。启动 Excel 2019 并打开工作簿后，程序首先打开"用户登录"窗口，要求用户在窗口中输入用户名和登录密码，只有用户名和登录密码输入都正确，才能打开工作簿进行后续的操作。

本案例使用一个工作表来保存员工个人信息，用户能够向该工作表中添加新的员工信息。同时，程序能够依据员工编号或员工姓名对员工信息进行查询，查询结果可在用户窗体中显示。对于查询到的员工信息，用户可以对其进行修改，修改后的记录将写入工作表中。

在打开工作簿后，存有员工信息的工作表将被隐藏，但是用户可以根据需要使其可见。同时，用户可以根据需要关闭工作簿并退出当前系统。

15.1.2　初始思路

本案例是基于 Excel 工作簿的应用程序，Excel 工作表用于保存员工个人信息资料。同时，程序的功能将通过 VBA 代码来实现，使用位于工作表的图形对象作为启动 VBA 代码的按钮，这种用户界面模式能够利用 Excel 的绘图工具美化操作界面。

案例具有添加员工记录的功能。为了隔离操作与记录数据的工作表以保护重要的用户数据，可以使用用户窗体控件来获取用户的输入。这里，根据需要将使用"文本框"控件、"组合框"控件、"选项按钮"控件和"命令按钮"控件。

系统需要具有查询员工信息的功能。调用 MsgBox 函数获取用户输入的员工编号或姓名，通过程序判断用户的输入，调用 Find 方法对工作表中的数据进行查询，获取查询结果后在用户窗体中显示。由于查询结果的项目和添加新用户的项目相同，这里查询功能和添加员工记录功能将使用相同的窗体，只是根据功能的不同更改窗体标题和按钮标题，查询结果在控件中作为值显示出来。

系统需要具有修改已有员工记录的功能。由于修改前必须先查询员工的记录，因此本例没有设置单独的数据修改界面。当实现用户查询，在窗体控件中显示相应的记录数据后，用户可直接对这些数据进行修改，然后将修改后的数据覆盖原始数据。这样能极大地降低管理系统的制作难度，提高制作效率。

本案例的员工个人信息被放置于一个工作表中，为了保护该工作表中的数据，工作表默认情况下需要隐藏。该功能可以通过在 Workbook 对象的 Open 事件的响应程序中将工作表的 Visible 属性设置为 False 来实现。为了使用户能够在需要时看到该工作表，在主界面中设置了"显示工作表"按钮，通过单击该按钮调用 VBA 程序将工作表的 Visible 属性设为 True，使其可见。为了方便退出系统，在主界面中放置了"退出系统"按钮，通过单击该按钮调用 VBA 过程，该过程将实现工作簿的关闭和保存。

15.2
案例制作步骤

下面将介绍案例的详细制作过程，读者也可尝试先自己制作，有难度时再参考本节。

15.2.1　制作信息表和主界面

这里将制作员工个人信息表，该信息表用于放置详细的员工个人信息。同时在工作表中创建用户操作界面，在主界面的工作表中绘制图像按钮，使用图像按钮来调用实现功能的模块。

（1）启动 Excel 2019 并新建空白工作簿，将工作簿中的 Sheet2 工作表更名为"员工个人信息表"，并在该工作表中输入员工信息，如图 15-1 所示。

图 15-1 创建员工信息表

（2）选择 Sheet1 工作表，在工作表中绘制一个圆角矩形，设置图像的边框及填充色并为矩形添加阴影效果。绘制一个文本框，取消文本框的边框及填充色，在文本框中输入文字并设置文字的字体和大小。最后将文本框放置到圆角矩形中作为标题，如图 15-2 所示。

图 15-2 绘制矩形和文本框

（3）打开"开发工具"选项卡，在"控件"组中单击"插入"按钮。在打开的列表中选择"表单控件"栏中的"分组框（窗体控件）"选项，在工作表的圆角矩形边框中绘制该控件，如图 15-3 所示。在控件标题文字上双击进入编辑状态，将控件显示的标题文字更改为"信息管理"，如图 15-4 所示。再绘制一个分组框控件，将其标题文字更改为"系统管理"，如图 15-5所示。

图 15-3　绘制分组框

图 15-4　更改标题文字

图 15-5　添加"系统管理"分组框

（4）绘制一个圆角矩形，选择该图形后在"格式"选项卡的"形状样式"组的样式列表中选择 Excel 内置形状样式将其应用于图形，如图 15-6 所示。在"格式"选项卡的"插入形状"组中单击"文本框"按钮上的下三角按钮，在打开的列表中选择"横排文本框"选项，在图形中单击放置插入点光标，如图 15-7 所示。输入文字后按 Ctrl+E 组合键使文字居中，设置文字的样式，如图 15-8 所示。

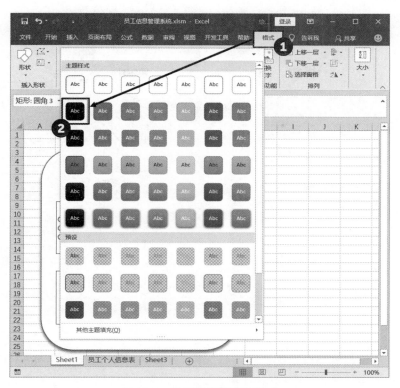

图 15-6　绘制图形并应用样式

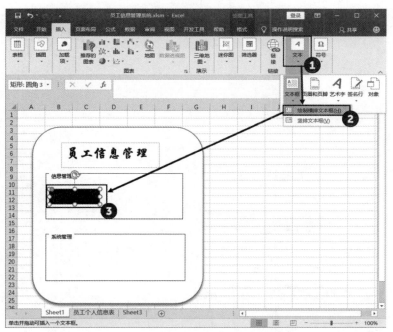

图 15-7　在图形中放置插入点光标

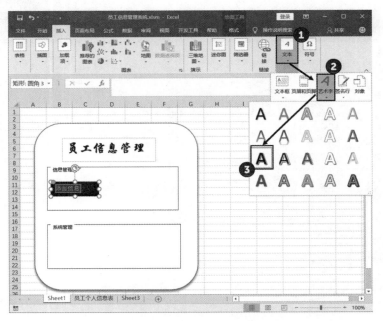

图 15-8　输入文字并设置文字样式

（5）将上一步绘制的图形复制三个，将它们的标题文字分别设置为"信息查询""显示信息表"和"退出系统"。将绘制的图形对齐放置后再将工作表更名为"主界面"，删除不需要的工作簿 Sheet3，如图 15-9 所示。至此，主界面制作完成。

图 15-9　制作完成的主界面

提 示

在工作表中设计用户界面时，经常需要精确控制对象的大小和位置，如使对象等大或将对象对齐放置。在 Excel 工作表中要精确调整对象的大小，可以选择对象后在"格式"选项卡的"大小"组中的"形状高度"和"形状宽度"微调框中输入数值来设置对象的大小。按住 Ctrl 键的同时选择多个对象，在"格式"选项卡的"排列"组中单击"对齐"按钮，在打开菜单中选择"左对齐""右对齐"和"顶端对齐"等命令可以快速实现对象的对齐。

15.2.2 实现新增员工功能

系统需要具有新增员工的功能，即向工作簿的"员工个人信息表"中增加员工信息。新增员工信息可以直接输入到工作表中，但是这种方式容易发生用户误操作导致数据损坏，不利于数据表的保护。大型管理系统是不允许发生这种情况的。因此一般情况下，可以通过用户窗体来创建独立于工作表的输入界面，通过这个输入界面来收集用户输入的数据，然后将数据写入工作表即可。这种方式的优势在于将用户操作与数据表隔离，能够有效地保护数据的安全。

（1）按 Alt+F11 组合键打开 Visual Basic 编辑器，在"工程资源管理器"中右击，在弹出的菜单中选择"插入"|"用户窗体"命令插入一个用户窗体，在"属性"对话框中将窗体的 Caption 属性设置为"添加新员工"，同时将 Height 属性和 Width 属性分别设置为 220px 和 350px，如图 15-10 所示。

（2）在控件工具箱中选择"标签"控件，在窗体中绘制标签。在"属性"对话框中将控件的 AutoSize 属性设置为 True，这样控件就能随着控件中文字的多少自动调整大小。将 Caption 属性设置为"姓名"，如图 15-11 所示。

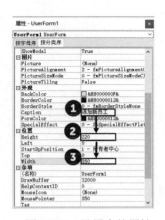

图 15-10　设置窗体属性

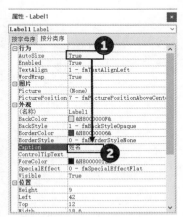

图 15-11　设置"标签"控件的属性

（3）在窗体中复制"标签"控件，将其 Caption 属性设置为"性别"。在窗体中放置一个"文本框"控件和两个"选项按钮"控件，并将两个"选项按钮"控件的 Caption 属性分别设置为"男"和"女"。按 Ctrl 键连续选择这些控件，调整它们的位置使它们在水平方向上整齐排列，如图 15-12 所示。

（4）将"标签"控件复制 12 个，分别在"属性"对话框中设置它们的 Caption 属性。将"文本框"控件复制 8 个，在窗体中添加三个"复合框"控件和两个"命令按钮"控件。在窗体中调整控件的相对位置，使它们水平对齐放置。控件添加完成后的窗体，如图 15-13 所示。

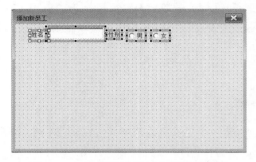

图 15-12　选择控件并使它们整齐排列

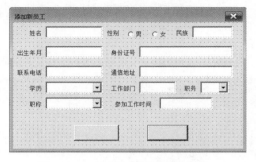

图 15-13　在窗体中添加标签控件

（5）双击窗体打开"代码"窗口，在其中添加窗体的 Initialize 事件响应程序，具体的程序代码如下所示：

```
01    Private Sub UserForm_Initialize()
02        '向"学历"复合框添加项目
03        With ComboBox1
04            .AddItem "博士"
05            .AddItem "硕士"
06            .AddItem "本科"
07            .AddItem "专科"
08            .AddItem "中专"
09            .AddItem "高中"
10            .AddItem "其他"
11        End With
12        '向"职务"复合框添加项目
13        With ComboBox2
14            .AddItem "总经理"
15            .AddItem "主任"
16            .AddItem "副主任"
17            .AddItem "科长"
18            .AddItem "副科长"
19            .AddItem "科员"
20        End With
21        '向"职称"复合框添加项目
22        With ComboBox3
23            .AddItem "高级工程师"
24            .AddItem "工程师"
25            .AddItem "经济师"
26            .AddItem "会计师"
27            .AddItem "技术员"
28        End With
29        '设置按钮显示文字
```

```
30        CommandButton1.Caption = "添加"
31        CommandButton2.Caption = "取消"
32    End Sub
```

代码解析：

● 本段代码用在窗体加载时，对控件进行初始化。这里，使用了窗体的 Initialize 事件，该事件在窗体初始化时触发。在事件响应程序中调用 AddItem 方法向窗体中的三个"组合框"添加选项，同时设置两个"命令按钮"控件的 Caption 属性以更改控件显示的文字。

（6）在窗体的"代码"窗口中输入如下程序代码，用于检测"出生年月"文本框和"参加工作时间"文本框中输入的日期格式是否正确。

```
01    Private Sub TextBox3_BeforeUpdate(ByVal Cancel As MSForms.ReturnBoolean)
02        If Not IsDate(TextBox3.Value) Then         '如果文本框中输入的不是日期
03            MsgBox "请输入正确的出生年月！", , "提示"    '给出提示信息
04            TextBox3.SelStart = 0                   '设置选取文字的起始位置
05            TextBox3.SelLength = Len(TextBox3.Value) '设置选取文字的终止位置
06            Cancel = True                           '使焦点留在控件上
07        End If
08    End Sub
09    Private Sub TextBox8_BeforeUpdate(ByVal Cancel As MSForms.ReturnBoolean)
10        If Not IsDate(TextBox8.Value) Then         '如果文本框中输入的不是日期
11            MsgBox "请输入正确的参加工作时间！", , "提示" '给出提示信息
12            TextBox8.SelStart = 0                   '设置选取文字的起始位置
13            TextBox8.SelLength = Len(TextBox8.Value) '设置选取文字的终止位置
14            Cancel = True                '使焦点留在控件上
15        End If
16    End Sub
```

代码解析：

● 代码分别使用了"文本框"控件的 BeforeUpdate 事件，该事件在控件的激活状态转移之前发生。这里，通过编写事件的响应程序对控件中输入的文字进行检验，以判断是否输入了正确的日期信息。这里需要对"出生年月"文本框和"参加工作时间"文本框中输入的日期进行判断，两个文本框的 BeforeUpdate 事件响应程序的代码相同。

● 第 02 行调用了 IsDate 函数，该函数可以判断表达式是否为有效的日期格式。如果表达式是日期或可以作为有效日期进行识别，该函数返回 True，否则返回 False。程序使用 If 结构对 IsDate 函数的返回值进行判断，如果不是 True，则说明输入的日期格式不正确，否则说明输入正确。

● 第 04 行使用"文本框"控件的 SelStart 属性设置从文本框中的第几个字符开始进行选择，这里将其设置为 0 表示从第一个字符开始选择。第 05 行使用"文本框"控件的 SelLength 属性设置需要选取的字符串的长度。这里调用 Len 函数获取文本框中字符串的长度，以该值作为 SelLength 属性值表示选择到字符串的最后一个字符。这样，可以实现对文本框中所有字符的选择。

● 第 06 行设置 BeforeUpdate 事件的 Cancel 参数，将该参数设置为 True，将使焦点停留在控件上。

（7）在窗体的"代码"窗口中输入如下程序代码，用于检测"身份证号"文本框中输入的

身份证号码的长度是否正确。

```
01   Private Sub TextBox4_BeforeUpdate(ByVal Cancel As MSForms.ReturnBoolean)
02      If Len(TextBox4.Value) <> 15 And Len_
03      (TextBox4.Value) <> 18 Then                '如果输入的字符不是15位或18位
04         MsgBox "身份证号码位数错误，只能为15位或18位！", , "提示"  '给出提示信息
05         TextBox4.SelStart = 0                   '设置选取文字的起始位置
06         TextBox4.SelLength = Len(TextBox4.Value) '设置选取文字的长度
07         Cancel = True                           '使焦点停留在控件上
08      End If
09   End Sub
```

代码解析：

● 在程序中，调用 Len 函数获取文本框中字符的长度，使用 If 结构判断字符长度是否为 15 位或 18 位，如果不是，则给出提示并选择文本框中的所有字符，同时使该文本框处于当前激活状态。

（8）为窗体中的两个"命令按钮"控件添加 Click 事件响应程序，具体的程序代码如下所示：

```
01   Private Sub CommandButton1_Click()
02      If TextBox1.Value = "" Then              '如果没有输入员工姓名
03         MsgBox "请输入员工姓名！", , "提示"      '给出提示
04         TextBox1.SetFocus                      '激活文本框
05         Exit Sub                               '退出当前过程
06      End If
07      addRec                                    '调用名为 addRec 的过程
08   End Sub
09   Private Sub CommandButton2_Click()
10      Unload Me                                 '卸载用户窗体
11      Sheets("主界面").Activate                  '激活主界面工作表
12   End Sub
```

代码解析：

● 这里，程序代码为窗体中的两个命令按钮添加了 Click 事件响应程序。"添加"按钮的 Click 事件响应程序首先要判断"姓名"文本框中是否输入了员工姓名，如果没有则给出提示。同时使该文本框处于激活状态以便用户输入员工姓名并退出 Click 事件响应程序。如果填写了员工姓名，程序将调用 addRec 过程向工作表中添加员工信息。

● 在"退出"按钮的 Click 事件响应程序中，调用 Unload 方法卸载用户窗体，同时使用"主界面"的 Activate 方法激活名为"主界面"的工作表。

（9）在窗体的"代码"窗口中创建名为 addRec 的 Sub 过程，该过程用于将记录添加到工作簿的工作表中。具体的程序代码如下所示：

```
01   Sub addRec()
02      Dim intRow As Integer, strCode As String   '声明变量
03      Sheets("员工个人信息表").Activate            '激活工作簿
04      Sheets("员工个人信息表").Range("A1").Select  '选择 A1 单元格
05      intRow = ActiveCell.CurrentRegion.Rows.Count '获取工作表中已有数据行数
```

```
06          strCode = Cells(intRow, 1)                      '获取最后编号
07          strCode = "D" & Format(Right(strCode, 4) + 1, "0000") '生成新的编号
08          intRow = intRow + 1                             '指定新行
09          Cells(intRow, 1) = strCode                      '保存编号
10          Cells(intRow, 2) = TextBox1.Value               '保存姓名
11          Cells(intRow, 3).NumberFormatLocal = "@"        '设置身份证列为文本格式
12          Cells(intRow, 3) = TextBox4.Value               '保存身份证号
13          If OptionButton1.Value Then                     '是否选择第一个单选按钮
14              Cells(intRow, 4) = "男"                      '是则写入"男"
15          Else
16              Cells(intRow, 4) = "女"                      '否则写入"女"
17          End If
18          Cells(intRow, 5) = TextBox2.Value               '保存民族
19          Cells(intRow, 6) = TextBox3.Value               '保存出生年月
20          Cells(intRow, 7) = ComboBox1.Value              '保存学历
21          Cells(intRow, 8) = TextBox6.Value               '保存家庭地址
22          Cells(intRow, 9).NumberFormatLocal = "@"        '设置联系电话为文本格式
23          Cells(intRow, 9) = TextBox5.Value               '保存联系电话
24          Cells(intRow, 10) = TextBox7.Value              '保存工作部门
25          Cells(intRow, 11) = ComboBox2.Value             '保存职务
26          Cells(intRow, 12) = ComboBox3.Value             '保存职称
27          Cells(intRow, 13) = TextBox8.Value              '保存参加工作时间
28      End Sub
```

代码解析：

- addRec 过程用于获取"添加新员工"窗体中的输入信息，这些信息将写入到"员工个人信息表"的对应单元格中。第 04 行调用 Select 方法选择 A1 单元格，第 05 行使用 ActiveCell 属性获取当前获得单元格，使用 CurrentRegion 属性获取当前填有数据的单元格区域，Rows.Count 语句获取该单元格区域的行数。

- 第 06~08 行语句用于自动生成员工编号，生成的编号填入工作表的指定单元格中。第 07 行的 Right 函数可以返回一个字符串，其中包含从字符串右边取出的指定数量的字符，这里取出 4 个字符并加上 1。调用 Format 函数对取出的字符串格式化，这里将编号格式化为长度是 4 个字符的字符串，不足 4 位时在前面补 0。在完成取出字符格式化后，再在这个字符串前面添加字母 D，在第 09 行将编号写入指定单元格中。

- 第 09~27 行获取窗体各个控件的值，并将获得值写入对应的单元格中。第 11 行和第 22 行使用 NumberFormatLocal 属性设置指定单元格的格式，这里将单元格数据类型设置为文本格式以保证身份证号和电话号码的正常写入。第 13~17 行使用 If…Else 结构来判断窗体中"选项按钮"控件的选择情况。

15.2.3　实现查询

查询功能是信息管理系统的必需功能，使用该功能用户可以从众多数据中找出需要的信息。对记录进行查询，首先需要获取查询的关键字，本例将调用 InputBox 函数来接收用户的输入，然后在"员工个人信息表"的数据中进行查找，查找到的数据将显示在用户窗体中。这里，用

户窗体不需要新建，可以直接使用上一节创建的用户窗体来显示对应的用户信息。

（1）打开 Visual Basic 编辑器，在工程资源管理器中插入一个新模块，在模块的"代码"窗口中首先输入如下代码：

```
01   Option Explicit
02   Public frmStatus As String                    '全局变量,用于保存窗体的使用状态
03   Public rowNum As Integer                       '全局变量,用于保存已找到数据的行数
04   Sub 查询员工信息()
05       Dim strS As String
06       Dim intRow As Integer
07       Dim rngNum As Range, rngName As Range       '单元格区域对象,
08       strS = InputBox("请输入员工的编号或姓名", "员工查询")
            '获取用户输入的编号或姓名
09       If strS <> "" Then                          '如果有输入
10           Set rngNum = Sheets("员工个人信息表").UsedRange.Find("编号")
     '查找"编号"列
11           Set rngName = Sheets("员工个人信息表").UsedRange.Find("姓名")
              '查找"姓名"列
12           If rngNum Is Nothing Or rngName Is Nothing Then
              '如果查找的列不存在
13               MsgBox "员工个人信息表错误,无法进行操作!"       '给出提示
14             Exit Sub                               '退出过程
15           End If
16           intRow = -1                              '变量初始化
17           Set rngNum = rngNum.EntireColumn.Find(strS)   '查找输入的字符串
18           If rngNum Is Nothing Then       '如果在"编号"列中没有找到输入的字符串
19               Set rngName = rngName.EntireColumn.Find(strS)
20   '在"姓名"列中查询输入的字符串
21               If Not (rngName Is Nothing) Then   '如果在"姓名"列中找到指定字符串
22                   intRow = rngName.Row   '获取数据所在的行号
23               End If
24           Else                                    '如果在"编号"列中找到输入的字符串
25               intRow = rngNum.Row                 '获取数据所在的行号
26           End If
27           If intRow > 0 Then          '如果变量 intRow 的值大于 0,表示找到数据
28               frmStatus = "查询"                   '更改状态变量值
29               rowNum = intRow                     '获取当前行号
30              Load UserForm1                       '加载窗体
31               UserForm1.Show                      '显示窗体
32           Else                                    '如果 intRow 值不大于 0
33               MsgBox "没找到与"" & strS & ""相关的数据!", , "提示" '给出提示
34           End If
35       End If
36   End Sub
```

代码解析：

- 程序代码能够实现员工信息的查询功能，用户可以通过员工姓名和编号来查询有关的信息。为了实现查询功能，需要获取用户的输入信息并对用户的输入进行检测，同时检测工作表中是否存在"姓名"或"编号"列。在对用户输入的编号或员工姓名的查询过程中，如果工作表中存在输入的员工姓名或编号，则获取对应记录所在的行号并打开用户窗体，在窗体控件中显示有关内容。如果没有找到需要查询的记录，程序给出提示。查询功能程序流程图，如图 15-14 所示。

- 在本实例中添加员工信息和显示查询结果将使用同一个用户窗体，因此需要确定当前所处的状态是查询状态还是添加新信息状态。这里，在第 02 行首先声明全局变量 frmStatus，该变量用

于记录窗体的使用状态。当获取需要的查询结果时，将 frmStatus 变量值设置为"查询"，此时打开的用户窗体将读取员工信息并在控件中显示对应的信息。

- 第 03 行声明一个全局变量 rowNum，该全局变量用于向其他过程传递查询结果所对应的数据在工作表中的行号。在用户窗体中，将根据该行号来读取"员工个人信息表"中的数据。
- 本实例调用 Find 方法在工作表中进行查找，如果是查询员工编号，查询结果赋予对象变量 rngNum。如果是查询员工姓名，查询结果赋予对象变量 rngName 中。使用 Range 对象的 Row 属性获取查询结果所在的行号，并将其赋予全局变量 rowNum 中。

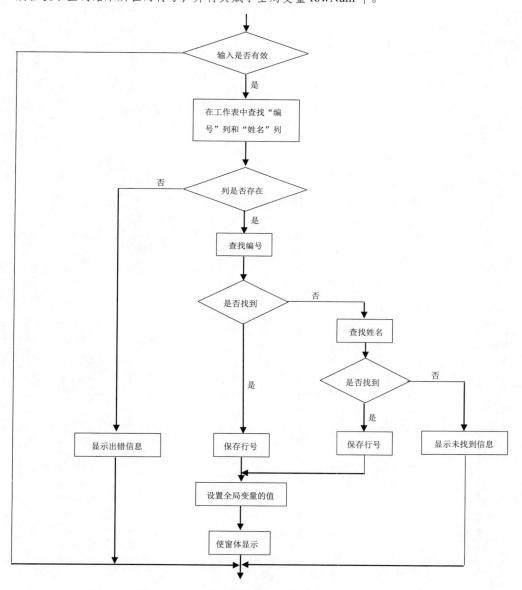

图 15-14　实现查询功能的流程图

（2）打开用户窗体 UserForm1 的"代码"窗口，对窗体的 Initialize 事件响应程序进行修改，程序代码如下所示：

```
01   Private Sub UserForm_Initialize()
02       '向"学历"复合框添加项目
03       With ComboBox1
04           .AddItem "博士"
05           .AddItem "硕士"
06           .AddItem "本科"
07           .AddItem "专科"
08           .AddItem "中专"
09           .AddItem "高中"
10           .AddItem "其他"
11       End With
12       '向"职务"复合框添加项目
13       With ComboBox2
14           .AddItem "总经理"
15           .AddItem "主任"
16           .AddItem "副主任"
17           .AddItem "科长"
18           .AddItem "副科长"
19           .AddItem "科员"
20       End With
21       '向"职称"复合框添加项目
22       With ComboBox3
23           .AddItem "高级工程师"
24           .AddItem "工程师"
25           .AddItem "经济师"
26           .AddItem "会计师"
27           .AddItem "技术员"
28       End With
29       '设置按钮显示文字
30       CommandButton1.Caption = "添加"
31       If frmStatus = "查询" Then                   '如果处于查询状态
32           UserForm1.Caption = "员工个人信息"        '更改窗体标题
33           CommandButton1.Caption = "修改"          '设置按钮显示文字
34           Dim intRow As Integer                   '声明变量
35           intRow = rowNum                         '获取行数
36           With Sheets("员工个人信息表")            '根据工作表中对应数据设置控件属性
37               TextBox1.Value = .Cells(intRow, 2).Value  '显示姓名
38               TextBox4.Value = .Cells(intRow, 3).Value  '显示身份证号
39               If .Cells(intRow, 4).Value = "男" Then     '如果为男性
40                   OptionButton1.Value = True                '选择"男"单选按钮
41               Else
42                   OptionButton2.Value = True                '否则选择"女"单选按钮
43               End If
44               TextBox2.Value = .Cells(intRow, 5).Value  '显示民族
45               TextBox3.Value = .Cells(intRow, 6).Value  '显示出生日期
46               ComboBox1.Value = .Cells(intRow, 7).Value  '显示学历
47               TextBox6.Value = .Cells(intRow, 8).Value  '显示通信地址
48               TextBox5.Value = .Cells(intRow, 9).Value  '显示联系电话
```

```
49              TextBox7.Value = .Cells(intRow, 10).Value        '显示工作部门
50              ComboBox2.Value = .Cells(intRow, 11).Value        '显示职务
51              ComboBox3.Value = .Cells(intRow, 12).Value        '显示职称
52              TextBox8.Value = .Cells(intRow, 13).Value'显示参加工作时间
53              TextBox3.Text=Format(Val(TextBox3.Value), "yyyy/mm/dd")
            '设置出生日期的显示格式
54              TextBox8.Text=Format(Val(TextBox8.Value),"yyyy/mm/dd")
    '设置工作时间的显示格式
55              End With
56          End If
57          CommandButton2.Caption = "取消"                       '设置按钮显示文字
68      End Sub
```

代码解析：

- 与上一节创建的窗体 Initialize 事件响应程序相比，这里添加的代码为第 31~56 行。这段程序代码使用 If 结构判断当前的状态，如果全局变量 frmStatus 值为"查询"，则说明处于查询状态。此时将查询结果所对应行的员工信息分别写入窗体对应的控件中，同时更改窗体控件和窗体中按钮的 Caption 属性。如果全局变量 frmStatus 值不是"查询"，说明当前处于添加新员工状态，窗体中控件将保持初始化时的状态。

- 在这段代码中，第 32 行设置窗体的 Caption 属性，使窗体标题显示为"员工个人信息"。第 33 行将原来的"添加"按钮上显示文字更改为"修改"。第 35 行将全局变量 rowNum 保存的查询结果所在的行号赋予变量 intRow，根据该行号来获取工作表中对应的员工信息。第 36~55 行使用 With 结构将"员工个人信息表"工作表中对应的员工信息显示在窗体的控件中。

- 第 53~54 行调用 Format 函数将"出生年月"文本框和"参加工作时间"文本框中显示的日期的格式设置为"yyyy/mm/dd"形式。

15.2.4　实现修改功能

在获取需要查询的员工信息后，还可以对该员工的信息进行修改。本例对员工信息的修改将通过直接修改显示在窗体控件中的查询结果的值来进行，完成修改后单击"修改"按钮将修改后的信息重新写入工作表中。

（1）在 UserForm1 的"代码"窗口中对 addRec 过程代码进行修改，修改完成后的代码如下所示：

```
01  Sub addRec()
02      Dim intRow As Integer, strCode As String        '声明变量
03      Sheets("员工个人信息表").Activate                '激活工作簿
04      Sheets("员工个人信息表").Range("A1").Select      '选择A1 单元格
05      If frmStatus = "查询" Then                       '如果处于查询状态
06          intRow = rowNum                              '行号设置为查询结果的行号
07      Else                                             '如果处于非查询状态
08          intRow = ActiveCell.CurrentRegion.Rows.Count
            '获取工作表中已有数据行数
09          strCode = Cells(intRow, 1)                   '获取最后编号
```

```
10          strCode = "D" & Format(Right(strCode, 4) + 1, "0000")
                '生成新的编号
11          intRow = intRow + 1                        '指定新行
12          Cells(intRow, 1) = strCode                 '保存编号
13      End If
14      Cells(intRow, 2) = TextBox1.Value              '保存姓名
15      Cells(intRow, 3).NumberFormatLocal = "@"       '设置身份证列为文本格式
16      Cells(intRow, 3) = TextBox4.Value              '保存身份证号
17      If OptionButton1.Value Then                    '是否选择第一个单选按钮
18          Cells(intRow, 4) = "男"                    '是则写入"男"
19      Else
20          Cells(intRow, 4) = "女"                    '否则写入"女"
21      End If
22      Cells(intRow, 5) = TextBox2.Value              '保存民族
23      Cells(intRow, 6) = TextBox3.Value              '保存出生年月
24      Cells(intRow, 7) = ComboBox1.Value             '保存学历
25      Cells(intRow, 8) = TextBox6.Value              '保存家庭地址
26      Cells(intRow, 9).NumberFormatLocal = "@"       '设置联系电话为文本格式
27      Cells(intRow, 9) = TextBox5.Value              '保存联系电话
28      Cells(intRow, 10) = TextBox7.Value             '保存工作部门
29      Cells(intRow, 11) = ComboBox2.Value            '保存职务
30      Cells(intRow, 12) = ComboBox3.Value            '保存职称
31      Cells(intRow, 13) = TextBox8.Value             '保存参加工作时间
32  End Sub
```

代码解析：

- 与原来的 addRec 过程相比，程序增加了判断当前是否处于查询状态的代码，即第 05~13 行。这里，使用 If...Else 结构对全局变量 frmStatus 的值进行判断。如果变量 frmStatus 值为"查询"，则说明处于查询状态，查询结果所在行的行号赋予变量 intRow，这样后面就能直接针对查询结果所在行的信息进行写入，程序可使用修改后控件中的数据来覆盖原数据。

- 如果 frmStatus 值不是"查询"，则将 intRow 变量的值设置为工作表中已使用单元格区域的行数加 1，这样其后的操作则是向数据区域的最后一行的下一行写入新数据。由于修改员工信息时不需要对编号进行修改，但添加新员工时需要生成新编号，因此与生成新编号有关的代码需要置于 If...Else 结构中，即这里的第 10 行和第 12 行代码。

（2）对窗体中的"取消"按钮的 Click 事件响应程序进行修改，程序代码如下所示：

```
01  Private Sub CommandButton2_Click()
02      frmStatus = ""                    '取消查询状态
03      Unload Me                         '卸载用户窗体
04      Sheets("主界面").Activate          '激活主界面工作表
05  End Sub
```

代码解析：

- 这里在"取消"按钮的 Click 事件响应程序中，添加了一行代码 frmStatus = ""，该语句将变量 frmStatus 初始化，取消当前的查询状态。

本案例使用了窗体的 Initialize 事件响应程序对窗体进行初始化，该事件在窗体加载时才

会被触发。无论是"添加新用户"窗体，还是"员工个人信息"窗体，都需要通过单击其中的"取消"按钮来关闭窗体。这里要注意，不能简单地使用 Me.Hide 语句隐藏窗体。如果使用该语句，窗体只是不可见，而并没有被卸载。当使用 Show 方法使窗口重新显示时，窗体会重新显示但不会重新加载，因此窗体的 Initialize 事件不会被触发。此时窗体中各个控件只能显示上一次的内容，无法显示新的查询结果。

因此，这里的 Click 事件响应程序中使用了 Unload Me 语句卸载窗体，而没有使用 Hide 方法隐藏窗体。在"查询员工信息"过程的第 30 行再使用 UserForm1.Load 语句来加载窗体。这样就能够保证窗体在每次显示时都会触发 Initialize 事件，窗体中控件的数据能够被更新，只显示当前的查询结果。

15.2.5　对系统进行保护

为了避免无关人员对工作表中的数据进行修改，需要对数据表进行保护。这里采用的保护措施是使"员工个人信息表"在初始状态时不可见，同时为工作簿创建登录界面，只有特定的用户才可以打开工作簿。

（1）在工程资源管理器中插入一个用户窗体，在该窗体的"属性"对话框中将 Caption 属性设置为"用户登录"。在窗体中放置两个"标签"控件，将它们的 Caption 属性分别设置为"用户名"和"登录密码"。在窗体中放置两个"文本框"控件，将第二个文本框控件的 PasswordChar 属性设置为"*"，使在该文本框中输入文字时文本框中显示"*"而不显示文字，如图 15-15 所示。

图 15-15　放置控件并设置控件属性

（2）在用户窗体中放置两个"命令按钮"控件，将它们的 Caption 属性分别设置为"登录"和"取消"，如图 15-16 所示。

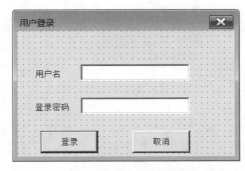

图 15-16　添加两个"命令按钮"控件

（3）双击窗体中的"登录"按钮，在打开的"代码"窗口为该按钮添加 Click 事件代码，具体的程序代码如下所示：

```
01    Private Sub CommandButton1_Click()
02        If TextBox1.Value = "adm" And TextBox2_
03        .Value = "123456" Then                        '如果用户名和密码输入均正确
04            Unload Me                                  '卸载窗体
05            MsgBox "欢迎你, adm! " & Chr(13) & "下面将进入系统! " '显示欢迎信息
06            Sheets("主界面").Activate                  '激活"主界面"工作表
07        Else
08            MsgBox "抱歉, 你没有使用该系统的权限! "      '提示没有权限
09            Workbooks.Close                            '关闭工作簿
10        End If
11    End Sub
```

代码解析：

- 在"登录"按钮的 Click 事件响应程序中，使用 If...Else 结构判断用户在窗体中输入的用户名和密码是否匹配。如果输入的用户名和密码均为设置的值，"用户登录"窗口将关闭，同时显示欢迎信息并打开激活"主界面"工作表。如果输入用户名和密码与预设值不一致，程序将给出提示信息并关闭工作簿。

（4）在"代码"窗口中为"取消"按钮添加 Click 事件响应程序，具体的程序代码如下所示：

```
01    Private Sub CommandButton2_Click()
02        Unload Me                              '卸载窗体
03        Workbooks.Close                        '关闭工作簿
04    End Sub
```

代码解析：

- "取消"按钮的 Click 事件响应程序用于取消用户登录，此时的动作是卸载"用户登录"窗口并关闭当前工作簿。

（5）在工程资源管理器中双击 ThisWorkbook 选项，在打开的"代码"窗口中为工作簿添加 Open 事件代码，程序代码如下所示：

```
01    Private Sub Workbook_Open()
02        Sheets("员工个人信息表").Visible = False    '使"员工个人信息表"不可见
03        UserForm2.Show                               '显示"用户登录"窗口
04    End Sub
```

代码解析：

- WorkBook 对象的 Open 事件在工作簿打开时被触发，在 Open 事件响应程序中将"员工个人信息表"的 visible 属性设置为 False 使其不可见，调用 Show 方法使"用户登录"窗体显示。

（6）在工程资源管理器中双击"模块 1"选项以打开该模块的"代码"窗口，在窗口中输入如下程序代码：

```
01    Sub 恢复工作表显示()
02        If Sheets("员工个人信息表").Visible = False Then    '如果工作表隐藏
03            Sheets("员工个人信息表").Visible = True           '使工作表可见
04        Else
05            MsgBox "工作表已处于可见状态！"                    '提示工作表可见
06        End If
07    End Sub
08    Sub 退出系统()
09        Dim a As Variant                                      '声明变量
10    a = MsgBox("真的要退出系统吗？", vbOKCancel)              '提示是否退出系统
11        If a = vbCancel Then                                  '如果单击了"取消"按钮
12            Exit Sub                                          '退出当前过程
13        Else
14            ThisWorkbook.Save                                 '保存对工作簿的修改
15            Workbooks.Close                                   '关闭工作簿
16        End If
17    End Sub
```

代码解析：

- 为了方便操作，对于具有管理器权限的用户，默认可以查看被隐藏的工作表，并能够对该工作表进行操作。同时，用户也能够直接从主界面中退出系统。"恢复工作簿显示"Sub 过程用于使隐藏的"员工个人信息表"可见，在该过程中使用 If 语句判断工作表是否可见，如果不可见则使其可见；如果工作表可见则给出提示。

- "退出系统"过程用于赋予用户退出当前系统的控制权，在退出时，允许用户对是否退出做出选择。这里，调用 **MsgBox** 函数显示提示信息并获取用户的选择，使用 If…Else 结构判断用户单击的是"确定"按钮还是"取消"按钮。如果用户单击"取消"按钮，则退出当前过程不退出系统，否则将关闭工作簿并保存对工作簿的修改。

15.2.6　为宏运行指定按钮

在"主界面"工作表中绘制了 4 个图形，它们将作为启动对应功能的命令按钮，下面将为这些图形指定对应的宏以实现系统功能。

（1）在 Visual Basic 编辑器的工程资源管理器中双击"模块 1"选项打开模块的"代码"窗口，在该窗口中输入如下程序代码，该过程可使"添加新员工"窗体显示。

```
01    Sub 添加员工信息()
02        Load UserForm1                      '加载用户窗体
03        UserForm1.Show                      '显示用户窗体
04    End Sub
```

（2）切换到 Excel 并打开"主界面"工作表，在该工作表中的"添加信息"图形上右击，在弹出的菜单中选择"指定宏"命令。此时将打开"指定宏"对话框，在"宏名"列表中选择"添加员工信息"选项，单击"确定"按钮关闭对话框，如图 15-17 所示。此时，单击该图形即可运行指定的宏代码。

（3）在"信息查询"图形上右击，在弹出的菜单中选择"指定宏"命令，打开"指定宏"对话框。在对话框中为图形指定宏，如图 15-18 所示。

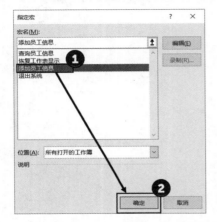
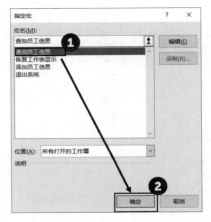

图 15-17　为"添加员工信息"图形指定宏　　　图 15-18　为"查询员工信息"图形指定宏

（4）使用相同的方式为工作表中的"恢复工作表显示"图形和"退出系统"图形指定宏，如图 15-19 所示。

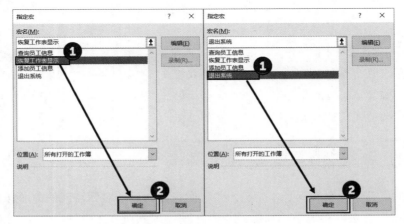

图 15-19　为其他图形指定宏

15.3 系统功能测试

至此，本实例制作完成，下面对程序的各项功能进行测试，同时演示程序的运行效果。

15.3.1 用户登录

在打开工作簿时，程序将打开"用户登录"窗口对用户身份进行验证，只有登录名和登录密码完全正确才能打开工作簿。

（1）启动 Excel 并打开工作簿，程序弹出"用户登录"窗口，在窗口的"用户名"和"登录密码"文本框中分别输入用户名和登录密码，如图 15-20 所示。单击"登录"按钮，如果输入用户名和密码正确，程序将给出欢迎信息，如图 15-21 所示。

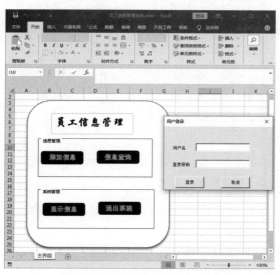

图 15-20　打开工作簿时的"用户登录"窗口　　　　图 15-21　成功登录的提示信息

（2）如果用户名或密码输入不正确，程序给出提示，如图 15-22 所示。关闭提示对话框后将关闭工作簿。在"用户登录"对话框中直接单击"取消"按钮，程序将直接关闭"用户登录"对话框同时关闭当前工作簿。

图 15-22　登录不成功时程序给出提示

15.3.2 添加新员工

打开"添加新员工"窗口后，在窗口中填写新员工信息，可以向"员工个人信息表"中添加一行新的记录。程序对信息输入具有验证功能，对于某些输入错误将给出提示。

（1）在"主界面"工作表中单击"添加信息"图形按钮，此时将打开"添加新员工"对话框，在对话框的控件中填写员工信息，如图 15-23 所示。完成信息填写后单击"添加"按钮关闭对话框，新员工信息即可填入到"员工个人信息"表中，如图 15-24 所示。

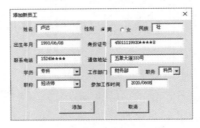

图 15-23　在"添加新员工"对话框中输入员工信息

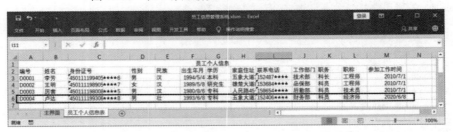

图 15-24　新员工信息填入"员工个人信息"表中

（2）在"出生年月"文本框或"参加工作时间"文本框中输入日期时，如果输入错误，程序将给出提示，如图 15-25 所示。关闭提示对话框后，出错文本框中字符串将被选择以便用户对数据进行修改，如图 15-26 所示。

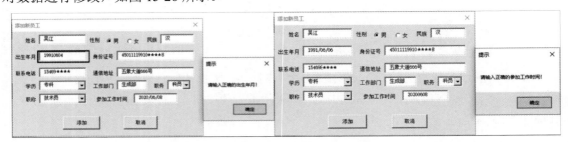

图 15-25　日期输入错误时程序给出提示

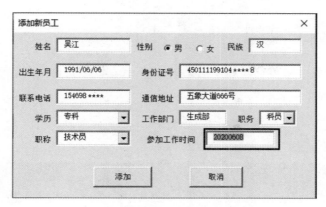

图 15-26　文本框中字符串被选中

（3）在"身份证号"文本框中输入身份证号时，如果输入的数字非 15 位或 18 位，程序给出提示，如图 15-27 所示。关闭提示对话框后，"身份证号"文本框中字符串将被选择以便用户直接对数据进行修改，如图 15-28 所示。

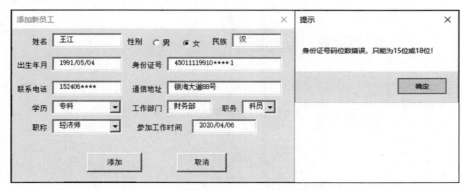

图 15-27　身份证号位数不对时程序给出提示

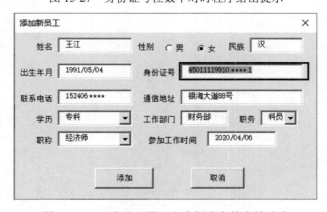

图 15-28　"身份证号"文本框中字符串被选中

（4）单击"添加新员工"窗口中的"取消"按钮将关闭窗口，输入员工信息不会写入"员工个人信息"表中。

15.3.3 查询员工信息

本案例需要根据编号或姓名对员工信息进行查询，在获取查询结果后可以在窗口中对记录进行修改，修改后的记录将直接覆盖原有的记录。

（1）在"主界面"工作表中单击"信息查询"按钮，此时将打开"员工查询"对话框，在对话框中输入编号或员工姓名，如图 15-29 所示。

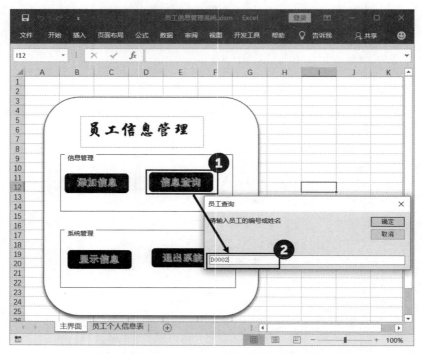

图 15-29　在"员工查询"对话框中输入编号或姓名

（2）单击"员工查询"对话框中的"确定"按钮，如果找到了需要查询的记录，则打开"员工个人信息"对话框显示对应的信息，如图 15-30 所示。

（3）在"员工个人信息"对话框中对记录进行修改，如图 15-31 所示。单击"修改"按钮后，"员工个人信息"表中对应的记录将被修改，如图 15-32 所示。

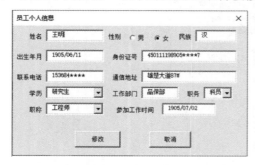

图 15-30　打开"员工个人信息"对话框

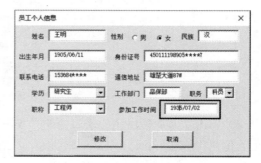

图 15-31　修改记录

438

图 15-32　信息被修改

（4）如果没有查询到指定的记录，程序将给出提示，如图 15-33 所示。单击"员工查询"对话框和"员工个人信息"窗口中的"取消"按钮将能够关闭对话框和窗口。

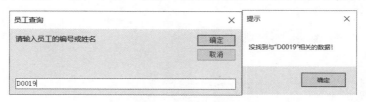

图 15-33　提示没有找到相关数据

15.3.4　显示信息表和退出系统

默认情况下，"员工个人信息表"是隐藏不可见的，本例的主界面中提供了显示该工作表的按钮，同时在"主界面"工作表中也提供了退出系统的按钮。

（1）在"主界面"工作表中单击"显示信息表"图形按钮即能够使隐藏的"员工个人信息"表显示出来。如果该工作表处于显示状态，单击"显示信息表"图形按钮后将会提示该工作表已经显示，如图 15-34 所示。

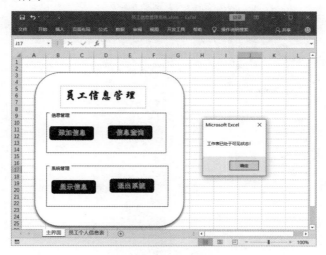

图 15-34　提示工作表可见

（2）单击"主界面"工作表中的"退出系统"按钮后，程序会给出提示对话框，如图 15-35 所示。单击对话框中的"确定"按钮即可关闭当前工作簿。

图 15-35　退出系统